南水北调西线一期工程
地壳稳定性研究

彭 华　马秀敏　李金锁　李国歧　易明初　等著

地震出版社

图书在版编目（CIP）数据

南水北调西线一期工程地壳稳定性研究/彭华等著．—北京：地震出版社，2009.1
ISBN 978-7-5028-3374-9

Ⅰ．南…　Ⅱ．彭…　Ⅲ．南水北调—水利工程—地壳—稳定性—研究
Ⅳ．TV68　P553

中国版本图书馆 CIP 数据核字（2008）第 159729 号

地震版　　XT200800162

南水北调西线一期工程地壳稳定性研究

彭华等著

责任编辑：江　楚
责任校对：庞娅萍

出版发行：**地 震 出 版 社**

北京民族学院南路 9 号　　　　　邮编：100081
发行部：68423031　68467993　传真：88421706
门市部：68467991　　　　　　传真：68467991
总编室：68462709　68423029　传真：68467972
E—mail：seis@ht. rol. cn. net

经销：全国各地新华书店
印刷：北京鑫丰华彩印有限公司

版（印）次：2009 年 1 月第一版　2009 年 1 月第一次印刷
开本：787×1092　1/16
字数：666 千字
印张：26
印数：001～800
书号：ISBN 978-7-5028-3374-9/P（4088）
定价：65.00 元

序

"南水北调西线一期工程地壳稳定性研究"突出的是区域地壳稳定性问题。而区域地壳稳定性的基本概念及其理论与研究方法是在李四光的"安全岛"学术思想基础上逐步发展起来的。

在 20 世纪 60 年代，作为我国大后方的西南地区，要开展大量的厂矿、铁路、水电站以及民房建筑等建设，但由于这个地区强烈地震太多，安全问题显得尤为突出。一年的地震、活动断裂、新构造、地应力和地壳运动野外实践及大量的调查研究，在听取了地质力学研究所及相关的地震地质工作同志汇报后，李四光于 1965 年 12 月正式提出了"在裂震地区，找到比较稳定的地带或'安全岛'"。"安全岛"术语由此诞生。紧接着，李四光提到要找到有可能的"安全岛"必须经过三个步骤：首先，要查明地表活动性构造体系与地震的关系；第二，围绕活动断裂带进行精密大地测量和微量位移测量；第三，在获得上述两点资料的基础上，综合分析现今地应力分布情况和活动方式，明确它们与地震的关系，并确定震源之所在和它们的分布范围。

1965 年之后，经历了邢台地震和河源地震，李四光在总结地震预报工作经验的基础上再次提到了"在一些活动地带中，也是有相对安全的地区（又叫安全岛）"，进一步说明了目前在重点建设地区，关键在于在活动构造带中去找出相对稳定地块，并提供工程建设基地和场地。

李四光上述提到的"相对安全地区"中的"安全"，以及"相对稳定地块"中的"稳定"，均是"安全岛"术语的同义词，而且指示着按三个步骤在活动构造带去寻找。当然，这仅仅是受到了当时大后方建设地区的地质条件所限制的缘故。

随着国家建设的全面扩展，研究地域已经远远走出了局部的活动构造带，"安全岛"或"相对稳定地块"的大小已呈现出极为悬殊的差别，但确定"安全岛"的原则仍然是相同的。

之后的 40 年，李四光的"安全岛"学术思想得到大力的弘扬。谷德振 1961 年在南水北调西线考察中提到"有些地区是比较稳定的，有些地区是比较活动的"；刘国昌于 1965 年在区域工程地质中提出的"对任何建筑都有影响的就是区域稳定性问题"；胡海涛于 1964～1965 年在关中黄土塬边滑坡研究中，运用地质力学方法，对黄土滑坡的结构、构造模式作了详细分析，并对稳定性进行计算评价。以上几位老前辈对稳定性问题的提出，再经相对稳定地块和区域地壳稳定性等基本概念的建立，相应理论及方法的形成，直至不断创新和发展经历了三个阶段，将"安全岛"理论和方法提高到了一个新的高度，而且与李四光倡导的地质力学理论与方法也更加紧密地结合在一起。比如：引用了李四光的块状"构造形体"的基本概念后，提出了"相对稳定块体"和"区域地壳稳定性"两个新的含义。"相对稳定块体"是指地质体介质相对均一、坚硬、连续、完整，构造、地震、岩浆和水热等活动微弱，以微弱的整体升降运动为主，地形高差微小，现今地应力值及形变值低以及区域不良物理地质不发育的块体。"区域地壳稳定性"是指工程建设地区的一定范围内，在内外动力（以内动力为主）的综合作用下，活动构造体系中的线状或带状构造及其所分割的块状形体（简称块体），在挽近和现今时期的地壳稳定程度，以及这种稳定程度与工程建筑物之间的相互作用和影响。这些理论与方法的创新，已经在四川大岗山、四川锦屏山、海南洋浦港和渭河盆地等重大工程地区得到广泛应用。

地处高海拔地区的南水北调西线工程，是解决我国北方严重缺水、实现我国长治久安、人民幸福安康的一项宏伟的、战略性极强的生命线工程。自毛泽东主席发出"南方水多、北方水少，如有可能，借点水来也是可以的"号召之后，50多年来，许多相关科学家曾为此而奋斗，开展了大量的野外地质（包括地震地质和工程地质在内）调查，积累了丰富的资料。在区域稳定性方面，谷德振早在 1961 年就指出："从本区的地质发展历史、大地构造特征、地貌景观、第四纪的断裂变形、强烈的自然地质现象、大断裂带的温泉分布与历史地震事实等资料反映出，引水地区的地壳活动性是非常突出的。但不同地区，活动的性质和强度是有很大区别的。在空间分布上有些地区是比较稳定的，有些地区是比较活动的。"这是南水北调西线工程中首次提到地壳稳定性问题，而且着重要解决新构造活动、地震活动和地质构造等引起地壳不稳定的三大主因。

后来虽有不少相关部门先后参与该项工作，但多数对西线工程调查不完整、不系统，对区域稳定性的专门调查更是稀少，尽管青海地矿局第二水文工程地质队在 1987 年谈到了一些地壳稳定性评价研究，但也是极其粗浅的，根本没有涉及到区域稳定性分区评价。

地质力学研究所在 2001 年接受了中国地质调查局下达的"南水北调西线一期工程地壳稳定性调查评价"任务。他们在总结前人工作的基础上，通过多年的野外实地调查和资料收集，特别在断裂活动、地震活动及与内动力有关的地质灾害等诸多方面，采用大量地质地貌、地球物理、古地震、地应力测量等主要手段，不仅丰富和加深了对地壳稳定程度的认识，而且通过地震危险性分析，预测了潜在震源区段、未来百年的地震趋势并探讨了引水枢纽水库诱发地震的可能性等，为引水工程的设计和施工提供了极其宝贵的基础资料。

引水工程地区的地壳稳定性综合评价正是在上述诸多因素基础上，以李四光"安全岛"学术思想为指导，采用数理统计分析和逻辑信息法，在全区划分出了不稳定、次不稳定、基本稳定和稳定等四种类型区，不仅为引水工程设计和施工提供了宝贵的基础资料，而且也成为该区研究历史中最全面、最系统、最深入和具有一定开创性价值的首例成果。

今年正值"安全岛"学术思想发表 40 周年，仅以此献给地质力学创始人——李四光先生。

易明初 教授

2005 年 12 月 18 日

目 录

第一章　引　言

　　区域地壳稳定性评价就是研究地壳运动的现今活动状况与活动程度及其对工程产生的影响。它以地球内动力地质灾害为研究对象，研究内动力地质过程所产生的地质灾害对工程安全和区域稳定性的影响，内容包括活动断裂及其伴生的地震和与它相关的地质灾害。其研究目标是避开地震活动带、断层活动带及地质灾害多发带，减轻诱发地质灾害，寻找相对稳定区作为工程建设场地。

　　区域地壳稳定性评价是地质力学研究的基本内容之一，地质力学研究所很早就开展区域地壳稳定性研究，李四光教授倡导在活动构造带选择相对稳定地区作为工程建设基地或场址，并于 1965 年提出"安全岛"学术思想、地质力学及有关构造应力场的研究理论，为构造现今活动性、地震活动性和区域地壳稳定性定量化研究提供了理论依据。

　　地壳稳定性评价是大型工程前期规划要考虑的主要工作之一，大型工程建设应避开地壳活动地区，不能避让时，在区域地壳不稳定地区寻找相对稳定地块（安全岛），或根据活动构造带间歇性活动特点寻找工程使用期内（50～100 年）处于安全期（活动间歇期）的活动构造带中相对稳定地段。

　　本书内容反映了作者主持的中国地质调查局"南水北调西线一期工程区区域地壳稳定性评价"地调项目部分研究成果。本项目根据中国地质调查局的任务要求，以李四光"安全岛"学术思想为指导，进行了野外地质调查和大量的测年数据统计分析工作。在汇总前人大量资料的基础上，综合考虑多种内动力影响因素，将断层活动性分析、地震活动危险性分析、区域构造应力场分析和现今大地构造变形分析有机地结合在一起，应用数理统计分析和模糊数学方法，进行了南水北调西线沿线区域地壳稳定性定量评价。南水北调西线一期工程区区域地壳稳定性评价是地质力学在大型水利工程上成功应用的范例。

1.1　研究意义

　　南水北调西线一期工程是史无前例的巨型跨流域水利工程，调水线路穿越巴颜喀拉山脉，将沟通长江水系和黄河水系。工程总长度 321.08km，其中隧道长度将超过 300km，在国内、国际上都是史无前例的巨型跨流域水利工程，将人为改变我国西部水资源的状态，对我国西部乃至东部水文、生态环境地质条件产生较大影响，其工程的安全稳定性极为重要。

　　工程所在的西部川、青、甘高原区历史上以多发地质灾害而著称，崩塌、滑坡、泥石流等灾害频繁发生，同时也是灾害性地震的多发区。自 1783～1982 年的 200 年间，区内共发生破坏性地震 177 次，其中 8 级以上的地震有 6 次，多数属浅源地震，震源深度多在 15～20km，破坏性极强。引水线路穿越不同地质单元和活动性极强的断裂带、地震带，这些断裂运动速率较快、活动频繁，对工程将是一个严峻的考验。

　　调水区位于青藏高原东部，大地构造位置属于二级新构造单元巴颜喀拉地块的东部。总体上，巴颜喀拉地块呈北西西向展布的长条形块体（图 1-1），块体四周被强烈活动的断裂带围限。北界为库塞湖-玛沁（东昆仑）断裂带，南界为玉树-甘孜-鲜水河断裂带，西界为阿尔金断裂带，东界为龙门山断裂带。前三者为左旋走滑断裂带，是青藏断块区内走滑速率最高的断裂带，平均走滑速率大于 10mm/a，也是大地震频繁发生的构造带，2001 年昆仑山 8.1 级和 1973 年炉霍 7.9 级地震都发生在这些断裂带上；后者为强烈活动的以逆冲-推覆为特征的断裂带，也是中国大陆内的强震发生带。巴颜喀拉地块的四周边界新构造活动非常强烈，是块体运动引发应力集中和释放能量的主要场所。巴颜喀拉块体内部，新构造活动相对较弱，主要表现为西南高东北低的一系列掀斜式抬升，垂直差异运动不甚明显，断裂活动幅度较小。地块内构造活动主要集中在几条断裂带上，如桑日麻断裂带在达日发生过 $7\frac{3}{4}$ 级地震，鲜水河断裂在英达附近发生过 6 级地震，甘德断裂带于 1935 年 7 月 26 日和 1952 年 11 月 1 日两次在阿坝县西北的果洛山（年保玉则）发生 6 级的地震，壤塘东南一带频繁群发 4.0～5.5 级小震，这些地震的震害都波及调水线路。

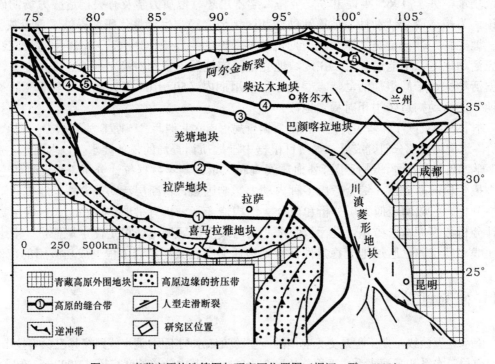

图 1-1　青藏高原构造简图与研究区位置图（据汪一鹏，1998）

① 雅鲁藏布江缝合带；② 班公湖-怒江缝合带；③ 金沙江-红河断裂；④ 东昆仑缝合带；⑤ 西昆仑-祁连山缝合带

巴颜喀拉地块由多个地质结构不同、地质演化差异和由区域性断层分割的次级构造单元拼合组成，包括阿尼玛卿南亚带断坳带、北巴颜喀拉复向斜带、中巴颜喀拉断褶带、南巴颜喀拉复向斜带，引水隧道将穿越不同的地质单元和活动性极强的边界断裂，这些断裂运动速率较快，地震活动频繁，地震烈度大都在Ⅵ～Ⅶ度，局部Ⅷ～Ⅸ度。由于西线调水工程的规模巨大，所处的工程地质环境极其复杂，使工程本身变得非常脆弱，安全性和可靠性大大降低。

影响工程安全与稳定的因素，除了包括气象、水文、水动力、地形地貌、土体介质条件、人类活动等主要因素外，由新构造活动、地震等内动力地质作用所决定的区域构造稳定性也是非常重要的内在控制因素，这一点往往被人们忽视。地壳组成与结构（包括组成它的地层建造、岩浆岩、变质岩及其结构和构造）及其内部的地应力状态（包括大小、方向和作用方式）是地壳稳定性的根本原因，地壳变形（包括形变、断裂）是地壳乃至岩石圈对地应力作用的反应，也是一个能量不断积累的过程，断层活动会释放能量，而地震是一种激烈、快速的能量释放过程。活动断裂的错断运动和地震活动是引起水利枢纽大坝和引水隧道破坏的关键因素，调水工程和相关建筑物的安全与稳定，是调水工程安全运营的基础，对流域下游人民生命财产安全至关重要，不仅直接关系着川西高原人民的生命财产安全，而且严重制约着黄河中上游受水地区经济带的长远发展。为此，需要对调水区的区域地质构造环境和区域稳定性有充分的认识和客观的评价。

1.2 研究基础及主要问题

西线调水工作区位于巴颜喀拉山东段，是四川、青海和甘肃三省交界地区，地质研究程度较低。目前全区已完成1∶20万区测工作，青海省地矿局完成1∶100万（玉树幅）地质调查，地质矿产部《三江矿产志》编委完成1∶100万矿产图。

南水北调西线工程从20世纪50年代就开始规划。50年来，水利部黄河水利委员会（简称"黄委会"）做了大量的调查研究工作，取得了丰硕成果，但目前工程仍然处于可行性研究阶段。自20世纪50年代以来，包括水利部在内的众多部委、省（市、区）和科研教育单位做了大量工作，围绕南水北调这一战略构想，开展了不同范围、不同层次的勘测、规划、研究和论证工作。经过数十年的研究，在50多个不同方案的基础上，经过长期研究比选，南水北调工程总体格局定为西、中、东三条线路，分别从长江流域上、中、下游调水。

早在1952年8月，黄委会进行黄河河源勘查时，就已初步勘查了南水北调西线工程从通天河引水入黄河的线路，编写了《黄河源及通天河引水入黄勘查报告》，这是新中国成立后第一次进行的有关南水北调西线的勘查。

1958～1961年，黄委会金沙江引水查勘队和第一、四、七共43个勘测设计工作队，在南水北调西线调水区进行了大面积查勘，编写了《金沙江引水线路查勘报告》、《中国西部地区南水北调积（积石山）-柴（柴达木）、积（积石山）-洮（洮河）输水线路查勘报告》，并提出4条可供进一步比较研究的引水线路：

① 由金沙江玉树附近引水至积石山附近的贾曲入黄河，简称玉-积线；

② 由金沙江恶巴附近引水至甘肃境内的洮河，简称恶-洮线；

③ 由金沙江翁水河口引水到甘肃定西大营梁，简称翁-定线；

④ 由金沙江石鼓引水入渭河，简称石-渭线。

1978～1985年，黄委会对南水北调西线进行了大量的查勘研究工作，综合研究了较为可行的自通天河、雅砻江、大渡河三条河上游引水至黄河上游的引水线路方案。

1987年7月，国家计委正式下达通知，决定将南水北调西线工程列入"七五"超前期工作项目。水利部黄河水利委员会勘测规划设计院于1989年完成了《南水北调西线工程初步研究报告》，1990 年完成了《雅砻江调水区工程地质勘察报告》，1992 年完成了南水北调西线《雅砻江调水工程规划研究报告》，1996 年完成了《南水北调西线工程规划研究综合报告》。2001年 5 月，《南水北调西线工程规划纲要及第一期工程规划》审查通过。

在此期间，青海地质局、青海地震局、四川地质局和四川地震局也做了大量工作。青海地矿局于 1990 年完成《雅砻江调水区区域稳定性及工程地质评价报告》，1993 年完成《南水北调西线工程规划区地质图及地质构造图说明书》、《南水北调西线工程规划区地球物理解释区域稳定性评价报告》和《南水北调西线工程规划区遥感解译区域稳定性评价报告》。

中科院自然资源综合考察委员会于 20 世纪 50～60 年代也先后派出大批科学综合考察队伍赴南水北调西线地区进行各项综合考察，为南水北调西线工程收集了大批资料。中国地震局地质研究所于 2002 年完成《南水北调西线一期工程区 2001～2002 年度断裂活动性鉴定报告》，中国科学院遥感应用研究所和中国科学院地质与地球物理研究所于 2002 年完成《南水北调西线工程区活动断层遥感解译研究总结报告》。

中国地质科学院地质力学研究所在 20 世纪 70～80 年代就开展了南水北调西线工程的研究工作，尤其是在调水区的区域地壳稳定性研究方面，取得了一定的进展。多年来，地质力学研究所一直在青藏高原和黄河上游地区开展调查研究工作，曾经参加过黄河流域环境地质系列图件编制，李家峡水电站、黄河小浪底水电站等重大工程的地质研究工作，积累了丰富的资料。并于 2005 年完成中国地质调查局项目《南水北调西线第一期工程区地壳稳定性调查评价》报告。

南水北调西线工程前期已经作了大量的工作，工作重点集中在调水线路的选择上，积累了丰富的资料。有关地质灾害方面的工作也主要集中在地震、活动断裂方面。但是，在调水线路新构造活动、工程稳定性评价研究等方面工作不多。

由于地质过程的复杂性和人们认知的局限性，作者在大量参阅前人研究成果的基础上，在研究地壳稳定性时主要依据活动断层、地震、温泉和地应力等因素，包括岩石性质、岩层组构、地壳结构、深部构造和深部地球物理场等其他地质因素，其他地质因素因缺乏资料，在本次构造活动性和地壳稳定性定量评判中加以考虑，但影响构造活动性和地壳稳定性的因素远不止这些，对评价结果会产生一定影响，有待今后进一步改进方法，深入研究，提高地壳稳定性评价的水平和精度。

1.3 研究工作概况

1.3.1 工作思路与设想

项目的主要工作思路与设想：采用以现场地面地质调查为主，物探为辅的工作思路，运用遥感解译、地应力测量、构造应力场模拟、高精度测年等多学科相结合进行综合研究的技术路线。通过遥感技术调查研究新构造活动和地质灾害在区域面上的分布规律与活动特征；通过野外实际调查以及断裂槽探剖面分析，揭示新构造活动和地质灾害的精细特征及其在时间上的演化过程；通过高精度测年技术确定新构造活动的时间序列；利用地应力测量技术获得新构造活动动力学的实测数据，并在地应力测量的基础上进行构造应力场模拟，研究构造活动的动力学特征。在上述研究基础上，进行区域构造稳定性综合评价和地质灾害风险评估。

1.3.2 研究内容和技术方法

(1) 西线调水区遥感解译。

运用 ETM⁺卫星影像数据，调查西线调水区活动断裂的展布、运动方式和方向。

(2) 活动断裂研究和地质灾害调查。

通过地面实际调查，运用浅层地震勘测、电法勘测、氡气测量等地球物理方法，调查西线调水区活动断裂的深部状态、软弱岩层的深部延伸；研究活动断裂分段性、活动方式、活动周期及活动速率；调查重大崩塌、滑坡、泥石流、冻融等地质灾害的分布、活动规律，评价其对未来调水工程的危害。

(3) 地震危险性分析。

在近场区地震地质调查的基础上，进行地震活动性参数确定、地震区带和潜在震源区划分。根据烈度衰减规律计算场地烈度，采用多因素统计方法进行地震危险性分析。

(4) 现今地应力测量和三维应力场模拟。

在南水北调西线一期工程沿线重点地段进行地应力测量，模拟典型深埋长隧洞的三维应力场，分析深埋隧道围岩稳定性。

(5) 区域稳定性评价和地质灾害危险性评估。

综合研究新构造活动和地质灾害影响，进行调水区区域稳定性评价和地质灾害危险性评估。

1.3.3 人员组成与分工

全书共分十一章，全文由彭华执笔编写，最后由马秀敏、彭华负责统编成稿，插图由马秀敏、李国岐清绘，附图由马秀敏清绘，排版由马秀敏负责。

参加研究工作的主要人员组成与分工有：彭华为项目总负责，负责项目地质综合研究；马秀敏参与活动断裂与地质灾害；李金锁参与新构造与地质灾害；李国岐参与综合物探；姜景捷参与数据处理；彭立国参与地应力测量；王连捷和易明初作为技术顾问对项目技术指导。

1.4 研究的主要进展

南水北调西线第一期工程区地质背景复杂，环境条件恶劣，项目组在大量资料分析、研究的基础上，通过线路地质调查和工作区内 ETM⁺卫星影像活动断裂遥感解译，开展了调水沿线带状地质填图和地质灾害调查。在研究区，对区域 16 条大型断裂和 23 条近场区断裂的关键构造部位进行了探槽揭露；采用浅层地震反射法、直流联合剖面法、电测深法、测氡法等物探技术和年代学测试分析，进行断裂活动性鉴定；对重点区内活动断裂的结构组成、空间产状、活动时代、运动速度、地震活动性等影响工程的断裂特征进行了研究与评价；系统研究了调水沿线断层活动的分布及其活动特征，划分出 5 条对工程影响较大的 AA 级活动断裂；综合评价主要活动断裂对调水隧道的影响，并对断裂在工程有效期内未来 200 年位移量进行预测。在历史地震统计分析的基础上，对工程区进行了烈度区划；在发震断裂研究的基础上，进行了潜在震源区的划分，并对未来地震发展趋势进行预测。通过现场地应力测量手段，获得了线路隧洞和坝址等关键构造部位的地表应力状态，依据地应力测试结果对深埋长隧洞进行了岩爆预测。在系统测定工程区典型岩石力学性质及广泛的岩体工程调查的基础上，对水利枢纽水坝、库区进行了工程地质评价。应用先进的三维应力场数值模拟技术，计算重要输水隧道的构造应力场，并进行了隧道工程稳定性分析。应用模糊数学方法，综合考虑不同影响因素，进行了地壳稳定性定量评价和分区。

1.4.1　区域地质构造背景

工程区位于青藏高原东部，大地构造位置属于二级新构造单元昆仑-巴颜喀拉地块的东部。大地构造单元属于松潘-甘孜印支地槽褶皱系，该地槽褶皱系始于奥陶纪，三叠纪碎屑岩沉积厚度巨大，经历多次大幅度升降，结束于三叠纪末，地槽回返，形成了巨厚的层状浅变质砂-板岩。印支构造运动时期区域强烈水平挤压形成北西向的复式背、向斜构造和逆断层，是相对年青的地壳构造区。

工程区内主要构造线呈北西—北西西向，部分地段向东出现弧形偏转。褶皱构造十分发育，主要沿北西西向展布，一般形成复式背斜或向斜。在空间上，褶皱构造与断裂构造相伴产生，靠近断裂带的褶皱完整性多被破坏，形成褶-断式构造组合形式。

工程区地壳结构呈块裂结构，断裂构造分布具有丛集性和分带性特征，破碎程度较高的地块与相对完整的地块呈条块镶嵌状，反映了工程区基底构造的基本格架呈现块裂状、镶嵌状。地壳结构特点是地壳厚度较大，在 60～65km 之间，平均速度高，分层多，横向变化大，上地壳和中地壳内含有低速层，下地壳为梯度层，速度高，因此，从地壳结构来看，工程区地壳属于基本稳定型地壳结构。

1.4.2　新构造运动特征

南水北调西线工程区新构造运动十分强烈，新构造运动不仅在空间上具有明显的分区性，时间上也很不均衡。地壳垂直形变测量资料证明，几十年来，川西高原在不断上升。根据中国地震局大地测量资料，从道孚—炉霍—甘孜—马尼干戈测线显示，在 1973～1980 年间，马尼干戈相对于道孚上升了 40mm，总体倾向东。由此说明，几十年间本区地壳运动的总貌以继承性为主，新生性不明显。

巴颜喀拉地块为北西西向展布的长条形块体，块体四周被强烈活动的断裂带围限。北界为库塞湖-玛沁（东昆仑）断裂带，南界为玉树-甘孜-鲜水河断裂带，西界为阿尔金断裂带，东界为龙门山断裂带。前三者为左旋走滑断裂带，是青藏断块内走滑速率最高的断裂带，也是大地震频繁发生的构造带；后者为逆冲-推覆的强烈活动断裂带，也是中国大陆内部的强震发生带。巴颜喀拉地块四周边界的新构造活动非常强烈，是块体运动引发应力集中和释放能量的主要场所。地块内构造活动相对较弱，主要集中在几条断裂带上，如桑日麻断裂带在达日发生过 $7\frac{3}{4}$ 级地震；鲜水河断裂在英达附近发生过 6 级地震；甘德断裂带于 1935 年 7 月 26 日和 1952 年 11 月 1 日在阿坝县西北的果洛山（年保玉则）共发生两次 6 级地震，这些地震的震害均波及调水线路。渐新世以来，由于印度板块由南西向北东，相对欧亚板块不断俯冲碰撞，导致喜马拉雅运动，青藏高原相对于周边强烈隆升，区域普遍受到这场运动的影响和改造。随着青藏高原地壳的增厚和抬升，欧亚板块沿先存断裂发生地壳物质向东蠕散，从而形成有规则的断块运动，川青地块向东运动和川滇地块向东南挤出，地块边界的鲜水河-

甘孜-玉树断裂和昆仑山口-玛沁-玛曲断裂强烈左旋滑动，伴生强烈的地震活动，这种地壳不稳定现象严重威胁着调水工程的施工和运营安全。

工程区新构造运动主要表现为西南高、东北低的掀斜式抬升，垂直差异运动不甚明显，断裂活动幅度较小，新构造运动不仅在空间上具有明显的分区性，时间上也很不均衡。中新世-上新世时期，全区继承了构造运动的某些特点，地壳运动异常强烈，进一步加剧了区域升降运动，巴颜喀拉山和雀儿山断块强烈上升，若尔盖-红原盆地由不均匀沉降转为整体沉降，接受了巨厚的中新统、上新统沉积。早、中更新世，上升区继续上升遭受剥蚀，盆地区继续下降接受沉积，并且升降运动具有振荡式差异运动特点，上升区有短暂的下降，沉降区伴有短暂的上升。中更新世初，全区发生了一次区域性上升运动，致使早更新世与中更新世地层间形成明显的平行不整合接触。晚更新世以来，新构造运动仍然表现为差异性升降，但运动幅度和强度明显减弱。概括起来，新构造运动在时间上可划分 3 个阶段：晚第三纪升降运动异常强烈；早、中更新世升降运动显示出振荡式升降；晚更新世以来主要表现为微弱的差异升降运动。全新世以来的构造运动基本上继承了更新世的运动特点。河流阶地、河道变迁、水系发育等资料证明，以巴颜喀拉山为界，北部若尔盖盆地一直在继续下降，南部高山高原区在一直缓慢上升。

1.4.3 库区、坝址和引水线路工程地质评价

引水线路 7 个枢纽坝段的河谷呈"V"形或浅"U"形，谷坡中不存在大型贯通性结构面，岸坡整体稳定性好，建坝地形条件较好。河床中沉积物厚度小，不存在深厚覆盖层问题。库区两岸主要地质灾害是河谷两侧小型冲沟泥石流和河岸侵蚀崩塌，尤其是达曲和泥曲河谷泥石流发育密度高，但规模小，易于防治。至于坝段和库区的基岩，除热巴为花岗岩外其余均为砂岩夹板岩地层，出露厚度均在 300m 以上。岩石主要为浅变质的砂岩和板岩，砂岩主要为中厚层-厚层状结构，巨厚层状和互层状结构相对较少；板岩主要为薄层状结构，中-弱风化砂岩单轴抗压强度一般在 41~128MPa 之间；弱-微风化板岩单轴抗压强度一般在 21~95MPa 之间，属中等坚硬-坚硬岩类，强度指标可满足建坝的一般技术要求。砂岩透水性较低，属弱透水岩体，板岩则为相对不透水层。坝段岩层一般褶皱强烈，断层不甚发育，坝址范围内均不存在区域性断裂，节理裂隙总体上不发育。由于河流走向与区域构造线一致，使得岩层走向与河流平行，对坝基防渗不利，渗漏形式主要是沿裂隙及背斜轴部向下游渗漏。

库区一般封闭条件较好，不存在向邻谷或洼地永久渗漏问题。库区主要为牧区，人口稀少，无重要的城镇和工农业生产基地，有少量寺庙和宗教建筑物，矿产资源分布很少，水库淹没损失很小，不存在浸没问题。

线路区岩石主要为三叠系浅变质的砂岩和板岩，砂板岩互层构成了软硬相间的岩层组合形式。工程区最大主应力与线路方向锐角相交，有利于围岩稳定；隧道受冻土、滑坡、泥石流等不良外动力地质现象的影响较小，外动力地质现象对其不构成危害，但会对线路施工道路造成一定的影响；隧道埋深大，地应力高，岩爆、软岩变形和活动断裂错切是隧道稳定性的主要问题。引水隧道围岩主要为Ⅱ、Ⅲ类围岩。以Ⅱ类围岩为主的洞段，岩石以砂岩夹板岩为主，岩体完整性较好，岩体强度较高，基本不存在围岩变形问题；以Ⅲ类围岩为主的大埋深洞段，变形量较小，可以推断在Ⅲ类围岩中不存在变形问题；但在局部以板岩为主地段，岩体稳定能力差，易风化，变形量较大，存在围岩变形问题；Ⅳ类围岩和断裂带，岩石破碎，

岩体强度较低，变形量较大，隧道开挖条件非常恶劣。线路穿越 23 条区域性断裂，大部分是晚更新世以来不活动断裂，只有热巴-阿安隧洞穿越鲜水河（西延）活动断裂，仁达-上杜柯隧洞穿越色曲活动断裂。另外，亚尔堂-克柯引水隧道从白石山龙克温泉附近通过，该温泉是沸泉，预计隧道开挖时会遇到过热水爆炸问题。根据临近水电站及公路隧道施工经验教训，要注意软岩大变形及膨胀岩问题，建议采用盾构法施工。

工程引水枢纽均在多年冻土下限（4250 m）之下，属季节性冻土区，冻土、冻害和河谷岸坡变形破坏不会对工程造成重大危害。

达曲阿安坝段和雅砻江阿达坝段处于鲜水河（西延）发震断裂旁，曾经发生过 6 级以上地震，坝段地震烈度处于Ⅷ～Ⅸ度区，属不稳定区；仁达坝址位于Ⅷ度区，上杜柯坝址靠近中壤唐地震区，处于次不稳定区；其余坝址地震基本烈度为Ⅵ～Ⅶ度，为基本稳定区。

1.4.4 活动断裂和地质灾害卫星遥感解译

采用卫星遥感解译对南水北调西线工程区活动断裂、地质灾害遥感解译。使用 ETM⁺陆地卫星（Landsat-7）数据，采用 ENVI3.5 专用软件进行处理，对图像进行增强处理，如反差增强、边沿增强、突出线性构造定向滤波和提高分辨率多波段数据的融合，完成工程区遥感图像解译，发现了鲜水河、甘孜-玉树、达日、甘德、阿万仓、玛沁-玛曲等活动断裂现代明显活动的地貌证据，在卫星图片上能直接看到用以判断活动断裂的活动发育地段，如断坎错动、水系断错、山脊错断、地震形变带（地裂缝、地震鼓包、地震坑及挤压泥）等断裂地貌现象。经统计总结，区内活动断裂水平运动的方向有如下规律：北西向断裂大部分呈左旋扭动。其中双向扭动性质的断裂有茸木达断裂、鲜水河断裂、当江-歇武-觉悟寺-甘孜断裂和玉树-甘孜断裂。

工程区水系分布有一定的优势方向，根据卫星影像制作了区域水系图，计算工程区平均水系优势方向为 135.8°和 9.8°。其中 135.8°方向为区域大多数压扭性断裂的发育的优势方向，而 9.8°方向代表了大多数张性断裂的优势发育方向。根据研究区水系格局计算的新构造主压应力方向为 NE9.8°。

1.4.5 工程区沿线断裂活动性

调水线路所在的甘青川地区位于青藏高原东部、巴颜喀拉山印支冒地槽褶皱带内，区域性展布的基底-地壳断裂十分发育，呈北西向与山体走向相一致。大部分断裂规模巨大，向西延伸数百至上千千米，与青藏高原中部昆仑山口-二道沟一线分布的活动断裂相对应。

东昆仑断裂带和西金乌兰湖-玉树两域性隐伏基底-地壳断裂，与龙门山断裂和阿尔金断裂构成调水区区域一级构造分区边界。区域内的玛多-甘德断裂、西金乌兰湖-歇武断裂带是巴颜喀拉山印支冒地槽褶皱带内南北边界，构成调水区区域二级构造分区边界。区内所有断裂均受限于一级构造分区边界。一级构造分区内展布一系列南北向构造带，如昌麻河-科曲-桑日麻南北向构造带，这些构造形成时间较晚，切割了北西向断裂，构成了北西向断裂活动性分段的边界。

昆仑山口-达日断裂和智秋-清水河断裂是昆仑山口断裂的东延部分，是巴颜喀拉山印支冒地槽褶皱带内三级分区界线，划分巴颜喀拉山印支冒地槽褶皱带为北巴颜喀拉山印支冒地槽褶皱带、中巴颜喀拉山印支冒地槽褶皱带和南巴颜喀拉山印支冒地槽褶皱带。五道梁-曲麻莱-东区断裂是区域南部另一条活动断裂，位于调水区内的东谷-英达一带，与鲜水河断裂交接复合。这些深断裂不但在地质历史时期发生过强烈活动，而且在断裂上现今地震仍然活动频繁，以上这些断裂都是引水沿线地区及其外围最为重要的活动断裂。

调水线路区活动断裂较为发育，据野外地质调查、地球物理资料及遥感图像判释，区域北西向断层非常发育，规模巨大，其他方向的断层规模相对较小、数量不多。

目前，区内发现16条区域性活动断裂，主要有鲜水河断裂、甘孜-玉树断裂、当江-歇武、库塞湖-玛沁断裂、桑日麻断裂、达日河断裂、曲麻莱断裂（温拖断裂）、清水河南断裂（宜牛-大塘坝断裂）、清水河北断裂（长沙贡玛-大塘坝）、主峰断裂（上拉都-下红科）、桑日麻断裂（杜柯河断裂）、鄂陵湖南断裂（甘德断裂西段）、甘德南断裂（白玉断裂）、久治断裂（甘德-久治断裂）、阿万仓断裂（赛尔曲断裂）、库塞湖-玛沁断裂。这些断裂延展数百千米，有的达千余千米以上，断裂带宽达数百到数千米。断裂活动性较强，地震活动频繁，尤其是断裂的最新活动在时空分布上大都具有明显的继承性。据野外地质调查、地球物理资料及遥感图像判释，工作区内活动断裂以北西向为主，大多形成于印支构造运动时期。在第四纪早期，构造运动较为强烈，以北东盘上升的逆左旋走滑断层为主。晚更新世以来，特别是全新世以来，大部分断裂活动集中在西段，受昌麻河-桑日麻南北向断裂的阻隔，东段活动性较弱。

区域规模较大的活动断裂有玉树断裂、桑日麻断裂、鄂陵湖南断裂、甘德南断裂、鲜水河断裂及其分支断裂，延展数百千米，有的达千余千米以上，断裂带宽达数千米。断裂活动性较强，地震活动频繁，近千年来发生了50多次5～7级地震，断裂的最新活动在时空分布上大都具有明显的继承性和区域性，具有西强东弱的特点。大部分活动断裂以左旋走滑为主，区内活动断裂以北西向为主，大多形成于印支构造运动时期。在第四纪早期，构造运动较为强烈，以北东盘上升的逆断层为主。断裂主要活动时期为晚更新世，大部分全新世还有活动。晚更新世以来，特别是全新世以来，除调水工程区南部边缘的玉树断裂、北部边界的鄂陵湖南断裂、工程区内的鲜水河断裂和桑日麻断裂的东段有大规模活动外，其他断裂仅在局部地段有活动。如桑日麻断裂最后一次活动是1947年达日 $7^3/_4$ 级地震，根据地震造成的水系错动，估算出断层的平均滑动速率为14.2mm/a；甘德南断裂最后一次大的活动时间在1600年左右，近年来频繁发生 4～5 级地震，平均水平滑动速率为 10.6mm/a。鲜水河断裂最后一次大的活动是1973年炉霍的7.9级地震，最大错距3.6m，并引发甘孜拉分盆地一系列 2～5 级余震，平均水平滑动速率为14.1mm/a。玉树-甘孜断裂在甘孜-玉树一线形成断层谷地、盆地，并错断 Q_4 地层，在错阿错水系380m，计算平均水平滑动速率为11.5mm/a，最近的地震活动为1896年石渠邓柯7.0级地震。

通过对南水北调西线工程近场区断裂调查，在调水线路两侧25km范围内，共发现有长度大于2km的断裂23条，它们是鲜水河断裂、温拖断裂、加德-丘洛断裂、长沙贡玛-然充寺（达曲）断裂、康勒（泥曲）断裂、色达-洛若断裂、日柯-查卡断裂、杜柯河断裂、擦孜德沟口断裂、约木达断裂、杜柯河北断裂、康木-西穷断裂、宁它-灯塔断裂、亚尔堂断裂带、昆仑山口-达日断裂、甘德-阿坝北支断裂、阿坝盆中段断裂、阿坝顺河断裂、阿坝盆地南缘断裂、甘德-阿坝南支断裂、久治断裂、赛尔曲南支断裂和赛尔曲北支断裂。其中早-中更新世11条，晚更新世—全新世断裂6条。全新世以来的主要活动断裂有鲜水河断裂、甘德-阿坝断裂、色达断裂，第四纪以来活动的主要断裂有旦都-丘洛断裂、上杜柯断裂，其他都是中一晚更新世断裂。

目前，还没有发现坝址有活动断裂通过，因此，断裂活动性对水利枢纽影响的评价主要是针对隧道而言。晚更新世－全新世活动断裂在各隧道段上的分布情况是：雅砻江-达曲隧道段为鲜水河断裂、温拖断裂；达曲-泥曲段隧道为长沙贡玛-大塘坝断裂；泥曲-杜柯河隧道有色曲-洛若断裂；杜柯河-麻尔曲隧道段有达日河断裂；麻尔曲-阿柯河隧道段为甘德南断裂（白玉断裂）；贾曲明渠段有甘德-久治断裂。

根据工程区活动断裂的主要地质特征（包括断裂几何学、运动学特征），按断裂运动强度将活动断裂划分为 AA、A、B、C 四级。划分 AA 级强烈活动断裂 5 条，分别是鲜水河断裂、甘孜-玉树断裂、库塞湖-玛沁断裂、桑日麻断裂和达日河断裂。其特点是规模巨大，走滑速率大于 10mm/a，而且沿断裂有 6.5 级以上强震发生，全部属于全新世活动断裂。

A 级活动断裂 9 条，分别是曲麻莱断裂（温拖断裂）、清水河南断裂（宜牛-大塘坝断裂）、清水河北断裂（长沙贡玛-大塘坝）、主峰断裂（上拉都-下红科）、桑日麻断裂（杜柯河断裂）、鄂陵湖南断裂（甘德断裂西段）、甘德南断裂（白玉断裂）、久治断裂（甘德-久治断裂）和阿万仓断裂（赛尔曲断裂）。其特点是规模较大，走向长度大于 100km，走滑速率在 1～10mm/a，而且沿断裂有 5～6 级中强震发生，全部属于晚更新世－全新世活动断裂。

其他活动速率小于 1mm/a 的断裂为 B 或 C 级。

采用古地震法、非完全古地震法、滑动速率法和预测地震转换法，对工程近区域主要活动断裂未来 200 年位移量进行了预测。预测结果：鲜水河断裂 3.6m（走滑），甘德-阿坝北支断裂 0.68m（正断），阿坝盆中断裂 0.67～2.32m（正断），阿坝顺河断裂 2.62m（正断），色达-洛若断裂 3.7m（走滑）。

1.4.6 工程区地震危险性

工程区属青藏高原的东部，包含于巴颜喀拉山地震带和鲜水河地震带内，区域地震活动性特征是地震危险性分析中划分潜在震源区和估计地震活动性参数的依据。因此，在广泛搜集工程区历史地震资料的基础上，对区域地震活动性进行了研究，其中包括研究区及其所处地震带的地震活动时空分布特征，尤其是对地震活动时空不均匀性进行研究，以提供对潜在震源及相关参数确定的依据。

通过对地震活动空间分布特征的研究，综合分析区域地震分布规律，在工程研究区划分了 4 个地震带和 2 个地震区，分别为甘孜-玉树地震带、鲜水河地震带、甘德-达日-久治地震带、曲麻莱-清水河地震带、甘孜拉分盆地岩桥区和壤塘地震分布区。研究区的地震活动主要发生在工程区南部的鲜水河地震带、鲜水河-甘孜拉分及岩桥地震区、甘孜-玉树地震带及西北的桑日麻-达日地带、达日-久治和壤塘的南木达-耿达地震区。区域受南端鲜水河断裂带地震活动的控制，中部受桑日麻断裂、达日河断裂、甘德断裂及达日-久治断裂地震活动的控制，北部受花石峡-玛曲断裂地震活动的控制。未来较大的地震，发生在鲜水河带西北段东谷-英达-甘孜-炉霍地区的可能性较大，但中部的壤塘-上杜柯坝址-亚尔堂坝址-柯河坝址-果洛山也有一定的可能性。

研究区存在 5 个这样的地震重复区，它们是：甘孜－炉霍区、甘德－阿坝区、桑日麻－莫坝区、壤塘区和阿万仓。研究区大部分 6 级以上地震都发生在这些重复区内，震级越高，这个特点越明显。因而，估计未来大地震在上述区域内重复发生的可能性较大。

研究表明，大地震的发生都集中在地震活动带上，但是由于地震活动的不均匀性，在地震带上的分布也是不均匀的，往往集中发生在某些部位上，地震活动网络为确定这些特殊部位提供了依据。研究区的地震活动呈定向排列、等间隔分布现象。北东向、北西向地震活动条带相互交汇成网络。研究区内的全部7级以上地震，都发生在网络结点处，估计未来的大地震，发生在这些交汇部位的可能性较大，预计未来百年将发生6级以上地震2次。

西线工程的水库规模、构造条件、地应力、地震活动性等因子有利于诱发水库地震，诱发水库地震的可能性较大，尤其是壤塘地区分布的水库较多，近区域地震活动水平又较高，因此，西线工程有产生中强构造型水库地震的可能。

1.4.7　工程场地影响烈度区划

通过工程区烈度平均轴的衰减关系，计算了历史地震对工程要素的影响烈度，编制了区域综合等震线图。历史地震对工程场地的影响烈度为：引水枢纽的热巴-阿安段（包括坝址和隧道）影响烈度达Ⅹ度，局部为Ⅸ度；阿安-仁达段影响烈度Ⅸ度约8km，烈度Ⅷ度5.6km，阿安坝址影响烈度为Ⅸ度；仁达-上杜柯全段影响烈度Ⅷ度；上杜柯-亚尔堂段影响烈度Ⅷ度17.2km，烈度Ⅶ度16km，上杜柯坝址影响烈度为Ⅷ度，亚尔堂坝址影响烈度Ⅷ度；亚尔堂-阿柯河段全段影响烈度Ⅶ度；阿柯河-贾曲段计算影响烈度为Ⅵ度；明渠段影响烈度为Ⅵ度，考虑到该段的地基为第四系松散沉积物，对地震波反应可能强烈，加剧震害，故影响烈度列为Ⅶ度。因此，第一期工程规划线路通过区为强震区，线路在色达以南设防烈度为Ⅷ～Ⅹ度，其余段为Ⅶ度设防。

1.4.8　工程关键部位地应力测量

运用水压致裂法地应力测量技术，分别在南水北调西线沿线的南端甘孜绒岔寺、甘孜石门坎和中部的色达霍西电站、壤塘杜柯坝址、亚尔堂坝址及阿坝、阿坝第一牧场共7处重点地段进行了现今地应力测量。据西线调水工程区地应力测量、震源机制解、断层位移测量及其分析结果，本区现代构造应力场最大主压应力轴方向总体呈北东向，代表轴向约为NE60°，倾角多在0°～30°之间变化。地应力测量结果表明：最大主应力值介于1.06～12.05MPa之间，属中等偏高水平。甘孜石门坎地应力值最高达12.05MPa，其次为亚尔堂坝址，地应力值达11.49MPa。不同地区20～1040m的测量深度域内统计结果表明：水平主应力占主导地位，现今地壳应力场的主压应力方向为北东－北东东。

1.4.9　应力形变场的数值模拟

应力形变场的线弹性有限元计算表明，区域的甘德、达日、炉霍-甘孜及中壤塘地段为构造应力集中区（高达25MPa），与甘德断裂带、达日断裂带、炉霍-甘孜断裂带及中壤塘南木达断裂等4个现代活动断裂带吻合。

区域应变能的分布特征是：以清水河断裂为界，以南地区（南巴颜喀拉山地区、玉树-义敦分区）构造应变能较高，能量密度值普遍达（0.8～1.7）×10^6J/m³；而区域的中巴颜喀拉山、北巴颜喀拉山及阿尼玛卿山地区，构造应变能普遍较低，小于0.4×10^6J/m³；断裂带上的能量密度值一般都在（1.0～1.5）×10^6J/m³左右；在桑日麻、甘德和炉霍地区存在北西西向展布的应变能密度高值区，其值达2.0×10^6J/m³；在阿坝南部和壤塘地区的中壤塘-楠木达地区，也有一个能量聚集区，能量密度值一般都在（1.5～1.7）×10^6J/m³。这与甘德、达日、炉霍-甘孜及中壤塘等 4 个现代地震活动区相吻合。

1.4.10 隧道围岩稳定性及地质灾害评价预测

西线调水工程洞体深埋于山体基岩内，上覆岩体厚度为 300～900m，最大厚度近 1200m，隧道将要穿越高地应力区。根据地应力分布特征，结合区域地层岩石的力学参数、岩体的工程地质特性等资料，利用三维有限元数值模拟技术对线路工程区进行了应力场模拟综合分析，得出了隧道工程区地应力的赋存规律和基本特征。结果显示：隧道围岩主要受构造力和自重的作用，且构造应力普遍大于自重应力，应力状态的变化与地形起伏、断裂构造和岩性分布有关。在隧道沿线，最大水平主应力为中部高两端低，隧道中段为 35～45MPa，局部应力集中区可达 51MPa，最小水平主应力为 34～42MPa，方向平均为 NE20°。

通过设计给定的几何形态和不同参数设置的隧道断面应力场数值模拟，对隧道受力状况和隧道稳定性进行了系统分析，得出如下结论：当隧道断面设计形状为圆形时，在应力场作用下，隧道侧边围岩出现张应力，数值较小，为 0.2MPa，张应力波及的深度为 1.4m，虽然相应衬砌出现张应力的数值较小，但范围较大。顶底板区域最大压应力为 20MPa，压应力集中区的范围较小，波及深度仅为 0.6m，因此，引水隧道采用圆形截面时围岩是基本稳定的。

采用 E.Hoek 和 E.T.Brown 准则对隧道围岩进行稳定性分析结果表明：隧道围岩的强度与应力比值皆大于 1，表明在采用圆形截面隧道时，隧道围岩没有超应力区出现，也就是没有破裂出现，处于安全状态。但在隧道衬砌上却大范围出现张应力，由于混凝土不能承受张应力，因而不宜采用素混凝土衬砌，应适当配筋，抵抗张应力。

岩体内由于开挖硐室，改变了岩体的初始应力状态，引起硐室周围应力场的重新分布，使得硐室附近地应力值达到初始地应力的几倍，可能导致岩爆的突发。作为隧洞围岩的三叠系浅变质砂-板岩、花岗岩、花岗闪长岩均属于坚硬脆性岩石，具备了储存高能量的条件。采用侯发亮和陶振宇岩爆判断准则，对隧道区围岩应力状态与岩体强度关系进行分析，经计算隧道区围岩具备了发生岩爆的工程地质条件，预测引水隧道局部地段板岩岩体施工断面将发生岩爆的烈度为Ⅳ级，即高等岩爆活动。

1.4.11 地壳稳定性定量评价

采用模糊数学方法，将影响区域稳定性评价的主要因素（地质条件、区域地球物理场特征和地震活动参数）进行数量化，对区域 972 个单元进行模糊评判。根据模糊评判结果，在区内划分出 7 个Ⅴ级（不稳定区）分区，包括桑日麻-莫坝不稳定区（V_1）、雀儿山不稳定区（V_2）、马尼干戈不稳定区（V_3）、绒坝不稳定区（V_4）、生康不稳定区（V_5）和旦都-炉霍不稳定区（V_6）、甫斯口不稳定区（V_7）；23 个Ⅲ～Ⅳ级分区（次不稳定区），主要有阿万仓次不稳定区、甘德次不稳定区、中壤塘次不稳定区、甘孜-下红科次不稳定区、玛曲次不稳定和阿坝次不稳定区，其中又可细分为次不稳定 A 分区 10 个，次不稳定 B 分区 13 个；其余 7 个为Ⅰ～Ⅱ级分区（基本稳定区），其中基本稳定 A 分区 3 个，基本稳定 B 分区 4 个；工程区不存在完全稳定分区，最好分区只有基本稳定分区，与青藏高原地区构造较活动的地质背景有关，也与工程区地震烈度大于Ⅵ度的基本事实相一致。

工程线路以色曲为界，色曲以南引水工程处于地壳次不稳定区，包括雅砻江的热巴、博爱、阿达坝址，达曲的阿安、然充、申达坝址，泥曲的章达、仁达坝址及区间隧洞；色曲以北除阿坝的若果朗渡槽处于次不稳定区外其他为基本稳定区。

1.5　致谢

通过本次工作，我们试图探索一条从野外地球物理勘测、地应力测量及现场地质调查、室内遥感解译、断层测龄、岩石力学试验、三维应力场模拟等多学科、多手段交叉进行区域稳定性定量评价的研究思路，但由于许多问题探索性很强，肯定会有许多不成熟甚至是错误的结论；也由于工作时间紧、任务重，作者在资料整理、综合研究和编写过程中难免存在一些疏漏，有关资料、结论和认识期待在今后工作中检验、补充和修正。恳请各位专家、读者来函给予批评指正，以使我们今后的工作得以完善，作者在此表示谢意。

本书的编写过程参阅了大量的前人资料，主要有王学潮、陈书涛、张辉的《南水北调西线工程地质条件研究》和青海省水文二队的《南水北调西线工程稳定性评价》报告，工程地质方面参阅和引用了王学潮、张辉、李金都、石守亮、杨威、赵自强、刘亚群、罗超文等专家的资料；活动断裂方面参阅并引用了唐荣昌、阚荣举、鄢家全、时振梁、汪素云、环文林、邓起东、向宏发、张秉良、王学潮、宋方敏、马寅生、肖振敏，刘光勋、黄志全、漆家福、伍法权、柴建峰等专家的资料；地震活动性研究参阅和引用了丁国瑜、张培震、汪一鹏、张晚霞、杨树新等专家的资料；区域稳定性评价方面参阅和引用了胡海涛、唐荣昌、李兴唐、易明初、孙叶、吴树仁等专家的资料，其他参阅和引用的资料已列在参考文献中，在此表示感谢。

在本书编写过程中，得到中国地质调查局水环部领导（殷跃平）、中国地质科学院领导（董树文、赵逊）、工程设计部门黄河水利委员会勘测规划设计院领导（王学潮）、地质力学研究所领导（龙长兴、赵越、李贵书、吴珍汉）和科技处领导（孟宪刚、赵志忠、雷伟志、白嘉启、张瑞丰）及同行的关心和指导，王连捷研究员为本书的出版提出了许多宝贵意见，易明初研究员对全书进行了审阅并作序。为此，本书作者向关心和支持本项工作研究的各级领导和广大同仁致以崇高的敬意和衷心的感谢。

第2章 南水北调西线一期工程概况

2.1 南水北调西线工程概况

南水北调西线工程是从长江上游引水入黄河，从根本上解决我国西北地区和华北地区干旱缺水问题并促进黄河的治理开发的战略性工程。

黄河是中华文明的摇篮，其以占全国河川径流 2%的有限水资源量，承担着本流域和下游沿黄地区占全国 15%耕地面积和 12%人口的供水任务。由于气候变化引起的径流量逐年减少、地下水开采增加、各地用水结构发生变化等原因，造成水资源缺乏，使得黄河流域省区经济受到很大影响。黄河流域现状供需缺口达 49.2 亿 m^3，许多急需建设的能源项目由于没有取水指标而无法立项，即将开工建设的项目面临水资源短缺；黄河流域上中游的腾格里沙漠、乌兰布和沙漠、毛乌素沙地，近几年更是成为华北地区沙尘暴频发的来源地；缺水问题已严重制约了黄河流域各省区变资源优势为经济优势的经济发展战略的实施。

据国家有关部门预测，在充分考虑节水型社会建设、尽可能降低各行业用水定额的条件下，黄河流域及相关地区到 2020 年和 2030 年国民经济需水量分别为 614.4 亿 m^3 和 647.1 亿 m^3。依据该预测，按照当前多年平均水量计算，2030 年黄河流域河道内外总缺水量将高达 149.4 亿 m^3。水资源成为西北地区乃至黄河流域经济、社会、环境可持续发展和全面建设小康社会的主要制约因素之一。黄河流域属资源性缺水地区，只有通过南水北调西线工程调水补给，并通过受水地区配套工程的建设提高水资源的利用率，才能有效保障黄河流域各省区经济社会的持续、稳定、协调和快速发展。

南水北调西线工程是维持黄河健康生命的一项战略性工程，工程规划从长江上游的干流金沙江、支流雅砻江、大渡河支流调水 170 亿 m^3 到黄河。调水区范围为北纬 31° 20′ ～35° 20′、东经 95° 00′ ～102° 30′，即西起长江源头，东至若尔盖，南抵甘孜、德格，北界花石峡、黄河，主要涉及四川省甘孜、阿坝藏族自治州和青海省果洛、玉树藏族自治州，面积约 30000km²。鉴于黄河流域的缺水情况和我国经济的承受能力，西部调水规划按由小到大、先易后难、分期开发、逐步扩展的原则，计划分两期实施：雅砻江、大渡河支流调水方案是一期工程，金沙江调水为二期工程，如图 2-1 所示。

2.2 南水北调西线第一期工程概况

一期工程规划从长江上游雅砻江、大渡河水系年调水 80 亿 m^3 入黄河，采用雅砻江－黄河自流方案，即截引雅砻江干流、雅砻江支流的达曲、泥曲及大渡河支流的色曲、杜柯河、麻尔曲、阿柯河等河流水量到黄河的引水方案。调水线路又有上、中、下三条可选的线路和 21 个可选坝址方案，其中以中线明流洞方案（热巴－黄河）为最佳推选方案，如图 2-2 所示。

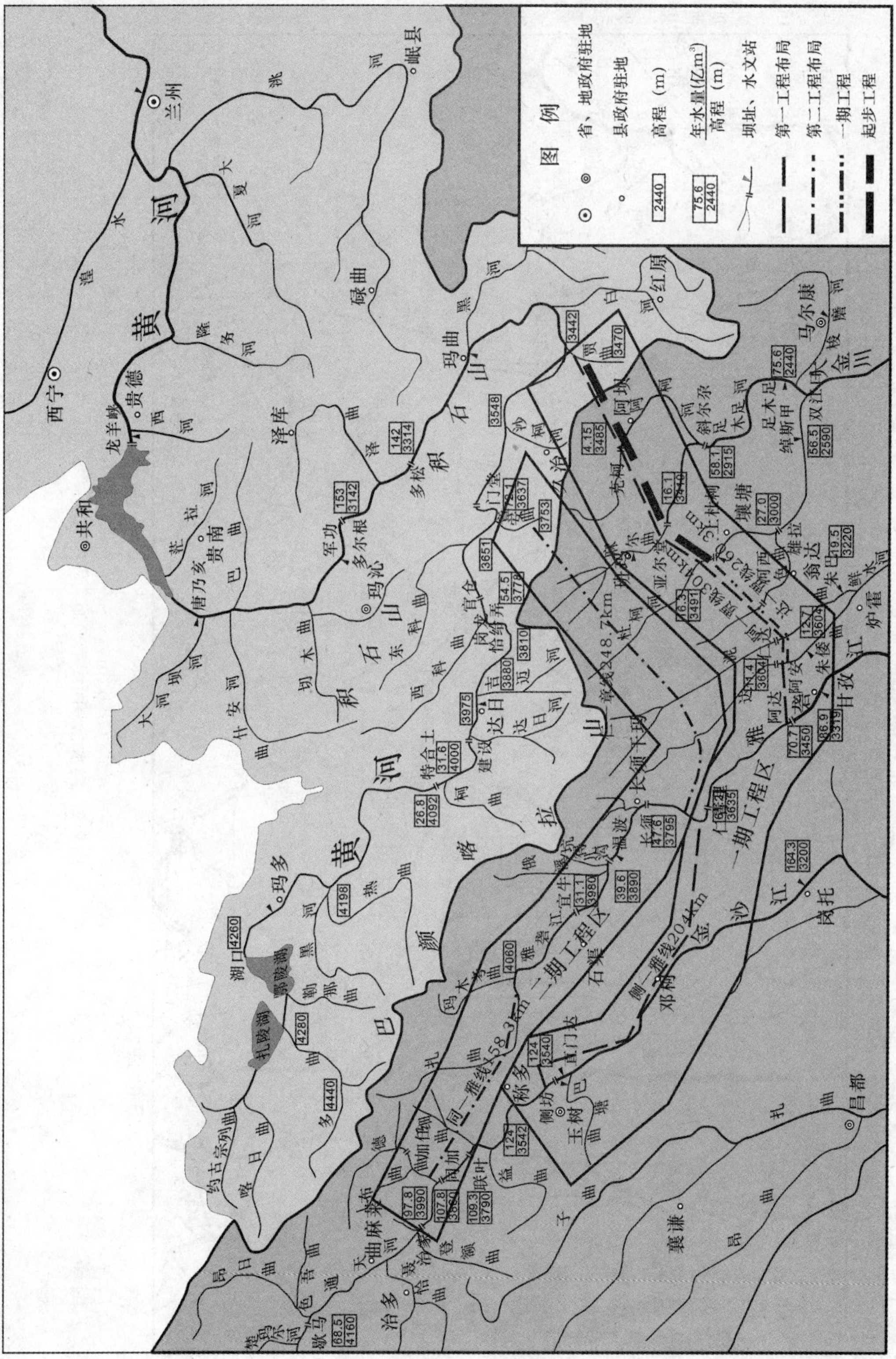

图 2-1 南水北调西线工程规划图

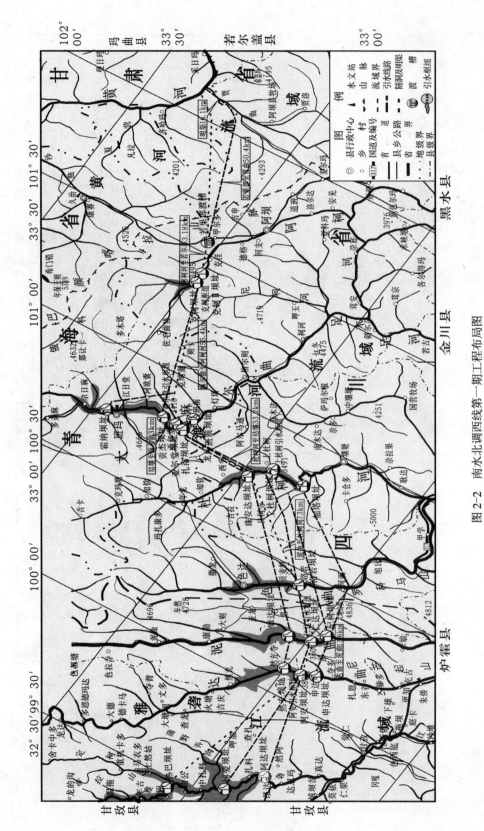

图 2-2 南水北调西线第一期工程布局图

中线明流洞调水线路从雅砻江热巴到黄河青果曲，线路全长 321.08 km。工程总体布局采用"七坝、十四洞"串联组成，"七坝"分别位于雅砻江干流上的热巴，雅砻江支流泥曲上的阿安、达曲上的仁达和大渡河支流色曲上的洛若、杜柯河上的珠安达、麻尔曲（玛柯河）上的霍纳及克曲上的克柯枢纽工程。枢纽工程所处高程在 3500m 左右，坝型为混凝土面板坝和沥青心墙坝两种形式，坝高在 30～192m 之间（具体各水库特征指标见表 2-1）。受河流及冲沟切割，自然分为 9 段 14 条隧洞，故称为"十四洞"。引水隧洞总长超过 300km，单个隧洞自然分段最长 72.3km，最大洞径 10.5m，平均埋深 500m，最大埋深 1150m。雅砻江至杜柯河段采用单洞形式，单洞段长 153.89km，杜柯河至黄河段采用双洞形式，双洞段长 167.20km；渡槽 6 座，分别是阿安渡槽、仁达渡槽、珠安达渡槽、克柯渡槽、窝央渡槽、若果朗渡槽，全长 2766.246m；倒虹吸 2 座，分别是定曲倒虹吸和扎洛倒虹吸，全长 1686m。工程总体布局见图 2-1。

表 2-1　项目建议书阶段各水库主要特征指标

水库	坝址高程（m）	坝址多年平均径流量（$\times 10^8 \text{m}^3$）	坝址多年平均引水量（$\times 10^8 \text{m}^3$）	最大坝高（m）	坝型
阿安	3604.0	10.50	7.0	130.50	沥青心墙坝
仁达	3594.0	11.30	7.5	122.80	面板堆石坝
洛若	3747.0	4.54	2.5	30.00	混凝土闸+面板坝
珠安达	3538.5	14.26	10.0	114.00	沥青心墙坝
贡杰	3437.0	13.45	9.5	160.00	面板堆石坝
克柯	3485.0	5.69	3.5	52.00	混凝土坝
合计		59.74	40.0		

2.3　工程区位置与自然地理条件

南水北调西线一期工程区位于青藏高原东南部、巴颜喀拉山的东段，南临川西高原雀儿山、北抵阿尼玛卿山，行政区跨越四川西北部和青海省南部及甘肃南部（图 2-3），涉及青海省的果洛与四川省的甘孜、阿坝三个藏族自治州所在地区以及甘肃省甘南藏族自治州的部分地区。

现代高原的自然地理特征在某种程度上反映了新生代地质构造的活动特性，尤其是夷平面、水系格局、山原形态更是新构造活动的直接反映。地表地貌形态是新构造运动的产物，调水区现今地貌形态是地壳构造运动直接或间接作用的产物，也是新生代地史发展的现今表现，其山势、水系等地貌的形态展布均受构造格局的控制。印度板块持续向北俯冲和青藏高原快速隆升，是高原地貌形成和维持的原动力，断层作用（包括复活或新生的）对高原地貌的控制作用特别明显，大多数山脉与大断层走向近于一致，调水区主要河流水系的走向也受断层构造的制约，主要湖泊大多数是与断层有关的构造湖，湖泊长轴方向与断层方向一致。断层作用使山脉、山地、河流、湖泊定向和定位，雀儿山、巴颜喀拉山、沙鲁里山等山脉以及通天河、雅砻江、泥曲等水系均呈北西走向，与区域构造线的延伸一致，形成独特的线性地貌。

工程区内，山峰林立，切割深达 1000m 以上，大渡河流域为中强切割高山区。低洼处水草丰茂、山坡上植被较茂密，一般阳坡以灌木为主，阴坡以高大乔木为主，森林覆盖率在 30% 左右。工程区为三叠系基岩出露区，岩石与地层出露良好。

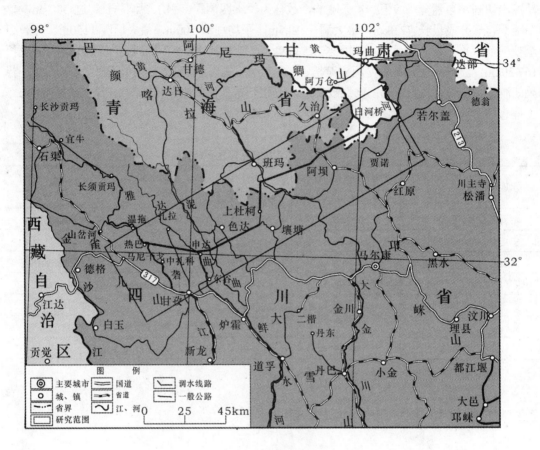

图 2-3 研究区位置图

2.3.1 地势

调水区属青藏高原东部高山高原区，大多处于海拔 3000m 以上，地貌特点是西北部较高，东部和南部地势逐渐降低，主要引水枢纽和引水线路布置在长江与黄河分水岭的巴颜喀拉山两侧。区域内较高的山峰有位于黄河源附近的雅拉达泽山，海拔 5214m；西（宁）一玉（树）公路西侧的巴颜喀拉山主峰，海拔 5267m；班玛县东北的果洛山（年保玉则），海拔 5369m，山顶发育有小规模现代冰川；玛沁县西北的阿尼玛卿山主峰——玛卿岗日，海拔 6282m，是黄河流域内的最高峰，分布有 140km^2 的现代冰川，也是黄河冰雪径流的主要发源地。

工程区海拔大部分在 3000～5000m 之间。其中最高点为雀儿山山脉的谢达雪山，海拔高程为5333m，位于甘孜县城西南；最低点海拔高程为2160m，位于工程区东南四川金川县大金川谷底。

2.3.2 山脉

区内山脉由南向北主要有雀儿山、大雪山和著名的巴颜喀拉山脉。雀儿山-沙鲁里山雄居雅砻江与金沙江之间，最高峰海拔6168m，分布有现代冰川76.45km²；大雪山走向北西或近南北，构成了雅砻江与大渡河分水岭，其最南端为海拔7556m的贡嘎山，山顶发育有297.5km²大面积现代冰川；巴颜喀拉山主脊总体走向为北西—南东，山体具有西高东低、西窄东宽、西缓东陡等特点；巴颜喀拉山西南部为唐古拉山北支和横断山脉北支，俗称宁静山或芒康山，是长江与澜沧江水系的分水岭，山高坡陡，其北部为东昆仑山脉的布尔汉布达山和布青山，西与可可西里山相邻。

以巴颜喀拉山为界，南侧长江流域以通天河、大渡河为主，地貌特征以高原高山为代表，崇山峻岭，山清水秀，峰峦叠嶂，山高坡陡，沟深流急，而北侧的黄河流域总体高程小于长江流域，地貌特征以两湖（扎陵湖和鄂陵湖）、高原、平原为代表，河谷宽浅平坦，河水散流，山体平原浑然一体，高山草原坦荡无垠。

2.3.3 水系

区内水系发育，以巴颜喀拉山为分水岭，分为黄河水系和长江水系。黄河水系从其发源地经扎陵湖、鄂陵湖向东，经过几度曲折，在玛曲流出区外，受区域构造的控制，黄河南东向流至若尔盖盆地后，折向北西穿过拉加峡谷到龙羊峡水库，形成"天下黄河第一弯"。长江水系在工作区内有一级支流雅砻江，二级支流大渡河（大金川），分别在上占、金川附近向南流出工作区。

巴颜喀拉山脉以北的黄河流域地势为浅切割宽谷区，海拔3500~4500m，地势起伏平缓，切割轻微，相对高差小于400m；巴颜喀拉山脉以南的地势，雅砻江高，通天河低，大渡河更低，海拔3000~4000m，地形呈波状起伏，相对高差600~1000m；引水终点黄河上游支流贾曲河床标高3442m，而作为水源的雅砻江3319m（甘孜）、大渡河河床标高2915m（斜尔尕），河床高程低于相邻黄河河床高程120~500m。

总的来说，以巴颜喀拉山脉为界，北部地形高差较小，地面切割较弱，河流、沟谷多为宽缓形状，山坡坡度相对不大；南部长江水系的地形高差较大，地面切割较强，地形变化明显要比黄河水系复杂，河流、沟谷宽度小，深度大，阶地也比较发育。造成这种现象的原因除有构造因素外，还可能与气候条件和降雨量有关。

2.3.4 气候

西线一期调水区深居内陆高原，具有随纬度和高度而显著变化的高原－山地天气系统。巴颜喀拉山脉以北具有高原亚寒半干旱气候特征，低温少雨多风；巴颜喀拉山以南具亚寒—寒温带半湿润气候特征。大渡河深切河谷区，随着海拔降低、纬度南移和西南季风北上，半湿冷气候逐渐增强。年降水量由北向南、由西向东逐渐增加。区内天气虽受西风带控制，但在高原热低气压作用下对流性天气系统活跃，降雨量少而不均，蒸发量大，雷暴、冰雹、阵雨天数位居全国同纬度之首。气候寒冷，日温差大，四季不分，气候变化具有沿纬度、高度呈水平和垂直分带性。年均气温为 0℃的高程界限，在巴颜喀拉山脉北侧约为 3700m，南侧约为 3950m。一般平均气温随高度增加而减少的比例值为 0.7℃/100m，在其他条件相同时，纬度偏北 1°，年均气温降低 1.2℃。海拔高程为 3000～4500m 的地区，区内各县城年平均气温在-4.9～6.3℃之间，其中达日、石渠、色达等县城年平均气温在 0℃以下，年霜期在 343 天以上，班玛、久治、甘孜、壤塘、阿坝等地区年平均气温 0.1～5.6℃，年霜期在 280～344 天之间。空气稀薄缺氧，气压低，地面气压大都为 600～700hPa，相当于海平面气压的 60%，空气中的含氧量相当于海平面的 72%～60%，大约海拔每升高 1000m，含氧量减少 10%。从上述调水区地貌和气象特征可以看出，调水区的环境变化与海拔、纬度有明显的关系，海拔高度是影响调水区环境的重要因素之一。

2.3.5 土地覆盖类型和植被覆盖度

调水区属青藏高寒植被区，气候寒冷，植被土壤的平面分区、垂直分带性十分明显。尤其是巴颜喀拉山脉阻挡了南来的暖湿气流，两侧气象、水文大不相同，植被土壤差异很大。一般来说，海拔 3500m 以下山坡和河谷两侧气候温暖，生长有大片茂密的原始森林，农田可种小麦、蔬菜等喜温作物；海拔 3500～4000m 森林渐稀，由阔叶林变为针叶林，但仍可种植青稞等高寒作物；4000～4300m 为灌木林，牧草长势良好，是主要牧区；4300～4800m 灌木逐渐消失，牧草渐稀；一般在 4800m 以上为岩屑坡，岩面裸露，植物稀少，偶尔可见到雪莲、格桑花等中药材；区内 5000m 以上为雪线，5300m 以上的山峰分布有现代冰川。

调水区土地主要覆盖类型包括林地、灌丛地、沼泽草地、草甸草地、荒草地、裸地和高山寒漠等。根据植被指数（NDVI）特征，一般地，高覆盖度类型（植被覆盖度＞75%）主要集中在河谷低海拔地区；中高覆盖度类型（植被覆盖度 60%～75%）主要分布在调水区东部低海拔地区；中覆盖度类型（植被覆盖度 45%～60%）主要分布在西部高原丘陵地区；低覆盖度类型（植被覆盖度＜45%）主要分布在高山和沟壑地区。

2.3.6 冻土

南水北调西线一期工程区属于青南藏北高原多年冻土区，多年冻土下限（4250m）之下，冻土下界高程总的发育趋势为北部低、南部高，西部低于东部，见附图岩土体工程类型分布图。季节冻土主要分布于调水区的东部和其他区域的河流滩地及盆地边缘。此外，多年冻土的平面分布主要受制于海拔高度，在一定程度上服从纬度地带性规律，大致纬度每降低 1℃，多年冻土下界高程升高约 130m。多年冻土环境是个很脆弱的生态系统，一旦遭到破坏，恢复极其缓慢，在很多情况下甚至是不可逆的，尤其是在极不稳定的岛状冻土区，外界条件的变化会使其产生敏感反映。近数十年来，调水区岛状多年冻土多呈区域性退化趋势。南水北调西线一期工程的实施可能会加剧多年冻土的退化，使冻土环境遭到破坏。

2.3.7 水文

2.3.7.1 地下水环境特征

调水区内地下水的水化学特征受含水层岩性、地下水补径排条件和气候诸因素控制。一般来说，矿化度低，按舒卡列夫分类方法，地下水水化学类型主要为 HCO_3-Ca，HCO_3-$Ca \cdot Mg$ 型，局部地区分布有 $SO_4 \cdot HCO_3$-$Ca \cdot Mg$，$HCO_3 \cdot SO_4$-$Ca \cdot Mg$ 和 Cl-Ca

型水。其中，HCO_3-Ca 型水主要分布于巴颜喀拉山主脊及达日、阿坝等平原、丘陵、低山区，地下水浅部径流交替循环迅速，水化学成分基本保持着大气降水的水化学特征。HCO_3-Ca·Mg 型水主要分布于巴颜喀拉山南麓、两侧沉降带及阿尼玛卿山地区，因为地下水径流途径长，或者地下水与地表水在基岩裂隙中反复交替循环溶滤，使水中 Mg^{2+} 含量增加。一般地，调水区地下水大多无色、无味，总硬度小于 450mg/L（以碳酸盐计），矿化度小于 0.5g/L，pH 值为 6.5～8.5，Ca^{2+} 含量小于 1.0mg/L，Fe^{3+} 含量小于 0.3 mg/L，NO_1^- 及 NO_3^- 含量都未超标，符合饮用水要求。区内局部地区碎屑岩类裂隙孔隙水对混凝土既有强烈结晶性侵蚀作用，又有结晶分解复合性侵蚀作用。

2.3.7.2 地表水

工程区以巴颜喀拉山为界，南北两侧分属长江、黄河两大水系，自西北向东南流经本区。

(1) 黄河水系。

黄河源于巴颜喀拉山北侧，自扎陵湖、鄂陵湖由西向东流，自达日进入区内，从玛曲延出。据门堂水文站资料，年径流量为 72.1 亿 m^3，分布极其不均匀，丰水期 7～10 月，枯水期为 12 月至来年的 3 月，其径流量仅占年径流量的 8.3%。

(2) 长江水系。

雅砻江为金沙江支流，青海境内源头段称扎曲，总体流向自北向南而后转向东，据甘孜水文站资料，年径流量 86.9 亿 m^3，丰水期为 6～10 月，其径流量占全年径流量的 77.7%；枯水期为 12 月至来年 3 月，期间径流量仅占年径流量的 8.5%。最丰月（7 月）月平均流量是最枯月（2 月）的 13.4 倍。

达曲河和泥曲河是雅砻江的支流，发源于青海桑日麻的桑次尼阿山和甘孜县的公羊切托山，在炉霍汇合后称鲜水河，由雅江县的统太镇汇入雅砻江。达曲河在阿安年径流量为 11.4 亿 m^3，泥曲河在仁达坝址的年径流量为 12.7 亿 m^3。

大渡河源于青海省境内的阿柯和麻尔曲河，四川省称上游段为杜（多）柯河，总体流向为由北向南，河道蜿蜒，多峡谷，水流湍急。据足木水文站资料，年平均流量 75.3 亿 m^3，丰水期为 6～10 月，其径流量占年径流量的 80.9%；枯水期为 12 月至来年 3 月，其径流量占年径流量的 12.7%，最丰月（7 月）月平均流量为最枯月（2 月）的 11 倍。

大渡河的另外两支流杜柯河和色曲发源于青海班玛县的吉卡地区，于雄拉汇合后称绰斯甲河，据观音桥绰斯甲水文站资料，年平均流量 56.5 亿 m^3。

2.3.8 人口与交通

工程区内人口密度小，人烟稀少，平均每平方公里 2.4 人，以农业、牧业为主，劳动力缺乏，经济文化处于落后状态，是汉族、藏族、羌族、回族、撒拉族等少数民族聚居区，人口组成 92%是藏族，有其独特的宗教信仰和习俗。研究区主要公路有川藏公路，成都到阿坝公路及连接工程区的甘孜、壤塘、班玛、色达、阿坝等州县，另有简易公路通到各乡，尚不能构成公路网。工程区远离工农业区和铁路线。2002～2004 年国家邮路工程对工程区内的甘孜-色达公路进行了改造，使其达到三级公路标准。乡镇有简易公路，但路面质量较差，大多数公路在雨季受外动力影响破坏的现象时有发生，大部分乡级公路也只能季节通车。由于引水工程处于崇山峻岭，除少部分引水线路有简易公路可到达外，工程区沿线大多不通汽车，人员只能步行，多数要靠牛马驮运。因此，工作区交通条件不好，野外地质工作难度较大。

第3章 工程区区域地质特征

南水北调西线一期工程区位于青藏高原东部的川（四川）青（青海）甘（甘肃）三省交界的部位，范围包括阿尼玛卿山以南、雀儿山以北和龙门山以西的巴颜喀拉山地区。巴颜喀拉山地区大地构造单元为松潘-甘孜印支地槽褶皱系，该地槽褶皱系始于奥陶纪，三叠纪碎屑岩沉积厚度巨大，经历多次大幅度升降，结束于三叠纪末，地槽回返，形成了巨厚的层状浅变质砂、板岩。印支构造运动时期，该区强烈水平挤压形成北西向的复式背、向斜构造和逆断层，相互交织一起，构成了复杂的川青构造地块，是相对年青的地壳构造区，南水北调西线调水工程位于该构造区域内（图3-1）。渐新世以来，由于印度板块由南西向北东相对欧亚板块不断俯冲碰撞，导致喜马拉雅运动，青藏高原相对于周边强烈隆升，区域普遍受到这场运动的影响和改造，在周缘形成地貌陡变带，是山地地质灾害的频发区。随着青藏高原的地壳增厚和抬升，欧亚板块沿先存断裂发生地壳物质的向东蠕散，从而形成有规则的断块运动，川青地块向东运动和川滇地块向东南挤出，地块边界的鲜水河-甘孜-玉树断裂和昆仑山口-玛沁-玛曲断裂强烈左旋滑动，并伴生强烈的地震活动。这种地壳的不稳定现象对调水工程的施工和运营安全形成严重威胁，因此，在工程规划阶段就必须根据区域地质特征和调水工程特点，调查工程区地震活动断裂以及所产生的地质灾害，评价其对工程的影响。

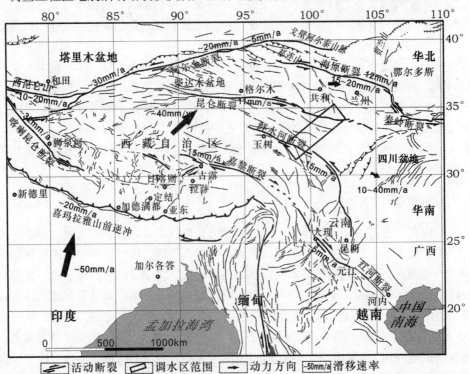

图3-1 南水北调西线调水区区域构造位置（据tapponier et al.，2001）

区域构造稳定性评价是考虑在内外动力地质作用、岩土体介质及人类活动诱发或叠加的地质灾害等对工程建设的相互作用和影响下，现今地壳及表层的相对稳定程度。其以地球内外动力地质灾害为研究对象，目的是为了避开地震活动带、断层活动带及地质灾害多发带，减轻诱发地质灾害，为工程建设寻找相对稳定的场地。

工程区内以其现代地壳快速隆升、强烈的断裂运动和地震活动特征引起国内外地质学界和地震学界的关注。断裂活动和地震活动以及由此引发的一系列地质灾害，是影响工程安全的重要地质因素，它的形成和发展显然与其所处的区域地质构造、基底组成以及新构造活动有着密切关系。

3.1　地质构造演化

3.1.1　区域地质构造背景

青藏高原是世界上最高、最厚、最新和体积最大的高原，具有十分复杂地质结构、物质组成、流变学特征和独特的深部物理状态。青藏高原隆升是地球上新生代最壮观的事件，它影响了资源的再分配及生存环境的变化，并在其内部及边缘诱发了至今异常活跃的地震灾害；青藏高原又是亚洲大陆的最后拼合体，它所显示出的地壳破损镶嵌结构，示踪了地质历史上诸地体多次离散、聚敛和碰撞造山动力学过程的证据，直至 6000～5000 万年前印度/亚洲的最终碰撞，并形成了广泛的大陆变形域。大陆岩石圈是一个不均一、不连续、具多层结构和复杂流变学特征的综合体，大陆地壳没有共同的成因和起源，它是由不同块体的不同物质组成的集合体，具有大范围变化的构造和热历史。而流体和熔融体的相互作用又改变了流变学的结构。因此，比大洋岩石圈老得多、厚得多和具有复杂流变学结构和演化过程的大陆岩石圈使板块"登陆"受到很大阻力。大陆岩石圈并非刚性块体，变形作用也绝非只发生在板块边界的狭窄地带。人们发现，运用经典的板块理论愈来愈难解释大陆地质，譬如：长期活动的造山带的形成、大陆碰撞造山热的成因、印度/亚洲碰撞造成的巨大陆内变形域、青藏高原的隆升、大陆深俯冲和超高压变质作用以及超高温变质作用等难题（许志琴，2006）。

对于青藏高原镶嵌结构的岩石圈，不同的大地构造流派都有其独特的理解。

地质力学理论认为，整个调水区大地构造部位位于"青藏'歹'字形构造体系"的头部，由一系列弧形走滑断裂及其间所夹的有成生联系的地块组成，形成于印支期，喜山期随青藏高原的隆升强烈活动（李四光，1929）。

黄汲清多旋回造山观点认为，松潘-甘孜印支褶皱系从属于特提斯期中生代褶皱带，而特提斯中生代褶皱带则是由于特提斯海洋壳的相互作用而形成。主要由未变质或轻微变质厚达1 万余米的三叠纪碎屑岩组成冒地槽，三叠纪晚期的印支运动形成地槽褶皱，而东侧是晚元古代末的扬子造山运动形成的扬子准地台，西侧是一个以海西期为主的多旋回构造岩浆活动带。基底主要由前震旦纪到古生代早期的结晶杂岩和变质岩组成，位于康滇地轴上，属亚洲大陆陆壳的一部分。

张文佑等从断块构造的角度分析认为，康滇古陆的西缘，即滇西-后龙门山深断裂带将东部的华夏断块与西部的西藏断块分开。两侧沉积的建造，超基性岩浆、基性岩浆和酸性岩浆的活动，现代的强烈构造运动以及地球物理特征（诸如重力场、磁力场、地壳厚度等）都有非常明显的差别。

李春昱从板块构造的观点，通过沉积建造、岩浆作用、变质作用、构造特征、地震活动等因素的分析，提出了"龙门山脉及康滇地轴构造组合"、"川、甘、青三角形构造线"等都可能是古板块的俯冲带（李春昱，1975）。

许志琴运用地体和地体活动论观点，提出青藏高原结构划分的新方案（图3-2），强调青藏高原的形成经历了新元古代以来长期活动的过程，青藏高原是一个"非原地"诸多地体会聚、拼合以及经历复合碰撞造山的"造山的高原"，大型走滑断裂在青藏高原形成中起着地体相对位移、侧向挤出、移置及使高原几何形态扭曲的作用；提出青藏高原隆升的"南缘超深俯冲（>600km）、北缘陆内俯冲、腹地深部热结构及岩石圈范围内的向 NE 右旋隆升"的多元驱动力机制（图3-3）。

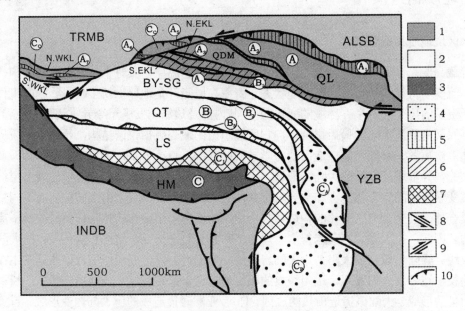

图 3-2　青藏高原地块结构（据许志琴，2006）

1. 早古生代复合地体；2. 中生代增生复合地体；3. 新生代增生地体；4. 挤出—移置地体；

5. 早古生代俯冲杂岩带和活动陆缘带；6. 早中生代俯冲杂岩带和活动陆缘带；

7. 晚中生代—早新近纪俯冲杂岩带和活动陆缘带；8. 左行走滑断裂；9. 右行走滑断裂；10. 逆冲断裂

A——阿尔金-祁连-昆仑早古生代复合地体：QL. 祁连亚地体；QDM. 柴达木亚地体；N.EKL. 东昆仑北亚地体；S.EKL. 东昆仑南亚地体；ALT. 阿尔金亚地体；N.WKL. 西昆仑北亚地体；S.WKL. 西昆仑南地体；B——松潘甘孜-羌塘-拉萨增生复合地体：BY-SG. 巴颜喀拉-松潘甘孜亚地体；QT. 羌塘亚地体；LS. 拉萨亚地体；C——青藏高原周缘增生、挤出、移置地体：C_A. 喜马拉雅增生地体；C_B. 云南挤出地体；Cc. 掸邦挤出地体边界；A_1. 北祁连早古生代俯冲杂岩带和活动陆缘带；A_2. 柴达木北缘早古生代俯冲杂岩带和活动陆缘带；A_3. 祁曼塔克早古生代俯冲杂岩带和活动陆缘带；A_4. 昆中早古生代俯冲杂岩带和活动陆缘带；A_5. 北阿尔金早古生代俯冲杂岩带和活动陆缘带；A_6. 南阿尔金早古生代俯冲杂岩带和活动陆缘带；A_7. 库地早古生代俯冲杂岩带和活动陆缘带；B_1. 东昆仑-阿尼玛卿三叠纪俯冲杂岩带和活动陆缘带；B_2. 金沙江三叠纪俯冲杂岩带和活动陆缘带；B_3. 班公湖-怒江中生代俯冲杂岩带和活动陆缘带；C_1. 雅鲁藏布江俯冲杂岩带和冈底斯活动陆缘带；INDB. 印度陆块；YZB. 扬子陆块；ALSB. 阿拉善陆块；TRMB. 塔里木陆块

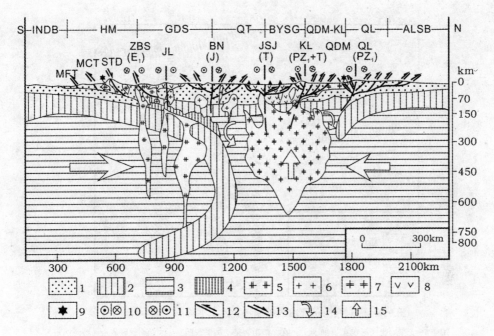

图 3-3　青藏高原地幔结构及动力学模式图（据许志琴，2006）

1. 地壳；2. 岩石圈地幔；3. 软流圈；4. 局部熔融体；5. 深部熔融体；6. 花岗岩；7. 地幔底辟；

8. 火山岩；9. 超高压变质岩石；10. 左行走滑断裂；11. 右行走滑断裂；12. 逆冲断裂；

13. 正断层；14. 挤压力；15. 上升力

IND. 印度陆块；HM. 喜马拉雅增生地体；GDS. 冈底斯地体；QT. 羌塘地体；BYSG. 巴颜喀拉-松潘甘孜地体；

QDM-KL. 柴达木-昆仑地体；QL. 祁连地体；ALSB. 阿拉善陆块；MFT. 主前锋逆冲断裂；MCT. 主中央冲断裂；

STD. 藏南拆离断裂；ZBS. 藏布缝合带；JL. 嘉黎断裂；BN. 班公湖-怒江缝合带；JSJ. 金沙江缝合带；

KL. 昆仑断裂；QDM. 柴达木地体

　　青藏高原是由具有不同地质发育历史的微大陆拼合起来的，区内分布的各构造时期的蛇绿岩套所组成的弧形岩带就是板块拼合形成的。蛇绿岩套是由地壳深处上来的基性、超基性岩及花岗岩呈弧形分布组合，有的是深处岩浆的上涌，有的则是受强烈挤压变质而成。从岩石学的研究发现，阿尔卑斯型蛇绿岩套是板块俯冲带的标志之一，在我国西南地区和青藏高原东部有不同时期的弧形蛇绿岩套和花岗岩岩带存在，它们包围着青藏高原，大致呈弧形分布，而南水北调西线就处于这个不同时期的弧形岩带上。

　　本区各个时代的基性、超基性岩主要沿着近南北向和北西向的深断裂带侵入，酸性和中酸性的岩浆岩、变质岩也沿着上述断裂带广泛发育，从而组成不同时代不同岩性的弧形岩带，反映出这些深断裂带活动的多期性和曾受到强烈构造运动的影响，同时，说明这些断裂深切到岩石圈，还可能影响到软流层。根据不同构造时期的蛇绿岩套所组成的弧形岩带（图3-4）可将青藏高原东部概略划分成：①前寒武-海西期的康定-元谋岩带；②加里东期的龙门山岩带；③海西期的南秦岭（勉略地区）岩带；④海西期的青海布尔汗布达-阿尼玛卿山岩带；⑤印支期的甘孜-木里岩带；⑥印支-燕山期的藏北-丁青-哀牢山岩带；⑦喜山期的雅鲁藏布江岩带；⑧喜山期的三台山岩带；⑨喜山期的伊洛瓦底江岩带。

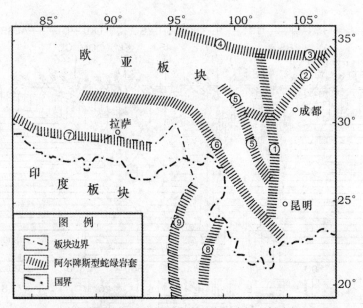

图 3-4　青藏高原东部地区蛇绿岩套分布示意图（据李坪，1993）

①康定-元谋岩带（前寒武-海西期）；②龙门山岩带（加里东期）；③勉略地区岩带（海西期）；

④布尔汗布达山-阿尼马卿山岩带（海西期）；⑤甘孜-木里岩带（印支期）；⑥藏北-丁青-哀牢山岩带（印支-燕山期）；

⑦雅鲁藏布江岩带（喜山期）；⑧三台山岩带（喜山期）；⑨伊洛瓦底江岩带（喜山期）

　　从图中可以看出，这些蛇绿岩套从东北向西南时代由老逐渐变新，相对印度板块形成弧形包围圈；它们大致平行，岩性相似，其形成机制也应该是类似的，故认为它是古板块俯冲带逐渐迁移的产物。最后移到雅鲁藏布江和伊洛瓦底江岩带地区，后者南下到缅甸密支那西北的乌龙江，再南延到阿尔干山脉，它是印度板块和欧亚板块碰撞构成的现代板块的缝合线。显然，各个不同时代的构造岩带也必然是相应时代古板块碰撞所形成的缝合线，大致以上述缝合线为界，各个时代的花岗岩带也相应局限在一定的地区。岩浆的形成和侵入是多期的，这是由于早期的板块缝合线因受到后期活动的影响而发生多次活动的缘故。酸性岩浆岩的空间分布也大致反映出在时间上由北东向南西逐渐变新的趋势（李坪，1977）。如龙门山、康定-元谋岩带与甘孜-木里岩带之间是印支期花岗岩带的分布区，甘孜-木里岩带与藏北-丁青-哀牢山岩带之间是早燕山期的中酸性岩浆岩分布区，藏北-丁青-哀牢山岩带与雅鲁藏布江岩带、三台山岩带之间为晚燕山期中酸性岩浆岩分布区，雅鲁藏布江岩带与三台山岩带的西南为喜马拉雅期花岗岩分布区——这里主要是以出露最早和出露最多的岩体而言。

　　缝合线和花岗岩时代的研究表明：组成青藏高原的诸地体的地理位置、性质和归属，以及在各个重大历史阶段中的拼合和增生与特提斯洋盆包括始特提斯洋（新元古代-早-中泥盆世）、古特提斯洋（中石炭世-早三叠世）和新特提斯洋（晚三叠世-晚白至世）的不断开启与闭合以及印度洋的最后打开（早中新世-现在）有着密切的关系。

　　青藏高原北部带的"阿尔金-祁连-昆仑"早古生代造山带是由诸多的地体/岛弧组成，北祁连-北阿尔金带中代表初始洋壳的蛇绿岩年龄早于 550Ma，柴北缘和库地蛇绿岩年龄早于 510Ma，表明地体边界蛇绿岩中保留始特提斯洋盆（新元古代-早古生代）的记录。

中石炭世开始，古特提斯洋盆的打开和不断扩张使"始北中国早古生代复合地体"、"始华南早古生代复合地体"、羌塘地体等先后朝北运移，并接受了海相沉积。

昆南-阿尼玛卿蛇绿岩带形成于 C-P 和早三叠世向北俯冲形成东昆仑活动陆缘带；金沙江-理塘蛇绿岩带形成于 C-P，早三叠世向南和南西俯冲于羌塘（昌都）地体之下，形成包括义敦-玉树火山岛弧带和理塘弧后盆地（具洋壳性质）在内的羌塘-昌都活动陆缘带。上述两条蛇绿岩带代表的古特提斯洋盆可分别称之为古特提斯北大洋和古特提斯南大洋。洋盆的消减是通过反向俯冲实现的。

中二叠世-早三叠世开始，联合大陆冈瓦纳陆块北缘的新特提斯洋盆开启和扩张，成为古特提斯洋盆消减的驱动力。班公湖-怒江蛇绿岩带与雅鲁藏布江蛇绿岩研究表明，它们分别标志新特提斯北洋盆和新特提斯南洋盆的存在。位于"松潘-羌塘复合增生地体"与"拉萨地体"之间的新特提斯北洋盆开启于早-中三叠世，在晚三叠世洋壳发生俯冲，由于在羌塘地体南缘活动陆缘增生带发育不明显，北侧的活动陆缘带也不清楚，而最近又发现拉萨地体中印支火山岛弧带的存在，推测印支火山岛弧带是新特提斯北洋盆（班公湖-怒江洋盆）向南俯冲的结果。新特提斯北大洋闭合及地体碰撞时间在侏罗纪。

雅鲁藏布江蛇绿岩为晚三叠世（215~195Ma），新特提斯南大洋形成时代为晚三叠世-早白垩世。冈底斯火山岛弧带形成初始时期为 J_3-K_1，主期为 K-E_1，表明新特提斯南大洋（雅鲁藏布蛇绿岩）的初始裂解为 T_3，向北俯冲的时间为 J_3~E_1。

青藏高原的地体拼合与碰撞造山作用同时进行，显生宙以来主要的碰撞造山时限为早古生代、三叠纪、晚侏罗-早白奎世和新生代。青藏高原巨型碰撞造山拼贴体形成主要是 600 Ma 以来长期活动及多期造山的过程，巨型碰撞造山拼贴体的形成是亚洲大陆的自北往南的增生和造山迁移过程的标志。69 Ma 左右，印度陆块从冈瓦纳大陆裂解，印度陆块向亚洲大陆方向推进，新特提斯南洋盆的消减和俯冲在主动陆缘的拉萨地体一侧形成白坚-新近纪冈底斯火山岛弧及花岗岩浆带，约 55 Ma 开始印度大陆与亚洲大陆碰撞形成印度-雅鲁藏布缝合带和"喜马拉雅新生代增生地体"。此时"阿-祁-昆-秦"早古生代复合地体与"松潘-羌塘三叠纪复合增生地体"和"拉萨侏罗纪增生地体"已完全连在一起，拼贴在南亚大陆之上（许志琴，2006）。

在印度陆块楔与南欧亚大陆碰撞同时，大规模的走滑作用使南欧亚大陆南部的松潘、羌塘和冈底斯地体向东南方向强烈侧向挤出，构成"云南挤出地体"和"禅邦挤出地体"，而制约块体挤出的主要走滑断裂（或韧性走滑剪切带）为鲜水河韧性左行走滑剪切带、嘉黎-红河韧性走滑剪切带、雅鲁藏布江右行走滑断裂等。大型走滑构造对青藏高原中先后形成的拼合地体和碰撞造山系起到了重要的制约、改造作用，碰撞造成青藏高原东南缘大量物质向东南及东方向逃逸。青藏高原大型走滑构造见图 3-5。

调水区的大地构造单元为松潘-甘孜印支地槽褶皱系东部，南与唐古拉准地台相接，东西两端分别与塔里木地台东南缘、柴达木准地台南缘和扬子准地台西缘反接。以巨厚的三叠系复理石沉积为特征，是典型的冒地槽，但在晚三叠纪，局部有火山活动形成的数百米厚的枕状玄武岩，与硅质岩、灰岩、板岩构成复杂的堆积体（照片 3-1），表明三叠纪晚期该地槽内可能短期发育裂谷。各地回返的时间不尽相同，东部的中间地块向扬子准地台过渡，在扬子准地台与柴达木准地台相距最近的角端形成了阿尼玛卿山活动带。区内三叠系海相碎屑岩系分布极广，上古生界呈断块夹杂其间，晚古生代超基性岩集中出露于阿尼玛卿山，中生代中酸性侵入岩和新生代陆相盖层散布各地，表明巴颜喀拉地区陆壳的历经了漫长的演化过程，自元古代末（中国地台）古陆解体起，经历了志留纪末、晚二叠世、中三叠世晚期、三叠纪末四次拼合，最终形成巴颜喀拉造山带的主体和现在的地质构造格局。

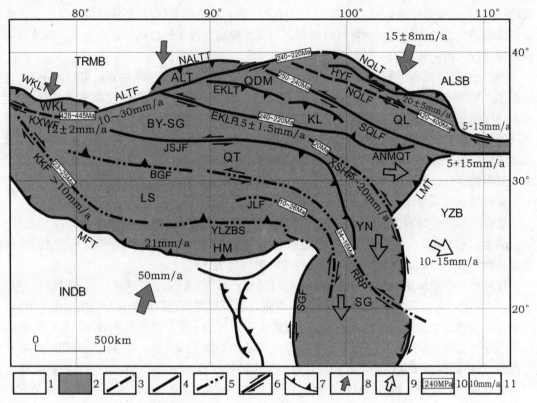

图 3-5　青藏高原大型走滑构造图（许志琴，2006）

1. 青藏高原周边克拉通；2. 青藏高原；3. 早古生代形成的韧性走滑剪切带；4. 三叠纪形成的韧性走滑剪切带；

5. 新生代形成的韧性走滑剪切带；6. 走滑断裂；7. 逆冲断裂；8. 板块挤压运动方向；

9. 板块挤出运动方向；10. 走滑构造形成时代；11. 运动速率走滑断裂

HYF. 海源走滑断裂；NQLF. 北祁连走滑断裂；SQLF. 南祁连南缘走滑断裂；ALTF. 阿尔金走滑断裂；EKLF. 东昆仑走滑断裂；XSH. 鲜水河走滑断裂；JSJF. 金沙江走滑断裂；BGF. 班公湖走滑断裂；JLF. 黎走滑断裂；KXWF. 康西瓦走滑断裂；RRF. 红河走滑断裂；KKF. 喀喇昆仑走滑断裂；QMF. 恰曼走滑断裂；SGF. 三盖明衰走滑断裂；逆冲断裂；NQLT. 北祁连逆冲断裂；ANMQT. 阿尼玛卿逆冲断裂；MFT. 喜马拉雅主前锋逆冲断裂；NALTT. 北阿尔金逆冲断裂；WKLT. 西昆仑逆冲断裂；LMT. 龙门山逆冲断裂；EKLT. 东昆仑逆冲断裂；ALT. 阿尔金亚地体；BY-SG. 巴颜喀拉－松潘甘孜地体；HM. 喜马拉雅增生地体；INDB. 印度陆块；KL. 昆仑断裂；LS. 拉萨亚地体；QDM. 柴达木地体；QL. 祁连地体；QT. 羌塘地体；SG. 松潘甘孜地体；WKL. 西昆仑亚地体；YLZBS. 雅鲁藏布江缝合带；YN. 云南地体；YZB. 扬子陆块；ALSB. 阿拉善陆块；TRMB. 塔里木陆块

（a）　　　　　　　　　　　　　　　　　　（b）

（c）　　　　　　　　　　　　　　　　　　（d）

照片 3-1　丘洛寺北沿断裂发育的枕状玄武岩（如年组）

（a）枕状玄武岩；（b）玄武岩、大理岩、碳质页岩混杂堆积；（c）玄武岩风化铁帽（期间夹杂碳质页岩）；

（d）巨大的灰岩山体是漂浮在玄武岩中的"透镜体"

3.1.2　区域构造单元划分

调水区所在的松潘-甘孜印支褶皱系位于青南、藏北和川西高原的东北部，平面上呈不规则的三角区，根据大地电磁测深资料推断（图3-6），其地壳三维结构具有上层扩散、下层收缩，周边向外围构造单元推覆的特点。

根据区域地质构造演化和新构造特点，由北向南可分为阿尼玛卿断坳带、巴颜喀拉断褶带和玉树-义敦断褶带，进一步可划分为 6 个次级的亚带：阿尼玛卿南亚带断坳带（III$_1$）、北巴颜喀拉复向斜带（III$_2$）、中巴颜喀拉断褶带（III$_3$）、南巴颜喀拉复向斜带（III$_4$）、玉树-义敦断褶带玉树-甘孜亚带（III$_5^1$）和玉树-义敦断褶带德格-义敦亚带（III$_5^2$）。如图3-7所示，班玛县哇尔依乡-白玉乡以北为阿尼玛卿断褶带的南亚带，哇尔依乡-白玉乡以南到杜柯河东北为巴颜喀拉北复向斜带；杜柯河西南-达曲东北为巴颜喀拉中断褶带；达曲西南为巴颜喀拉南复向斜带。各构造带分述如下：

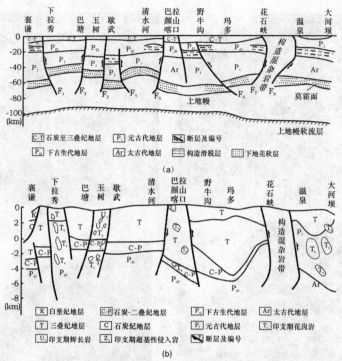

图 3-6 调水区大地电磁测深地壳结构推断剖面（据庞存廉等，1997）

(a) 壳幔结构；(b) 上地幔结构

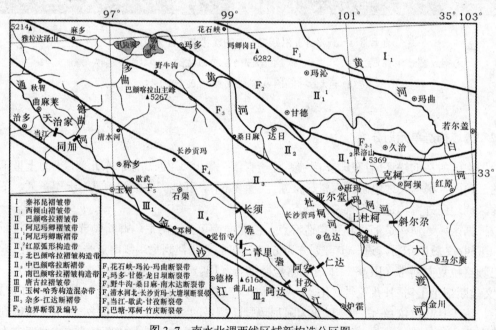

图 3-7 南水北调西线区域新构造分区图

F₁. 花石峡—玛沁—玛曲断裂带；F₂. 玛多—甘德—龙日坝断裂带；F₃. 野牛沟—桑日麻—南木达断裂带；

F₄. 清水河北—长沙贡玛—大塘坝断裂带；F₅. 当江—歇武—甘孜断裂带；F₆. 巴塘—邓柯—竹庆断裂带

1. 阿尼玛卿南亚带断坳带（Ⅲ₁）；2. 北巴颜喀拉复向斜带（Ⅲ₂）；3. 中巴颜喀拉断褶带（Ⅲ₃）；

4. 南巴颜喀拉复向斜带（Ⅲ₄）；5. 玉树—义敦断褶带玉树—甘孜亚带（Ⅲ₅¹）；6. 玉树—义敦断褶带德格—义敦亚带（Ⅲ₅²）

3.1.2.1　阿尼玛卿褶皱带（III₁）

阿尼玛卿褶皱带位于青海南山冒地槽带及柴达木南缘台缘褶皱带之南，西倾山中间地块以西，南邻北巴颜喀拉冒地槽带，西至西大滩，被断裂切截而尖灭，东止于西倾山-若尔盖地块西缘。本单元占据整个阿尼玛卿山，呈横卧的"S"形，东西长约750km，南北宽约250km不等，边界呈锯齿状。

本单元主要发育晚古生代构造层及印支早期构造层，此外尚有少量晚二叠世构造层及喜马拉雅期陆相断陷沉积。石炭系呈断块出露，下部为片岩（一部分由中基性火山岩变来），上部为结晶灰岩及大理岩，厚6000m；下二叠统呈推覆体和断块产出，由碎屑岩、中基性火山岩及碳酸盐岩组成，在昌麻河-德尔尼间，厚20000m；上二叠统分布零星，为碎屑岩，以含龙潭煤系植物群为特征，是地台型陆相沉积；中、下三叠由复理石、火山岩夹碳酸盐岩组成，厚达数千米，呈断块及推覆构造块体出露；缺失上三叠统；侏罗系为陆相含煤碎屑岩，与下伏地层呈区域角度不整合接触。

阿尼玛卿断褶带南亚带地层多倾向北，构成轴面北倾的紧闭型褶皱，连续性好，带内断裂十分发育，以北西西向为主，东端为北西向。主要断裂近于平行，时而分叉、合并，致使各地层单元和次级褶皱呈断层接触。在南北两侧边界断裂附近往往有片理化带生成，沿带发育多种具片理、片麻理的变质砂岩、千枚岩、片岩、片麻岩及混合岩。这些变质程度差异很大的变质岩沿断裂带断续分布，直接接触。各地段变质作用强度不同，形成了多变质中心，中心连线与断裂方向一致，与地层走向无关。本带严格说来并不是一个独立的褶皱带，而是北巴颜喀拉褶皱带与柴达木南缘台缘褶皱带相互叠加的后期推覆构造带。南部边界为玛多-甘德南-达尕断裂。

3.1.2.2　北巴颜喀拉褶皱带（III₂）

北巴颜喀拉褶皱带位于柴达木南缘台缘褶皱带以南，北界为玛多-甘德-龙日坝断层，南界为野牛沟-桑日麻-南木达断层，整体呈北西-南东向展布，占据松潘-甘孜印支褶皱系的北半部。本单元由中、下三叠统冒地槽型沉积基底和陆相的侏罗系、上第三系和第四系盖层组成，基底由陆缘碎屑岩为主的早、中三叠系复理石层系组成，岩性单一，地层可分性很差，但厚度巨大，火山岩不发育，是典型的冒地槽型沉积。带内中、上三叠统则分布很广，构成复向斜核部，下三叠统仅有昌马河组上段，未出露前三叠纪地层。古生代构造层仅见下二叠统冒地槽型碎屑岩、碳酸盐岩出露，呈窄长条带状出露于本带北侧。带内岩浆活动主要是中酸性的侵入岩，以花岗岩为主，多呈岩株状零星分布于折合玛-桑日麻附近。该褶皱带以三叠系为主体的褶皱多为不对称开阔的箱状褶皱，一般规模较大，褶皱枢纽及枢纽面起伏、走向变化明显，短轴和等轴褶皱不发育；褶皱轴向一般与区域构造线一致，褶皱翼部的次级褶曲十分发育，局部常出现尖棱状紧密褶曲。褶皱总体呈扫帚状，西部收敛，东部散开。次生皱曲及表层褶皱十分发育，褶皱轴向呈波状起伏，褶曲圈闭性较明显，轴面总体北倾，构造线为北西向。侏罗系及第三系盖层都是呈单式向斜和平缓开阔的复式向斜褶皱。

带内构造活动主要表现为差异升降和相应的断层作用，构造型式比较复杂，其主要边界断裂为野牛沟-桑日麻-南木达断层，西起昆仑山口，南沿巴颜喀拉山主脊北侧延伸，到杜柯河一线，主体倾向北东，倾角40°～70°，该断裂为北巴颜喀拉褶皱带与南巴颜喀拉褶皱带的分界。

3.1.2.3 中巴颜喀拉褶皱带（III₃）

中巴颜喀拉断褶带位于巴颜喀拉山主峰一带，东部为杜柯河西南—达曲以北地区，南界为清水河-长沙贡玛-大塘坝断层。呈北西—南东向展布，带内出露的地层主要为中、下三叠统，由陆缘碎屑岩为主的复理石层系组成，岩性单一，是典型的冒地槽型沉积，厚度巨大，火山岩不发育。该带三叠系下统昌马河组仅出露上段，为砂岩、板岩韵律互层，出露厚度大于1900m。中统甘德组为岩屑长石砂岩与长石石英砂岩，局部为夹少量灰岩、流纹英安岩、安山岩透镜体，厚达3000m。上统巴颜喀拉群下岩组为板岩夹砂岩，厚度大于4600m。地层间呈连续过渡，构成了比较清晰的复式背斜构造，褶皱形态与北巴颜喀拉褶皱带类似，并与之连续，带内走向断层呈斜列式与北界断层复合，大多为北倾。此外，在该带的中段还发育有北东向的走向断层。盖层为上第三系湖相红色地层和中新世以来的冰碛和冰水堆积，沿河谷分布有冲、洪积层。

中巴颜喀拉断褶带以大量发育北北西向的断层为特征，在下红科-炉霍一线较为典型。该地区的北北西向构造带主要由走向北西320°～330°的紧闭线性褶皱和断层组成，断层的展布方向与褶皱轴线近于平行，断面多向北东陡倾；局部地段控制了中巴颜喀拉构造地层单元的沉积建造、岩浆活动、变质作用和成矿作用。侵入岩体在中段集中分布。

3.1.2.4 南巴颜喀拉褶皱带（III₄）

南巴颜喀拉褶皱带位于北巴颜喀拉冒地槽带之南，呈北西—南东向展布，北西段宽，南东段较窄，至甘孜处仅宽20km左右。向西延入藏北，向东南跨入川西，南以西金乌兰湖-歇武断裂与通天河优地槽褶皱带为邻。

带内出露有三叠系下统昌马河组、中统甘德组和上统巴颜喀拉群，岩性由以陆缘碎屑岩为主的类复理石组成，分选性很差，虫迹发育，具板岩-千枚岩变质相特征，其上被侏罗系陆相火山岩及磨拉石层系角度不整合覆盖。下统主要沿南部边界歇武寺至中扎科以南雅砻江南岸一段分布。中统主要分布于歇武寺一带。上统即巴颜喀拉群，为一套类复理石建造，为被动陆缘斜坡浊积岩系，岩石中的成分比较复杂，原生层面构造发育，并含大量植物根系化石及植物碎片，碎屑成分复杂，磨圆度较差；上、下岩组均发育，下岩组以灰色板岩为主，长石石英砂岩呈夹层出现，上岩组以岩屑石英砂岩为主夹少量板岩。本带地层除具有中巴颜喀拉、北巴颜喀拉带所具有的特点外，各统和岩段内酸性、中性及中基性熔岩呈豆荚或扁豆状夹层出露，说明沉积过程中有微弱火山活动。

该构造带的断层以北西向为主，三叠系褶皱紧密，轴线起伏较大，构造线圈闭性较好，总体上构成比较完整的复式向斜构造。与中巴颜喀拉断褶构造带相比，该构造带的北西西向构造比较发育，而且多表现为大型断层，展布方向比较稳定，一般为300°～305°，且斜切北西和北北西向构造。

南部边界的主要断裂为西金乌兰湖-歇武断裂，由一组北西—北西西向断裂组成，长达800km，宽20～30km不等。

3.1.2.5 玉树-义敦褶皱带（III₅）

玉树-义敦褶皱带西起西金乌兰湖，东南延经苟鲁山克错、扎曲、当江到玉树而入四川。北与南巴颜喀拉冒地槽带为邻，南邻唐古拉准地台。

本带大范围内出露的地层是上三叠统，由中基性-中性-中酸性火山岩及类复理石层系组成。东段有大量辉长岩、超性性岩群发育，顺层产出；西段有少量超基性岩、基性岩、拉斑玄武岩和放射虫硅质岩。

乌兰乌拉湖-玉树断裂为玉树-义敦褶皱带与唐古拉准地台的分界，由数条密集的北西向断层组成，长达 700km，倾向北东，倾角 40°～70°。

3.1.3 线路区地层岩性

调水线路由南向北自雅砻江热巴枢纽穿越巴颜喀拉山到达黄河贾曲，穿越 4 个构造岩组：①北巴颜喀拉-阿尼玛卿构造地层单元，以三叠系中统甘德组和下统昌麻河组地层为主，局部为上统巴颜喀拉群；②中巴颜喀拉构造地层单元，主要为三叠系下统昌麻河组、中统甘德组和上统巴颜喀拉群，夹岩浆岩带；③南巴颜喀拉构造地层单元，以三叠系上统的巴颜喀拉组为主，局部为三叠系中统甘德组和下统的昌麻河组；④玉树-义敦构造地层单元，以三叠系上统巴塘群为主，夹有中基性岩浆岩带。调水区除太古界和寒武系之外，各时代地层均有出露。其中以三叠系分布最广，岩性主要是浅变质砂、板岩及其韵律层组合，这套地层厚度巨大、挤压紧密，褶皱强烈，多为轴面向北东倾斜的紧闭型复式褶皱，地层大多呈陡倾角。化石稀少，缺少标志层，野外只能依据岩性组合、变质程度和砂板岩比例进行综合分层。砂、板岩属中等坚硬-坚硬岩体，砂岩属弱-中等透水岩体，板岩为相对不透水层。

线路区主要涉及地层有第四系、第三系、三叠系和二叠系。三叠系地层广泛分布；二叠系仅在调水区南部和北部有少量分布；第三系主要分布于沉积盆地中；第四系主要为上更新统、全新统的冲洪积物，分布于河流沟谷及河床漫滩、阶地上。

各地层岩性描述如下：

(1) 全新统：现代河床冲积砾石、砂土层和腐殖质土层、沼泽黏土、淤泥、泥炭等；

(2) 更新统：含砾黏土、亚黏土、亚砂土、泥质细砂、冰积含砾黏土和砾石、风成黄土等；

(3) 上第三系：薄层细砾岩、黏土质粉砂岩、黏土岩及泥灰岩间夹多层劣质褐煤层；

(4) 下第三系：下部为紫红、灰白色薄层-中厚层状粉砂岩、泥质粉砂岩；上部为紫红色、砖红色厚层、块状砂砾岩；

(5) 二叠系主要由碎屑岩、碳酸盐岩、火山岩组成；

(6) 三叠系是一套浅变质的砂岩与板岩互层，主要由板岩、灰岩、千枚岩、石英砂岩等组成。

3.1.4 线路区地质构造

线路区主要涉及阿尼玛卿断褶带和巴颜喀拉复向斜带。班玛县哇尔依乡－白玉乡以北为阿尼玛卿断褶带的南亚带；哇尔依乡－白玉乡以南到杜柯河东北为巴颜喀拉北复向斜带；杜柯河西南－达曲东北为巴颜喀拉中断褶带；达曲西南为巴颜喀拉南复向斜带。

3.1.4.1 褶皱构造

线路区走向为北西－南东，北北西－南南东的复式褶皱十分发育。阿尼玛卿断褶带南亚带地层多倾向北，构成轴面北倾的紧闭型褶皱，连续性好。巴颜喀拉北复向斜带总体呈扫帚状，西部收敛，东部散开。褶皱轴向呈波状起伏，褶曲圈闭性较明显，轴面总体北倾。巴颜喀拉中断褶带构成复式背斜构造，褶皱形态与巴颜喀拉北带相同，并与之连续。巴颜喀拉南复向斜带褶皱轴线起伏较大，构造圈闭性较好，总体上构成比较完整的复式向斜构造。

3.1.4.2 断层构造

线路区断层主要为北西和北西西向的高角度逆冲断层，大多数倾向北东。在线路附近的23条大型断层中仅有2条北东向断层，断层倾角一般以40°～60°为主，破碎带宽30～200m。其中阿坝断层、阿柯河北断裂、阿柯河南断裂为区域上甘德南断裂的分支断层。杜柯河断层为区域断裂桑日麻断裂分支断裂南木达断层的南东段。

3.2 区域地球物理场特征和地壳深部结构特征

为了研究南水北调西线第一期工程区的断裂活动和地震活动与深部构造背景的关系，我们通过收集地球物理资料，主要利用了国家测绘局1981年编制的（1∶100万）全国布格重力异常图和原地质矿产部航空物探总队1983年编制的中国航空磁力异常ΔTa图（1∶100万），结合有关的地质和地球物理资料，对川西地区的布格重力异常、航磁异常和重力反演地壳厚度等方面的计算以及对重力剖面的分析，研究了南水北调西线一期工程区区域布格重力异常和航磁异常的基本特征、基底构造、地壳结构及深部构造。同时，还讨论了区域内断裂构造的主要地球物理特征。

3.2.1 布格重力异常

区域布格重力异常是由于地壳厚度变化与地壳物质不均匀造成的，是地下不同密度界面的综合重力效应。图3-8和图3-9是南水北调西线一期工程区域及近场区布格重力异常示意图。从图上可以发现，整个工程区区域范围内异常值变化于（−495～−310）×10^{-5}m·s^{-2}之间，由西向东异常值基本上呈逐步增大的趋势。根据重力异常的幅值、梯度、异常形态和走向等方面的差异，工程区异常大致以东经101°经线为界，可以划分成东西两部分。东部地区异常变化剧烈，幅值为（−450～−310）×10^{-5}m·s^{-2}，呈近南北向梯度带分布特征，最大梯度值可达每公里变化1×10^{-5}m·s^{-2}。由于受到近东西向构造影响，致使重力等值线大致沿北纬33°线和北纬32°线方向发生定向弯曲。西部地区，异常变化平缓，局部异常发育，异常幅值为（−495～−425）×10^{-5}m·s^{-2}，马尔康—玛沁—花石峡为界分为南、北两区。南部地区自北向南异常空间分布明显呈相对重力高与相对重力低相间排列的特征。它们是达日—阿坝北西向重力高异常区−450×10^{-5}m·s^{-2}；吉迈—壤塘北西向重力低异常区（−495～−460）×10^{-5}m·s^{-2}，甘孜—金川北西向重力高异常区（−380～−450）×10^{-5}m·s^{-2}。值得注意的是，甘孜—金川重力高异常区内局部异常非常发育，特别是甘孜—炉霍—道孚一线，北东东向局部重力高与重力低沿北西向呈相间排列的特征。北区的异常等值线密集，梯级带连续性较好，总体走向呈北西西向，梯度值可达1×10^{-5}m/s^2；梯级带的北部间夹有椭圆形的重力低；该梯级带为巴颜喀拉山褶皱带的北缘与昆仑断褶带的交界处，花石峡—玛沁-玛曲断层位于该梯级带南缘，等值线渐变为舒缓，分布形状较为复杂，中间分布有重力高或重力低封闭曲线，在某些等值线扭曲部分曾发生过7级以上地震。甘孜—玉树—石渠—曲麻莱一线为另一不连续分布的重力梯级带，该带区位与鲜水河、曲麻莱断层一致，走向为北西—北西西，重力异常值为（−450～480）×10^{-5}m·s^{-2}。该重力梯级带也曾发生过5次7级以上地震。

重力场的区域异常空间分布特征，主要反映了该区莫霍界面的起伏特征，一般重力梯度带反映地壳厚度变化大，相对重力高异常区对应莫霍界面隆起区，而相对重力低异常区反映莫霍界面坳陷区。重力场的局部异常的空间分布特征，主要反映了该区地壳表、浅部构造的变化。本区广泛出露的是中、下三叠统沉积岩，其岩性多为变质砂岩、板岩、粉砂岩，还有少量千枚岩和灰岩，而前古生代基底岩性多为海相碳酸岩及其变质岩，它们的密度多在 2.64~2.70g/cm³ 之间，这样使得本区局部重力异常的相对高值对应基底隆起，而相对低值常反映了新生代沉积盆地和花岗岩及花岗闪长岩岩体（$\rho=2.60/cm^3$）。比如，甘孜盆地对应局部重力低（$-470\times10^{-5}m\cdot s^{-2}$）；炉霍盆地对应局部重力低（$-455\times10^{-5}m\cdot s^{-2}$）等；而黑水－龙口－毛儿盖等轴形重力高（$-420\times10^{-5}m\cdot s^{-2}$）反映的是花岗岩体；观音桥北的重力低（$-455\times10^{-5}m\cdot s^{-2}$）反映的是花岗闪长岩体。

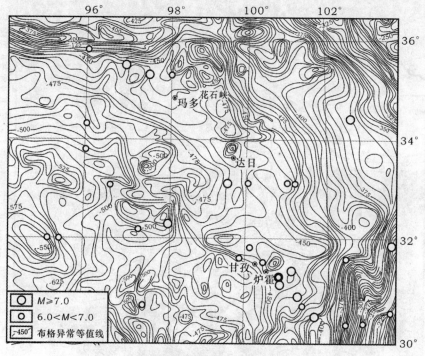

图 3-8　区域布格重力异常图（单位：$\times10^{-5}m\cdot s^{-2}$）

（据王学潮，2005）

3.2.2　航磁异常与磁性基底结构

ΔTa 航磁异常是地壳地质构造磁性变化的综合表示，主要反映基底构造、断层分布和非磁性沉积厚度等信息。引起磁异常的磁性体包括各种性质和各个时代的地质体，磁场的差异表现在磁异常符号、强度、梯度、异常形态和走向等方面。本区航磁异常变化范围大，在-200~-300nT 与 300~500nT 之间变化，具有明显的区域特点。以布尔汉布达山－阿尼玛卿山（即玛多－玛沁一线）和通天河－甘孜－鲜水河为界，根据磁异常差异可将工程区的磁场划分为北区、中区和南区三个异常区带，即北西向阿尼玛卿山线性磁异常带，北西向巴颜喀拉－松潘低缓磁异常区和近南北向雅砻江低缓磁异常区，其区域和近区域航磁异常见图 3-10 和图 3-11。

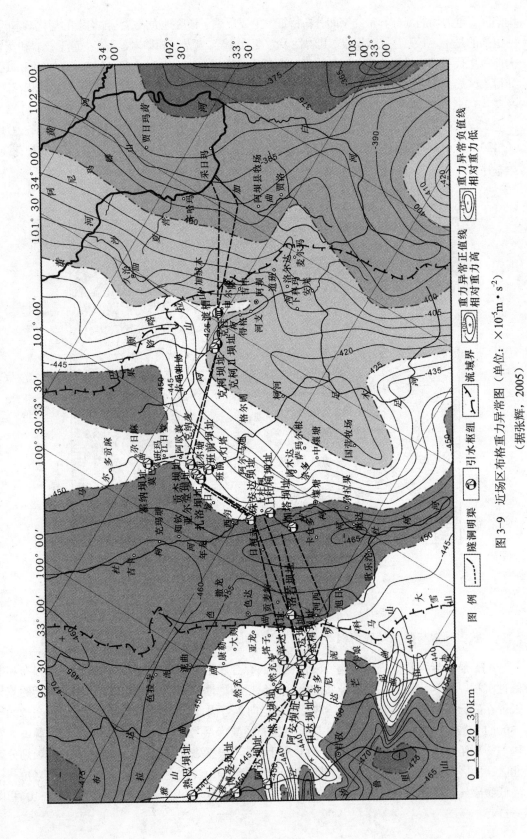

图 3-9　近场区布格重力异常图（单位：×10⁻⁵m·s²）

（据张辉，2005）

图例　——·——重力异常正值线　——100——重力异常界　∆引水枢纽　——·——隧洞明渠

　　　——·——重力异常负值线　~~~流域界　相对重力高　相对重力低

0　10　20　30km

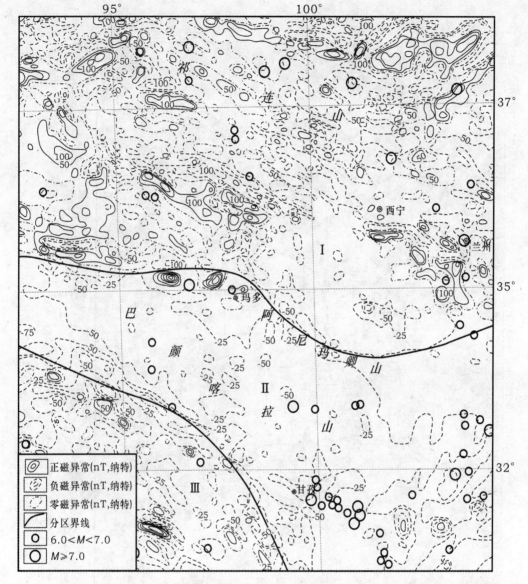

图 3-10 区域航磁异常图（单位：nT）（据王学潮，2005）

3.2.2.1 阿尼玛卿山线性磁异常带

该带与布尔汗布达山线性磁异常带相连，在磁场上显示为边幕式弧形弯突的巨大线性磁异常带，磁异常走向以北西向为主，正负磁异常相间排列，异常幅度变化较大，其强度为-50～+100nT。该带的东、西两侧在构造上分别属于昆仑断褶带和祁连断褶带。基岩由元古界片岩、片麻岩组成，固化程度较高，其磁场特征可能反映了基底岩性的构造状况，即磁性基底隆起埋藏较浅，其深度为0.5～3km。阿尼玛卿山隆起带地面主要出露了浅变质二叠系砂板岩、结晶灰岩及火山岩，此外还伴生一系列串珠状超基性岩体。磁性基岩主要由变质火山岩、超基性岩及花岗闪长岩等组成。

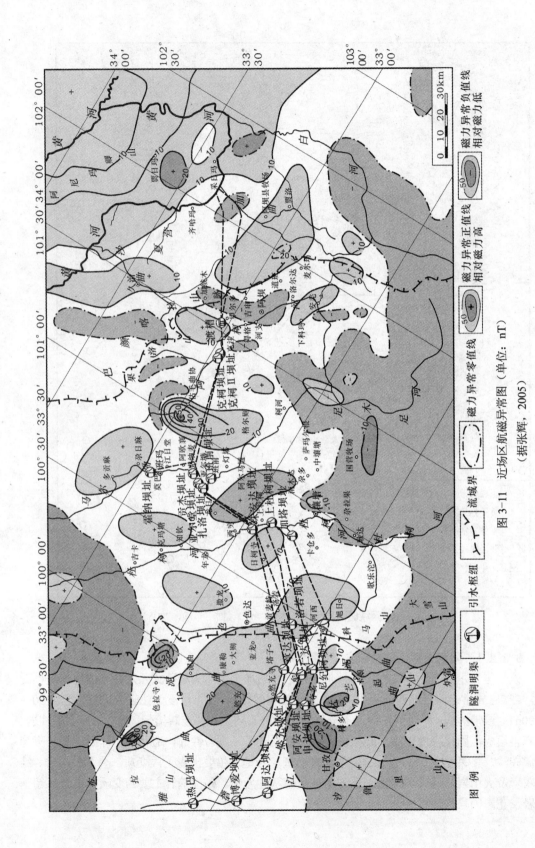

图 3-11 近场区航磁异常图（单位：nT）

（据张辉，2005）

3.2.2.2　巴颜喀拉－松潘低缓磁异常区

该异常区位于工程区的中部，区位与巴颜喀拉－松潘地槽吻合，全区磁场以十分平缓的磁异常为特征，异常走向以北西向为主，强度为±50nT。区内分布着若干强度不大的局部异常（10～30nT），多与出露的印支期花岗闪长岩和花岗岩体对应，分布于达日和班玛等地；异常区的边缘地区一般缺乏局部异常，往往是三叠纪沉积岩厚度很大的深坳陷发育区。本异常区主要出露的是中、下三叠统沉积岩，岩性单一，主要由变质的砂岩、板岩、千枚岩等组成的复理石建造。岩石的磁化率变化不大，其中砂岩、板岩、粉砂岩的磁化率都在（60～500）×10^{-5}SI 之间，多数在200×10^{-5}SI 左右；除砂、板岩外，还有少量千枚岩和灰岩出露，千枚岩的磁化率为（200～260）×10^{-5}SI。灰岩一般不具磁性。全区低缓磁场背景，一方面反映深部物质磁性弱，另一方面也说明本异常区上部地壳（硅铝层）厚度大，三叠系复理石相非磁性沉积层巨厚，由古生代结晶片岩、变质岩、下三叠统砂板岩和花岗岩组成的磁性基岩埋藏比较深，一般在 2.0～5.0km 之间。在磁性基底上展布着一系列次一级基底构造，它们是巴颜喀拉山北麓坳陷带，磁性基底埋深为 4.0～5.0km；巴颜喀拉山南麓斜坡带，磁性基底埋深为 2.0～3.0km；阿坝隆起区，区内有较多的中生代花岗岩体分布，磁性基底埋深一般为 3.0～5.0km，个别的可达 7.0km 以上（杨华等，1991）。

3.2.2.3　雅砻江低缓磁异常区

雅砻江低缓磁异常区的北界是甘孜－理塘北西西向线性磁异常带，沿线性磁异常带发育着一系列近东西向的局部异常，自西向东分布有甘孜正磁异常带（20nT）、炉霍正磁异常带（30nT）和金川－理塘磁异常（-50～150nT）。杨华（1991）等认为，甘孜－理塘线性磁异常带为一条深断裂带的反映。

雅砻江低缓磁异常区显示为近南北走向的平缓磁场特征，异常强度为±30nT。为数不多的弱局部异常主要分布在西部和南部，它们主要是花岗闪长岩和黑云母花岗岩的反映，本工程区只涉及异常区的东北部。雅砻江地区的下古生界主要由灰岩、结晶灰岩及变质碎屑岩组成，其中灰岩和结晶灰岩都不具有磁性，变质碎屑岩磁化率一般在（180～250）×10^{-5}SI 之间；上古生界以海相碳酸盐岩沉积为主，基本上不具有磁性；二叠系顶部变质岩一般磁化率为 750×10^{-5}SI 左右。全区低缓磁场背景，一方面反映深部物质磁性弱，另一方面也说明本异常区上部地壳厚度大，由古生代结晶灰岩、变质碎屑岩组成的磁性基底埋藏比较深，一般在 2.0～4.0km 之间。在磁性基底上分布着一系列南北向次级基底构造，它们是：新龙隆起带，磁性基底埋深为 1.0～2.0km；道孚隆起带，磁性基底埋深为 1.0～3.0km；工卡拉坳陷带，磁性基底埋深为 3.0～5.0km，且坳陷带与隆起带之间可能存在基底断裂。

3.2.3　地壳结构与深部构造

近年来，随着中美、中法等国际深部地质探测计划的顺利进行，在这些深部地质探测中，利用重力异常、工程爆破、天然地震转换波探测等综合地球物理探测方法，对青藏高原及其邻区的深部构造进行了探讨，积累了许多相关资料。

研究南水北调西线一期工程区地壳结构和深部构造，主要依据前人在工程区内所做的爆破地震地壳测深成果（崔作舟等，1996），同时结合重力反演的地壳厚度资料（刘元龙等，1994）。穿过工程的深地壳测深剖面有两条，即花石峡－壤口（简阳）剖面和金川－唐克剖面。花石峡－壤口爆破地震二维地壳速度结构图（图3-12）和金川－唐克爆破地震二维地壳速度结构图（图3-13），基本上给出了工程区内地壳速度结构与深部构造分布特征。

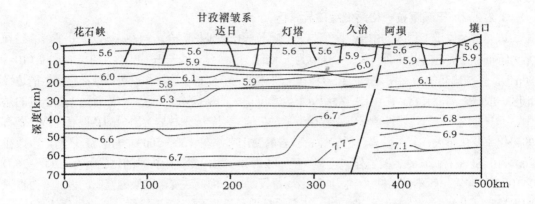

图 3-12 花石峡—壤口爆破地震二维地壳速度结构图（据崔作舟等，1996）

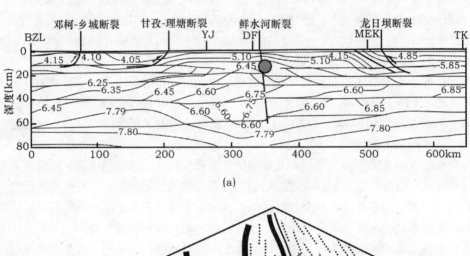

(a)

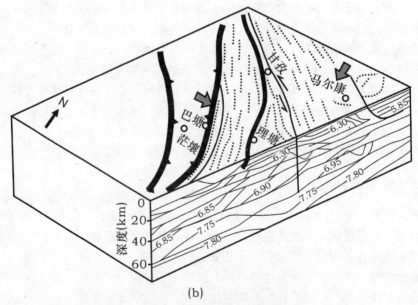

(b)

图 3-13 奔子栏—唐克爆破地震二维地壳速度结构图

（a）沿测线的二维地壳速度结构，图中实心圆表示近期鲜水河断裂上发生的强烈地震的震源位置（据崔作舟等，1996）；

（b）地表的构造和二维剖面关系立体示意图（许志琴等，1992）

3.2.3.1 地壳结构特征

从上述两个地震剖面可看出：区域地壳厚度大，分层明显，是典型的高原地区地壳类型。上地壳厚度为18～24km，层速度为5.80～6.30km/s；中地壳厚度为13～22km，层速度为6.40～6.70km/s；下地壳厚度约为20km，层速度为6.60～6.90km/s；莫霍面埋深为58～63km。此剖面在中地壳顶部有一低速层，厚度为3～5km，层速度为约5.70km/s。区域地壳结构有以下特点：

(1) 地壳厚度较大，均为59～68km。西北部达日附近地壳厚度最大达68km，自东向西地壳增厚，莫霍界面明显西倾。

(2) 地壳的速度分布在纵向或横向上均有明显变化，在纵向上存在7～9个速度层；在横向上，同深度或同层位的地壳中，常有局部高速区或低速区出现。

(3) 地壳平均速度较高，一般为6.39～6.41km/s，局部可达6.5km/s。地表速度也较高，常达5.5～6.0km/s。

(4) 地壳明显可划分为上、中、下三层：

上地壳厚度18～20km。上部为梯度层，厚12～14km，层速度4.5～6.0km/s；中部为常速层，厚5～8km，层速度6.2km/s；底部常有速度为5.8～6.1km/s的低速层。

由于工程区广为三叠系所覆盖，三叠系为浅变质的复理石砂、板岩互层，偶夹碳酸盐岩层，地震波速度较低，一般为4～5km/s；古生界和震旦系为浅变质的海相碎屑岩、碳酸盐岩层，地震波速度高且稳定；前震旦系多为浅变质的炭质板岩和千枚岩，速度值较低。因此，上地壳上部梯度层可能由三叠系岩层组成；中部的常速层可能是古生界和震旦系岩层的反映；底部存在的低速层可能与前震旦系浅变质岩有关。地表局部出现的高速区（5km/s），如灯塔与阿坝之间、达日附近以及马尔康一带的高速区，可能都与地表出露（或隐伏）的花岗岩、花岗闪长岩对应。地表局部出现的低速区（4.0～4.5km/s），如阿坝东侧、达日东西两侧以及壤口北侧一带的低速区，可能都与新生代沉积对应。

中地壳厚度18～22km。由三个速度层组成，上部速度层速度为6.3～6.5km/s；中部为低速层，层速度为5.8～5.85km/s，厚2～5km；下部速度层速度为6.5～6.55km/s。据推断，上部及下部速度层可能由花岗闪长岩或闪长岩组成，而低速度层可能与深层地下水作用或岩石部分熔融有关的软弱滑脱层有关。

下地壳厚度23～26km。上部为常速层，速度为6.8～6.85km/s，厚约11～13km，推断由玄武岩或辉长岩类组成；下部速度大于7.0km/s，厚约12～15km。

综上所述，本工程区位于松潘-甘孜褶皱系，三叠纪及其以前的地层厚度较大，且普遍变质。地壳结构特点是：地壳厚度较大，平均速度高，分层多，横向变化大，上地壳和中地壳内含有低速层，下地壳为梯度层，速度高，因此本区地壳属于稳定型地壳结构（崔作舟等，1996）。

3.2.3.2 深部构造特征

本工程区在大地构造上属于青藏高原印支块褶区的二级构造单元巴颜喀拉山断褶带，它自北向南可分为阿尼玛卿断褶带、巴颜喀拉褶皱带和松潘-甘孜弧形褶皱区三个构造单元。它们存在以下深部构造特征：

(1) 断裂构造。

库赛湖-玛沁断裂带（东昆仑断裂带）地表展现的规模较大，表现为北盘抬升、南盘下降的逆冲断裂。在花石峡—壤口剖面上,在昌麻河附近、灯塔东、阿坝西、阿坝东和唐克南等地多处穿过断裂,多个震相地震波被错动,表现为北盘上升、南盘下降、断面北倾的逆断裂,垂向延深达中地壳下部。

壤塘-马尔康断裂,位于壤塘—马尔康岩体北侧,表现为北盘上升,南盘下降的壳内断裂,推测为一深部隐伏断裂,其延伸与桑日麻断裂东南延伸大体相当。它对壤口—红原之间的中-新生代盆地及马尔康花岗岩体有控制作用。

(2) 上地壳的岩浆岩。

花石峡—壤口测深剖面穿过地带不同时代的岩浆岩体极为发育,地面出露的有达日岩体、久治-阿坝岩体、马尔康花岗岩体等。在达日西南、灯塔—久治之间,地表乃至上地壳内几乎普遍分布有岩浆岩体,它们的分布深度一般在 10km 以上,可达中地壳上部。中地壳上部的高速度体可能为闪长岩。

(3) 地壳的相对凸起和凹陷。

本工程区地壳表层的相对凸、凹较为明显,并控制了一系列古-中新生代沉积盆地。达日—灯塔之间,中地壳下凹,构成基底下陷,形成古生代-中新生代沉积盆地,并使得上地壳增厚。灯塔—久治之间,中地壳相对变薄,构成基底凹陷。久治—壤口之间和壤口-阿坝之间,上、中、下地壳多处起伏,阿坝西侧为上地壳凸起最高、中地壳下凹最低的部位;阿坝东侧则是下地壳凸起最高部位。壤口—红原之间地壳凸、凹也很明显,它对应一个较深的中新生代盆地。

在阿坝、壤口和红原一带,地表表层有弧形构造分布,它的近东西展布方向与地壳深层乃至上地幔的凸凹构造展布方向都不一致,这表明它的形成与地壳深层及上地幔的凸起和凹陷构造无关,而与该段的中上地壳结构,特别是中上地壳中的低速层分布关系密切(崔作舟等,1996)。

(4) 莫霍界面的起伏。

从深地震测深剖面可以看出,工程区莫霍界面埋藏深度为 59～68km,西深东浅,总体起伏比较大,达 9km 以上。花石峡—久治段莫霍界面埋深 68～65km,较为平缓,呈向西缓缓倾斜;久治—查理段(阿坝、壤口之间)莫霍界面埋深 65～61km,向西倾斜中略有起伏变化;查理—黑水以东段,处于高原地壳加厚的过渡带上,莫霍界面及其上覆、下伏层的速度分布以及地面地形高度均具有过渡性特征,莫霍界面埋深 61～59km,由西向东有较大抬升。

图 3-14 是利用重力异常反演得到的地壳厚度图(刘元龙等,1994),从图中可以看出,工程区的莫霍界面空间起伏基本上呈弧形展布,属于青藏高原莫霍界面隆起的周边部分。阿尼玛卿山地区,莫霍界面呈北西西向斜坡带,由北向南地壳厚度由 62km 增加到 68km。巴颜喀拉山地区,地壳厚度总体上由东向西增加,从 59km 增加到 68km,变化宽缓,并不均匀,由北向南明显出现莫霍界面凹凸相间排列的特征,凹凸之间大致以达日-班玛-马尔康断裂和玉树-甘孜及鲜水河断裂为界。工程区东部地壳厚度变化强烈,为一明显的地壳厚度异常带,走向为近南北向,它是青藏高原与四川盆地的接邻带。

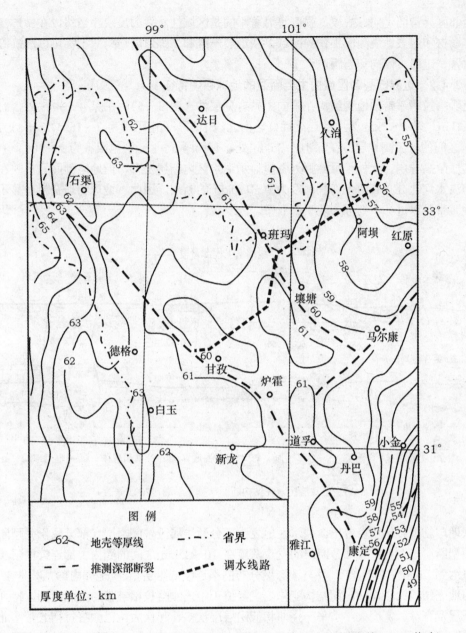

图 3-14 南水北调西线一期工程区地壳厚度（单位：km）（据刘元龙等，1994 修改）

3.2.4 区域主要断裂构造的地球物理场特征

3.2.4.1 确定断裂构造的依据

利用重磁异常确定断裂构造主要依据如下：①重磁异常呈连续带状分布，正负异常带并列出现，它们之间存在明显的梯度带，反映两侧地层不连续或地层性质截然不同；②规模小，轴向大体一致的重磁异常沿一定走向呈串珠状展布，是基性岩沿断裂分布的反映；③异常等值线急剧拐折或急剧收缩处，反映了地质体沿走向错断或垂直断陷；④重磁异常明显的分区性，紧邻区异常的走向、规模、强度等显著不同是区域性断裂的反映。当然，在做过浅层地表地震勘探和爆破地震测深工作的区域，从地震一维和二维速度结构图上都可以准确确定断裂的位置、走向、倾向和断距。

3.2.4.2 边界断裂和区域内主要断裂的地球物理特征

巴颜喀拉褶皱带的地壳结构在垂向上具有分层性（图 3-15），在深 4～9km 处，有一厚 0.6～3.1km、以 1～2km 为主的连续性好、南北浅中部深、电阻率为 7～160Ω·m 或 1～40 Ω·m 之间的低阻高导层。在深 10～35km 处，有一厚 6～11m、电阻率为 2～100Ω·m 的不连续低阻高导层。此外，虽然野外资料显示调水区内断层发育，但地电剖面只反映在野牛沟南和清水河北分布有两条切割深度为 9～10km 的断层。因此，地球物理资料也显示巴颜喀拉褶皱带可以进一步细分为若干个亚带。

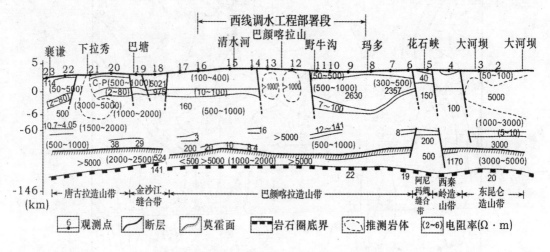

图 3-15　巴颜喀拉地壳结构断面（据王学潮，2005 修改）

从地球物理资料可以看出，调水区地表大部分断层属于基底断层，部分属于壳型断层，岩石圈型断层不发育；大部分断层的发育深度在 10～25km 之间的壳内上部连续低阻层，少部分可达到 35km 左右的深度，并与该深度分布的不连续低阻层相连。地壳内部尤其是在 10km 以下的地壳结构比较均一，而结构变化处主要位于中巴颜喀拉褶皱带的南北两侧，特别是北侧的断层发育深、宽度大，水平一挠曲状低阻层层次多、起伏大。巴颜喀拉褶皱带南北边界均为岩石圈型断层，断层带宽度及发育深度巨大，带内岩体电性为低阻、高导状。调水区地壳内 10～25km 深度水平状低阻层连续性好，厚度稳定，起伏明显，电阻率低。根据调水区内 16 个天然地震震源深度统计资料，其值介于 10～33km，其中 10～20km 深度者占 50%，且 1947 年达日 $7\frac{3}{4}$ 级地震震源深度为 26.6km，1973 年炉霍 7.6 级地震震源深度仅为 17km，而在花石峡-玛沁-玛曲断层带上的三个 6.8 级以上地震和当江-歇武-甘孜断层的一个 6.5 级地震的震源深度仅在 13～31.6km 之间。因此，调水区地震的震源深度与该区壳内水平低阻层分布深度有极好的一致性，特别是强震的震源深度与壳内 25km 深度的不甚连续低速层相对应。

(1) 边界断裂。

南水北调西线一期工程区在大地构造上属于青藏高原构造域的巴颜喀拉山地块。它在磁性基岩埋藏深度图上表现为一个三角形的巨大坳陷区，其边界断裂为北东向龙门山断裂带，北西西向库赛湖-玛沁断裂带（东昆仑断裂带）和北西向玉树-甘孜-鲜水河断裂，地壳厚度明显有变化（图3-14），反映断裂深度较大。

① 龙门山断裂。在布格重力异常图上，龙门山断裂表现为一条规模巨大的北东向重力梯度带，最大梯度为每公里变化 $1 \times 10^{-5} \mathrm{m \cdot s^{-2}}$。它的航磁异常特征显示为一条北东向负磁异常带，强度-100～150nT；在化级ΔT上延10km异常图上表现为磁异常分区性，它的西侧为南北向低值的负异常区，东侧为北东向为主的高值正异常。据浅层地震勘探和爆破地震测深资料，龙门山断裂地表及浅层发育有一系列上陡下缓的断层面，向西倾斜的逆冲或逆掩断层，它由三条主要断裂及它们挟持的断块组成。

② 茂汶-汶川断裂。茂汶-汶川断裂是与松潘-甘孜弧形褶皱区直接分界的断裂，断面向西北倾斜，倾角较陡，西盘上升，东盘下降。在地壳深部大约18～20km处，断裂产状出现急剧的反向折转，断面变为向东倾斜，倾角变缓，西盘下降，东盘上升的俯冲断裂，它断开了中、下地壳和部分上地幔顶部层，属超壳型大断裂。

③ 库赛湖-玛沁断裂带。库赛湖-玛沁断裂带简称库-玛断裂，也有人称之为东昆仑断裂带，布格重力异常显示为一条北西西向弧形重力梯级带；航磁异常为一条北西向边幕式弧形弯突的巨大线性异常带。它是磁异常区的分界线，其北侧为局部异常发育的变化磁异常区，南侧是低缓的负磁异常区。据花石峡-简阳地震测深资料，花石峡炮点以东50km处 P_2^0 震相有较大变化，75km处 P_g 震相被错断，推断该断裂为北盘抬升、南盘下降、断面向北倾斜的逆冲断层，它断开了中、上地壳，可下延到下地壳（崔作舟等，1996）。

④ 玉树-甘孜-鲜水河断裂。玉树-甘孜-鲜水河断裂布格重力异常表现为北西向线性异常带，带内局部异常发育，重力高与重力低相间展布；剩余重力异常呈现为北西向正、负异常带并列出现的特征。航磁异常显示为磁异常分区界限，东北侧为平缓的北西向负磁异常区；西南侧为近南北向低缓负磁异常；在化极ΔT上延10km异常图上呈现为北西向梯度带，它的东北侧为负磁场区，西南侧为正磁场区。

(2) 区域内主要断裂。

① 桑日麻-壤塘-马尔康断裂带。在布格重力异常图上，该断裂表现为北西向重力梯度带，它的西北段梯度小，壤塘-马尔康段梯度较大。航磁异常特征为沿断裂带展布一些规模小轴向大体一致的局部磁异常。据金川-唐克地震测深资料，在金川炮点以北117km处，P_g 震相变化大；185km处中、下地壳反射波同相轴发生明显扭曲，表现为北盘上升、南盘下降的地壳内断裂。

② 昆仑山口-达日断裂带。它的西北段与桑日麻-壤塘断裂带相交，布格重力异常表现为北西向平缓梯度带。航磁异常特征为沿断裂带展布一些规模小、轴向大体一致的局部磁异常。航磁异常特征显示为沿断裂带分布有一些规模小、轴向大体一致的局部磁异常，是莫霍界面次级隆坳的界线。

③ 甘德-阿坝断裂带。该断裂带的布格重力异常表现为平缓的北西向重力梯度带。航磁异常特征显示为沿断裂带有一些规模不大、轴向大体一致的局部异常呈串珠式展布。花石峡-

壤口地震测深资料表明，在昌麻河附近 P_g 走时曲线有几处被错断，在灯塔东 184km 处 P_5^0 走时曲线被错动，阿坝西 39km 处 P_g 震相被错断，它们均表现为北盘上升、南盘下降，深达下地壳的逆冲断层（崔作舟等，1996）。

3.3 印度板块的碰撞和区域断块运动

长期以来，由于印度洋不断扩张，原位于南半球的印度板块从冈瓦纳古陆分裂出来，并向北漂移，与欧亚板块接近，终于发生碰撞，至此特提斯海最后封闭，沿雅鲁藏布江出露的蛇绿岩带混杂沉积，即为两大板块最后碰撞的产物。北边的冈底斯山是燕山运动时期藏南板块向北俯冲的结果，唐古拉山是印支运动期藏北板块向北俯冲的结果，昆仑山是海西运动时期羌塘板块向北俯冲的结果，阿尔金山是在加里东时期柴达木板块向北俯冲的结果，其中有的俯冲带向南延伸到鲜水河-小江断裂带。显然，由于印度板块的向 NE 漂移，使青藏高原的地壳多次发生强烈的碰撞和断裂错动，形成青藏高原上几条大致相互平行的自西向东、由东西转为南北向的弧形断裂带和褶皱山系（常承法、郑锡澜，1973），青藏高原大陆动力学机制见图 3-16。地壳厚度的增大，青藏高原的强烈隆起，使得位于青藏高原边缘作为青藏高原向丘陵区过渡的川西地区，为适应以青藏高原为中心的强烈隆起，断块的差异活动基本承袭了北西向和近南北向老断裂活动，构成大致包围青藏高原的多条折线状弧形断裂。

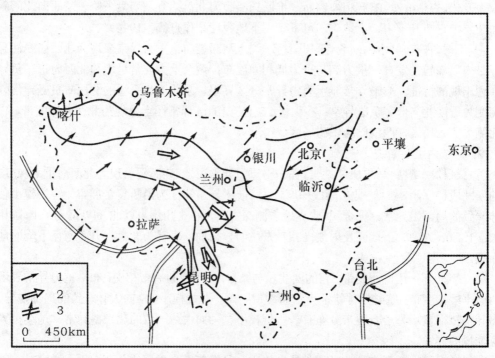

图 3-16　印度洋板块与欧亚板块的顶撞以及川滇断块、川青断块的形成

1. 板内构造应力场方向；2. 板内断块运动方向；3. 板块推挤方向

青藏高原活动断裂分布密集，见图3-17，晚更新世以来活动的大型断层主要有8条，分别是：

① 喜马拉雅活动构造带（HM），由向南凸出的主中央冲断带（MCT）、主边界冲断带（MBT）、山前冲断带（RFT）所组成，全新世滑动速率为 15～18mm/a。

② 班公错-嘉黎断裂带（BG-JL），右旋滑动速率为 4～10mm/a 左右。

③ 鲜水河-玉树-玛尼断裂带（XSH-YSMN），东部玉树—鲜水河段左旋滑动速率为 10～12mm/a；西部左旋滑动速率约为 2.5～10.0 mm/a。

④ 东昆仑断裂带（EKL），左旋走滑兼向南逆冲，晚第四纪滑动速率为 12～13mm/a；2001年11月昆仑山口8.1级强烈地震在该带中部发生，形成长达 350 km 的地表破裂带。

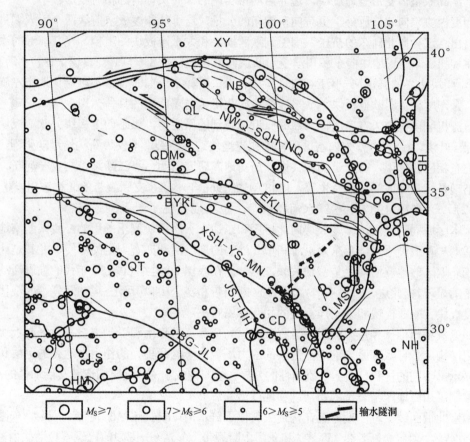

图 3-17　研究区及外围活动地块与地震

LS. 拉萨地块；QT. 羌塘地块；BYKL. 巴颜喀拉地块；QDM. 柴达木地块；QL. 祁连地块；

CD. 川滇地块；NB. 北缘边界构造带；EB. 东缘边界构造带；XY. 西域地块区；HB. 华北地块区；

NH. 南华地块区；小箭头. 剪切运动方向；细线. 晚更新世以来活动的断层；粗线. 活动地块边界

⑤ 西秦岭北缘-青海湖南缘-柴达木盆地北缘断裂带（NWQ-SQH-NQ），左旋走滑兼向南逆冲，造成南祁连山系推覆于柴达木—共和盆地之上，滑动速率较小，一般为 2～4mm/a。

⑥ 阿尔金-海原断裂带（ALT-HY），左旋走滑兼逆冲挤压，左旋滑动速率约为 7～9mm/a。

⑦ 金沙江-红河断裂带（JSJ-HH），右旋走滑，晚第四纪滑动速率可达 7～8mm/a。

⑧ 龙门山断裂带（LMS），活动性不强，但其中的岷江断裂具有左旋走滑特征，速率为 1～2mm/a。

由活动断裂带围限的区域称之为地块，也有的称断块。断块的周缘由活动性断裂带和相对稳定的块状区域组成，青藏高原地区可划分为 6 大主要地块：拉萨地块、羌塘地块、巴颜喀拉地块、柴达木地块、祁连地块、川滇地块，通过北面为北缘边界构造带和东面为东缘边界构造带与西域地块区、华北地块区和南华地块区相邻。

青藏高原整体变形是通过块体边界活动带实现的，而块体内部相对变形较小。

印度板块除向北挤压外，更有向东旋扭的分量，这可从印度板块前缘两个引人瞩目的大转折看出。这种向北向东的挤压，因受到欧亚板块和太平洋板块的阻挡，使其前缘的次级断块发生旋扭，即川青地块向东和川滇菱形断块向南东被挤出（李坪、汪良谋，1977；潘秋叶，1977）。断块边界的鲜水河-小江断裂带和昆仑山口-玛沁-玛曲断裂带不可避免地作左旋走滑运动，是印度板块对欧亚板块、太平洋板块向北挤压向东旋扭的具体体现。

震源机制研究结果亦表明，青藏高原近期受到的压应力，仍是印度板块向欧亚板块推挤的结果（叶洪，1981）。作为调水区所在的川青地块边界断裂，不仅最新构造运动强烈，地震活动亦有相应的体现，有一定的相关性。历史地震研究表明，小江断裂带与安宁河断裂带的地震活动是互相呼应的（张受生等，1988），如 1966 年小江东支断裂带的北端东川发生 6 级地震以后，1967～1987 年在鲜水河断裂带上也相应发生了一系列强震。

因本区域同时受南边印度板块向北挤压和东边太平洋板块侧压的影响，我国西南地区的地震活动与青藏高原内部及东南沿海和华北地区的地震活动亦有一定的呼应，尤其是西南地区及华北地区的地震活动更是密切关联，这一点在我国 20 世纪 60～80 年代的强震活动中得到清楚的显现。据此进一步说明鲜水河-小江断裂带和昆仑山口-玛沁-玛曲断裂带的现代活动与印度板块、欧亚板块和太平洋板块的相互作用有关。

印度板块相推挤和重力作用下，青藏高原物质流展的作用和受到来自东面华南板块的阻滞作用，构成了青藏高原东部地区复杂的应力场。由于这两种力的作用在地壳的上层和下层分别显示出不同的优势，加上物质属性的差异，这便构成了深、浅层构造及其活动性的差异，从而控制了川西地区断裂带的新活动和地震活动。

南水北调西线工程一期方案在构造上就位于鲜水河-玉树-玛尼断裂带（南界）、东昆仑断裂带（北界）、阿尔金断裂带（西界）和龙门山断裂带（东界）所围限的巴颜喀拉地块内部（图 3-18）。前三者是青藏高原内走滑速率最高的断裂带，也是大震频繁发生的构造带；后者为强烈活动的以逆冲—推覆为特征的断裂带，也是中国大陆内的强震发生带。根据围限块体的断裂活动性、区域应力场和现代地壳运动观测资料分析，巴颜喀拉地块有向东滑移的趋势。尽管巴颜喀拉块体四周边界的新构造运动非常强烈，是块体运动引发应力集中和释放能量的主要场所，但块体内部构造活动性较弱，仅发现少数晚更新世以来活动的断裂，并且规模远小于地块边界断裂。

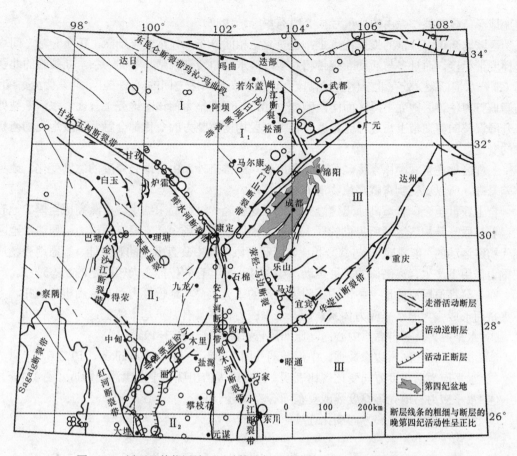

图 3-18　川西及其临近地区活动构造与活动块体分布（据徐锡伟，2005）

Ⅰ. 巴颜喀拉块体；Ⅰ₁. 龙门山次级块体；Ⅱ. 川滇块体（Ⅱ₁. 川西北次级块体，Ⅱ₂. 滇中次级块体）；Ⅲ. 华南块体

3.4　区域地壳均衡调整状态

地壳均衡假说是从地球动力学观点来研究地壳最新构造运动的。用均衡重力异常研究最新构造运动，通常在 $10^2 \sim 10^3$ km 或更大的范围才有意义，因此只有区域均衡重力异常（Δg_{is}）才有讨论的价值。据前人资料，地壳均衡调整力的大小不仅与岩石圈的厚度有关，还与地形荷载的水平宽度 L 有关。一般当 $L > 10^2$ km 时，均衡调整时间约需 10^5a；当 $L \geqslant 10^3$ km 时，均衡调整时间约需 10^4a（E.V.Artyushkov，1979）。由于均衡调整一般滞后于构造运动，这样区域均衡重力异常主要反映了地壳最新构造运动所造成的均衡破坏。地壳均衡调整状态一般具有三种情况：

①当 $\Delta g_{is} \approx 0$ 时，表示本区域地壳接近均衡补偿状态，此时均衡调整力接近零；

②当 $\Delta g_{is} > 0$ 时，表示本区域地壳均衡补偿过剩，地壳中有剩余质量，均衡调整力将使地壳下降，减少地形负载以调整壳内过剩质量；

③当 $\Delta g_{is} < 0$ 时，表示本区域均衡补偿不足，地壳中质量亏损，均衡调整力使地壳上升，

增加地形荷载以补偿壳内的质量亏损（殷秀华等，1982）。

区域均衡重力异常的最大特点是：正负异常相间分布，异常变化剧烈，正负异常之间均以梯度带相接，而且多与活动断裂带相对应，鲜水河断裂带就是其中的一条。断裂带的北西段（即鲜水河断裂）处在北东侧正异常区和南西侧负异常区之间的梯度带上，北东侧$\Delta g_{is}>0$，均衡调整力使该区地壳下降；而南西侧$\Delta g_{is}<0$，均衡调整力使该区地壳上升，鲜水河断裂处在升降调整的剪切带上，这样无论断裂带哪一段均衡调整力的变化都会触及该段地壳均衡状态的变化。

工程区处在青藏高原东缘，除受到印度板块的推挤外，由于地壳厚度的急剧变化，地势高差悬殊，所以更受到青藏高原物质流展的作用。

自上新世至今，青藏高原迅速隆升，而且这种隆升过程尚未结束。青藏高原巨厚的地壳贮存着高原隆升构造运动所提供的巨大位能，因而在重力场中，青藏高原成为高原边缘地区现代构造运动的"能量库"。与邻区相比，青藏高原地壳中具有庞大的剩余能，高原地壳物质在重力作用下产生背离高原的扩展运动，借以减小所具有的位能，向较稳定的状态过渡。

在青藏高原巨厚的地壳中，由于附近地形的重力负荷与地幔浮力对高原山根的上托、上下夹挤而形成强大的水平应力体系。这一水平应力体系具有以下基本特征：

① 水平应力具有自高原中心向高原四周辐射的特征（图3-19a）；

② 水平应力在高原边缘最强，中部减弱（图3-19b）（E.V.Artyushkov，1973）；

③ 水平应力沿深度方向变化规律表明，应力最大值出现在平衡飘浮面附近（图3-19c）；

④ 水平应力与地壳等厚度线或莫霍面等深线近于正交；

⑤ 水平应力的大小和方向变化连续。

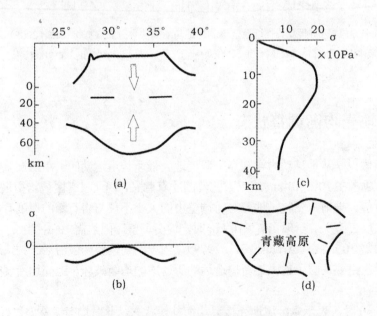

图3-19　青藏高原地壳结构力源示意图（据李坪，1993）

（a）高原地壳水平应力体系（青藏高原地壳NE85°削面）；（b）高原地壳水平应力横向分布；

（c）高原地壳水平应力随深度变化；（d）高原地壳水平应力平面分布示意

工程区位于青藏高原向南东突出的扇形地壳结构内，在印度板块向北挤压动力作用下，青藏高原物质流在此表现为向南东方向的流展。由于川西地幔上隆区范围内的四川盆地在新生代的活动性很低，其地壳物质的粘滞系数应比高原地壳物质为高。从结构上看，四川盆地地壳厚度急剧减薄，也不利于高原地壳物质的扩展，致使盆地地壳物质扩展缓慢，因而可将川西地幔上隆区视为高原地壳物质扩展的阻滞因素。从地壳深部结构上也可看出，在川西地幔上隆区的北西侧，由于地壳物质受到阻滞，地壳等厚度线变密，出现地壳厚度剧变带。在重力的作用下，青藏高原物质流向东扩展与川西地幔上隆区相遇，受到正面阻滞，使川西地区地壳处于均衡失调状态，表现在均衡重力异常上，形成一系列正负相间、变化急剧的重力梯度带。重力梯度带都与地块边界和地块内的活动断裂相对应，在均衡异常梯度带的转向处大都有强震发生。如甘孜、炉霍一带，重力梯度带在此由近南北转为北西向，先后在这一带发生 7 次 6 级以上强震；康定一带，梯度带由北西转为南北向，并与北东向龙门山梯度带相汇合，在这一带于 1725～1955 年发生 3 次 7.0 级以上地震；昆仑山-玛沁-玛曲断裂带属北西向梯度带，也是一个重要的强震多发区。

第4章 新构造活动特征

调水区位于青藏高原的东南边缘，第四纪初青藏高原的急剧隆起，使该带的地质发展进入一个新的阶段，从而奠定了本区地貌发育的区域构造背景和断裂活动的总态势，并反映在第四纪沉积层的形成和变形中。故本章从调水区第四纪地层和地貌概况来初步阐明当时的构造运动状况。

4.1 第四纪地层

区域第四纪地层主要是冰碛-冰水积和河流、湖泊及风积物。工程区第四系研究程度较低，尚未见到系统的专业性地层划分，这里是根据研究第四纪构造运动的需要，在综合前人资料的前提下，对工程区第四纪地层的分布、岩性特征、沉积时代、沉积环境和成因作概要的阐述。

由于工程区南北跨度大，第四纪构造运动复杂多变，因此，第四纪地层完整的剖面据现有资料尚难建立。各地段第四纪沉积物的发育程度和岩性特征，随着所处构造运动的强度和气候条件的不同而有一定的差异，尤其是巴颜喀拉山是长江流域和黄河流域的分水岭，南北两侧差异更大。为了便于对比分析，现分别列出巴颜喀拉山两侧典型地点沿鲜水河、玛柯河和若尔盖红原盆地两个自然段的第四纪地层综合柱状表（表4-1）。从区域上可以看出，本区的第三系分布较有限，多数地区都是第四系不整合于三叠系之上，鲜水河断裂上缺失上新统地层；鲜水河断裂带典型的昔格达层，仅在炉霍南有不厚的出露，河相冲积砂砾层（含鹿角化石）厚度可达百余米（四川省地震局，1989）。

本区典型的中更新世地层，包括黄联关组、炉霍砾石层、塞塞龙红土。柱状表中上更新统的年龄界限定为 $1.3 \sim 12.8 \times 10^4$ 年。确定其上限的根据，主要是古地磁极性年代，另外亦参考了本区的一些第四纪地质年龄数据。晚更新世上限值的确定，主要依据鲜水河带上的虾拉沱盆地和安宁河邻近地区的汉源石门坎－黑马乡的资料。这里仍根据古地磁极性对比，取12.8 万年为本期时代的上限。

根据中国地震局地质所对河流阶地的研究：玛柯河发育 3 级阶地，T_1、T_2 和 T_3 阶地拔河高分别为 20m、25m 和 41m，其 TL 年龄分别为 $(0.61 \pm 0.05) \times 10^4 a$、$(1.23 \pm 0.09) \times 10^4 a$ 和 $(5.35 \pm 0.35) \times 10^4 a$。即 T_1 阶地属全新世阶地，T_2 阶地属晚更新世末－全新世初期阶地，T_3 阶地属晚更新世中期阶地。

随着近些年来对青藏高原东南部新构造和活动构造研究的不断深入，尤其是昆仑-巴颜喀拉地块（简称巴颜喀拉地块，下同）周边断裂逐渐丰富和充实的活动构造研究资料（青海省地震局等，1999；李坪，1993；邓起东等，1994；任金卫等，1993）和有关青藏高原隆升时代、期次、幅度与各级地貌面形成、活动地块运动态势的研究成果（潘保田等，1991，2000；李吉均等，1996，2001；马宗晋等，2001；汪一鹏等，1998；袁道阳等，1999；向宏发等，

2000a、b；虢顺民等，2000），对于从整体上认识区内活动构造的面貌和基本特征很有启迪作用。而且，一些有关阶地形成及地貌面时代划分等研究结果（潘保田等，1991，2000；袁道阳等，1999；计凤桔等，2000）对于判定区内阶地面时代也具直接参考意义。表4-2是根据区内阶地测年资料和青藏高原东南周围地区阶地年代资料编制的阶地地貌面年代表。区内的Ⅰ级阶地（T_1）属全新世中期阶地；Ⅱ级阶地（T_2）为晚更新世末－全新世初期阶地；Ⅲ级阶地（T_3）为晚更新世中期阶地；Ⅳ级阶地（T_4）为中更新世末－晚更新世初阶地。在没有实际测年数据的情况下，将按上述给出年龄作为计算阶地年龄参考。

表4-1　第四纪地层综合柱状表

系	统	代号	名称	地点	厚度 (m)	年代 (×10⁴a)	岩性特征、化石及孢粉等资料
第四系	全新统	Q_4		康定	0～50	1.3	冲积层：河床、河漫滩及一二级阶地的堆积砂砾层。康定公主桥一带二级阶地顶部砾石层中的朽木 ^{14}C：9775±115a。洪积层：碎石、砂、亚黏土 ^{14}C：3235±140～370±90a。湖沼堆积层：灰黑色淤泥，泥炭，砂 ^{14}C：8800±250～7520±200a。化学沉积层：石灰华，含植物化石 ^{14}C：11160±260a
				虾拉沱	0～100		
	上更新统	Q_3	黄土层	炉霍	10～20	200±	风成堆积：黄土、粉砂质黏土，顶部夹杂一些砾和岩块，一般质地均一，无层理，含钙质和钙质结核，道孚恰叫黄土层底部黑色淤泥 ^{14}C：18795±360a
				虾拉沱	50		
			哈叫砾石层	哈叫	23		冲积层：具二层结构，下部为砂砾层，上部为含砾砂土层
			冰碛层	磨西海螺沟	120		山谷冰川：砾石成分以花岗岩类为主，直径30～80cm，大者可达1.5～2m，棱角或次棱角状，有砂、黏土充填于砾间，无分选，半胶结，其上部炭质淤泥，^{14}C：24390±750a
	中更新统	Q_2	塞塞龙红土	炉霍－道孚	5～20		棕黄－砖红色含碎屑亚黏土，沿垂直节理发育有钙核，层中有脊椎动物化石和孢粉
			炉霍砾石层	炉霍	200～250		洪积或泥石流堆积，为棕红色半胶结砾石层，砾径达30～40cm，一般10cm以上，磨圆度差，有黄棕色砂和泥质充填
	下更新统	Q_1	昔格达组	炉霍	数米未见底		蓝灰、浅灰色细砂岩夹黏土岩，为湖相沉积，地层年龄约200万年左右
			南村（期）	道孚	125		河相冲积层：五级阶地堆积砂、砾层夹砂质透镜体，不均匀钙质胶结，具交错层理，层中产鹿角化石，经电子自旋共振测年法获得年龄为：125万年
三叠系		T					砂岩、灰岩、火山岩、板岩

（据四川省地震局，1986）

表 4-2　研究区阶地年代划分与对照一览表

区内河流及 I 级支流	拔河高 (m)	测年数据 ($\times 10^4$a)	与周围地区阶地比较 ($\times 10^4$a)		综合年龄 ($\times 10^4$a)
T_1	3～5	0.61 0.55	0.4～0.5[1]		0.45±0.2
			0.41[2]	0.4[4]	
			0.4[3]	1.3[5]	
T_2	10±5	1.23 1.49	0.9～2.2[1]	3.6[4]	1.0±0.5
			0.8～1.0[2]	2.0[5]	
			0.8[3]	1.0[6]	
T_3	20±10	5.35 5.45	4.5[2]	2.9[5]	5.0±1.0
			7.0[3]	5.0[6]	
			7.9[4]		
T_4	40±20	9.19	9.5[2]	8.0[5]	10±4.0
			11.0[3]	15.0[6]	

1）计凤桔等，2000；　2）向宏发等，2000a；　3）陈宇坤，1997；　4）袁道阳，1997；　5）陈杰，1995；　6）潘保田，1991

4.2　新构造地貌

川西北高原是大面积构造隆升背景下分别由流水侵蚀、冻融侵蚀和冰川侵蚀作用下形成的夷平地貌，地貌垂直地带性明显：流水地貌带，<3800m；冰缘地貌带，3800～4200m；冰川地貌带，>4200m。由于抗寒冻风化能力和寒冻侵蚀方式的差异，隆升与夷平形成独特的岩性地貌特征：广泛分布的砂板岩抗寒冻风化能力差，风化岩中含土较多，冻融土流是斜坡变形的主要方式，冻融土流侵蚀强烈，隆升过程中地面高度一般不可能超过冰缘地貌带的上限。而花岗岩、石灰岩等结晶岩抗寒冻风化能力强，透水性好，冻融石流是斜坡变形的主要方式，坡地往往较陡，形成"石河"、"石海"。结晶岩山隆升过程中的山地高度可以超过冰缘地貌带的上限，形成发育有冰川的高山山地，区域的诸多雪山大多是花岗岩、石灰岩等结晶岩山。

区域地貌特征的差异与其所处的大地构造环境和第四纪地壳运动方式密切相关。第四纪以来，作为青藏高原组成部分的川西北高原，随着印度板块与欧亚板块的碰撞作用所导致的青藏高原地壳的迅速增厚和高原的强烈抬升，从而形成4000m的山地高原。原有的山地上升更快，形成现今海拔6656m的雀儿山，高出高原面2500余米，河流溯源侵蚀和下切作用加强。同时，断裂活动也十分强烈，形成大量强烈活动的走滑断层和逆断层。强烈的断裂活动形成了大量的断错地貌现象。

区内地面切割强烈，地势复杂多变，高山深谷相间，相对高差大，如鲜水河断裂带东南端的贡嘎山海拔达 7590m，而以东的大渡河河谷海拔仅 1000 余米，相对高差达 6000 余米。第四纪全区快速隆起，因而在多种多样的地貌形态中，存在一个辽阔的基本面，它是丘状高原的底面，是分割山岭的顶面，在该面之上还有不同海拔的高原山岭，在该面之下为深切河谷和不同成因的盆地（罗来兴等，1963）。这个辽阔的基本面是晚第三纪末第四纪初形成的剥蚀面，后来隆升到现在的海拔高度。它剥蚀了早第三纪以前的地层，有时面上有红土或其他松散堆积，有时使古老基岩直接出露，它的存在表明区内自晚第三纪末到第四纪有一个构造运动相对平静期，在此时期，全区处于剥蚀夷平阶段，并于早更新世剥蚀面最终形成。第四纪初开始的喜马拉雅运动第三幕导致这个剥蚀面的抬升和解体，并在以后的间歇式抬升过程中形成几个较低的剥蚀面和深切河谷。因此研究剥蚀面的分布和变形、断陷盆地、地堑地垒系及河流阶地等形成及演化，仍是了解本区第四纪构造运动的重要组成部分。

4.2.1　面状构造地貌

4.2.1.1　剥蚀面的分布

在工程区南部的雀儿山主峰地带、沙努里山、北部的巴颜喀拉山主峰、年保玉则山和壤塘均可见 5000m、4500m（测区西北部的达日、色达、扎陵湖和鄂陵湖地区）和近代（测区南部为 3600～4000m，测区北部为 3200～3500m）三级较明显的剥蚀面。5000m 的剥蚀面中包含了下第三系砾岩组成的 5000m 左右的山峰，这一剥蚀面形成于第三纪末；4500m 的剥蚀面上有冰川遗迹和古河道冲积物，剥蚀面形成时期为早更新世末—中更新世；近代剥蚀面主要是马尼干戈、绒坝岔、甘孜、红原、若尔盖等大型第四纪盆地堆积所形成的山间平地。

川西高原东部鲜水河断裂在嵩明、阳宗海和杨林盆地周围，最高一级剥蚀面位于海拔2300m 左右，该面分布较广，表面起伏不大，一般只有百余米的高差。它切割了不同时代和不同岩性的地层。切割的最新地层为侏罗系，该面之上普遍发育了一层红土风化壳。但该面由南向北海拔高度增加，同时红土的发育程度变差，在东川盆地两侧剥蚀面海拔为3500m 左右，此面之下常见到数级剥蚀面，很好地反映了该区间歇运动的存在。

在鲜水河上游地区，普遍存在 4200～4700m 的第二级剥蚀面，现代剥蚀面在 3200～3600m。

位于雀儿山与巴颜喀拉山之间的鲜水河流域与上述剥蚀面略有不同，鲜水河断裂带大部分位于青藏高原的东部，根据野外调查和对大比例尺地形图分析，这里有三级较高的台面，其高度分别为 4600～4800m（分布于乾宁以西的札里帕日，炉霍、仁达乡西南的杂咋，隆结卡一带）、4000～4200m（乾宁西南的沙子隆巴和塔公以东的鄂拉托）和 3800m 的台面（虾拉沱以北）。从三个面的分布范围和它们的相互关系来看，以 4000～4200m 的面分布最广，并且形态也最为典型，例如乾宁以西的沙子隆巴台面切割了三叠纪板岩，地面起伏不大，南北长达 30km，东西宽 20～25km，在它周围还可见到一些面积较小，高度相当的台面。它与其上 4600～4800m 的台面有时为一陡坡相隔，但有的地方呈逐渐过渡关系。这些台面就是本区的剥蚀面，3 个台面的存在乃反映了小的间歇性抬升。根据和藏北地貌单元的对比，4000～4200m 的台面相当于晚第三纪末形成的剥蚀面，它主要的隆起时代为上更新世晚期。南水北调西线一期工程沿线主要剥蚀面分布见图 4-1。

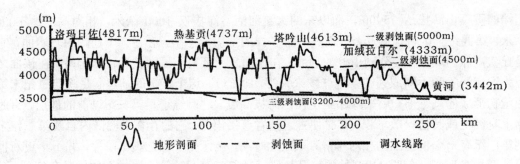

图 4-1 南水北调西线一期工程沿线主要剥蚀面分布图

综上所述，海拔 4000～4200m 的剥蚀面在本区的北、中段是普遍的，从鲜水河断裂带到安宁河的冷碛、石棉和西昌的螺髻山都有分布，它们是在晚第三纪形成，受喜马拉雅运动第三幕的影响而整体升起。本区南段的小江断裂带则以海拔 2200～2500m 的剥蚀面分布最广。其他是范围较小的、比上述海拔或高或低的多级台面，有的可能是间歇性隆起抬升的结果，有的则是上述剥蚀面被断裂解体，并发生强烈的垂直差异运动所造成。

4.2.1.2 剥蚀面的解体变形

剥蚀面经后期的断块运动，发生不同程度的解体和变形，尤其是断块的掀斜运动和断裂带差异性升降运动，造成早期剥蚀面变形和解体。总体表面为东强西弱。另外一些局部隆起对剥蚀面高程的变化也有重要作用。例如，贡嘎山隆起使该区上升到 7000 余米，螺髻山隆起使该区上升到 4000 余米。

川西高原的东部剥蚀面解体程度较高，反映地块构造升降运动幅度大。例如在东川北由断裂造成的多级剥蚀面地貌。在安宁河断裂由于断块活动较强，剥蚀面的变形比较复杂，国家地震局（现中国地震局）西南烈度队对西昌－渡口一带作过新构造分区，将本区分出强烈隆起区、一般隆起区和缓慢隆起区（国家地震局西南烈度队，1977）。从地貌研究中看出，夹于安宁河断裂和则木河断裂间的螺髻山－大火山强烈隆起区，剥蚀面的高度为 4000～4300m，而与其相临位于则木河断裂以北的白虎山－马尼路济和安宁河断裂以西的轿顶山－腊巴山两个一般隆起区，剥蚀面海拔只有 3000m 左右。在轿顶山－腊巴山隆起以西的锦屏山强烈隆起区，又升高到 4000m 左右。在螺髻山－大火山强烈隆起区以南的尖峰山－老火山隆起区，剥蚀面也在 3000m 左右。值得注意的是，不同隆起单元之间均有活动性断裂为分界。

川西高原的西部剥蚀面解体程度较弱，反映高原内部差异升降运动幅度小。例如：沿鲜水河断裂剥蚀面的解体较低，根据地形图分析，总体上看鲜水河断裂两侧垂直差异并不明显，这说明该断裂位于青藏高原的内部，水平侧压首当其冲，两侧处于整体抬升背景中，沿断裂带垂直差异运动的幅度不大。在虾拉沱可见到断裂带南侧黄土分布高程较北侧高 100m 左右，此乃断裂带本身差异断陷所致。

4.2.1.3 剥蚀面的隆起幅度

剥蚀面的分布及各地高度的变化与它们在第四纪时期上升的幅度密切相关。由于工程区内地貌和第四纪研究程度较弱，特别是它们的年代学及定量数据很少，所以在估算隆起幅度时采用两种方法：一种方法是利用剥蚀面高程与相邻盆地内第四纪沉积下界的高差；另一种方法是当剥蚀面周围的盆地很小，没有第四纪沉积的厚度资料时，则利用剥蚀面的高程与盆地高程或主要河面高程之差来表示。虽然第二种方法会使实际幅度偏小，但一般这种小型盆地内第四纪沉积物不厚，所以误差不是很大，特别是在幅度很大的地区，这种误差所占的比例更小，可忽略不计。根据以上所述，反映出鲜水河断裂的垂直差异运动幅度界于700~1000m之间。

4.2.2　新生代盆地

新生代盆地是新构造运动的重要表现形式之一，特别是第四纪断陷盆地与地震活动有密切关系。除了若尔盖大型新生代盆地之外，调水地区还发育有一系列长条形的断陷盆地和拉分盆地，如阿坝、色达-霍西、炉霍、大塘坝等走滑型断裂盆地及东谷-卡莎、甘孜等拉分盆地。这些盆地往往受一组或多组断裂控制，长轴方向与区域构造线方向一致，规模较小。发育时间多为上新世（Q₃），盆地沉积物主要是砾岩，只有阿坝和若尔盖盆地发育于新第三纪（N），产薄层烟煤。区内第四纪盆地的分布见图4-2所示，其主要特征见表4-3。

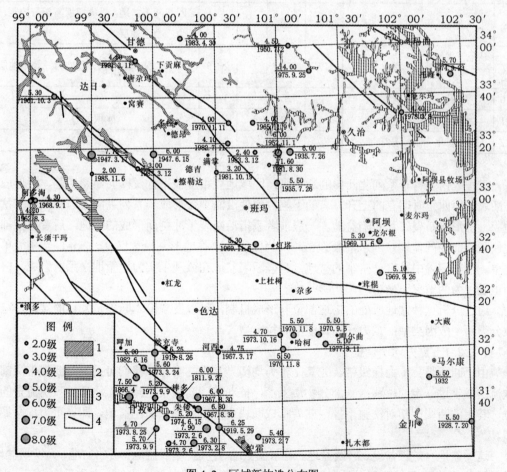

图 4-2　区域新构造分布图

1. Q_4盆地；2. Q_3盆地；3. Q_{3-4}盆地；4. 断裂

表 4-3 研究区主要新生代盆地一览表

编号	盆地名称	第四纪最大沉积厚度（m）	长轴 方向	长轴 长度（km）	短轴 方向	短轴 长度（km）	主要特点
1	若尔盖	450	NE	240	NW	110	下第三系沉积厚度达 6000m，并伴有玄武岩喷发，后期褶皱上升，上第三系厚达 1500m，第四系最厚达 450m，晚第三纪和第四纪整体下降
2	阿坝	<200	NW	30		10～12	第三纪开始
3	甘孜-绒坝岔		NW	70		5～8	Q_3-Q_4
4	炉霍	>200	NW	20		4～8	Q_3-Q_4
5	东谷-卡莎	300	NW	16		8～10	Q_3-Q_4
6	色达-霍西		NW	26		5～8	Q_3-Q_4
7	贾曲	数十米	NE	75		5～10	Q_4
8	大塘坝		NW	60		2～4	第四纪断陷盆地，受大塘坝断裂带控制，基岩为三叠系地层
9	马尼干戈-错坝	数十米	NW	38		2～5	Q_3-Q_4 冰积、冰水积，基岩为三叠系地层
10	班玛			28		3～5	Q_4
11	那壤沟	数十米		22		6～8	冰积湖 Q_3
12	那壤沟北	数十米		27		2～3	冰积湖 Q_3

　　工程区内发育一系列北西向的断裂带，区域地壳由于被平行及横向断裂切割，所形成的小断块在第四纪时期有的上升，有的下陷，致使沿断裂带形成一系列纵向盆地和横向支岔，地貌上多形成断裂谷和断陷盆地。一般前者系指沿断裂带冲刷而形成的谷地，后者系指部分地块断陷而成的盆地。鲜水河断裂带相对为陡峻的狭谷地形，最宽仅 1～2km，结构简单，在单一的断裂谷中发育一些小的盆地；有些断陷盆地在微观上实为地堑地垒系所组成，横剖面上表现为两堑夹一垒构造。

　　通过分析这种盆地所处的构造部位和形成机制，可以发现沿本断裂带发育的盆地，可大致分为两个成因类型：重力均衡调整型和拉分型。

4.2.2.1　重力均衡调整型

　　由于断裂带、重力梯级带、尤其是重力均衡异常带的吻合，我们可推测沿断裂带深部的软流层发生过一定的位移：一部分物质上涌，推动某些断块发生隆起；物质被吸引流走的部位，其上的断块则相对松弛下掉，前者形成断块山，后者形成断陷盆地，即属重力均衡调整型。

　　这类盆地有炉霍盆地、磨西盆地、若尔盖盆地、色达-霍西盆地、贾曲盆地、大塘坝盆地、马尼干戈-错坝盆地、班玛盆地和区外的东川盆地等。以邛海盆地为例，它位于安宁河、则木河及近东西向 3 条活动性断裂的交汇处，重力梯级带极为明显，近东西向断裂北侧的邛海盆地下沉很深，堆积松散沉积物厚达 1500 余米，而南侧的螺髻山则强烈隆起，隆起幅度高达

4300 余米。据对螺髻山东侧大箐梁子的砾石层研究，在中更新世则木河是向北流入邛海的，而到中更新世末—晚更新世初，由于大箐梁子的隆起而形成新的分水岭，则木河倒流向南，才形成现今的状态。断块的差异升降十分明显，反映出重力均衡调整是盆地生成的主因，炉霍、虾拉沱和磨西盆地亦有类似现象。但炉霍盆地面积不大，中更新世的松散沉积物却厚达300 多米，其东南的虾拉沱盆地，松散沉积物深 200 多米，尚未达基岩，而且盆地内的河流呈辫状漫流，表明出现代还在下沉。而两盆地的西南侧为海拔 4000m 以上的高山区，显然是一个强烈隆起区，构造位置上它们正处在北西向鲜水河断裂与一条近南北向断裂的交汇处。虾拉沱的东南，道孚和乾宁之间，在中—晚更新世交替时期亦发生隆起，使原来向东南流的鲜水河成为一条宽阔的干涸古河道，水流被迫倒流，形成深切冲沟，在道孚汇入现今的鲜水河，折向南流，成为现今的状态，这些都是同一期构造运动所完成的业绩。磨西盆地松散沉积物厚约 200m，西边毗邻的是贡嘎山，高达 7500 多米，构造位置是处在北西向与南北向活动性断裂带的转折处。阿坝盆地也是几条活动性断裂交汇处，松散沉积物巨厚，钻探数百米未达到基岩，其西侧的山地较东侧的高出十余米。所有这些实例都说明，不同方向活动性大断裂的交汇处，是应力易于集中和释放的地方，重力的不均衡，导致软流层上涌，使上覆的岩石圈断块隆起，而物质移走处的上覆断块则发生断陷，这就是我国川西地区高山和盆地相辉映的根本原因。

4.2.2.2　拉分型

断裂带上除有重力均衡调整型盆地外，在局部地段，亦产生拉分型盆地。鲜水河断裂带由数条主断层组成，多作斜列，在两条次级断裂不连续的阶区，由于断裂的水平扭错，受张扭作用而下陷成盆。这种类型的盆地多呈狭长的四边形，长边的两条次级断裂为正断兼走滑，短边的则是因走滑引张而产生的正断层。它是一种浅层的水平扭错成因类型，这类盆地在工程区内自北而南都有出现，其中甘孜盆地最为典型。

甘孜盆地以其构造位置而论是标准的左阶斜列区，归入拉分型，但这里在早期也应受到重力均衡作用的影响，因为该盆地南侧的隆起高度与北侧相比，在地貌上是高山与盆地相辉映，亦是重力均衡的失衡带，故两种成因和机制兼而有之。

4.2.3　河流阶地

河流冲积是工作区主要的第四纪沉积类型，分布特别广泛，由冲积物构成的阶地是晚近时期构造运动的生动记录。工作区内阶地类型、数量、沉积物性质特征，黄河水系与长江水系迥然不同，这是由于它们一个属于隆起区和一个属于下陷区。工作区内的长江水系由于强烈的抬升作用，河谷阶地较为发育，一般可见 3～5 级阶地，河谷呈 "V" 字型，阶地宽度不大，多为后期侵蚀而破坏，仅有阿坝盆地相对隆升较弱的阿柯河阶地保留完好（照片 4-1）。而巴颜喀拉山以北的黄河水系以下降为主，一般只能见到 I～II 级阶地（照片 4-2）。黄河干流河道在贾曲入口处呈辫状漫滩。黄河贾曲入口第四系地层剖面见图 4-3。

黄河水系的贾曲河，河床宽阔，河谷宽达十几公里，河漫滩发育，以上发育有 2 级阶地，其中 I 级阶地距离现代河床 8m 左右，II 级阶地距离现代河床 30m，III 级阶地埋藏在 I、II 级阶地之下，各阶地特征见表 4-4 所示。反映该地区在 Q_1 时有过下降阶段，Q_2 以后总体缓慢抬升，但幅度不大，小于 50m。

照片4-1 阿坝克洼阿柯河5级阶地照片（镜头南东）　照片4-2 采尔玛黄河Ⅰ级阶地（镜头北东）

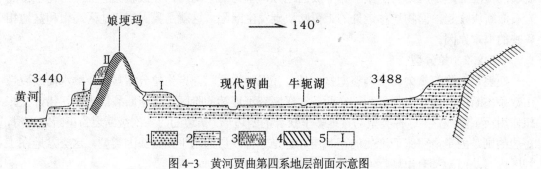

图4-3 黄河贾曲第四系地层剖面示意图

1. 砂砾层；2. 含砾粗砂层；3. 含砾砂黄土；4. 基岩；5. 阶地代码

表4-4 贾曲附近黄河阶地特征表

时代	阶地特征				现代标高（m）	距水面高度（m）	阶段上升幅度（m）
	阶地级次	沉积厚度（m）	阶地类型	沉积类型			
Q₁	Ⅲ级阶地	>40	埋藏	湖沼	–	–	–
Q₂	Ⅱ级阶地	>70	基座	冰湖	3472	25～41	21
Q₃	Ⅰ级阶地	70	堆积	冲积	3452	8～12	9
Q₄	河漫滩、河床	0～3	堆积	冲积	3440	<3	–

　　长江流域的阿柯河第四系实测地层剖面（图4-4），反映了该区第四纪初期的剥蚀面形成以后，本区就进入强烈抬升期，河流强烈下切，抬升过程的间歇性停歇，便形成Ⅴ级阶地。Ⅴ级阶地标高为3480m，而现代河床面标高为3320m，表明第四纪上升幅度不大，只有200～300m，各地质时代上升幅度见表4-5。

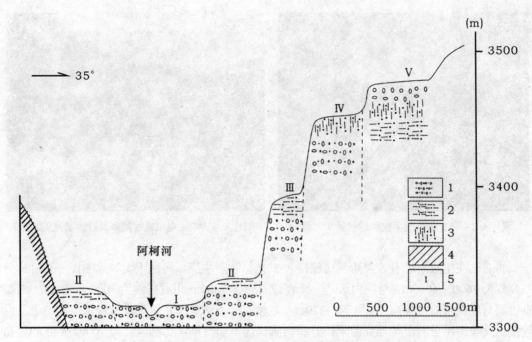

图 4-4　阿坝县安斗乡阿柯河第四系实测地层剖面示意图

1. 砂砾层；2. 砂土层；3. 含砾砂黄土；4. 基岩；5. 阶地代码

表 4-5　阿柯河多级阶地上升幅度

时代	阶地特征				现代标高（m）	距水面高度（m）	阶段上升幅度（m）
	阶地级次	沉积厚度（m）	阶地类型	沉积类型			
Q_1	T_5	8～140	侵蚀	冲击	3482	200～300	
Q_2	T_4	60～150	侵蚀	冰水、含砾黄土	3460	150～200	22
Q_3	T_3	25～30	基座	冲积	3393	30～40	67
Q_4	T_2	5.5～6.5	基座	冲积	3362	8.0～10.0	25
	T_1	2.02～2.75	堆积	冲积	3352	2.5～3.0	
	河漫滩	0.5～0.8	堆积	冲积	3351	0.5～0.8	

　　沿鲜水河一般有 4～5 级阶地，在充古附近 4 级阶地分别高出河面 4～5m、10m 左右、15～20m、40～50m，其中最低级的阶地为堆积阶地，其余 3 级均为基座阶地（照片 4-3）。在炉霍、且都、确索一带，4 级阶地的高度分别为 3～4m、7～8m、15～20m、50～60m，阶地类型与充古相同。在炉霍电站发育的阶地有 8～9 级（照片 4-4）。在道孚盆地，不同部位阶地的发育不同，盆地中部只有 Ⅰ 级拔河约 8～10m 的堆积型阶地。但由此向东南和西北，阶地的级数增加，例如在其西北的科罗及东南的足窝附近阶地增加到 Ⅳ 级，且低级阶地的拔河高度也略有增加（10～15m），Ⅱ 级及 Ⅲ 级阶地向盆地内逐渐尖灭。这种阶地的结构形态在虾拉沱盆地内也能见到，即盆地内部只有一级发育完好的阶地，向西北（炉霍附近）和东南（将军桥）阶地也增加到 4 级，这种情况表明鲜水河断裂内的断陷盆地目前正处于相对下沉的状态中。

照片 4-3　充古鲜水河多级阶地（镜头北西）　　　　照片 4-4　炉霍电站鲜水河多级阶地（镜头北西）

雅砻江在生康附近有 5 级阶地（照片 4-5），甘孜、生康、马尼干戈等地的Ⅳ～Ⅴ阶地分布高程为 3600～4000m，与区内最高一级剥蚀面海拔 5000m 相对高差为 1000～1400m，二级剥蚀面与现代河流水面高差仅 174～320m，显然河流下切速度在早更新世较快，而中更新世较慢。反映出早更新世是地壳急速抬升和河流快速下切时期，切割深度为 1000～1400m。在中更新世—晚更新世时期，地壳间歇性抬升和河流慢速间歇性下切，形成 4～5 个阶地级序，切割深度 174～320m。

照片 4-5　雅砻江生康多级阶地（镜头北西）

目前，对上述阶地的形成时间，还缺少研究。就它们的沉积物特征和地貌位置来看，它们主要是中、晚更新世时期的产物。从已有资料来看，鲜水河断裂各阶地间的高差不大，同时它们高程的变化反映了盆地的下降和盆地间峡谷段的上升。鲜水河阶地变形复杂，反映了断块间的差异活动强烈且多变。

4.2.4 山脊水系扭错

在断裂的水平错动下，跨过断裂带的沟谷和山系会产生变形，随着时间的推移，多次活动的叠加，错距也不断增加，这种现象在本断裂带内经常见到，它对确定断层的运动性质和运动速率有着重要的意义。

在鲜水河断裂带上水系和山脊扭错的现象很普遍，尤其在强震区，如道孚和炉霍断裂最为典型。

4.3 区域新构造运动特点

调水区位于松潘-甘孜地槽褶皱，印支运动后褶皱回返，处于长时间的剥蚀状态，喜山期由于印度板块向北俯冲导致青藏高原的形成，奠定了区域构造轮廓和地貌特征的基础。晚更新世以来，新构造运动仍然表现为差异性升降，但运动幅度和强度明显减弱。概括起来，新构造运动在时间上可划分三个阶段，即晚第三纪升降运动异常强烈，早、中更新世升降运动显示出振荡式升降，晚更新世以来主要表现为微弱的升降运动。区域经历了高原隆升的全部过程，全新世地壳运动的总体特征是新构造运动特征的继承和发展，在第四纪区域性抬升的基础上表现出明显的分区性。因而区域新构造运动最显著的特点有：

(1) 高原强烈隆起和地壳增厚。

区内新构造运动特点是大面积隆升。被称为世界屋脊的青藏高原，在上新世中晚期藏北—川西的广大地区所形成的地貌面高程在 1000～2000m 之间（马杏垣，1987）。上新世以来，藏北高原中部、昆仑山南麓、祁连山区和河西走廊地区分别被抬升了 3500m、4000m、2500m 和 1000m（张青松等，1981）。高原的隆起与地壳的增厚相对应，从高原北部边缘到高原中心地壳厚度由 45km 增至 73km，是大陆地壳平均厚度的 2 倍，而在高原边缘形成一条地壳厚度急剧变化的莫氏面变异带，中间是一片宽阔平缓、厚度巨大的壳体。直至目前，高原地壳仍以 2mm/a 的速率增厚（马杏垣，1987），印度板块向北推挤是高原隆升与地壳增厚的动力来源。自印度板块和欧亚板块碰撞后，由于印度板块以每年 5cm 的速度向北推进，使得青藏高原及周围地区发生了剧烈的构造变动和大尺度的水平位移，在这一时期喜马拉雅山与昆仑山之间的距离缩短了 2000～2300m（曾秋生，1999）。据有关资料，本区在上新世末期海拔还是 1000m 左右，生长着热带、亚热带的森林和森林草原（据孢粉化石资料），林间草地上生活着与当时的中国西北、华北相似的三趾马动物群。但其剥蚀面上在湿热条件下形成的红壤型风化壳，而今已升高到海拔 4500m 以上，现代山体大部分已超过海拔 5000m。

在甘孜雀儿山，新第三纪热鲁组的湖盆红色堆积褶皱变形已构成海拔 5470m 的山脊，自第四纪以来，随着青藏高原的隆起，本区上升了约 3500～4500m，平均上升速率为 1.45～1.875mm/a。据统计，线路区域在第四纪时期一共有 3 次大的间歇抬升期，随之形成了区内的三级剥蚀面，一级剥蚀面海拔 5100～5500m，二级剥蚀面 4700～4900m，三级剥蚀面 4300～4900m。

(2) 块体间强烈的差异升降运动。

南高北低：地壳差异升降运动往往发生在构造块体或新构造单元之间的边界上，反映了不同构造块体或新构造单元之间地壳垂向运动的不均一性,形成南高北低的特点。本区升降运动显著差异的地带为阿尼玛卿块体与巴颜喀拉山块体。区内在整体抬升的同时,受同一区域应力场作用,各地块在不同形状的几何边界围限条件下,相互作用、制约产生局部应力集中与分解,导致由升降、走滑运动组成地块复杂的活动趋势,造成了地块间显著的差异性升降运动。黄河谷地较南部巴颜喀拉山上升幅度要小,反映巴颜喀拉山地块强烈向北掀斜运动特点。若尔盖是相对的沉降带,据地面高程和沉积物判断,其沉降幅度可达1500余米。

河谷形态差异:区域北部属黄河水系,河谷、河床形态平坦而宽缓,多曲流,发育心滩和沙洲,显示了缓慢抬升的地貌特征。南部主要河流均属长江水系。由于地壳抬升的影响,河流强烈下切。大渡河、雅砻江及其支流在川西高原面上强烈下切,形成深达2000～3000m的高山峡谷。河流谷底狭窄,坡降大,心滩、河漫滩不发育。其支沟也反映了强烈的下切作用,使晚更新世、全新世的堆积台地上出现狭而陡且深达数十米的冲沟,形如一线观天,洪积扇的叠置现象也很常见。

(3) 水平地壳运动与主导地位。

全新世以来,区域地壳运动除显示抬升趋势外,表现得更为突出的应当是水平地壳运动。水平地壳运动的主要表现为沿主要断裂的全新世水平滑动以及断裂所围限地块的水平移动。

现代地壳GPS监测显示:在印度板块向北俯冲作用下,川青地块向东运动,边界断裂强烈左旋运动。

(4) 继承性和新生性特点。

继承性表现在:新构造受控于古构造,新构造线与老构造线基本一致,均为近东西向。许多新断裂沿袭老断裂再次运动,如东昆仑断裂等。古隆起区再度隆起,如昆仑山、祁连山、巴颜喀拉山等。

新生性最突出的表现是:东昆仑断裂带活动性质的改变(早期为挤压逆冲性质,晚期则为左旋走滑性质)以及东、西大滩断裂谷地的形成,这一变化也反映出东昆仑断裂带活动之强烈。

(5) 显著的阶段性和间歇性。

川西高原地区间歇性上升特征也较明显,新构造运动的阶段性表现在各个时段的运动方式、强弱等方面有所差异,而间歇性则形成多级地貌面。从Ⅲ级阶地形成开始(距今26万～30万年)至今,山体大幅抬升,河流急速下切,是新构造强烈活动期,也是断裂的强烈活动时期。此外间歇性运动还表现在各河谷中形成的多级阶地,长期间歇性上升形成多级剥蚀面和多级侵蚀、剥蚀阶地。

4.3.1 新构造分区

区域新构造运动主要以断块运动为主。由于断块运动主要通过边界断裂的活动来实现,因而,断块的边界断裂首先是强活动断裂。调水区的活动断裂表现了以晚第四纪运动断块为基础的明显分区性特点,区域断裂在活动强度(或活动方式)、活动时间和活动空间上具有的不均匀特征,在不同地区具有显著的差异性,这种差异性在很大程度上受到第四纪地壳运动性质和强度的制约。不同的断块区由于断块运动方式、强度以及距受力边界距离的差异,使得断块内部断裂活动时代和断裂活动强度有着很大的差别。这种差别不仅表现在断裂运动所导致的地貌形态和各种方法所测得的断层活动年代上,还直观地反映在地震活动的差异上。

上述分区原则是相互协调，相互弥补的，它们有主有次，各自代表了不同的侧面。导致这些不同分区原则的基本原因是第四纪，特别是晚第四纪地壳运动的分区性，这种差异性集中地体现在断块构造分区之中。区内构造运动为大区域的整体抬升，其间又存在差异动力。新生代以来构造运动强烈，活动断裂发育，地震频繁发生，使得区域地壳呈现不稳定势态，但其间又有相对的稳定区域。

新构造运动不仅在空间上具有明显的分区性，时间上也很不均衡。中新世—上新世时期，全区继承了构造运动的某些特点，地壳运动异常强烈，进一步加剧了区域升降运动。巴喀拉山和雀儿山断块强烈上升，若尔盖-红原盆地由不均匀沉降转为整体沉降，接受了巨厚的中新统、上新统沉积。早、中更新世，上升区继续上升遭受剥蚀，盆地区继续下降接受沉积，并且升降运动具有振荡式运动特点，上升区有短暂的下降，沉降区伴有短暂的上升。中更新世初，全区发生了一次区域性上升运动，致使早更新世与中更新世地层间形成明显的平行不整合接触。

4.3.2 现代构造运动特点

全新世以来的构造运动基本上继承了更新世的运动特点。河流阶地、河道变迁、水系发育等资料证明，以巴颜喀拉山为界，北部若尔盖盆地一直在下降，南部高山高原区在缓慢上升。

地壳垂直形变测量资料证明，几十年来，川西高原在不断上升。根据国家地震局大地测量资料，从道孚-炉霍-甘孜-马尼干戈测线显示，在 1973~1980 年间，马尼干戈相对于道孚上升了 40mm，总体倾向东。由此说明，几十年间本区地壳运动的总貌以继承性为主，新生性不明显。

4.3.3 区域活动断裂分布特征

调水线路所在的甘青川地区位于青藏高原东部、巴颜喀拉山印支冒地槽褶皱带内，区域性展布的基底-地壳断裂十分发育，呈北西向，与山体走向近于一致。大部分断裂规模巨大，向西延伸数百至上千公里，与青藏高原中部昆仑山口—二道沟一线分布的活动断裂相对应。

东昆仑断裂带和西金乌兰湖—玉树两域性隐伏基底-地壳断裂，构成调水区区域一级构造分区边界。区域内的玛多-甘德断裂、西金乌兰湖-歇武断裂带是巴颜喀拉山印支冒地槽褶皱带内南北边界，构成调水区区域二级构造分区边界。

昆仑山口-达日断裂和智秋-清水河断裂是昆仑山口断裂的东延部分，是巴颜喀拉山印支冒地槽褶皱带内三级分区界线。巴颜喀拉山印支冒地槽褶皱带划分为北巴颜喀拉山印支冒地槽褶皱带、中巴颜喀拉山印支冒地槽褶皱带和南巴颜喀拉山印支冒地槽褶皱带。五道梁-曲麻莱-东区断裂是区域南部另一条活动断裂，位于调水区内的东谷—英达一带，与鲜水河断裂交接复合。这些深断裂不但在地质历史时期发生过强烈活动，而且该断裂上现今地震仍然活动频繁，以上这些断裂都是引水沿线地区及其外围最为重要的活动断裂。

4.3.3.1 东昆仑断裂

东昆仑断裂带是一条横穿青海、甘肃的深大断裂带，西起青新交界，往东经库赛湖、东大滩、西大滩、秀沟纵谷、阿兰克湖、托索湖、下大武至玛沁以东延入甘肃境内，全长千余公里，总体呈北西西—东西向展布。该断裂全新世以来活动迹象十分明显，沿断裂、水系有肘状弯曲，并见水系、山脊错断，地貌上为一系列丫口。在玛曲下游的毛曲穿越黄河，并见有山脊呈左旋扭错，显示了该断裂的左滑活动特征。综合上述，东昆仑断裂带是具有深部构造基础、发育历史悠久和长期剧烈活动的全新世活动断层，也是青海乃至青藏高原的一条强地震活动带。

4.3.3.2 海晏-年宝玉则断裂

位于黑马河-达日断裂东侧，北起海晏，南越黄河，经索乎日麻，延入四川。断裂带重力梯度值可达 $2 \times 10^{-8} s^{-2}$，磁场异常转折，并且在与达日-久治强震带的交接区，也发生了两次6级地震。

4.3.3.3 玛多-甘德断裂

玛多-甘德断裂西端与昆仑山口-达日断裂斜接，向东经玛多北、玛多，后转向东南经甘德延出青海到四川境内，长逾200km，由一组北西西-北西向断裂组成，倾向北东，倾角55°左右。玛多以西断裂由多条分支断裂组成，使下二叠统呈透镜断片夹于其间，沿带发育宽约200m的破碎带。断裂地貌各段有异，西段断裂两侧整体抬升，形成高地；中段断层谷、凹陷发育，多处形成湖泊；东段差异升降运动强烈，多处形成山间断陷盆地。新生代以来的活动见于老地层逆冲于第三系之上，并使第三系褶皱。地貌上发育整齐的断层三角面、断层陡坎、残山、谷地、湖泊、泉水等。据航片判读，在玛多-甘德和索乎日麻等地段，有断裂切错最新微地貌的表现，带内多次发生过5～6级地震，是一条晚更新世以来的活动断裂。

4.3.3.4 昆仑山口-达日断裂

断裂西起昆仑山口以西（与东昆仑断裂斜接），向东南沿巴颜喀拉山主脊北侧延伸，经雅合达泽山南坡、野牛沟至达日后继续往东南延伸进入四川、青海省境内，全长700km，总体呈NW60°展布。

在大地构造上，该断裂为北巴颜喀拉褶皱带与南巴颜喀拉褶皱带之间的边界，形成于印支期，新生代活动明显，沿带形成一系列的断层崖、三角面、断层残山、沟槽等。第三纪、第四纪盆地呈线性分布，多处发育老地层逆冲于第四系上的断层露头。断裂带西段断错水系极为发育，小的年轻冲沟被断裂左旋断错。断裂东南段于1947年在达闩附近发生 $7\frac{3}{4}$ 级地震，地表形成了长近百公里的地震形变破裂带，并见有多期古地震遗迹。由此可知，它也是一条全新世强烈活动的断裂带。

4.3.3.5 五道梁-曲麻莱-东区断裂

西起可可西里湖南侧，往东经五道梁、曲麻莱至清水河，大致沿通天河北侧展布，长800余公里，由数条平行断裂组成总体走向 NW40°～NW60°，主要倾向南西，伴生次级北北东向张性断裂及 NEE 向反扭断裂。沿断裂带分布一系列盆地，多数被断裂切割。断裂形成于燕山期，破碎带牵连现象及片理化普遍可见，为压扭性断裂带。各段活动强度有所不同，大致在巴塘以西较强，以东较弱，新生代活动显著，断裂切错了沿带分布的新生代盆地，在曲麻莱、清水河等地见上三叠统逆冲于第三系红层之上。地貌上发育断层崖、山崖口、断层谷、泉水沿断裂呈线性分布。航片判读发现断裂左旋断错微地貌要素，该带南东端与著名鲜水河断裂相接。沿带发生过多次5～6级地震，推测为晚更新世一全新世活动断裂。

4.3.3.6 清水河断裂

该断裂沿秋智、加巧、清水河、长沙贡玛一线发育，由大致平行的两条断层组成，断裂走向由 NW50°转向 NW70°，断裂面倾向北东。断裂西侧均为河谷、草滩、低洼地，并有温泉出露，沿断裂见有较宽的破碎带并见三叠系逆于上第三系之上，自 1975 年以来，沿此断裂发生过多次大于 6 级地震。

4.3.3.7 鲜水河断裂带

该断裂大致沿鲜水河河谷展布，走向 NW40°～NW60°，以炉霍县界为界，北西段倾向北东，南东段倾向南西，第四纪谷地沿断裂呈串珠状分布，第四系被错断，断裂带垂直和水平形变均很强烈，断裂不仅具有挤压特征，扭动也很显著，沿断裂带强震频繁。例如：1973年四川炉霍 7.9 级地震产生大量地面裂缝，长约 90km，另外记录到的地震还有 1967 年朱倭 6.8 级地震和 1973 年旦都 7.9 级地震等。

4.3.3.8 西金乌兰湖-歇武断裂带

西金乌兰湖-歇武断裂带位于西金乌兰湖—歇武南一带，主断裂西起西金乌兰湖以北，向东经北麓河、扎河、当江、歇武以南，东延到甘孜，它构成通天河优地槽带与巴颜喀拉冒地槽带的分界。由一组密集成束的北西－北西西－北西向断裂组成，断裂带长超过 800km，宽20～30km 不等，断面倾向南西。

此断裂带于中三叠世末拉张而成。北部巴颜喀拉山群上亚群是由碎屑复理石层系组成的冒地槽型沉积，具过渡型褶皱特征；南侧柯南群含有大量火山岩及大量外来岩块的复理石层系，是优地槽沉积，以紧密线性褶皱为特征。

4.3.3.9 乌兰乌拉湖-玉树断裂

西起乌兰乌拉湖，往东经风火山、治多至玉树，消失于甘孜东南的庭卡村一带，由一组密集成束北西－北西西－东西向断裂组成，长约 800km，宽 20～30km。总体呈北西西向展布，倾向北东，倾角 40°～70°，右旋活动明显。断裂北侧分布变质较深的片麻岩，而南侧分布变质较浅的千枚岩。沿断裂有基性、超基性岩和花岗岩分布，为活动强烈的深大断裂。

新生代断裂活动明显，多处可见老地层逆冲于第三系之上。风火山北麓断裂切割了第四纪冰碛层。地貌上沿断裂发育一系列第四纪盆地、断层三角面、构造鞍部和断层谷，它们均呈线性负地形分布。在乌兰乌拉湖、二道沟一反帝村等地，航片反映有一系列断裂切错年轻地貌的现象。

该断裂也是印支褶皱系与唐古拉准地台的界线。北侧分布的上三叠统柯南群，以含虫迹化石较多为特点，并含有众多产三叠纪化石的岩块和砾石；经受较强烈区域动力变质，岩石可达片岩变质相；火山岩组合以拉斑玄武岩为主。南侧出露的上三叠统巴塘群以含底栖生物腕足、瓣鳃、珊瑚为主，地层中不含产二叠纪化石的岩块和砾石；岩石变质浅，仅达千枚岩相；火山岩以碱性系列为特征。据此推断，在晚三叠世早期，以断裂为界限，北侧柯南群分布的通天河区为深海－半深海优地槽；南侧巴塘群分布区则处于地台内部，接近于大陆坡。随着海槽的封闭，断裂转为挤压性质，形成挤压破碎带。当江－玉树一段有基性、超基性岩分布，当江以东还发育有印支晚期花岗岩带。

该断裂为全新世以来活动断裂。在磁场的块体等深度图上，南侧是隆起区，平均深度小于 20km，北侧可可西里则为深达 34km 的槽，为明显的重力梯级带。人工地震观测表明：沿断裂带有 5 级以上地震分布，尤其是乌兰乌拉湖地段，是 5.0～6.8 级地震频繁活动的地区，5级以上的震中点连线带已切穿地壳，深入到地幔。

4.3.4 新构造运动与地震活动的关系

从区内地震空间分布看，新构造运动与地震活动有如下关系：

(1) 地震往往发生在活动断裂上、断裂交接复合部位及转折地段，如达日、果落山区及年保玉则山区。

(2) 新生代断陷盆地，特别是第四纪断陷盆地边缘地带地震活动较强。如若尔盖盆地的辖幔，这里断裂活动比较明显，差异性构造运动强烈。

(3) 地震易于发生在新构造运动强烈、地壳形变差异地段，特别是那些形变梯度带畸变、转弯和扭转的部位，如鲜水河断裂两侧地区等。

(4) 雁列活动断裂的"岩桥"部位，往往拉分盆地较为发育，如甘孜拉分盆地、东谷拉分盆地和罗锅梁子"岩桥"区。

第 5 章　调水线路区岩土体工程地质评价

5.1　调水区域地质条件

西线一期工程区主体位于巴颜喀拉山甘孜-松潘印支地槽褶皱带的东段，工程区主要出露的地层为三叠系复理石沉积，厚度巨大，后期岩石、地层均已遭受广泛的低绿片岩相区域低温动力变质作用，形成浅变质砂、板岩及其韵律层组合的层状岩石，主要岩石类型为板岩、灰岩、千枚岩、砂岩等。另有少量白垩纪火山岩、红色碎屑岩，局部出露有灰岩和岩浆岩。

工程区内主要构造线呈北西一北西西向，部分地段向东出现弧形偏转。褶皱构造十分发育，主要沿北西西向展布，一般形成复式背斜或向斜。在空间上，褶皱构造与断裂构造相伴产出，靠近断裂带褶皱的完整性多被破坏，形成褶-断式的构造组合样式。工程区的新构造运动相对较弱，主要表现为西高东低的掀斜式隆起，垂直差异运动不甚明显，断裂活动幅度较小。主要大断裂带有鲜水河断裂、温拖断裂、达曲断裂、康勒断裂、色达断裂带、上杜柯断裂带、亚尔堂断裂带、甘德-阿坝断裂带等。全新世以来的主要活动断层有鲜水河断裂、甘德-阿坝断裂带，全新世以来可能活动的主要断层为色达断裂带，第四纪以来活动的主要断层有旦都-丘洛断裂带、上杜柯断裂带。

工程处于由鲜水河-甘孜-玉树活动断裂、库塞湖-玛沁活动断裂和龙门山活动断裂带为边界的巴颜喀拉地块的东部，其边界断裂是青藏高原强烈活动带，也是强烈的地震活动带，但位于地块内部的工程区内相对活动弱。工程区内地震分布零星，强震相对较少，震级大多以中等地震为主，地震强度和频度相对较低，地震活动性相对较弱。地震活动主要与活动断裂关系密切，具有重复性、迁移性，其迁移方向与活动断裂的走向一致，其震源机制受控于北西向左行走滑及北东向右行走滑。地震动峰值加速度在泥曲-杜柯河段、杜柯河-玛柯河段、玛柯河-克曲段为 $0.10g_n$，克曲-黄河段为 $0.05g_n$，仅达曲-泥曲段因靠近甘孜、炉霍地区局部为 $0.15g_n$（相当于地震基本烈度Ⅶ度区）。地壳活动性以基本稳定类型为主，不稳定和次不稳定区仅局限于区内一些活动性较强的分界断裂上，呈不连续分布，反映了地质构造现代活动的分布差异性，引水枢纽主要处于基本稳定区内。

工程区地下水划分为松散岩类孔隙水与基岩裂隙水。松散岩类孔隙水主要分布在工程区山间盆地、高原区和大型沟谷中的第四系松散堆积层中。基岩裂隙水可分为风化裂隙水和构造裂隙水，构造裂隙水区包括克曲以东的大部分地段（色达一带除外），含水岩组的岩性以浅变质砂岩、板岩为主，偶夹灰岩；风化带网状裂隙水限于高原丘陵区。

5.2 调水工程区岩土体工程地质类型及特征

岩土，是岩体与土体的简称，它们之间因有无坚固联结，而使主要包括抵抗外力作用和被水渗透的工程地质性质差异悬殊。

工程经验表明，工程岩体的失稳与结构面的发育程度、发育位置、产状、组合特征及其工程性质有着十分密切的内在联系。不管基础岩石如何坚固，只要岩体中存在不利的结构面构成软弱的地质界面或分割面，岩体就失去了其完整性和连续性，就有可能沿着这些结构面发生变形破坏。许多大规模的自然斜坡的崩落和滑坡、人工边坡、坝基和坝肩岩体的滑移失稳，以及地下开挖工程的坍塌、冒顶、底鼓和侧墙弯折破坏都与岩体结构面的存在有着千丝万缕的联系。

区域岩体类型的划分采用"成因－地质特征－工程地质性质"的分类原则，首先以岩体的形成条件依次划分为岩浆岩、碳酸盐岩、碎屑岩、变质岩四大建造类型，其次以有成生联系（自然共生组合）的岩层组或岩石在工程地质特征（强度、结构）上的相似性，划出地区基本工程地质单位-工程地质岩组，岩组命名的通式为：岩石强度+岩体结构+岩石或岩层组名称。对在结构及强度上为过渡型的岩组，则不分岩层的不同结构类型、强度等级所占比例的主次，以先厚后薄、先硬后软的排列方式命名。岩组强度以岩组岩石的干抗压强度及软化系数为指标，亦分四级：坚硬岩组（干抗>80MPa，软化系数>0.8）、较坚硬岩组（干抗80~30MPa，软化系数0.8~0.6）、软弱岩组（干抗<30MPa，软化系数<0.6）及软硬相间岩组（柴建峰，2005）。

岩体结构的划分，是根据岩体内分布范围广且较稳定的原、次生构造特征分为块体状（结构面间距 $L>50cm$ 为层状、$30cm<L<50cm$ 薄层的板状、$L<30cm$ 为片状）及构造碎裂-散体，受图面比例尺的限制，对呈碎裂-散体状结构的断层岩没有反映。

另外，土的土质类型、土的成因类型及土的垂向（土质）结构组成是土体类型划分的三个基本要素。按土的粒度组成或土的特殊工程地质性质，地区主要有卵砾类土、砂类土、冻土、淤泥软土五个土体类型。鉴于建筑地基的稳定性在受土体质类型制约的同时，亦受土体在垂向上结构组成左右，为此，依土体在垂向深度30m以内土质的结构组成变化，将土体结构分为均一（单层）结构和层状结构两个类型。土体结构划分的原则为：当土体以粘性土或无粘性土为主，其他夹层累计厚度不超过总厚度的 10%，且单层厚度<1m 时，可看作均一结构，反之归入层状结构类型中。

依据上述的岩土体工程地质类型的划分原则，对西线一期调水区内的岩土体进行划分，并反映在南水北调西线第一期工程区岩土体工程地质类型分布图上。

5.2.1 坚硬块体状侵入岩岩组

主要分布在引水线路上的甘孜扎柯（照片 5-1）、德纳扎改、河西、卡仓多、年保玉则等地区，该岩组岩石主要由印支晚期岩基、岩株状花岗闪长岩组成。由于岩体表面裂隙发育、表层风化强烈，岩体内分布范围广且较稳定的原、次生构造面较粗糙，形成块体状结构体，结构面间距为 80~600cm，处于微风化带中。该类岩石干抗压强度最大值 130MPa，最小值

52MPa，湿抗压强度最大、最小值分别为 120MPa 和 48MPa、软化系数介于 0.85～0.95 间，弹性模量介于 8.64～100GPa 间，泊松比处于 0.19～0.25 间，RQD 值 90，属于坚硬岩体。该岩组的主要工程地质缺陷是成岩裂隙和后成裂隙都很发育，且有集中分布之特点，常形成条状、带状风化岩，在高陡的河谷岸坡往往由于多方向的构造，卸荷裂隙交切，易出现巨大的"结构变形体"。相对于区内其他岩组，侵入岩岩组较稳定。

照片 5-1   甘孜扎柯阿达坝基坚硬块体状侵入岩岩组（镜头朝北东）

5.2.2 较坚硬层状浅变质岩岩组

仁达、阿安、上杜柯、亚尔堂、克柯等坝段和各引水线路段工程的持力层，由较坚硬层状砂岩夹板岩岩组、较坚硬薄层状砂岩板岩岩组及较坚硬薄层状板岩夹砂岩岩组组成（照片 5-2）。三种岩组均由泥岩、砂岩经过区域动力变质而成，地层褶皱强烈，板理、层理、面理发育；柔皱、错动、滑-倾倒、顺层坍塌现象常见。微风化变质板岩干抗值介于 8.2～11.1MPa 之间，风化带变质砂岩干抗值介于 2.4～102.7MPa 之间，且 95% 以上多小于 80MPa，板岩干抗值介于 3.0～76.3MPa 之间，且 85% 以上多在 30MPa 以下。岩体整体性差，断裂带风化岩发育程度大，高陡崖坡岩体卸荷、崩、滑、坍作用明显，沿走向开挖工程边坡稳定性差是岩组常见的工程地质问题。

5.2.3 软弱的碎裂结构造岩岩组

区内区域性深断裂密集，在断裂两侧形成宽、窄的构造破碎带，宽者达 250 余米。带内发育有糜棱岩、角砾岩、断层泥等构造岩，如甘孜、英达附近鲜水河断裂带内的糜棱岩构造岩组（照片 5-3）。构造破碎带无论发育在哪一类岩石中，力学强度均很差，对建筑工程影响较大，视其为软弱结构面或软弱层，工程须避开或作特殊处理。

5.2.4 软弱岩层状砾、砂、泥岩岩组

本岩组由第三系山间盆地型红色碎屑岩组成，分布范围小，主要在色达甲修（照片 5-4a）、炉霍宗塔、阿坝四洼（照片 5-4b），岩性变化大，成岩程度低，泥岩中见有星点状或厚 0.2～1.0mm 石膏夹层，根据青海省地矿局资料，其砂岩干抗试验值在 7.4～18.5MPa 之间，泥岩在 0.8～2.9MPa 之间，岩组岩石抗水性差，软化、崩解现象明显，岩组风化常呈可塑－流塑状"红泥"。由于分布局限，对工程影响小。

照片 5-2　三叠系微风化较坚硬层状砂岩夹板岩岩组（镜头朝北西）

5.2.5　土体工程地质类型及特征

除局部地段外，线路均在第四系地层之上。涉及土体成因主要有冲积、洪积、风积、坡积、冰水沉积等类型。其中与工程关系最为密切的是冲、洪积堆积物，主要为粘性土和碎石类土。

冲积物多分布于河床、沟口。山区河流地表冲积物多为碎石类土，中密、Ⅱ级普通土。洪积物多分布于山前地带，构成洪积扇和洪积平原。其成分多为碎石类土，粒径大小混杂，分选性及磨圆度均较差，中密－密实、Ⅱ级普通土－Ⅲ级硬土。

照片 5-3　甘孜英达鲜水河断裂带软弱的碎裂结构造岩岩组（镜头朝北）

（a）	（b）

照片 5-4　调水区一期工程沿线软弱岩组

（a）阿坝四洼第三系地层中的煤系（镜头朝北东）；（b）色达甲修红色碎屑岩组风化层（镜头朝北东）

5.3　岩石物理力学性质测试

为了进行南水北调西线一期线路区区域构造稳定性分析，我们从野外现场采取了典型岩石样本，进行不同类型岩石的物理力学性质试验，测定各种岩石的物理力学参数。

采样地点位于亚尔堂坝址、上杜柯坝址、克柯坝址、仁达坝址和阿安坝址。岩性主要为泥质砂岩、板岩、砂岩和花岗岩。分别取新鲜、中风化和强风化岩石各三组进行测试。以获取不同岩石及同一岩石在不同的状态下的物理力学参数。

岩石力学性质测试项目包括岩石密度试验、劈裂试验、单轴压缩及变形试验、三轴压缩及变形试验、岩石饱和密度与饱和含水量测试、岩石浸水膨胀和冻融冻胀实验。

试验标准依照我国水电部颁布的《水利水电工程岩石试验规程（81）》进行。测定的岩石力学参量包括岩石密度、单轴抗压强度、抗张强度、静弹性模量、泊松比。

现将试验设备及计算公式简述如下：

5.3.1 试验的主要仪器和设备

① 加载设备：德产-200 压力试验机（德国）；

② 记录设备：DJS-165 电阻应变仪（上海）；

③ UP-12 型多通道 A/D 转换数字记录仪（美国）。

5.3.2 岩石抗拉强度、单轴压缩及变形试验

通过岩石抗拉强度、单轴压缩及变形试验，可以得到试件的轴向和径向应变，根据相应的计算公式从而获得试件的单轴抗压强度以及弹性模量和泊松比。

5.3.2.1 岩石抗拉强度试验

岩石抗拉强度试验又称劈裂试验或巴西试验。其加载设备为德产-200 液压式万能材料试验机。抗拉强度计算公式为：

$$\sigma_t = \frac{2p}{\pi DH} \tag{5.1}$$

式中，σ_t 为岩石试件的单轴抗拉强度，MPa；P 为破坏载荷，N；D 为试件的直径，mm；H 为试件的高度，mm。

5.3.2.2 单轴抗压强度计算公式

$$\sigma_c = P \big/ A \tag{5.2}$$

式中，σ_c 为单轴抗压强度，MPa：P 为试件最大破坏载荷，N；A 为试件受压面积，mm^2。

5.3.2.3 岩石弹性模量、泊松比计算公式

$$E = \sigma_{c\,(50)} / \varepsilon_{h\,(50)} \tag{5.3}$$

$$v = \varepsilon_{d\,(50)} / \varepsilon_{h\,(50)} \tag{5.4}$$

式中，E 为试件弹性模量，MPa；$\sigma_{c\,(50)}$ 为试件单轴抗压强度的 50%，MPa；$\varepsilon_{d\,(50)}$、$\varepsilon_{h\,(50)}$ 分别为对应的 $\sigma_{c\,(50)}$ 轴向压缩应变和径向拉伸应变；v 为泊松比。

5.3.3 测定结果

将工程区克柯坝址典型岩石在湿和烘干状态的物理力学性质测试数据列于表 5-1，将亚尔堂坝址典型岩石在湿和烘干状态的物理力学性质测试数据列于表 5-2，将上杜柯坝址典型岩石在湿和烘干状态的物理力学性质测试数据列于表 5-3，将仁达坝址典型岩石在湿和烘干状态的物理力学性质测试数据列于表 5-4，将阿安坝址典型岩石在湿和烘干状态的物理力学性质测试数据列于表 5-5。

表 5-1 克柯坝址典型岩石物理力学性质测试数据一览表

试验项目	试验指标	板岩			砂岩		
		第1组	第2组	第3组	第4组	第5组	第6组
密度试验	干密度 ρ(g·cm^{-3})	2.682	2.691	2.712	2.732	2.689	2.21
岩石声波试验	纵波速度 V_p(m·s^{-1})	4310	4840	4210	3250	3263	3055
	横波速度 V_s(m·s^{-1})	2846	2542	2130	2159	1869	1793
	动弹模 E_d(GPa)	70.34	80.63	75.53	55.40	35.21	45.68
	动泊松比 μ_d	0.254	0.264	0.203	0.185	0.210	0.279
劈裂试验	抗拉强度 σ_t(MPa)	15.52 (⊥)	17.84 (⊥)	18.74 (⊥)	13.66 (⊥)	16.22 (⊥)	18.92 (⊥)
		3.52 (∥)	5.72 (∥)	4.92 (∥)	5.31 (∥)	5.22 (∥)	5.73 (∥)
单轴压缩试验	σ_c(MPa)	65.72	54.81	91.36	35.63	38.12	39.42
	弹性模量 E(GPa)	58.45	48.35	44.15	24.37	26.47	26.58
	泊松比 μ	0.165	0.237	0.132	0.216	0.220	0.260
三轴压缩试验	σ_3=4MPa σ_1(MPa)	120.45	111.21	121.56	76.54		
	E(GPa)	54.33	87.34	45.41	45.54		
	μ	0.121	0.187	0.167	0.187		
	σ_3=8MPa σ_1(MPa)	156.65	129.48	156.78	87.78		
	E(GPa)	56.65	98.80	65.77	67.07		
	μ	0.198	0.189	0.167	0.136		
	σ_3=12MPa σ_1(MPa)	189.65	157.6	185.45	106.43		
	E(GPa)	67.32	100.36	76.32	78.26		
	μ	0.232	0.187	0.178	0.193		
	σ_3=16MPa σ_1(MPa)	235.43	131.65	251.56	153.45		
	E(GPa)	91.43	74.56	40.23	39.89		
	μ	0.215	0.193	0.140	0.198		
	σ_3=20MPa σ_1(MPa)	232.56	211.72	214.96	184.90		
	E(GPa)	82.33	98.54	46.20			
	μ	0.332	0.257	0.244			
抗剪强度指标计算	零围压计算强度 σ_0(MPa)	112.00	55.12	85.32	42.53		
	拟合公式中 m 值	6.672	7.531	6.875	5.681		
	内聚力 C(MPa)	21.21	11.45	16.56	8.12		
	内摩擦角 ϕ(°)	46.30	48.14	47.32	45.63		

表 5-2 亚尔堂坝址典型岩石物理力学性质测试数据一览表

试验项目	试验指标	板岩			砂岩		
		第1组	第2组	第3组	第4组	第5组	第6组
密度试验	干密度(ρ/g·cm^{-3})	2.654	2.678	2.622	2.542	2.577	2.572
岩石声波试验	纵波速度 V_p(m·s^{-1})	5487	5210	5262	2853	2943	2874
	横波速度 V_s(m·s^{-1})	2684	2735	1835	2105	1853	1736
	动弹模 E_d(GPa)	80.34	74.65	75.36	55.42	58.31	52.54
	动泊松比 μ_d	0.168	0.152	0.135	0.216	0.210	0.252
劈裂试验	抗拉强度 σ_t(MPa)	11.32 (⊥)	14.85 (⊥)	13.63 (⊥)	10.43 (⊥)	11.52 (⊥)	12.72 (⊥)
		3.87 (∥)	5.75 (∥)	4.64 (∥)	5.74 (∥)	5.54 (∥)	5.22 (∥)
单轴压缩试验	σ_c(MPa)	86.67	83.58	84.56	46.63	35.24	39.56
	弹性模量 E(GPa)	58.45	48.34	44.76	24.37	26.45	26.57
	泊松比 μ	0.257	0.237	0.235	0.256	0.242	0.235
三轴压缩试验	σ_3=4MPa σ_1(MPa)	130.45	125.21	123.56	75.54	85.45	86.45
	E(GPa)	54.72	87.84	45.51	45.64	54.22	54.75
	μ	0.162	0.176	0.184	0.196	0.125	0.124
	σ_3=8MPa σ_1(MPa)	124.66	136.43	147.72	92.58	94.45	93.65
	E(GPa)	56.67	98.91	65.83	67.12	56.63	56.67
	μ	0.183	0.179	0.157	0.142	0.184	0.186
	σ_3=12MPa σ_1(MPa)	157.78	158.43	153.52	107.62	104.54	105.67
	E(GPa)	67.37	100.33	76.35	78.28	67.64	67.64
	μ	0.234	0.181	0.192	0.183	0.257	0.232
	σ_3=16MPa σ_1(MPa)	205.47	212.60	214.58	141.44	134.43	125.43
	E(GPa)	91.46	74.54	40.20	39.50	91.55	91.68
	μ	0.265	0.245	0.150	0.186	0.243	0.222
	σ_3=20MPa σ_1(MPa)	234.63	242.76	248.46	167.54	175.55	156.56
	E(GPa)	82.35	98.78	46.50	46.57	82.25	82.14
	μ	0.336	0.234	0.254	0.235	0.388	0.355
抗剪强度指标计算	零围压计算强度 σ_0(MPa)	86.07	62.58	84.42	38.35	45.73	47.56
	拟合公式中 m 值	7.042	6.731	6.651	5.258	5.751	5.852
	内聚力 C(MPa)	18.25	12.43	17.16	9.62	7.25	7.42
	内摩擦角 ϕ(°)	45.36	45.00	45.55	43.43	44.42	43.57

表 5-3　上杜柯坝址典型岩石物理力学性质测试数据一览表

试验项目	试验指标		板岩			砂岩		
			第1组	第2组	第3组	第4组	第5组	第6组
密度试验	干密度 $\rho(\text{g} \cdot \text{cm}^{-3})$		2.645	2.653	2.7324	2.745	2.695	2.724
岩石声波试验	纵波速度 $V_p(\text{m} \cdot \text{s}^{-1})$		4732	4600	4655	3534	3542	3555
	横波速度 $V_s(\text{m} \cdot \text{s}^{-1})$		2543	2551	2524	2045	1894	1873
	动弹模 $E_d(\text{GPa})$		65.34	81.63	65.53	45.40	45.21	45.68
	动泊松比 μ_d		0.254	0.264	0.203	0.185	0.210	0.279
劈裂试验	抗拉强度 $\sigma_t(\text{MPa})$		16.52（⊥）	16.84（⊥）	17.74（⊥）	11.66（⊥）	11.22（⊥）	12.92（⊥）
			6.52（∥）	5.72（∥）	6.92（∥）	5.31（∥）	5.22（∥）	5.73（∥）
单轴压缩试验	$\sigma_c(\text{MPa})$		65.72	64.81	71.36	45.63	48.12	42.42
	弹性模量 $E(\text{GPa})$		60.45	58.35	64.15	34.37	32.47	36.58
	泊松比 μ		0.165	0.237	0.132	0.216	0.220	0.260
三轴压缩试验	$\sigma_3=4\text{MPa}$	$\sigma_1(\text{MPa})$	75.44	81.63	60.47	65.7	66.65	66.65
		$E(\text{GPa})$	67.8	65.44	35.74	35.52	34.56	34.56
		μ	0.189	0.169	0.175	0.198	0.196	0.196
	$\sigma_3=8\text{MPa}$	$\sigma_1(\text{MPa})$	85.36	86.74	77.85	75.58	72.69	72.69
		$E(\text{GPa})$	64.75	69.05	39.08	38.86	39.78	39.78
		μ	0.188	0.187	0.145	0.146	0.146	0.146
	$\sigma_3=12\text{MPa}$	$\sigma_1(\text{MPa})$	97.74	95.33	86.32	86.78	86.42	86.42
		$E(\text{GPa})$	68.78	66.24	41.32	40.77	47.33	47.33
		μ	0.196	0.173	0.197	0.197	0.198	0.198
三轴压缩试验	$\sigma_3=16\text{MPa}$	$\sigma_1(\text{MPa})$	101.78	108.73	83.75	84.378	86.65	86.65
		$E(\text{GPa})$	84.36	80.786	49.45	48.87	48.86	48.86
		μ	0.186	0.184	0.156	0.175	0.163	0.163
	$\sigma_3=20\text{MPa}$	$\sigma_1(\text{MPa})$	111.50	114.65	94.453	89.56	101.65	101.65
		$E(\text{GPa})$	94.54	86.45	54.25	51.27	56.53	56.53
		μ	0.263	0.234	0.254	0.265	0.253	0.253
抗剪强度指标计算	零围压计算强度 $\sigma_0(\text{MPa})$		65.53	59.55	65.35	52.53	45.70	48.05
	拟合公式中 m 值		6.650	6.521	6.200	5.345	5.327	6.455
	内聚力 $C(\text{MPa})$		11.87	10.54	10.24	8.52	8.87	9.65
	内摩擦角 $\phi(°)$		43.65	44.63	43.33	45.54	44.78	45.54

表 5-4　仁达坝址典型岩石物理力学性质测试数据一览表

试验项目	试验指标	板岩			砂岩		
		第1组	第2组	第3组	第4组	第5组	第6组
密度试验	干密度 $\rho(\text{g} \cdot \text{cm}^{-3})$	2.742	2.744	2.742	2.652	2.669	2.671
岩石声波试验	纵波速度 $V_p(\text{m} \cdot \text{s}^{-1})$	4450	4864	4640	3242	3247	3265
	横波速度 $V_s(\text{m} \cdot \text{s}^{-1})$	2638	2534	2310	2012	1865	1893
	动弹模 $E_d(\text{GPa})$	80.45	82.65	79.43	34.47	37.51	35.28
	动泊松比 μ_d	0.242	0.253	0.204	0.198	0.212	0.213
劈裂试验	抗拉强度 $\sigma_t(\text{MPa})$	16.42 (⊥)	16.64 (⊥)	18.74 (⊥)	13.56 (⊥)	12.02 (⊥)	14.42 (⊥)
		5.54 (∥)	5.52 (∥)	5.52 (∥)	4.31 (∥)	4.45 (∥)	6.63 (∥)
单轴压缩试验	$\sigma_c(\text{MPa})$	65.00	64.51	61.66	35.63	38.82	34.85
	弹性模量 $E(\text{GPa})$	58.58	58.398	54.88	24.797	25.787	26.578
	泊松比 μ	0.245	0.284	0.252	0.298	0.270	0.280
三轴压缩试验	$\sigma_3=4\text{MPa}$　$\sigma_1(\text{MPa})$	71.41	71.76	46.14	44.44	43.64	43.64
	$E(\text{GPa})$	67.04	65.31	35.74	34.474	38.44	38.44
	μ	0.186	0.197	0.177	0.197	0.177	0.177
	$\sigma_3=8\text{MPa}$　$\sigma_1(\text{MPa})$	69.44	66.38	57.38	55.58	52.28	52.28
	$E(\text{GPa})$	98.50	65.567	37.17	38.47	36.57	36.57
	μ	0.209	0.207	0.216	0.206	0.206	0.206
三轴压缩试验	$\sigma_3=12\text{MPa}$　$\sigma_1(\text{MPa})$	81.56	83.65	66.44	67.873	63.83	63.83
	$E(\text{GPa})$	70.65	76.63	38.46	38.66	36.16	36.16
	μ	0.245	0.251	0.2563	0.212	0.245	0.245
	$\sigma_3=16\text{MPa}$　$\sigma_1(\text{MPa})$	91.75	91.56	83.35	87.15	84.05	84.05
	$E(\text{GPa})$	84.24	80.04	39.59	38.04	38.20	38.20
	μ	0.213	0.210	0.204	0.202	0.224	0.224
	$\sigma_3=20\text{MPa}$　$\sigma_1(\text{MPa})$	101.72	104.96	94.90	96.90	94.90	94.90
	$E(\text{GPa})$	88.54	86.20	40.89	42.89	41.89	41.89
	μ	0.235	0.245	0.210	0.240	0.231	0.231
抗剪强度指标计算	零围压计算强度 $\sigma_0(\text{MPa})$	62.44	65.45	65.42	32.58	35.41	34.57
	拟合公式中 m 值	6.655	6.024	6.022	5.865	5.635	5.524
	内聚力 $C(\text{MPa})$	11.25	10.45	10.66	8.58	7.74	8.78
	内摩擦角 $\phi(°)$	44.34	44.65	45.65	44.63	43.01	45.31
三轴压缩试验	$\sigma_3=12\text{MPa}$　$\sigma_1(\text{MPa})$	81.56	83.65	66.44	67.873	63.83	63.83
	$E(\text{GPa})$	70.65	76.63	38.46	38.66	36.16	36.16
	μ	0.245	0.251	0.2563	0.212	0.245	0.245
	$\sigma_3=16\text{MPa}$　$\sigma_1(\text{MPa})$	91.75	91.56	83.35	87.15	84.05	84.05
	$E(\text{GPa})$	84.24	80.04	39.59	38.04	38.20	38.20
	μ	0.213	0.210	0.204	0.202	0.224	0.224
	$\sigma_3=20\text{MPa}$　$\sigma_1(\text{MPa})$	101.72	104.96	94.90	96.90	94.90	94.90
	$E(\text{GPa})$	88.54	86.20	40.89	42.89	41.89	41.89
	μ	0.235	0.245	0.210	0.240	0.231	0.231
抗剪强度指标计算	零围压计算强度 $\sigma_0(\text{MPa})$	62.44	65.45	65.42	32.58	35.41	34.57
	拟合公式中 m 值	6.655	6.024	6.022	5.865	5.635	5.524
	内聚力 $C(\text{MPa})$	11.25	10.45	10.66	8.58	7.74	8.78
	内摩擦角 $\phi(°)$	44.34	44.65	45.65	44.63	43.01	45.31

表 5-5 阿达坝址典型岩石物理力学性质测试数据一览表

试验项目	试验指标	花岗岩				
		第 1 组	第 2 组	第 3 组		
密度试验	干密度 $\rho(g \cdot cm^{-3})$	2.962	2.954	2.937		
岩石声波试验	纵波速度 $V_p(m \cdot s^{-1})$	5241	5611	5744		
	横波速度 $V_s(m \cdot s^{-1})$	3547	3514	3425		
	动弹模 $E_d(GPa)$	95.64	102.75	115.25		
	动泊松比 μ_d	0.245	0.233	0.247		
劈裂试验	抗拉强度 $\sigma_t(MPa)$	18.47	18.96	18.25		
单轴压缩试验	$\sigma_c(MPa)$	254.85	254.47	191.35		
	弹性模量 $E(GPa)$	86.44	84.47	84.57		
	泊松比 μ	0.134	0.175	0.165		
三轴压缩试验	$\sigma_3=4MPa$ $\sigma_1(MPa)$	284.54	2751.35	281.22		
	$E(GPa)$	94.74	87.44	85.42		
	μ	0.136	0.1563	0.114		
	$\sigma_3=8MPa$ $\sigma_1(MPa)$	322.58	329.45	356.36		
	$E(GPa)$	96.12	98.11	95.24		
	μ	0.136	0.171	0.185		
	$\sigma_3=12MPa$ $\sigma_1(MPa)$	345.33	357.54	365.63		
	$E(GPa)$	97.52	100.69	96.45		
	μ	0.242	0.152	0.173		
	$\sigma_3=16MPa$ $\sigma_1(MPa)$	364.75	371.35	371.71		
	$E(GPa)$	101.35	104.41	100.55		
	μ	0.252	0.178	0.136		
三轴压缩试验	$\sigma_3=16MPa$ $\sigma_1(MPa)$	364.75	371.35	371.71		
	$E(GPa)$	101.35	104.41	100.55		
	μ	0.252	0.178	0.136		
	$\sigma_3=20MPa$ $\sigma_1(MPa)$	380.35	390.44	384.72		
	$E(GPa)$	112.42	114.66	116.35		
	μ	0.336	0.268	0.225		
抗剪强度指标计算	零围压计算强度 $\sigma_0(MPa)$	62.44	255.53	256.53		
	拟合公式中 m 值	6.655	8.567	7.541		
	内聚力 $C(MPa)$	11.25	18.53	18.45		
	内摩擦角 $\phi(°)$	44.34	44.87	45.53		

通过岩石力学实验，得到岩石单轴和三轴岩石物理力学的参数，如弹性模量、泊松比、抗压强度、抗拉强度、内摩擦角，内聚力、不同围压下的强度、应力应变曲线等。室内测试结果在应用中应根据野外现场岩体质量的调查情况适当调整，才能用于应力场模拟和现场岩体的评价分析，指导工程应用。

5.4 引水线路工程地质评价

引水坝段河谷多呈"V"形或浅"U"形，两岸天然岸坡基本稳定，建坝地形条件一般较好。坝区基岩均为花岗岩、砂岩、板岩，属中等坚硬－坚硬岩类，强度指标可满足建坝的一般技术要求。坝段岩层一般褶皱强烈，断层不甚发育。坝段基本上处于次稳定区，地震基本烈度为Ⅶ～Ⅸ度。

依据上述工程地质岩土类型的划分原则，西线一期引水工程将在坚硬体状侵入岩岩组、软弱层状砾、砂、泥岩岩组，特别是在较坚硬层状砂岩夹板岩岩组，较坚硬薄层状板岩夹砂岩岩组及多年冻土分布区中施工。它们的基本工程地质特征是：线路区岩石主要为浅变质的砂岩和板岩，砂岩主要为中厚层－厚层状结构，巨厚层状和互层状结构相对较少；板岩主要为薄层状结构。线路区中弱风化砂岩单轴抗压强度一般在 41～128MPa 之间；弱－微风化板岩单轴抗压强度一般在 21～95MPa 之间，大部分板岩属中等坚硬岩，少部分为坚硬岩和较软岩。砂板岩单轴抗压强度与受力方向的关系不明显。

库区一般封闭条件较好，不存在向邻谷或洼地的永久渗漏问题。库区主要为牧区，人口稀少，无重要的城镇和工农业生产基地，有少量寺庙和宗教建筑物，矿产资源分布很少，水库淹没损失很小，不存在浸没问题。

工程引水枢纽均在多年冻土下限（4250m）之下，属季节冻土区，冻土冻害和河谷岸坡变形破坏不会对工程造成重大危害。

5.4.1 坝段工程地质条件

5.4.1.1 阿达、博爱、热巴枢纽坝库

(1) 阿达坝址。

阿达比选坝址位于雅砻江甘孜上游 40km 的扎科阿达村（系吕村），如图 5-1 所示。甘孜－下扎科简易公路通过坝址，中型卡车晴天可直接到达，交通较为方便。河谷呈"V"形（照片 5-5），河谷走向 NE10°，谷底宽度 210m，峡谷长度数公里。

阿达坝址的探洞洞口方向约 110°，位于雅砻江上游的阿达村附近，洞深为 70m，洞宽为 3～4m，洞高为 2.2～2.3m。洞内花岗岩体与坡积物交接面距洞口约 11.4m，相关部门在洞内的花岗岩体上进行了 6 个钻孔的地应力测量。出露的花岗岩岩体比较坚硬。洞中节理较为发育，主节理产状有 10°∠56°、14°∠57°、187°∠28°、85°∠78°、32°∠54°、190°∠30°、18°∠60° 和 80°∠78°，共八组，节理密度为 80cm/组，节理面平直；次生节理产状有 92°∠75°、15°∠60°、215°∠70°、158°∠85° 和 85°∠70°，共五组，其密度为 200cm/组，洞中的两组主节理面见照片 5-6。

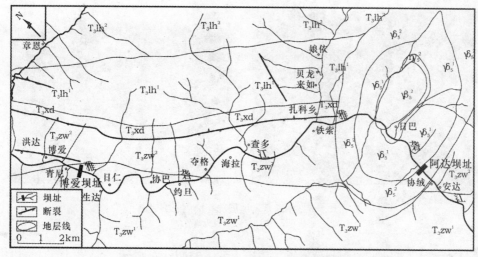

图 5-1　雅砻江阿达、博爱坝址工程地质简图

照片 5-5　雅砻江阿达坝址地形照片
（镜头朝西北）

照片 5-6　阿达坝址花岗岩探洞中发育的两组节理
（镜头朝南西）

坝段基岩地层为花岗闪长岩岩体（照片 5-7a），区内断裂构造不发育。坝段弱风化花岗闪长岩抗压强度为 80～110MPa，属坚硬块体状侵入岩岩组。河床覆盖层主要是河流砾石和坡积物（照片 5-7b），厚度 10～20m，砾石主要成分是花岗岩，砾径 3～20cm，最大可达数米。坝基岩体风化较弱。总之，河床覆盖层和坝基岩体风化带厚度不大，工程施工易于清除。

岩体内部有数条小断层，这些小断裂全新世以来没有活动。离坝址最近的规模较大的断裂为温拖断裂，由岩体中间穿过，距坝址不到 4km，但该断裂最新活动时代为晚更新世，全新世以来没有活动，且该断裂被多条北东向断裂右旋错断，活动性已大大减弱，对坝址的影响也较为有限。虽然其外围有全新世以来活动强烈的甘孜-玉树断裂和鲜水河断裂带北延部分以及规模不小的大塘坝断裂和生康近南北向断裂，但由于这些断裂离坝址均较远（至少超过 20 km），且刚性的花岗岩体对断裂活动的影响起到较大的减缓作用，坝址位于鲜水河断裂带和甘孜-玉树断裂带拉分盆地岩桥区北部，坝区附近发生多次 6 级以上地震，是潜在的VI～VII级地震震源区，对坝区地震影响烈度为VIII度，但花岗岩体本身稳定，能减轻震害，所以阿达坝段处于次不稳定区。

(a)　　　　　　　　　　　　　　　　　　(b)

照片 5-7　坝段基岩地层的花岗闪长岩岩体

（a）镜头朝北；（b）镜头朝西北

库区未发现大的崩塌、滑坡或倾倒变形体（照片 5-8），边坡为弱风化花岗岩，岩石较完整，整体稳定性好，但有泥石流的痕迹（照片 5-9），阿达库区处于次稳定区。

(2) 博爱坝址。

博爱比选坝址位于雅砻江上游的甘孜县扎科乡切泥德瓦村附近，甘孜－下扎科简易公路通过坝址，

照片 5-8　阿达库区（镜头朝西北）

交通条件与阿达坝址接近，河谷呈"U"形（照片 5-10），谷底宽度约 500m，峡谷长度数公里。

博爱坝址的探洞位于雅砻江的左岸，洞身方向为 NE50°，洞深为 75m，洞高为 2.1～2.3m，围岩地质时代为三叠系，岩性主要以砂岩、板岩、炭质板岩为主，夹有石英岩脉，产状倾向 45°，倾角 24°。整个洞体节理和断层发育，卸荷裂隙也十分发育，岩石破碎，围岩自稳能力差，大部分探洞须支护才能稳定。洞内节理产状 3 组：131°∠74°、207°∠72° 和 240°∠54°，破碎带 35°∠46°（照片 5-11），综上所述，博爱坝段处于次不稳定区。

（a）　　　　　　　　　　　　　　　　　　（b）

照片 5-9　阿达库区实景及泥石流遗迹（镜头朝北东）

（a）库区发育的中型泥石流（7000m³）；（b）泥石流堆积

照片 5-10　博爱比选坝址（镜头朝北西）

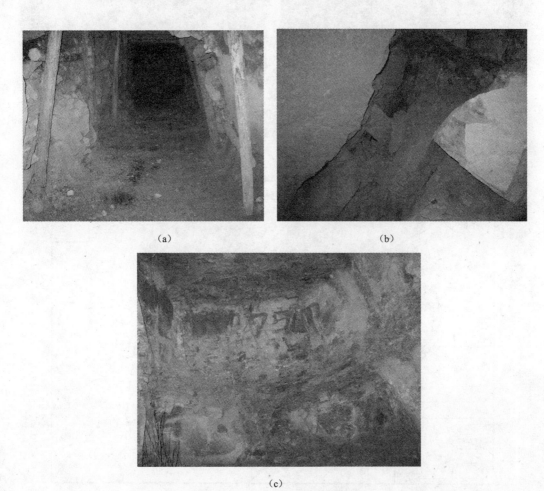

（a）　　　　　　　　　　　　　　（b）

（c）

照片 5-11　博爱比选坝址探洞

（a）博爱比选坝址探洞围岩破碎（镜头朝北东）；（b）博爱坝址探洞内普遍可见卸荷裂隙（镜头朝北西）；

（c）博爱坝址探洞砂岩层间泥化较普遍（镜头朝北东）

库区发现多处小型崩塌、滑坡或倾倒变形体、泥石流现象，边坡为较为风化砂板岩，岩石不完整，整体稳定性差（照片 5-12），博爱库区处于次不稳定区。

（3）热巴坝址。

热巴比选坝段位于雅砻江上游的热巴坝址位于德格县年古乡热巴附近（图 5-2）。中扎科—浪多简易乡间小路通过坝址，尤其是三岔河到年古乡一段，道路泥泞，交通十分不便。河谷呈"V"形（照片 5-13），走向 NW30°，谷底宽度约 80m，峡谷长数公里。

（a）　　　　　　　　　　　　　　　　　（b）

照片 5-12　博爱库区的滑破、泥石流现象

（a）博爱库区泥石流冲毁桥梁（镜头朝北西）；（b）滑坡使公路下沉，护坡位移（镜头朝北西）

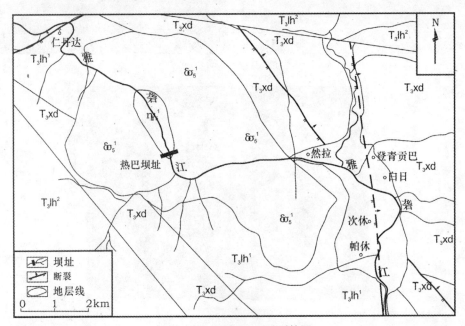

图 5-2　热巴坝址工程地质简图

位于坝址左坝肩位置有勘察遗留探洞，轴向为75°，洞内存水约40cm深。洞内为木架支护（照片5-14a）。

坝段基岩出露地层为花岗闪长岩岩体，沿江分布约十几公里（照片5-14b）。区内断裂构造不发育，建坝条件较好，坝段处于次稳定区。

库区植被较丰富，且保存良好，未发现规模较大的崩塌、滑坡或倾倒变形体、泥石流现象，边坡为弱风化花岗岩体，岩石完整，整体稳定性好（照片5-15），库区处于次稳定区。

照片5-13 热巴比选坝址"V"形河谷（镜头方向北西）

(a)

(b)

照片5-14 热巴坝址出露的花岗岩及探洞

(a) 坝址完整花岗岩（镜头方向北西）；(b) 坝址探洞（镜头方向北东）

照片5-15 热巴库区实景（镜头方向朝南）

5.4.1.2 达曲枢纽坝库

达曲规划有阿安然充和申达三个坝址。

(1) 阿安坝段。

阿安坝段位于达曲上游，申达村西北10余公里，下起界沟，上至阿安沟，长约5.0km（图5-3），是夺多乡牧场所在地，无永久居民点。乡村小道只能通到申达村，人员和仪器设备靠马匹驮运进入坝址，交通不便。坝址区内河道弯曲，水流湍急。河水面高程在3601.5～3615.5m之间，平均比降为3.2‰。坝址在峡谷河段，河谷呈

"V"形（照片5-16），谷底宽度38～90m，两岸坡度30°～34°，河谷高程3597.5～3612.2m。两岸临河山顶海拔在4100～4300m之间，最高点海拔4355.4m，相对高差450～690m，山体浑厚，属浅—中等切割高山区。坝址区内河谷较窄，主要发育漫滩、阶地、冲洪积扇等微地貌。两岸坝肩均接Ⅰ级阶地。坝址岩层产状与河谷岸坡组合有利于岸坡稳定，受河流的长期冲刷作用，右岸较陡，局部有崩塌，而左岸较缓。左、右坝肩均存在多层层间挤压破碎带，对边坡的局部稳定性有一定影响，在施工时应采取相应的工程措施。另外，由于两坝肩特别是左坝肩覆盖层和强风化带较厚，在施工时可能会存在浅层的滑塌、倾倒变形破坏。

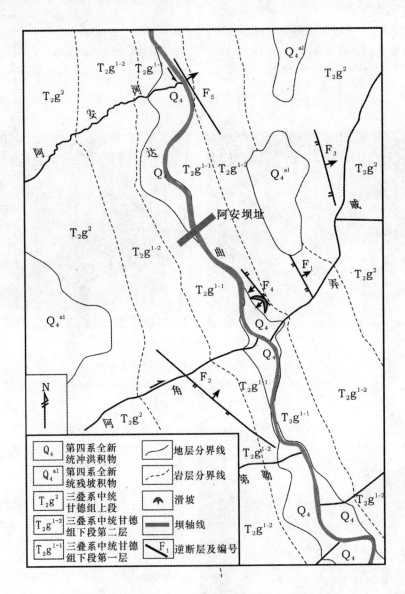

图5-3 阿安坝址工程地质简图（据王学潮，2005）

照片 5-16　阿安坝段河谷呈浅"V"形（镜头朝西北）

坝段基岩地层主要为三叠系中统甘德组（T$_2$g）的薄层－中厚层状砂岩夹板岩（照片 5-17）。第四系则仅在达曲河谷及两岸山坡零星分布，按成因分为全新统冲积、冲洪积、残坡积物。

(a)　　　　　　　　　　　　　　　　　　(b)

照片 5-17　阿安坝段基岩地层为三叠系中统甘德组的薄层－中厚层状砂岩夹板岩

(a) 镜头朝西北；(b) 镜头朝东

坝区构造为以达曲为轴部的背斜，两岸岩层在达曲河两岸基本呈对称分布，坝区岩层走向与区域构造线方向基本一致，为 335°～15°，岩层倾向 SW（245°～285°）或 NE（65°～105°），岩层倾角一般为 55°～80°，局部地段近于直立。受区域构造影响，各段地层遭受区域变质作用，变质程度较浅，原岩结构、构造等特征保留完好。依据岩性特征、砂岩与板岩组合比例、砂岩单层厚度等，可分为上、下两段。

下段根据砂岩与板岩组合比例可分为上、下两层。下层主要分布于达曲河谷，为中厚层－厚层状中细粒浅变质砂岩夹少量极薄层状板岩。砂岩岩性为青灰色、深灰色岩屑石英砂岩、长石石英砂岩，局部含薄层粉砂岩；板岩岩性为深灰色粉砂质绢云母板岩、碳质板岩。砂板比为 6：1～8：1，局部为薄层－中厚层的浅变质砂岩与极薄层－薄层板岩互层，层间顺层劈理发育。上层岩性组合为一套青灰色、深灰色薄层－中厚层岩屑石英砂岩，长石石英砂岩与深灰色、灰黑色、灰绿色粉砂质板岩，绢云母板岩，碳质板岩互层，局部含薄层-中厚层粉砂岩。砂板比为 1：1～3：1。

上段岩性组合为一套青灰色、灰黑色中厚层－厚层状（局部为薄层或巨厚层）中细粒岩屑石英砂岩、长石石英细砂岩、粉砂岩夹少量的深灰色、灰色、灰黑色粉砂质板岩、碳质板岩。砂岩单层厚度在 0.35～1.7m 之间，局部砂岩单层厚可达 2.5m；板岩为极薄层－薄层，单层厚在 0.02～0.15m 之间。砂板比在 6：1～8：1 之间，部分地段砂板比在 1：1～2：1 之间。

坝基岩性为 T_2g 下段的砂岩夹板岩，局部地段砂岩、板岩互层。一般砂岩的饱和单轴抗压强度平均为 56MPa，属较坚硬岩；板岩的饱和单轴抗压强度为 25～50MPa，属中硬岩。两种岩石岩性的强度和变形特征差异较大，属于各向异性岩体，表现出坝基岩体具有明显的不均一性。河床覆盖层主要是河流砾石，厚度 2～6m，坝基岩体风化较弱。总之，河床覆盖层和坝基岩体风化带厚度不大，工程施工易于清除。

坝段地质构造整体表现为一轴向近南北的背斜（达曲背斜），南西翼产状走向为 240°～260°，倾角为 20°～35°；北东翼产状走向为 65°～85°，倾角为 18°～50°。河谷两侧坝肩标高部位，上下部岩层扰动较大，可能在坝址及库区存在一个较大规模的推覆体，应进一步加强坝区大比例尺地质填图，以查明地层扰动的原因。区内褶皱构造极其发育，而断裂构造不发育，河床下部基岩没发现缓倾角软弱结构面。达曲背斜核部通过坝基，裂隙相对较发育。岩层走向与河流平行，对坝基防渗不利，渗漏形式主要是沿裂隙及背斜轴部向下游渗漏。坝段为弱风化砂岩夹板岩。

坝址位于鲜水河断裂带北延部分、大塘坝北西向断裂、丘洛-旦都断裂和长须干玛断裂（达曲断裂，清水河北断裂的东南延部分）组成的菱形断块中央部位。虽然鲜水河断裂带北延部分全新世以来活动仍比较强烈，大塘坝北西向断裂和丘洛-旦都断裂晚更新世以来也有活动，但由于这些断裂活动的能量主要集中在相应的断裂带上，而在菱形断块内部这些断裂活动的能量已大大减弱，对位居菱形断块中央部位的阿安坝址的稳定性影响不大。而在菱形断块内部，阿安坝址附近没有大的断裂构造，阿安坝址附近表现为整体抬升的构造活动类型。阿安坝址位于鲜水河断裂带、甘孜-玉树断裂带拉分盆地潜在地震震源区内，1919 年 8 月 26 日发生在然冲寺附近的 6.25 级地震震中距坝址只有数公里，位于引水隧道上，根据区域资料分析，震中区基本烈度为Ⅷ～Ⅸ度，坝区也应该有Ⅷ度以上，Ⅸ度以下，枢纽坝址处于构造次不稳定区。

(2) 然充坝址。

达曲然充坝址位于色达县然充乡，下起格夏沟，上至窝穷沟，长约 5.66km。达曲在然充坝址内河道弯曲，水流湍急，平面上总体呈"S"形。达曲水面高程 3618.8～3640.8m，平均比降约为 4‰。坝址内河谷横剖面呈不对称"V"形；谷底宽 3 0～15 0m（枯水期—汛期）。坝址河谷较为开阔，其间主要发育漫滩、阶地、冲洪积扇等微地貌（图 5-4）。

然充坝址临河山头高程 4025.9～4209.8m。最高山头位于达曲右岸，高程 4600m；最低处位于坝址下游达曲岸边，高程 3623.1m。坝址相对高差一般为 300～600m，最大高差近 860m，属轻微－中等切割的高山区，山坡自然坡度一般为 25°～45°。

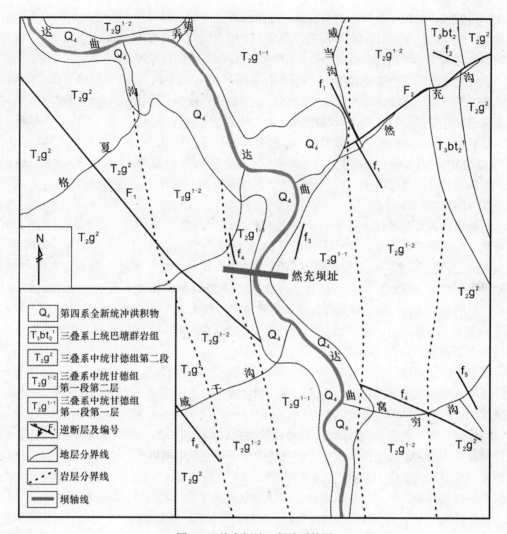

图 5-4　然充坝址工程地质简图

坝址河谷较为开阔，其间主要发育漫滩、阶地、冲洪积扇等微地貌。河漫滩分布于达曲两岸，宽 20～50m，滩面高程 3630～3641m，高出水面 0.5～1m，组成物质为砂砾卵石、中粗砂。Ⅰ级、Ⅱ级阶地沿达曲两岸不对称分布。Ⅰ级阶地前缘高出河水面 6～10m，阶面平缓，阶地高程 3642～3668m。Ⅰ级阶地具二元结构，上部为草甸土、壤土及砂壤土层；下部为砂砾石层，分选性差，未胶结，结构较疏松。Ⅱ级阶地前缘高出河水面 30～40m。

坝址区物理地质现象主要为倾倒变形，其他物理地质现象不太发育。坝址区内岸坡较陡，基岩在长期风化卸荷和自重作用下向临空方向倾倒变形现象较普遍，典型地段主要为右坝肩及溢洪道进出口地段。主要表现为岩层倾角上陡下缓，临空方向风化卸荷节理发育，砂岩顺层劈理发育。坝址两岸天然岸坡一般为 20°～45°，无明显的滑移界面或顺层滑动边界条件，岩层产状与河谷的组合有利于岸坡稳定，整体稳定条件较好，右岸地表覆盖层和风化卸荷带较厚，局部存在倾倒变形现象。

大部分地段为斜向坡或逆向坡。地表残破积的碎石土覆盖层厚约 11m，岩体强风化带厚度 3.8~46.2m。岩性主要为砂岩与板岩，走向北东或北西，倾向北东或南东，产状变化大，倾角 10°～40°，岩层层间有挤压变形现象，岩层走向与河谷多平行或斜交。岩层产状与河谷的组合有利于岸坡稳定，整体稳定条件较好，局部有倾倒变形现象。

坝址区出露三叠系中统甘德组（T_2g）和第四系（Q_4）地层，并有少量巴塘群（T_3bt）灰岩。其中以三叠系地层分布面积最大，达区内总面积的 80％以上；第四系地层仅在达曲河谷及支沟出口处零星分布，为全新统冲积、冲洪积、残坡积物。

坝基岩性为下段的砂岩夹板岩，局部地段砂岩、板岩互层。一般砂岩的饱和单轴抗压强度为 52.0MPa，饱和静变形模量为 10.0~15.0GPa，平均为 12.0GPa，属于较坚硬岩；板岩的饱和单轴抗压强度为 25~45MPa，饱和静变形模量为 5.0~8.0GPa，平均为 7GPa。

（3）申达坝址。

达曲申达坝址位于甘孜县夺多乡，下起夺多弄巴，上至格夏沟，长约 5.06km。坝址内河道弯曲，呈蛇形展布，河谷呈"V"形。河谷底宽 50~250m，河谷主要属纵向谷和斜向谷。区内支沟比较发育，多为长年流水支沟。坝址总体地势北高南低，左岸山顶最高点高程 4373m，右岸山顶最高点 4457m，河谷高程为 3569.2~3589.2m，相对高差 400~800m，属浅切割—中等切割的高山区，两岸山体雄厚，山坡自然坡度一般为 30°～50°。河谷微地貌发育，主要有河漫滩、河流阶地、冲洪积扇等。河流阶地在达曲河两岸不对称分布，主要发育Ⅰ级、Ⅱ级、Ⅲ级阶地，均为堆积阶地。

坝址区两岸山体陡峻，坡度一般在 30°～40°之间，局部可达 50°～60°，甚至近直立。两岸岩层倾向与坡向相反，为逆向坡。坝址内未见大的滑坡、崩塌、泥石流，仅有一处小规模的戚弄滑坡体和几处倾倒变形体。

坝址区出露三叠系中统甘德组（T_2g）和第四系（Q_4）地层。其中以三叠系中统甘德组（T_2g）地层分布面积最大，岩层呈青灰色、深灰色中层—厚层状岩屑砂岩、岩屑石英砂岩、长石石英砂岩与粉砂岩及灰色、灰黑色板岩构成的韵律。各段地层遭受区域低级变质作用，第四系则仅沿达曲河谷及两岸山坡零星分布，主要为全新统冲积、冲洪积、残坡积物。

坝基岩性为（T_2g）下段的砂岩夹板岩，局部地段砂岩、板岩互层。一般砂岩的饱和单轴抗压强度平均为 69MPa，属较坚硬岩，板岩的饱和单轴抗压强度为 25~50MPa，属较软岩。两种岩石岩性的强度和变形特征差异较大，属于各向异性岩体，表现出坝基岩体具有明显的不均一性。

坝址以上，标高 3709m 以下为库区，库区在坝段上游 8~10km 为狭谷，宽度 300~500m，其上游库段然充寺以上为宽谷，宽度 1~2km，库区淹没影响范围较大。从卫星三维影像可见两岸山体为中高山，峡谷区河床下切入谷底基岩中达 2~3m，河床宽度 30~50m，形成峡谷中的深切河床峡谷景观，两岸岩层产状多为高倾角，河谷呈顺坡向谷，岩层倾角大于坡角，岩层产状与河谷的组合有利于岸坡稳定，库区未发现大的崩塌、滑坡或倾倒变形体，岸坡稳定性好。库区范围内中三叠统甘德组地层砂岩夹板岩，普遍受构造运动影响，岩石破碎，破碎地段遭浸没易造成岸边岩体不稳定。库区然充寺以上受长沙贡麻-大塘坝-然充寺断裂的影响较大，有诱发水库地震的危险。坝址位于Ⅷ度区，为构造次不稳定区。

5.4.1.3 泥曲枢纽坝库

泥曲泥巴沟乡下游和上游河谷有多个比选坝址，主要有纪柯坝址、仁达坝址和章达坝址。

（1）纪柯坝址。

纪柯坝址位于泥巴乡纪柯沟口下游 1km，坝址总体地势北高南低，坝址区山顶高程多在

4000m 以上，最高点位于坝线下游左岸山坡，海拔 4385m。区内河道弯曲，水流湍急，河面高程 3581.6～3541.1m，平均比降 3.9‰。地形相对高差在 500～840m 之间，属中等切割高山区。两岸山体雄厚，冲沟较发育，山顶多呈浑圆状、椭圆状。植被发育，垂直分带性明显，山顶发育草皮，中部灌木较发育，下部树木发育。右岸植被较左岸发育。

坝址内河流蜿蜒曲折，谷坡宽 35～100m，两岸山势较为陡峻，河谷呈"V"形，两岸坡角一般为 30°～45°，局部坡角在 70°以上，多为逆向坡，部分河段为斜向坡。其间发育残存的 Ⅰ 级、Ⅱ 级侵蚀堆积阶地。冲沟口一般发育有洪积扇，部分坡脚发育坡积、崩积、堆积的倒石堆等微地貌（图 5-5）。

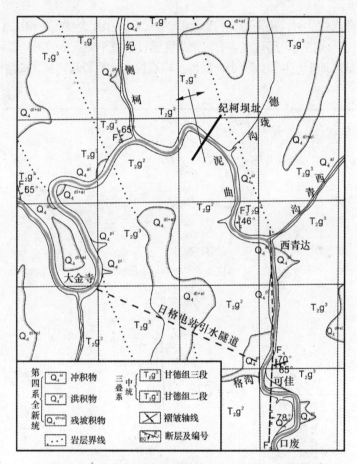

图 5-5　纪柯坝址工程地质简图（据王学潮，2005 修改）

区内出露地层有三叠系和第四系，其中三叠系仅出露巾统甘德组（T_2g），为一套浅变质的砂、板岩系，坝区内分布广泛。三叠系中统甘德组（T_2g）主要出露有二段和三段。二段的岩性为灰色、青灰色中厚层－厚层，局部薄层、巨厚层状长石岩屑砂岩夹灰黑色、灰色极薄层－薄层（局部中厚层）状泥质、钙质、粉砂质、碳质板岩，砂板比为 6：1～8：1。三段为灰色、青灰色厚层－中厚层，局部薄层状长石岩屑砂岩、钙质砂岩夹灰黑色极薄层－薄层（局部中厚层）状粉砂质、泥质、钙质、碳质板岩，砂板比为 4：1～5：1。

第四系全新统冲积物（Q_4）主要分布于河漫滩及残存的Ⅰ级、Ⅱ级阶地，组成物质主要为砂砾石，最大厚度约 5m。洪积物（Q_4^{pl}）组成物质主要为碎块石、砂、土等，表层为 0.1～0.5m 厚的草甸土及砂壤土，厚度一般小于 10m。残坡积物（Q_4^{al+dl}）组成物质主要为砂板岩的碎块石夹土，上部覆盖有较薄层的砂壤土，顶部为草甸土层。

外动力地质现象主要表现为滑坡、倾倒变形及崩塌，其中倾倒变形体在坝区内分布较为广泛。区内共发现第四系浅层滑坡三处，分别为大金寺滑坡（H_1）、5 号滑坡（H_5）、6 号滑坡（H_6）；基岩滑坡三处，分别为西青沟滑坡（H_2）、日格日沟 3 号滑坡（H_3）、4 号滑坡（H_4）。倾倒变形体主要发生在陡倾或直立的岩层，位于三叠系砂板岩组成的斜坡上。

（2）仁达坝址。

仁达坝址区北起仁达村，南至彭达村，全长约 6.2km。泥巴沟乡政府沿泥曲有简易公路通达坝址，但桥涵用原木搭设，通过能力有限，只能通行小型车辆或拖拉机，若稍加改造便可通行大型卡车。坝址区地形地貌及河流走向受地质构造控制，地势总体呈北高南低（图 5-6）。

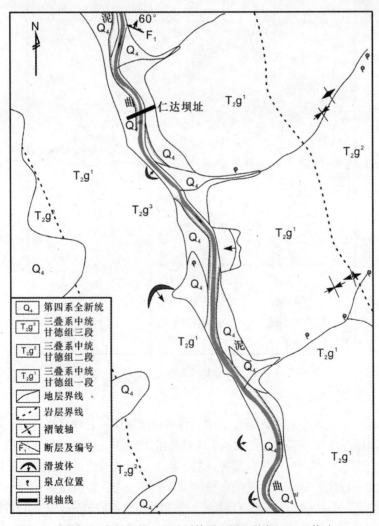

图 5-6　仁达坝址工程地质简图（据王学潮，2005 修改）

坝址区内山顶高程多在4100m以上,河面高程3560.0～3582.4m,平均比降为2.9‰。区内河道弯曲,水流湍急。两岸山体呈浑圆状,相对高差在290～697m之间,属轻微一中等切割的高山区,植被发育,垂直分带性明显。两岸天然岸坡一般为25°～35°,局部地址区达到40°～50°,甚至直立。泥曲两岸支沟发育且多为常年流水沟,水系平面呈树枝状。

坝址区河谷相对开阔,形态呈不对称的浅"V"形(照片5-18)。按岩层走向与河谷关系,大部坝址区属纵向谷或斜向谷。谷顶宽一般为3～4km,谷底宽30～70m,其中河水面宽30～50m,漫滩宽5～20m;谷坡宽100～280m,其间主要发育有I级、II级阶地、冲洪积扇等微地貌。

(a)   (b)

照片5-18 仁达坝段横剖面呈"V"形(镜头朝西北)

(a)仁达坝址;(b)俄恩比选坝址

坝址区两岸岸坡均为逆向坡,坡面总体稳定性条件较好,坡度为25°～35°,小于岩层倾角,天然岸坡整体稳定条件较好。但受地形地貌、水文气象、土壤植被、地层岩性和地质构造等因素综合影响,坝址区内局部外动力地质现象较发育,主要表现为岩层倾倒变形、滑坡和崩塌。受河流的长期冲刷作用,右岸较陡,局部有崩塌,而左岸较缓,在坝址附近见有多处小型滑坡体。

区内滑坡多为浅层滑坡,共发现11处,滑坡多为表层残坡积物及强风化基岩碎块滑动,滑体组成物质多为碎块石夹土,少数表层覆盖有壤土。其中1号滑坡、下窝滑坡、林场北滑坡、区绒滑坡相对较大。1号滑坡位于泥曲左岸索穷沟沟口下游300m处,前缘宽约250m,高约120m,厚2～3m,前缘已被河流冲蚀,后缘呈锯齿状,滑距4m左右,总方量5～6万m³。下窝滑坡位于下窝村西约200m的左岸山坡,分布高程3700～3800m,总体呈簸箕形,前缘宽约200m,高约100m,厚2～3m,体积约4～5万m³。滑体后缘呈圈椅状,陡坎高1～2m,鼓丘不明显。

崩塌在坝址区内多发育在岩石裸露、地势陡峻的岸坡前缘及支沟沟口,由于冻融及风化作用,裂隙发育,岩体被切割成块体或碎块,在暴雨、重力作用下发生崩解坍塌,在坡脚或谷底形成倒石堆。区内崩塌体不多且规模不大,方量一般为数十立方米至数百立方米。

坝段内河谷开阔,地层岩性为三叠系甘德组薄一中厚层状砂岩夹极薄层板岩,并见有密集的小断层和褶皱（照片 5-19）。坝段区地质构造总体为一大背斜，轴向约 330°，北东翼倾向 60°～70°，南西翼倾向 230°～240°，倾角一般为 40°～70°，背斜两翼基本对称。河谷两侧坝肩标高部位，上下部岩层扰动较大，构造不协调，可能在坝址及库区存在一个较大规模的推覆体。坝段弱－微风化砂岩的抗压强度为 53.1～114.0MPa，弱风化板岩的抗压强度 41.0～66.8MPa，均属中等－坚硬岩石。河床下部没发现水平或缓倾角的软弱结构面，坝段附近河床下部基岩面较为平整，坝段处于顺河谷走向的背斜核部，地层走向顺河向，出露的一级基座阶地剖面可见岩体相对较破碎，密集发育小型顺河向节理和小型断裂，有利于渗漏，所以河床部位坝基渗漏主要是沿砂岩裂隙、层面及沿风化卸荷带、裂隙密集带，坝段河床覆盖层厚度 1~6m。基岩风化带厚度不大，工程施工易于处理。

（a）   （b）

照片 5-19　仁达坝段坝基三叠系中统甘德组砂岩夹板岩中密集的小断层和褶皱

（a）镜头朝西北；（b）镜头朝西北

(3) 章达坝址。

章达坝址位于章柯上游 3km，章达坝址总体地势北高南低，山顶高程均在 4000m 以上，地面最大相对高差 590m，属轻微－中等切割的高山区。两岸山势较为陡峻，自然坡度一般为 25°～45°，局部坡角在 70°以上。

坝址内河流蜿蜒曲折，多呈"V"形谷。按岩层走向与河谷关系来划分，河谷大部分呈纵向谷及斜向谷，岸坡多为逆向坡和斜向坡。河水面高程 3648.5～3629.5m，平均比降为 2.5‰。谷底宽 30～100m，谷坡宽 100～200m，局部达 400m 以上，其间主要发育有河漫滩、I 级阶地、II 级阶地、冲洪积扇等微地貌。

坝址和库区出露的主要是甘德组（T_2g）和第四系（Q_4）。甘德组分为两段，下段（T_2g^1）岩性为灰色、青灰色薄层－中厚层，局部厚层状长石岩屑砂岩，钙泥质粉砂岩夹灰黑、灰色极薄层－薄层状泥质、钙质、粉砂质、碳质板岩，砂板比为（3～4）∶1，局部为（1～2）∶1。上段（T_2g^2）岩性组合为一套灰色、青灰色中厚层－厚层、局部薄层、巨厚层状长石岩屑砂岩、钙质砂岩夹灰黑色极薄层－薄层粉砂质、泥质、钙质、碳质板岩，砂板比为（4～6）∶1，局部为（2～3）∶1。

第四系冲积物（Q_4^{al}）发育于泥曲河两侧，形成河漫滩及 I 级阶地和 II 级阶地，组成物质主要为砂砾石。

坝址内无区域性大断裂通过，无强震分布，处于稳定区，地震动峰值加速度为 $0.15g_n$。坝址内褶皱构造整体为一背斜，轴迹大体沿泥曲右岸 NW 向展布，总体走向 330°～340°。核部为 T_2g^1 地层，两翼为 T_2g^1 及 T_2g^2 地层，两翼次级褶皱较为发育。

坝址内外动力地质现象较为发育，主要发育有滑坡、倾倒变形、崩塌及滑塌。崩塌和滑塌现象较常见，但规模较小。两岸岩层与岸坡组合形成逆向坡或斜向坡，坝线附近岩层走向与坝线斜交成约 45°，岩层倾角一般为陡倾近直立，自然坡度一般为 25°～45°，大于岸坡坡角，岸坡相对稳定。

仁达坝址位于康勒断裂、丘洛-旦都断裂和长须干玛断裂组成的菱形断块中央部位。康勒断裂和丘洛-旦都断裂晚更新世以来也有活动，断裂活动的能量主要集中在相应的断裂带上，对位居菱形断块中央部位的仁达坝址的稳定性影响不大。据国家地震局地震烈度复核结果，坝段地震基本烈度为Ⅶ度，可判定坝段处于次稳定区。

库岸边坡：坝址以上，标高 3702m 以下为库区，库区为狭谷，宽度 300～500m，库区淹没影响范围较大。两岸山体为中高山，峡谷区河床下切入谷底基岩中达 8～12m，现代河床宽度 50～100m，形成宽谷中的深切河床峡谷景观，河床两岸近乎直立，而上部谷底较平缓，谷底起坡度 20°～30°。宽谷区谷底起坡度 10°～25°，两岸岩层产状多为高倾角，河谷呈顺坡向谷，岩层倾角大于坡角，岩层产状与河谷的组合有利于岸坡稳定。库区发育小－中型泥石流及小型崩塌，未发现大的崩塌、滑坡或倾倒变形体，但库区岩石普遍受构造运动影响，岩石破碎，浸泡易造成边岸岩体不稳定。库区上游受泥曲断裂的影响较大，有诱发 5.5 级以下水库地震的危险，库区位于Ⅶ度区，坝址土壤气氡分布无异常（图5-7），库区为地壳次稳定区。

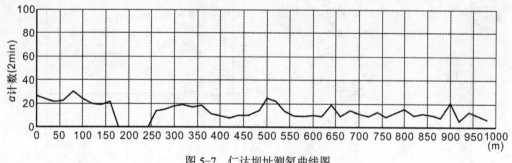

图 5-7　仁达坝址测氡曲线图

5.4.1.4　杜柯河枢纽坝库

杜柯河枢纽规划有加塔、上杜柯和珠安达 3 个比选坝址，壤塘－上杜柯乡间公路直接通达，稍加改造便可通行重型卡车，交通方便。杜柯河水位高程为 3475～3505m，河道弯曲，水流湍急。上游河谷宽阔，横剖面呈不对称"U"形，谷底宽在 250～350m 之间。下游河谷相对较窄，宽多在 40～100m，河谷横剖面呈"V"形，坝址位于峡谷段；坝址上游河流为纵向谷，下游为横向谷，两岸坡角多在 40°以上，局部直立；杜柯河两岸支沟较多，水系呈树枝状。宽谷段发育有河漫滩、Ⅰ级阶地、Ⅱ级阶地、Ⅲ级阶地，在两岸呈不对称发育。

最下游的加塔坝址位于上杜柯乡二林场以下 1.5km 处，左岸山为加塔山，故又称加塔坝址，如图 5-8 所示。目前，由黄河水利委员会设计院坝址勘探工作已完成探孔 4 个，左右岸河谷和坝肩山体各 2 个，河谷中钻孔深度约 100m，坝肩钻孔深度约 150m，上杜柯加塔坝段三叠系上统巴颜喀拉群下岩组砂岩和板岩岩芯（照片 4-20），河谷左岸探洞一个，深度约 100m。河谷呈"V"形或浅"U"形（照片 4-21），属横向谷或斜向谷，峡谷长数十公里。谷底宽度 250m，谷坡平直，坡度一般 25°～40°，局部近于直立。两岸植被发育良好，发育 2 级以上的阶地，I 级阶地距离现代河床 2～3m，仅见左岸发育；II 级阶地距现代河床 8～10m，多在左岸发育。上杜柯加塔库区右岸沿断裂面发育的冲沟，见照片 4-22。

坝段地层岩性为三叠系上统巴颜喀拉群下岩组，岩性为砂岩与板岩不等厚互层（照片 5-23），砂岩属坚硬岩类，而薄层板岩较软，属于次硬岩类。由于坝段处于巴颜喀拉褶皱系中巴断裂带内，地层褶皱强烈，断层多、延伸短、规模小。坝段以走向 40°～50° 和 280°～290° 两组较为发育。坝基岩层多属弱透水岩体，但右坝肩发育北西西向顺河向断裂，走向延伸达数十公里，两侧的互层砂岩和薄层板岩的强度和变形特征有一定差异，可能存在坝基压缩变形或不均匀变形问题。

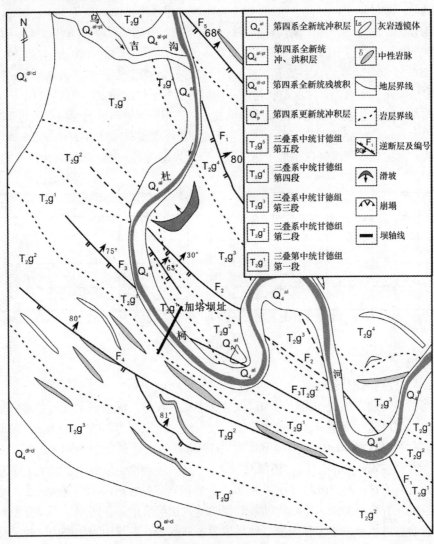

图 5-8 加塔坝址工程地质简图（据王学潮，2005 修改）

照片 5-20　加塔坝段三叠系上统巴颜喀拉群下岩组砂岩和板岩岩芯

照片 5-21　加塔坝段河谷（镜头朝东南）　　照片 5-22　加塔库区右岸沿断裂面发育的冲沟（镜头朝西北）

照片 5-23　加塔坝段三叠系上统巴颜喀拉群节理（镜头朝西北）

　　河床部位坝基渗漏主要是沿砂岩裂隙和层面等以脉状、层状形式向下游渗漏和沿风化卸荷带、裂隙密集带或破碎带的集中渗漏，可采用灌浆或其他防渗措施处理。坝段河床覆盖层厚度只有 3～9m，坝肩部位基岩裸露，风化带厚度不大，施工易于清除处理。

上杜柯坝址位于上杜柯乡中木达附近（图 5-9），坝址区高程多在 3480～4000m 之间，地势总体为北高南低，山顶高程在 3900m 以上，山谷高程大致在 3550～3700m 之间。山头为浑圆状及尖顶状，山脊多呈尖棱状。两岸山体雄厚，切割深度多在 400～600m 之间。为斜向谷，两岸岸坡较缓，天然岸坡稳定条件较好，外动力地质现象不太发育。坝段基岩为砂、板岩互层，地层褶皱强烈，出露的断层延伸短，规模小。节理裂隙发育程度总体上属完整不发育，局部地段为中等发育。

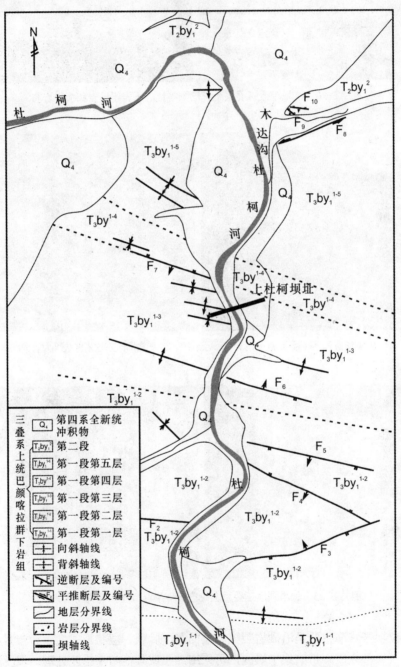

图 5-9　上杜柯坝址工程地质简图（据王学潮，2005 修改）

坝址北约 4km 为区域性的桑日麻断裂东南段通过处，规模较大的约木达-桑隆近东西向断裂也在坝址北约 2km 处通过，该处南约 4～5km 有一条规模超过 50km 的北西向断裂，坝址所在处也有一条规模不小（至少 50km）的北西向断裂通过，此外，该处还存在一条近南北向的小断层（不到 20km）。虽然这几条断层全新世以来无活动痕迹，目前仍处于比较稳定的状态，但在坝址附近存在几条规模较大的断层，对整个坝址会有一定程度的影响。

据现场测试室内岩石试验结果，砂岩干密度 ρ =2.695～2.745g/cm^3，纵波速度 V_p=3534～3555m/s，横波速度 V_s=1873～2045m/s，抗压强度 σ_c=42.42～48.12MPa，弹性模量 E=32.47～36.58GPa。板岩干密度 ρ =2.645～2.732g/cm^3，纵波速度 V_p=4600～4732m/s，横波速度 V_s=2524～2551m/s，抗压强度 σ_c=64.81～71.36MPa，弹性模量 E=58.35～64.15GPa，属中等坚硬—坚硬岩类。坝基岩体透水率一般为 3.2～9.5Lu，属弱透水，局部裂隙发育孔段透水率达 11Lu，属中等透水。河床覆盖层厚度一般 4～17m，河床下部基岩风化带厚度 6.49～15.5m，新鲜基岩埋深一般 10～21m 以下。

库岸边坡：上杜柯二林场以上，标高 3585m 以下为库区，库区在坝段上游十余公里为狭谷，宽度 200～500m，其上游库段上杜柯乡以上为宽谷，宽度 1～3km，库区淹没影响范围较大。两岸山体为中高山，峡谷区谷底起坡度 20°～35°，宽谷区谷底起坡度 10°～25°，两岸岩层产状多为高倾角，近坝址段河谷呈顺坡向谷，峡谷段河谷为斜向河谷，坡向与岩层走向垂直，宽谷段大部分为顺向河谷，但岩层倾角大于坡角，岩层产状与河谷的组合有利于岸坡稳定，岸坡稳定性好，在库区范围内中三叠统地层板岩和砂岩互层发育，破碎地段易引起浸没，造成边岸岩体不稳定。

坝址较大的滑坡有 3 处。滑坡体 I 位于乡卫生院附近沟谷左岸，为第四纪覆盖层浅层滑坡，体积约为 4000m^3，组成物质为黄色壤土，该滑坡体处于稳定状态。滑坡体 II 位于坝轴线下游河流右岸吊桥桥头，为浅层基岩坡积物滑坡，方量约为 10000m^3，组成物质为碎石夹土。该滑体山体坡较陡，加之在坡脚修筑简易公路及雨水的作用，现今仍不稳定。滑坡体III位于果尔沟河对岸下游附近，为一浅层坡积物滑坡，方量约为 600m^3，该滑坡体稳定性差。其他还有一些小型滑坡，单个方量从几十立方米到几百立方米不等，均为在山坡坡脚修筑公路及简易公路破坏了山体覆盖层稳定所造成。此外有倾倒变形两处，一处位于乡卫生院附近陡坡处，分布高程为 3510～3550m，高约 40m，前缘宽约 150m，变形体岩性为板岩；另一处位于杜柯河右岸贡萨附近山坡处，分布高程为 3530～3565m，高约 35m，前缘宽约 60m，变形体为板岩；杜柯河右岸贡萨上游陡倾基岩岸坡有两处小型岩体崩塌；约木达沟口附近电站处有一较大的滑塌体，长约 220m，宽为 10～30m，厚 1～4m 不等，总方量约为 9000m^3，滑塌体目前仍不稳定。

坝址区位于河流的峡谷段，地形对减小工程规模及节约投资有利，外动力地质现象总体规模不大，施工时将会影响道路的边坡稳定。

虽然杜柯河断裂是发震断裂，其东段中壤塘的国营牧场附近曾发生 6 级地震，西段发生 $7\frac{3}{4}$ 级地震，但坝址附近无明显地震活动，地震基本烈度为Ⅶ度。该坝址处于次稳定区。

5.4.1.5 玛柯河枢纽坝库

玛柯河上规划有霍纳、亚尔堂和扎洛 3 个坝址，霍纳在班玛县城上游 6km 的日柯电站，扎洛坝址位于亚尔堂乡，亚尔堂坝址位于亚尔堂乡的波依村南，壤塘－班玛公路经过坝址，可通行重型卡车，交通方便。

(1) 扎洛坝址。

亚尔堂乡左岸山坡上有扎洛村，故又称扎洛坝址。坝址总体地势西北高东南低，河水位高程3354～3405m，两岸山顶高程3900～4100m，相对高差600～770m，属中等切割的高山区。区内植被发育，林木繁茂，岩石覆盖严重。区内玛柯河蜿蜒曲折，河谷形态多呈"V"形，谷底宽度50～150m（照片5-24），大部分为斜向谷，河谷两岸不对称分布有河漫滩及I级、II级阶地，局部地段残留有III级、IV级阶地。I级阶地距离现代河床2～3m，仅见左岸发育；II级阶地距离现代河床6～8m，两岸对称发育。

玛柯河两岸支沟比较发育，多集中在河谷右岸，主要有结壤沟、俄弄沟、恩达弄沟、王柔沟和德朗弄沟等，均为长年流水沟。两岸坡度一般为30°～50°，局部地段达到60°～70°，甚至直立，多为逆向坡。总体来看，天然岸坡稳定条件较好，未发现大的边坡破坏现象，外动力地质现象主要有滑塌、崩塌、倾倒变形等几种形式，由于规模较小，对工程影响不大。

左岸坡度约40°，在3450m高程以上，坡度稍缓，岩层倾角70°～80°，为逆向坡。亚尔堂乡附近有多处滑塌体，最大的滑塌体长约170m，宽10～20m，有滑动的可能，岸坡稳定性较差，施工时需要清除。右岸坡度为30°左右，植被发育，岩层倾角大于70°，整体稳定性较好。

坝段基岩地层为三叠系中统甘德组薄层—中厚层状砂岩夹板岩，属坚硬岩类。

坝段处于巴颜喀拉褶皱系北巴复向斜带内，褶皱强烈，小断层较发育，断裂规模较小。坝段内走向20°～40°一组节理最发育，走向300°～330°一组发育较差，倾向北西，倾角40°～70°，但走向较稳定。节理裂隙属中等发育，探洞中能见到多组该方向小断裂，宽约0.5～0.9m，张扭性，其间发育张性断层角砾岩。在右岸岩体中，发育强烈褶皱，被一系列走向300°～330°小断裂切割，断裂面有近乎水平和斜向60°～70°的两组擦痕，擦痕显示小断裂水平扭动、斜向扭动，扭动方向以顺扭为主。

河床探孔岩芯中发现有密集顺河断裂或节理裂隙密集带，主要渗漏形式是沿节理裂隙向下游渗漏，且可能存在集中渗漏通道，建坝时应注意坝基和坝肩岩体防渗问题。坝基岩体层面与坝轴线呈较大的交角，没有发现连续性好的缓倾角裂隙，不存在坝基抗滑稳定问题，满足建高坝的条件。河床覆盖层厚度不大，约2～10m不等，河谷两侧岩体裸露，根据钻探和物探资料：河床部分厚度约2～5m，岩体风化带厚度不大，工程施工易于清除处理。

(2) 亚尔堂坝址。

亚尔堂坝址位于亚尔堂乡北夏洛村附近，坝址总体地势是西北高东南低，山体走向主要为北东—南西，河谷高程3350～3420m，两岸山顶高程3800～4100m，相对高差500～800m，地貌上属中等切割的高山区（图5-10）。坝区玛柯河蜿蜒曲折，河道平均比降为3.3‰。河谷形态多呈"V"形，局部地段为浅"U"形（照片5-25），大部分河谷属斜向谷或横向谷，仅俄弄沟到德朗弄沟河段为纵向谷，全长2km左右。整个坝址河谷谷底宽50～150m，两岸岸坡一般为30°～50°，局部地段达到60°～70°，甚至直立，形成悬崖峭壁，为陡峻山坡。

河谷内主要发育河漫滩、阶地等微地貌，集中在河谷凸岸，呈不连续分布。I级、II级阶地较发育，其中I级阶地为堆积阶地，II级阶地以基座阶地为主，局部较高地段残留III级、IV级阶地。主要是全新统（Q_4）冲积、冲洪积、坡洪积物。

照片 5-24 扎洛坝段河谷呈浅"V"形 　　　　照片 5-25 亚尔堂比选坝段河谷呈浅"U"形
（镜头朝东南）　　　　　　　　　　　　　　　　（镜头朝北）

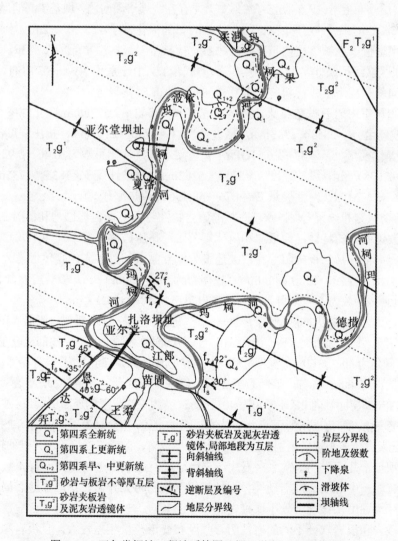

图 5-10 亚尔堂坝址工程地质简图（据王学潮，2005 修改）

坝址基岩主要为三叠系中统甘德组一段（T_2g^1）、甘德组二段（T_2g^2）和甘德组三段（T_2g^3）。甘德组一段（T_2g^1）岩性为青灰色、浅灰绿色中厚－厚层状长石石英砂岩夹深灰色千枚状板岩及薄层泥灰岩透镜体，砂板比约为 3∶1，局部为互层；甘德组二段（T_2g^2）岩性为灰色、灰绿色中厚层（局部为厚层）状长石石英砂岩、岩屑砂岩夹深灰色粉砂质板岩及泥灰岩透镜体，砂板比为（3～5）∶1，局部地段为（1～2）∶1；甘德组三段（T_2g^3）为灰色、浅灰绿色中厚层状长石石英砂岩、岩屑砂岩与深灰色粉砂质板岩不等厚互层，局部夹褐黄色酸陡岩脉，砂板比为（2～3）∶1。早、中更新统冲积物（Q_{1+2}^{al}）上部为橘黄色黄土，下部为灰褐色砾岩，钙质胶结；晚更新统冲积物（Q_3^{al}）上部为灰黄色黄土，下部为砂砾石层。

坝区基岩为砂、板岩，属中等坚硬－坚硬岩石。地层褶皱强烈，小规模断层发育，主要发育四组节理，北东向节理较发育，北西向节理发育较差，坝址岩石主要受 NE30°和 NE70°～80°两组节理控制。根据节理裂隙频数、裂隙率，坝址节理裂隙发育程度总体上属中等发育，岩体裂隙程度大部分完整，少数为不发育－中等发育。坝基岩体透水率为 1.4～2.1Lu，属弱透水－中等透水。岩层倾向上游，天然防渗条件较好，不存在绕坝渗漏问题，坝基渗漏的形式主要是沿裂隙向下游渗漏。河床覆盖层厚度 9.55～20.19m，基岩风化带厚 6.53～14.12m。

玛柯河坝址位于巴颜喀拉褶皱系北巴颜喀拉褶皱带二级构造单元的东南部、玛柯河背斜的南西翼，坝区次级褶皱非常发育，褶皱多为复式褶皱，由一系列 NW－SE 向的背向斜组成，主要有柔洞向斜、夏洛复式背斜、结壤复式向斜、亚尔堂背斜等。

据现场测试室内岩石试验结果，砂岩干密度 ρ =2.542～2.577g/cm³，孔隙率为 0.95%～3.05%，纵波速度 V_p=2853～2943m/s，横波速度 V_s=1736～2105m/s，抗压强度 σ_c=35.24～46.63MPa，弹性模量 E=24.37～26.57GPa，属坚硬岩石，软化系数为 0.46～0.92；板岩干密度 ρ=2.622～2.678g/cm³，纵波速度 V_p=5210～5262m/s，横波速度 V_s=1835～2735m/s，抗压强度 σ_c=83.58～86.67MPa，弹性模量 E=44.76～58.45GPa，属坚硬岩石。

从现场物探测井结果看，坚硬较完整的砂岩物性特征呈现自然伽马和散射伽马值低，视电阻率、声波速度高的特性，而板岩和风化卸荷带、挤压破碎带等节理裂隙发育岩体的自然伽马出现明显高幅异常，视电阻率、声波速度为低异常。一般砂岩的自然伽马为 20～60 脉冲/min，土壤α计数为 3～15 脉冲/min，视电阻率为 100～500Ω·m；板岩自然伽马为 40～65 脉冲/min，土壤α计数为 5～20 脉冲/min，视电阻率为 50～300Ω·m。

坝址内主要发育两条大的区域性断裂即亚尔堂断裂和宁它-灯塔断裂，亚尔堂和扎洛坝址位于两条断裂中间。亚尔堂断裂（F_1）走向 310°，断层面总体倾向北东，局部地段在地表倾向南西，呈弧形，倾角为 40°～60°，深部陡倾，为左旋走滑逆断层，断层挤压破碎带宽 100～150m，主断层破碎带宽约 60m 左右。该断裂晚更新世以来不再活动。宁它-灯塔断裂（F_2）总体呈 320°方向展布，断层面倾向北东，倾角为 40°～65°，为左旋走滑的逆断层，断层破碎带宽 35～50m。这两条断裂虽然初步断定晚更新世以来有过活动痕迹，但全新世以来的活动证据仍未发现。除此之外，还发育较多小规模断层，这些断层多顺层发育，破碎带宽度不大，延伸较短。

距扎洛坝址十几公里的班前乡曾发生 5.5 级地震，近年来在断裂带上有 4 级以下地震发生，表明了有弱－中等的地震活动性。坝址土壤气氡分布无异常，据国家地震局资料：坝段地震基本烈度为Ⅶ度，该坝址处于次稳定区。

坝址区砂岩和板岩软硬不同的岩性组合强度和变形模量相差较大，且板岩和砂岩差异风化，可能导致地基承载力的不均衡。板岩风化易形成泥化夹层，而泥化夹层的分布可能对岸坡稳定造成一定影响，特别是泄洪建筑物在洞室开挖过程中边坡的稳定性应引起足够重视。

库区岸坡稳定性：玛柯河亚尔堂以上，标高3523m以下为库区，库区除坝段附近为狭谷外，其他大部分库段为宽谷，回水线达班玛县城以下数公里处，淹没范围较大。两岸山体为中低山，由于河流下切作用强烈，谷底起坡角度较大。库区整体为岩质岸坡，容易发生崩塌、滑塌的部位通常是地形曲率较大的地方，主要分布在河床两岸，是由于河岸侵蚀形成小规模的崩塌所致。坝段河谷大部分呈斜向谷，坡向与岩层走向垂直，局部顺向谷的河段两岸地层倾角一般大于坡角，不存在顺层面滑动的条件，没有发现中一大型崩塌、滑坡及倾倒变形体，岸坡稳定性整体较好。

地震动峰值加速度为 $0.1g_n$（地震基本烈度为Ⅶ度），根据区域稳定性评价结果，亚尔堂坝址处于次稳定区。

5.4.1.6 克柯枢纽坝库

克柯坝段位于阿坝县西南部20余公里处，克柯河上游的鼻疸牧场。克柯坝址属中高山地形，坝址内左岸山顶高程4137m，右岸山顶高程4036m，切割较为强烈，河谷高程3503.2～3456.3m，相对高差400～600m，属中等切割的中高山区（图5-11）。坝段为"V"形斜向谷或纵向谷（照片5-26），谷底宽40～100m，谷底砂砾石覆盖，为典型的峡谷形河道。谷坡平直，坡度一般40°～50°，局部大于50°，右岸陡峻，左岸低缓，河谷以斜向谷为主，河流与岩层走向夹角多在30°～60°之间，局部少量的横向谷和顺向谷，岩层倾角一般大于坡角，岸坡整体稳定条件较好，仅有小规模崩塌或残坡积物滑塌存在，岸坡整体稳定性较好。右岸坡积和同麓堆积从上至下由薄逐渐变厚，呈倾斜锥体，最厚处约10m，河谷内第四系松散层不发育，仅有碎石堆积，厚不足10m。

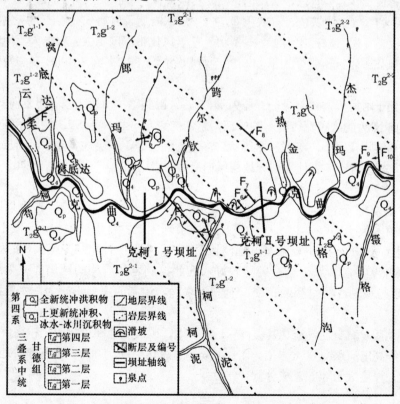

图5-11 克柯坝址工程地质示简图（据王学潮，2005修改）

照片 5-26　克柯坝段为"V"形斜向谷（镜头朝西南）

坝段基岩地层为三叠系中统甘德组（T_2g）中厚层状长石砂岩夹板岩（照片 5-27），分为 T_2g^1 和 T_2g^2 上、下两段。上段下层（T_2g^{1-1}）为灰色、浅灰绿色中薄层岩屑砂岩、岩屑长石砂岩与灰黑色、灰绿色钙质、粉砂质板岩互层局部夹少量薄层灰岩，砂板比为 1：1～3：1；上层（T_2g^{1-2}）为灰色、浅灰绿色中厚为主少量巨厚层状的岩屑砂岩、岩屑长石砂岩夹灰色、灰绿色板岩及极少量灰岩，砂板比为 3：1～8：1。下段下层（T_2g^{2-1}）为灰色、青灰色中厚层状岩屑、岩屑长石砂岩夹灰色、灰黑色钙质、粉砂质板岩，砂板比为 3：1～5：1，局部大于 10：1；上层（T_2g^{2-2}）为灰色、青灰色薄层－中层状岩屑、岩屑长石砂岩与灰色、灰黑色钙质、粉砂质板岩互层，砂板比为 2：1～3：1。基岩风化带深度不大，根据人工地震资料，小于 30m，微风化砂岩抗压强度大于 60MPa，弱风化板岩 38.2～44.3MPa，属中等坚硬－坚硬岩类。

坝址区处于阿尼玛卿褶皱带的红原弧形构造带，巴颜喀拉山褶皱系北巴复向斜带的北缘，一个轴面倾向 NW 的次级倒转背斜的核部，总体构造方向呈 NW-SE，地层褶皱强烈而断裂较少。其他褶皱规模很小，一般呈紧闭状，多为同倾褶皱，岩层大多陡倾，断层发育于紧闭褶皱的核部，规模很小。坝址大部分地层倾向南西，岩层倾角一般为 40°～70°，局部可达 80° 以上。

坝址主要发育三组节理，其中以走向 30°～40° 一组最为发育。节理以陡倾角剪节理为主，倾角多大于 50°，以大于 70° 为主。节理主要发育于砂岩中，一般不切穿板岩，裂隙发育程度总体属中等，节理裂隙延伸长度较小，风化带裂隙张开度大，多为泥质充填；构造裂隙张开度小，多属闭合，胶结较好，因此控制岩体结构的结构面应为层面（照片 5-27）。节理与坝轴线呈斜交或正交，有利于渗漏。渗漏的主要形式为库水沿砂岩的构造裂隙渗漏。

河谷微地貌发育有河漫滩、高漫滩、Ⅰ级阶地、Ⅲ级阶地和少量的洪积扇，Ⅲ级阶地分布较广，前缘高出河水面 60m 左右，阶面较宽，宽度达 200～500m，为基座阶地，堆积物以砂砾石为主，厚度大于 80m，成分复杂。

（a）　　　　　　　　　　　　　　　　　　（b）

照片 5-27　克柯坝段基岩地层为三叠系中统甘德组砂岩与板岩互层（镜头朝西南）

克柯河鼻疽牧场以上、标高 3538m 以下为库区，库区除坝段附近为狭谷外，其他大部分库段为宽谷，淹没影响范围较大（图 5-12 和图 5-13）。两岸山体为中高山或高山，谷底起坡度 20°～35°，坡度大于 30°的表面主要分布在河床两侧、山脊线、山谷集水线上，而代表崩塌易发程度的地形曲率等值线主要分布在河床两侧。岩层产状多为高倾角，坝段河谷大部分呈斜向谷，坡向与岩层走向垂直，局部顺向谷的河段两岸地层倾角一般大于坡角，岸坡稳定性较好。单库区范围内中三叠统地层板岩和砂岩互层发育，破碎地段易引起浸没，造成边岸岩体不稳定。库区比邻年保玉则地震带位于Ⅵ～Ⅶ度区，横切坝址的土壤气氡分布曲线（图 5-14）显示：坝址东南山坡沟谷中，有一处明显气氡异常，考虑到异常位置距坝址约 2km，初步判断为小规模活动断裂，因此，该坝址处于次稳定区。

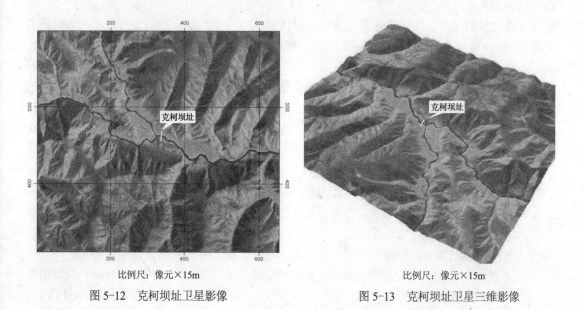

比例尺：像元×15m　　　　　　　　　　　　　比例尺：像元×15m

图 5-12　克柯坝址卫星影像　　　　　　　　　图 5-13　克柯坝址卫星三维影像

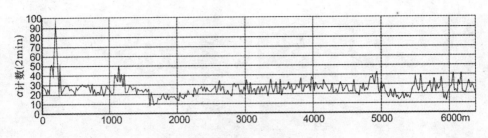

图 5-14 克柯坝址土壤气氡分布曲线

5.4.2 引水隧道工程地质评价

南水北调西线一期工程总体布置中，以隧道方式穿越巴颜喀拉山山脉，引水隧洞总长 321.09km，明流洞方案隧道高程有所提高，穿越部分河谷时要架设渡槽或倒吸虹管，但深埋长隧洞为工程的主要组成部分，其投入约占工程总费用的 85% 以上。引水线路受河流及冲沟切割，自然分为 9 段 14 条隧洞，单个隧洞自然分段最长 72.3km，最大洞径 10.5m，平均埋深 500m，最大埋深 1150m。雅砻江至杜柯河段采用单洞形式，单洞段长 153.89km，杜柯河至黄河段采用双洞形式，双洞段长 167.20km。由于特殊的地理条件，深埋长隧洞可能遇到难以预见的不良地质条件，将成为高原寒冷地区深埋长隧洞施工的潜在风险。

线路区岩石主要为三叠系浅变质的砂岩和板岩，砂板岩互层构成了软硬相间的岩层组合形式，砂岩主要为中厚层－厚层状结构，巨厚层状和互层状结构相对较少；板岩主要为薄层状结构。根据现场回弹初步测定，线路区弱风化砂岩单轴抗压强度一般在 41～128MPa 之间，岩石强度中等坚硬－坚硬；弱－微风化板岩单轴抗压强度一般在 21～95MPa 之间，大部分属中等坚硬岩，少部分为坚硬岩和较软岩。砂岩单轴抗压强度与受力方向的关系不明显。板岩单轴抗压强度与受力方向的关系密切。在后期遭受强烈挤压的构造变动条件下，具备了产生泥化夹层的地质条件。泥化夹层黏粒含量一般接近 30%，以重壤土和黏土为主，黏土矿物主要为伊利石。泥化夹层主要由层间错动形成，倾角一般大于 50°，与隧洞夹角一般呈 30°～90°，大部分大于 60°，对围岩稳定性有一定的影响，一般地对洞顶有利，对侧墙相对不利。

隧道围岩主要为 Ⅱ、Ⅲ 类围岩，层状岩体结构，岩性分别为砂岩和板岩，薄－中厚层构造，节理较为发育，岩体完整性中等，Ⅳ～Ⅴ级软石－次坚石。围岩变形计算结果表明：以 Ⅱ 类围岩为主的洞段，岩石以砂岩夹板岩为主，岩体完整性较好，岩体强度较高，基本不存在围岩变形问题。

以Ⅲ类围岩为主的大埋深洞段，变形量较小，可以推断在 Ⅲ 类围岩中不存在变形问题；但在局部以板岩为主地段，岩体稳定能力差，易风化，变形量较大，存在围岩变形问题。

Ⅳ类围岩和断裂带，岩石破碎，岩体强度较低，承载力基本为 0.4～0.7MPa。围岩变形量较大，围岩变形问题严重。线路区南部的马尔康分区雅江小区三叠系鲜水河－甘孜一带，发育大片受动力地质作用形成的片岩，强度低，非常软弱，隧道开挖条件非常恶劣。

线路方向大多与区域构造线方向呈大角度相交或近于垂直，隧洞围岩总体具有较好的应力状态，并且能以较短的距离穿越主要构造破碎带，有利于地下洞室的围岩稳定。由于线路主要建筑物为深埋长隧洞，隧洞的抗震性能较好，受冻土、滑坡、泥石流等不良外动力地质现象的影响较小。因此外动力地质现象对其不构成危害，但会对线路施工道路造成影响。

砂岩属弱—中等透水岩体，板岩为相对不透水层，地下水径流排泄不畅，基岩富水性较弱，一般洞段发生涌水、突水的可能性不大。

板岩风化或构造弱化易形成大面积软岩，对隧道施工非常不利，在鹞鸪山公路隧道、日格电站引水隧道施工中极其困难。

日格电站位于泥曲仁达坝址下游约 8km 处，目前正在施工（照片 5-28）。日格电站为低坝引水式电站，总装机容量 2×2500kW，引水隧道为门型，高 3.2m，宽 3.2m，底坡 0.642%，隧道长度 2168.5m，设计水头 30m，出口底标高 3594.3m，坝顶高程 3620m。由于隧道施工板岩段构造弱化，自稳能力差，往往来不及支护，形成大面积塌方，阻碍施工。

(a)　　　　　　　　　　　　　　　(b)

(c)　　　　　　　　　　　　　　　(d)

照片 5-28　施工中的日格电站

(a) 高边坡开挖（镜头朝北西）；(b) 隧道围岩三叠系砂板岩（镜头朝北西）；

(c) 引水洞板岩强烈变形（镜头朝北北东）；(d) 日格电站拦水坝（镜头朝西）

5.4.3　明渠段工程地质评价

吾曲—黄河锅塘村明渠渠道长 16.1km，首尾标高分别为 3446m 和 3442m，高差 4m，坡降 1/3000，明渠段沿贾曲河左岸开挖边坡高度 2～30m，沿线为第四系的冲积物（Q_4^{al}），厚度较大，存在因渠道开挖而产生的高边坡问题（照片 5-29、照片 5-30 和照片 5-31）。

贾曲河谷宽度 1～3km，谷地宽阔平坦，贾曲河床宽约 10～30m，九曲回肠，发育众多牛轭湖。河谷开挖明渠段相对高差小于 20m，两侧山坡坡度 10°～20°，部分地段为台地，坡度小于 10°，岩层倾向垂直于坡向，斜坡稳定性较好，这给建渠带来了较为有利的地形地貌条件（照片 5-32）。但主要的地质问题是季节性冻土和水工建筑物的冻害。

虽然渠线处于冻土区，但冻胀融沉作用不甚强烈，冻土地貌不发育，据现场调查资料证实，基本没有诸如热融滑塌、滑坡等不良工程地质现象发育，沿渠道线第四纪松散堆积物为全新统冲－洪积砂卵石，厚度数 10m，属于冻胀弱融沉的含泥卵砾类土和不冻胀不融沉的卵砾类土，区内有大面积的黑褐色泥炭层，厚度大于 2m，开挖时易坍塌、流动，土体含水量高，冬季易发生冻害。应注意的是，处在渠水影响范围内的冻土，受输水热能影响，融化后会增加渠道渗漏和降低渠道内外边坡的稳定性，应采取渠道防渗与边坡加固等措施。控制渠道区域地壳稳定性的断裂为阿万仓断裂和阿坝北断裂，近年来断裂附近曾发生过 4～5 级地震，引水明渠尾端处于阿万仓地震带及潜在震源区内，地震基本烈度为Ⅶ度区，土壤气氡无异常分布（图 5-15），该区应属地壳基本稳定区。

照片 5-29　贾曲河谷全新统冲洪积层
（镜头朝西）

照片 5-30　黄河支流贾曲河谷段（线路明渠）
（镜头朝北）

（a）

（b）

照片 5-31　线路明渠段起点和入黄河位置

（a）线路明渠起点（镜头朝西）；（b）线路明渠汇入黄河处（镜头朝西北）

照片 5-32　黄河河漫滩全新统松散砾石层（镜头朝南）

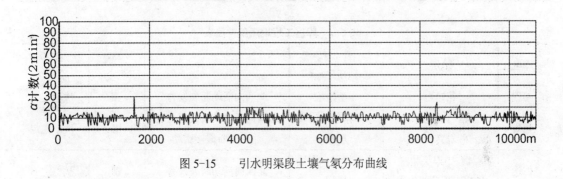

图 5-15　　引水明渠段土壤气氡分布曲线

5.4.4　小结

5.4.4.1　引水枢纽坝库区

坝段工程地质条件见表 5-6，库区工程地质条件见表 5-7。

(1) 第一期工程 7 个引水枢纽坝段河谷呈 "V" 形或浅 "U" 形，谷坡中不存在大型贯通性结构面，岸坡整体稳定性好，建坝地形条件较好。河床中沉积物厚度小，不存在深厚覆盖层问题。库区两岸主要地质灾害是河谷两侧小型冲沟、泥石流和河岸侵蚀崩塌，尤其是达曲和泥曲河谷泥石流发育密度高，但规模小，易于防治。

(2) 坝段和库区基岩的除热巴为花岗岩外其余岩性均为砂岩夹板岩地层，出露厚度均在 300m 以上。岩石主要为浅变质的砂岩和板岩，砂岩主要为中厚层—厚层状结构，巨厚层状和互层状结构相对较少；板岩主要为薄层状结构，中弱风化砂岩单轴抗压强度一般在 41～128MPa 之间；弱—微风化板岩单轴抗压强度一般在 21～95MPa 之间，属中等坚硬—坚硬岩类，强度指标可满足建坝的一般技术要求。砂岩透水性较低，属弱透水岩体，板岩则为相对不透水层。坝段岩层一般褶皱强烈，断层不甚发育，坝址范围内均不存在区域性断裂，节理裂隙总体上均属不发育。

表 5-6　　坝段工程地质条件一览表

坝段	河谷形态	谷底标高（m）	谷底宽度（m）	地层	构造条件	地震烈度	地壳稳定性
热巴	狭谷	4175	210	花岗岩	温拖断裂	Ⅷ	次稳定 B
阿安	狭谷	3604	310	薄—中厚层状砂岩夹板岩	大塘坝-然充寺断裂	Ⅸ	次不稳定
仁达	狭谷	3604	300	薄—中厚层状砂岩夹极薄层板岩	泥曲断裂	Ⅷ	次稳定 B
上杜柯	宽谷	3491	250	砂岩与板岩不等厚互层	杜柯河断裂	Ⅶ	次稳定 A
亚尔堂	宽谷	3410	160	薄层—中厚层状砂岩夹板岩	灯塔断裂亚尔堂断裂	Ⅶ	次稳定 A
克柯	宽谷	3485	200	砂岩与板岩互层	甘德南断裂	Ⅶ	次稳定 A

表 5-7　库区工程地质条件简表

库区	地层	外动力地质现象	构造条件	地震烈度	地壳稳定性
热巴	花岗岩	小型滑坡	北西向活动断裂发育	Ⅷ	次稳定 B
阿安	薄-中厚层状砂岩夹板岩	小型滑坡、滑塌崩塌	北西向活动断裂发育并有北东向断截接错动	Ⅸ	次不稳定
仁达	薄-中厚层状砂岩夹极薄层板岩	小型滑坡、滑塌崩塌	北西向活动断裂发育	Ⅷ	次稳定 B
上杜柯	砂岩与板岩不等厚互层	小型滑塌、崩塌	北西向活动断裂发育	Ⅶ	次稳定 A
亚尔堂	薄层-中厚层状砂岩夹板岩	小型滑坡、滑塌崩塌	北西向活动断裂发育	Ⅶ	次稳定 A
克柯	砂岩与板岩互层	小型滑塌、崩塌	北西向活动断裂发育	Ⅵ～Ⅶ	次稳定 A

(3) 由于河流走向与区域构造线一致，致使岩层走向与河流平行，对坝基防渗不利，渗漏形式主要是沿裂隙及背斜轴部向下游渗漏。

(4) 库区一般封闭条件较好，不存在向邻谷或洼地的永久渗漏问题。库区主要为牧区，人口稀少，无重要的城镇和工农业生产基地，有少量寺庙和宗教建筑物，矿产资源分布很少，水库淹没损失很小，不存在浸没问题。

(5) 工程引水枢纽均在多年冻土下限（4250m）之下，属季节冻土区，冻土冻害和河谷岸坡变形破坏不会对工程造成重大危害。

(6) 达曲阿安坝段和雅砻江阿达坝段处于鲜水河（西延）发震断裂旁，曾经发生过 6 级以上地震，坝段处于地震烈度Ⅷ～Ⅸ度区，属次不稳定区；仁达坝址位于Ⅷ度区，上杜柯坝址靠近中壤唐地震区，处于次稳定区，其余坝址地震基本烈度为Ⅵ～Ⅶ度，为次稳定区。

5.4.4.2　引水隧道工程

线路区岩石主要为三叠系浅变质的砂岩和板岩，砂板岩互层构成了软硬相间的岩层组合形式。工程区最大主应力与线路方向锐角相交，有利于围岩稳定；隧道受冻土、滑坡、泥石流等不良外动力地质现象的影响较小，外动力地质现象对其不构成危害，但会对线路施工道路造成一定的影响；隧道埋深大，地应力高，岩爆、软岩变形和活动断裂错切是影响隧道稳定性的主要因素。

隧道围岩主要为Ⅱ、Ⅲ类围岩。以Ⅱ类围岩为主的洞段，岩石以砂岩夹板岩为主，岩体完整性较好，岩体强度较高，基本不存在围岩变形问题；以Ⅲ类围岩为主的大埋深洞段，变形量较小，可以推断在Ⅲ类围岩中不存在变形问题，但在局部以板岩为主地段，岩体稳定能力差，易风化，变形量较大，存在围岩变形问题；Ⅳ类围岩和断裂带，岩石破碎，岩体强度较低，变形量较大，隧道开挖条件非常恶劣。

线路穿越23条区域性断裂，大部分是不活动断裂，只有热巴－阿安隧洞穿越中鲜水河(西延)活动断裂，仁达－上杜柯隧洞穿越色曲活动断裂。另外亚尔堂-克柯引水隧道从白石山龙克温泉附近通过，该温泉是沸泉，预计隧道开挖时会遇到过热水爆炸问题。

根据临近水电站及公路隧道施工经验教训，要注意软岩大变形及膨胀岩问题，建议采用盾构法施工。

5.4.4.3　明渠段工程地质

明渠位于构造基本稳定区内，明渠线主要的地质问题是季节性冻土和水工建筑物的冻害及因渠道开挖而产生的边坡稳定问题。冻土区冻胀融沉作用不甚强烈，冻土地貌不发育。但处在渠水影响范围内的季节性冻土，受输水热能影响，融化后会增加渠道渗漏和降低渠道内外边坡的稳定性，应采取渠道防渗与边坡加固等措施。

第6章　调水线路区典型断裂活动性分析与研究

南水北调西线一期工程是跨流域的巨型调水工程，自雅砻江热巴枢纽经达曲阿安枢纽、泥曲仁达枢纽、色曲洛若枢纽、杜柯河珠安达枢纽、玛柯河亚尔堂、霍纳枢纽及阿柯河克柯枢纽到黄河，线路全长 321.09km。由于调水线路距区域活动断裂甘孜-玉树断裂和库塞湖-玛沁断裂较近，并穿越鲜水河断裂、甘德断裂、杜柯河断裂等十余条活动断裂，这些活动断层是影响工程稳定性的主要工程地质因素。首先，断裂带造成工程岩体破碎，使完整的岩体多呈碎裂状结构或散体结构，除可能引起涌水和突水，威胁枢纽坝体的安全外，还会形成围岩不稳定，造成隧道破坏。更为严重的是，断层的活动能错断坝体和隧道，直接导致引水枢纽的错断损坏。因此，开展工程区内活动断裂调查，重点对其展布、运动方式、方向及地震活动性进行研究，评价其对工程的影响，对工程选址、工程设计、工程施工及工程运营具有重要的意义。

工程区位于青藏高原的东北缘，横跨巴颜喀拉山东段，是青藏高原地貌的陡变带，也是新构造活动相对活跃的地区，调水区具有复杂的地形地貌、岩性和区域构造背景。由于工程区复杂的地质背景和恶劣环境自然条件，我们应用了浅层地震反射法、直流联合剖面法、电测深法、测氡法等物探手段，开展了沿线带状地质填图、活动断裂和地质灾害调查。

6.1　活动断裂的含义及运动方式

活动断裂的定义最早是 H.O.Wood（1916）提出的，他把有史以来发生过运动的断裂称为活动断裂。Willis（1923）认为，活动断裂与地震活动有关，是过去活动过、而且今后仍可能发生运动的断裂。自 20 世纪 50 年代以来，由于世界各国进行了大规模的工程实践以及地震预报研究，对活动断裂有了进一步的认识。巴艾伦（1965）认为，在缺乏应力资料或主要地震的历史记录时，唯一令人满意的活动断裂判据，是在近代地质时期断裂发生过位移的地质证据，如断裂活动的地质标志（悬崖、凹槽、断头溪）在鉴别和研究活动断裂中是强有力的工具。自 20 世纪 70 年代以来，以松田时彦为代表的日本学者认为，所谓活动断裂是第三纪构造运动的余波，自第四纪（200 万年）以来直到现今曾反复活动过，表现为伴随地震发生剧烈位移和无地震而发生蠕动位移的断层运动，并且这种运动今后可能再发生。瓦巴Wallace（1982）认为，全新世以来有活动的断裂叫活动断裂，或是一万年以内有一次活动的断裂叫活动断裂。最近他又提出了对活动断裂的定义不必再限定活动时间上限，而着重按将来工程、建筑物实际需要和考虑时间的长短确定研究时段，即在结构物或工程设计使用年限内，预期可能发生位移的断裂称为活动断裂。活动断裂与强震活动关系的研究表明：强震的分布往往与晚更新世、全新世和现代的活动断裂带相一致，因此，我们所说的活动断裂是指晚更新世、特别是全新世以来有过位移证据的断裂。由于强烈活动的活动断裂直接切割了晚更新统、全新统或现代沉积物，故可以利用断错地貌标志直接测量其位移值。

关于活动断裂的运动方式，A.A.尼科诺夫把断裂运动方式分为现代断裂快速运动（地震）和缓慢运动（蠕动）两种方式。断裂快速运动表现为脉动式的地震构造位移，而缓慢运动（蠕动）表现为两种形式，一种出现在非地震蠕动地段，另一种是沿断裂带有地震滑动现象，即具有经常性的弱震和中小地震活动而一般不产生更大地震的构造位移。沿断裂带现代快速运动和缓慢运动在空间和时间上都是不均匀的。现代地震构造位移完全集中于全新世以来有地震断错显示的地段，位移高值聚集于历史上著名的强震震中区或其附近。小震和中等地震（即稳定的地震活动）出现在蠕变量显著的断裂地段。相反，在以前发生过强破坏性地震的地段，实际上不存在蠕变，在一系列情况下，断裂快速运动（地震）与缓慢运动（蠕动）是交替进行的。

丁国瑜（1982）指出，活动断裂除以地震方式产生突然滑动和缓慢的蠕动两种基本形式外，在大陆内部大量交织成网的断裂中，有不少断层虽不具明显的位移错位，但并不是不活动的，而是断层的两盘处于经常反复错动的未愈合状态。他将此种形式的断层活动称之为"旷动"，活动断裂在其以粘滑方式运动的段落，是以强震活动为标志的；在蠕动方式运动的段落，则以中小地震活动为主要表现。至于"旷动"形式可视为未愈合断层沿断裂带无明显位错变，一般表现为无震滑动。如近十年来沿安宁河-则木河断裂带跨断层的短水准测量资料表明，一些形变测量点虽都出现过反复变化，断层两盘时升时降，但都表现出断裂活动方式的一致性，尽管它并不是直接反映地震的前兆现象，但它对了解区域应力状态、地块间相互调整却是很有意义的。

近 10 年来，随着第四纪年代学测量技术的飞速发展，测量精度不断提高，从而保证了较准确地确定活动断裂的位移时间。目前主要应用方法有钾氩（K-Ar）法、不平衡铀系（U）法、^{14}C 法、裂变径迹（FT）法、热释光（TL）法、电子自旋共振（ESR）法以及断层石英溶蚀速率 （SEM）法和相关堆积物年代测定法等，这使我们有可能较准确地查清断裂活动的时间。断裂在不同时期的活动速率、活动方式、重现间隔、群集与迁移等特征，对于活动断裂的地震危险性估计及工程稳定性评价都是十分重要的。

6.1.1 活动断裂的分类

目前，活动断裂主要是根据断层力学性质、活动时代、活动方式及活动强度来进行分类的。

根据断层的力学性质，活动断裂可分为走滑断层、正断层、逆断层、混合型断层四种类型，其中混合型断层由于走滑断层或大或小都伴有一定的倾向滑动，即垂直位移。根据断层面产状和两盘相对运动的情况，走滑断层又可分为正走滑断层和逆走滑断层。

按断裂活动时代分类，主要根据断裂切割的最新地层、断裂带上年代学样品的测定结果及地震强度，将活动断裂分为以下三类：

(1) 全新世活动断裂：断裂直接切割晚更新统中后期及全新统沉积物，断层年代学测龄值在 1 万年内，历史上发生过 6.5 级以上强震，极震区可见断层最新地表破裂，如鲜水河断裂。

(2) 中、晚更新世活动断裂：断裂切割早、中更新统地层或晚更新统早期地层，年代学样品测龄值大于 1 万年小于 50 万年，断层泥 SEM 特征分析结果，断裂在早、中更新世有过明显活动、晚更新世仍有活动。历史上发生过 6.5 级以下地震，中小地震沿断裂呈带状分布。

(3) 第四纪活动断裂：指断裂在第四纪有活动但活动不明显的断裂，在未取得年代学资料前的总称。

对于调水工程研究而言，10 万～12 万年以来有过明显活动的断裂是工程应该重点研究的对象，包括全新世活动断裂和部分晚更新世活动断裂，活动断裂在未来 200 年内（即工程使用期内）的运动方式、活动强度和最大位移预测的研究更有实际价值。本项目的研究是面向南水北调西线一期工程，把活断裂限定为"第四纪至今还活动的断层，即指那些正在活动和继续活动着的断层"。按断层的活动时代，可分为早更新世断层、中更新世断层、晚更新世断层和全新世断层。考虑到工程上的需要，我们重点讨论晚更新世和全新世断层，即 10 万年和 1 万年以来的活动断层。

6.1.1.1 按断裂运动方式分类

按断裂运动方式将活动断裂分为三类：

(1) 以粘滑运动为主的断裂：主要为全新世活动断裂。强震呈串分布，断错地貌明显，断层泥 SEM 特征分析结果以粘滑为主。如鲜水河断裂带的炉霍－乾宁段等。

(2) 以蠕滑运动为主的断裂：一般为中、晚更新世活动断裂。断层泥 SEM 特征鉴定断裂以蠕滑为主，有中、小地震发生。

(3) 以粘滑与蠕滑兼有的断裂：在同一条活动断裂带既存在粘滑活动段，又存在着蠕滑活动段，在这两者的过渡地段，断裂活动常具有粘滑和蠕滑兼有的特征，常有中、小地震发生。

6.1.1.2 按断裂运动强度分类

断裂的活动强度主要是用断裂位移幅度、断裂平均滑动速率来描述的。但由于断裂所处构造位置不同或运动方式不同，情况是十分复杂的。总之，因断裂运动学特征不同而表现各异。松田时彦（1977）根据断裂在晚第四纪时期的长期滑动速率（S）将日本已知的活动断裂划分为 AA、A、B、C 四级：AA 级（$S>10\text{mm/a}$），A 级（$1<S\leqslant10\text{mm/a}$），B 级（$0.1<S\leqslant1\text{mm/a}$），C 级（$0.01<S\leqslant0.1\text{mm/a}$）。

强祖基（1979）根据断裂在第四纪以来的平均滑动速率，将中国华北地区的活动断裂分为两级：一级活动断裂为第四纪以来平均水平位移速率 $S\geqslant0.1\text{mm/a}$、控制 $M_S\geqslant6.7$ 级地震；二级活动断裂为第四纪以来平均水平位移速率 $S<0.1\text{mm/a}$、控制 $M_S=5.0\sim6.5$ 级中强地震。

Slemmoni 和 DePolo（1986）按断裂晚第四纪平均滑动速率（S），将美国活动断裂分为五类：AAA 级 $S\geqslant100\text{mm/a}$，AA 级 $10\leqslant S<100\text{mm/a}$，A 级 $1\leqslant S<10\text{mm/a}$，B 级 $0.1\leqslant S<1\text{mm/a}$，C 级 $0.01\leqslant S<0.1\text{mm/a}$，并且详细说明了各级活动断裂活动性地貌的判据。

青藏高原地区与日本列岛都是构造运动较活动地区，其构造活动性比中国东部要强烈，强祖基（1979）根据中国华北地区的活动断裂在第四纪以来的平均滑动速率分为两级的方法在青藏高原地区显然不妥。这次分级主要采用 Slemmoni 和 DePolo（1986）的 5 分法，按断裂晚第四纪平均滑动速率（S），将断裂分为 5 类：AAA 级 $S\geqslant100\text{mm/a}$，AA 级 $10\leqslant S<100\text{mm/a}$，A 级 $1\leqslant S<10\text{mm/a}$，B 级 $0.1\leqslant S<1\text{mm/a}$，C 级 $0.01\leqslant S<0.1\text{mm/a}$。

6.1.2 活动断裂的主要标志

关于活动断裂的识别，国内学者以丁国瑜等为代表，长期进行活动断裂野外地质调查，总结出了一整套判别方法，建立了完整的活动断裂鉴别地质标志。

由于调水区位于青藏高原东部地带，强烈抬升和剥蚀作用相结合，水系沟谷切割强烈，断裂出露于剥蚀山区或隐伏于第四系较发育的沟谷中，利用天然剖面和探槽剖面很容易发现错切第四纪地层的活动断裂形迹。通过综合前人研究成果，结合本区研究的实际情况，活动断层的地质识别标志主要可归纳为地质标志、地球化学标志和地球物理标志三个方面。

6.1.2.1 地质标志

(1) 断错水系。断错地貌现象已成为研究近代断裂活动性的一种重要手段，借助活动断裂所造成的断错地貌现象判定断裂带的地震活动性，已成为地震地质研究的重要内容。最常见的断错水系有"S"形、"肘"状、"梳"状、断头沟谷等地貌，值得注意的是，水系位错最发育的地段，往往是历史上地震最频繁的地段，以鲜水河、甘孜-玉树断裂带上的断错水系最为发育，表现为统一的水平左旋错动特征。

(2) 断错山脊。错动方式与断错水系完全相似，鲜水河断裂带上的断错山脊，以水平剪切错动为主，主要是由于地震时断层快速错动形成的。

(3) 断错阶地。伴随断层错动使河谷阶地发生水平剪切错动和垂直错动，以鲜水河断裂带松林口附近的阶地断错最典型。

(4) 断错冲-洪积扇。冲-洪积扇在断裂通过处伴随断裂活动发生明显的扭曲与断错现象，这在鲜水河断裂带上可见到。

(5) 边坡脊和坡槽。它们是断裂发生逆走滑运动过程中在山坡上形成的。狭窄脊状或"眉"状隆起和相伴生的沟槽，形成地貌上的反向坡，其位置表示地面最新活动断裂通过处。

(6) 断层崖是识别近代断层作用和地震活动的直接标志，大多数情况下是断层发生倾滑运动形成的，沿断裂带呈不连续的线状分布，在走向上多呈羽状排列，断崖高度由中间向两端逐渐减小或消失，在断崖的一侧常常形成低洼沼泽地或呈狭长状的断塞塘。

(7) 沿断裂带分布的第四纪沉积物，由于断层活动发生强烈变形而形成断层、褶皱等小构造。

(8) 沿断裂带强震呈丛、呈带分布形成"地震线"。

(9) 第四纪断陷盆地沿断裂带呈串珠状分布。

(10) 温泉沿断裂带的某段密集分布，地热值显著增高。

(11) 河谷阶地在横向上具有明显的不对称性，在纵向发生明显的转折，有多级冲-洪积扇叠置。

(12) 山崩、滑坡、倒石堆沿断裂带呈明显的带状分布。

(13) 断层破碎带松散未胶结，经地表水流作用形成"似构造石林"地貌，或再度遭受强烈挤压，破碎带中产生"新断层"，断层泥具有明显的磨光面。

(14) 沿断裂走向的河流发生明显袭夺现象，隆起和凹陷相间出现。

(15) 沿断裂带一侧或两侧古墓群或其他地物标志发生明显的变形。

(16) 古地震遗迹沿断裂带分布。

(17) 跨断层的短水准和基线测量资料表明断层具有明显活动。

6.1.2.2 地球化学标志

活动断裂由于切割深度较大，是地球内部各种气体的外逸通道，如 CO_2、Rn、Hg、H_2O 等。氡气是地下放射性元素衰变形成的，由于它的半衰期只有数小时，又易被土壤吸附，因此，采用测量土壤氡气衰变产物 α 射线的强度，推测氡气在土壤中的浓度分布特征，可以判断断层的活动性。

6.1.2.3 地球物理标志

断裂活动使断裂两盘地球物理特征产生差异。如大规模的活动断裂使断层两侧地壳厚度、岩石密度、电磁特性等地球物理场产生差别。

6.1.3 活动断裂研究的主要内容

为了对研究区内的断裂进行系统研究，在对输水线路两侧 25km 范围内、长度大于 5km 断裂研究的基础上，对线路两侧 10km 范围内、长度大于 20km 的断裂做了详细调查与勘测，重点研究了规模较大、与线路相交或距线路较近断裂的活动性。

在野外除了查明活动断裂与先存断裂的关系、断裂延伸的规模、产状、力学性质外，特别注意研究以下几个方面的内容：

(1) 断裂活动时代。

在活动断裂研究中确定断裂的最新活动时代是十分重要的，除了通常采用的第四纪地层变位、断错地貌、古建筑群变形方法外，还需配合年代学样品的采集与测量，借以查明断裂最新一次活动时间。更重要的是能较准确地了解活动断裂（或活动断裂某段）地震原地复发周期，从而全面了解断裂活动的时间序列。根据断裂活动时间尺度，进行断裂活动分段。

(2) 断裂活动方式。

前已述及，断裂活动方式分粘滑和蠕滑两种。利用断层泥石英电镜扫描刻蚀形貌方法（SEM）、断层形变观测资料，结合断错地貌特征及地震空间分布特点，可将断裂的粘滑段和蠕滑段区别开来。国内外利用活动断裂资料评价地震危险性的研究成果表明，强震主要发生在断裂具粘滑特征的活动段上，而蠕滑性质的活动断裂只作为应变能积累的抑制因素，只发生一些中小地震。同一断裂带不同段落上的不同活动方式，是划分潜在震源区的重要依据。

(3) 断裂几何形态。

断裂的几何形态特征，不仅对地震的孕育和发生起着很大的作用，而且也控制着地震破裂的传播和终止，是判定活动断裂分段活动的重要依据。因此，查明不同尺度上活动断裂的形态特征及组合型式，对于研究活动断裂的分段和可能存在的地震危险性具有重要意义。

(4) 断裂活动速率。

断裂的活动速率是断裂活动水平的一个总体标志。对于线状工程，如引水隧道，断裂活动速率是评价工程稳定性的主要参数。断裂活动速率一般是根据断错地貌位移值及其位移开始时间求得的，进而可区分出活动断裂不同段落上的活动速率的高低。断裂活动速率是活动断裂地震危险性评价的直接证据，尽管活动断裂高活动速率段一般发生高震级的地震（如鲜水河断裂的炉霍段），然而滑动速率相对较低的地段，也可以发生大地震（如鲜水河断裂南段的折多塘断裂），只是需要更长的时间积累应变能。断裂活动速率反映了活动断裂应变能释放的速率，因此，常用它估算各条断裂上的地震重现周期和工程使用期内断裂的错切位移量。

(5) 活动断裂的分段性。

活动断裂分段是地震研究的重要领域，一条断裂因其活动特点（时间、强度、性质、活动方式等）的差异，可划分出不同的段落，这就是所谓断裂活动的分段性。丁国瑜指出："活断层的分段性是强震破裂状况所反映出的一种断层活动习性，活断层的分段应该是断层上最大震级地震的破裂分段。对于这一点来说，有时地表断裂的几何结构分段和地震破裂分段是不相同的。因此，断裂的分段，既需要考虑地震破裂情况，又需要考虑断裂的几何结构特征，把两方面结合起来进行。活动断裂的分段，是为了解破裂的初始和终止条件提供一些新思路，而且为估计一条断裂在下一次的破裂地点提供地质依据，同时能更好的认识断裂活动与地震活动在时、空上的不均匀性特点，这是在活动断裂地震危险性评价和工程安全性评价中最重要的基础。对于国家重大工程而言，如果实在不能避开活动断裂，就应该选择活动性较弱的地段，以减小工程风险。

(6) 断裂活动的群集与迁移。

在断层活动段一系列破裂事件以群集的方式发生之后，断层活动往往就以某种次序转换到其他段落或地区，这就是所谓断层活动群集与迁移。西线一期调水区的活动断裂和中国大陆其他地区一些活动断裂一样，在全新世发生的破裂活动亦表现出明显的不均匀性，在时间上主要表现在断裂活动的间歇性，强度的变化及破裂事件的群集性，在空间上主要表现在断裂活动的分段差异性上，断裂破裂活动的区域或段落又是迁移变换的，断裂活动的群集与迁移和地震活动的群集与迁移完全是一致的。因此，确定断裂活动的时间序次及其迁移规律，这对提高活动断裂地震危险评价及概率分析水平都具有重要的意义。

(7) 活动断裂最大潜在地震能力的估计。

根据断裂活动时代、活动程度、运动性质、活动方式，结合断裂历史上曾发生过的最大地震震级（含古地震）进行评估。目前较多的是根据地震破裂长度或断裂最新活动段（缺强震记载资料的断层最新活动段）与震级、地震位错量、地震重现周期的相关关系进行推算，以确定断裂未来发生地震的潜在地震能力，借以评估断裂的地震危险性，这对工程安全性评价具有重要的实际意义。

(8) 未来一定时期内活动断裂的可能位错量预测。

活动断裂对工程安全的威胁主要来自于活动断裂未来时期内的断层位错。断层位错包括与地震直接相关的断层突然错动及其所产生的突发位移和无震滑动引起的断层缓慢蠕动所累积的位移，但无论哪种方式产生的位移都会给工程带来隐患和危险。目前对活动断裂未来一定时期内可能产生位错的预测方法主要有两种：一种是直接测量法，即用跨断层的短水准、短基线测量，求得断层的垂直位移和水平位移，推测断层在未来一定时间内所累积的位错量。另一种是间接测量法，即充分考虑断层原有的错动。对于同一条发震断层而言，原来没发生过位错的地段，将来仍可能再次发生错动，并以此位错量代替该断层未来的错动量。其次是根据断层上地震破裂长度、位移、断层滑动速率，地震重现周期与震级的关系式计算求得。上述两种方法所获得的断层位错量仅是一个粗略的资料，还存在着一定的不确定性，但对工程设计来说，仍具有重要的参考价值。

6.1.4　活动断裂鉴定方法

通过野外调查断层穿切的最新地层和断层上覆的地层时代，观察断裂带结构特征、断层泥厚度和新鲜程度、规模、错距等特征，确定断层的活动性。对于隐伏断裂，首先利用物化探方法（电法、低频电磁法、氡、汞射气探测等）和航片、卫片解译确定断层的展布特征，用浅层地震观测剖面和钻孔资料对比的方法来确定其活动性。

6.1.4.1　地质法

通过野外调查，对测区主要活动断裂的活动史、力学机制、断层几何结构、断层运动方式、断错地貌特征、断层位错分布、断层最晚一次活动时间以及断层滑动速率进行了广泛的测量与活动断裂填图，开展了古地震遗迹的开挖和年代的测定，综合进行了研究区的资料分析，从而确定了各地震带大地震原地复发周期，使活动断裂的研究由定性向定量阶段发展。

6.1.4.2 地貌法

通过河流纵、横剖面测量，观察测定断裂两侧水系及沟谷、山脊、冲-洪积扇等发育分布特点，分析断层是否有错断水系、阶地面、冲沟、冲-洪积扇等现象，从而确定断层的活动性。

6.1.4.3 年代测定

断层活动年代可通过测定断层破碎物（断层泥、碎裂岩）和被切割或上覆沉积层的年代来确定。常用的测年方法有热释光（TL）、断层泥石英溶蚀速率（SEM）、电子自旋共振（ESR）、^{14}C 测年及孢粉分析等手段。本项研究主要采用 TL、ESR 和 ^{14}C 方法。

6.1.4.4 形变测量

跨断层进行水准和短基线测量是鉴定断层现代是否活动的有效方法。四川西部地区尤其是鲜水河地区形变测量资料比较丰富，利用这些测量资料可以分析断层的活动速率。

6.1.4.5 地震活动分析

通过微震分布、地震条带以及地震活动特征与断裂一致性等现象分析断层的现代活动性。

6.1.5 区域活动断裂的遥感鉴别方法

6.1.5.1 遥感图像制作与图像处理

(1) 遥感解译资料。

遥感解译使用 ETM^+ 陆地卫星（Landsat-7）数据，其特征参数及用途见表 6-1，美国 ETM^+ 陆地卫星（Landsat-7）是 20 世纪 90 年代发射升空的新一代资源卫星，其上安装一台 8 波段的多光谱扫描辐射计的传感器。其特点：覆盖范围 $183×170km^2$；工作于可见光、近红外、短波红外和热红外波段；分辨率为 30m，全色波段分辨率为 15m，热红外波段的分辨率提高到 60m。

遥感解译使用 ETM^+ 陆地卫星数据 12 景，全部为 1999～2003 年数据，该数据特点见表6-2。数据镶嵌关系见图 6-1 所示。

表 6-1　ETM^+ 陆地卫星的观测参数

波段	波长（μm）	色谱	分辨率（m）	主要用途
1	0.45～0.52	蓝色	30	沿岸水域制图，区别地表/植被，区别落叶树/针叶树
2	0.52～0.60	绿色	30	测量水质和正常植被的绿色反射率
3	0.63～0.69	红色	30	鉴别植被种类、人工建筑物和水质及地表岩石
4	0.76～0.90	近红外	30	调查生物量、绘制水体边界
5	1.55～1.75	短波红外	30	测量植物含水量，鉴别云和雪
6	10.4～12.5	热红外	60	测量作物热特性，绘制其他热分布图
7	2.08～2.35	短波红外	30	绘制液热图，识别岩性、土壤类型和人工建筑
8	0.50～0.90	全色	15	用于制作高分辨率的彩色图像

表 6-2　采用的卫星影像数据特点

景编号 （轨道号）	获取日期	景幅 名称	波段	彩色合成波段 分辨率（30m）	多波段溶合 分辨率（15m）	质量
132～39	2000.3		1，2，3，4， 5，6，7，8	7-4-1	7-4-1 与 8	雪覆盖量大
132～38	2000.7.14	甘孜	1，2，3，4， 5，6，7，8	7-4-1	7-4-1 与 8	好
132～38	2000.3	甘孜	1，2，3，4， 5，6，7，8	7-4-1	7-4-1 与 8	雪覆盖量大
132～37	2001.7.5	达日	1，2，3，4， 5，6，7，8	7-4-1	7-4-1 与 8	好
132～37	2000.3	达日	1，2，3，4， 5，6，7，8	7-4-1	7-4-1 与 8	雪覆盖量大
132～36		阿坝	1，2，3，4， 5，6，7，8	7-4-1	7-4-1 与 8	好
131～39			1，2，3，4， 5，6，7，8	7-4-1	7-4-1 与 8	雪覆盖量大
131～38	1999.10		1，2，3，4， 5，6，7，8	7-4-1	7-4-1 与 8	好
131～37	2003.4.15		1，2，3，4， 5，6，7，8	7-4-1	7-4-1 与 8	好
131～37	1999.11		1，2，3，4， 5，6，7，8	7-4-1	7-4-1 与 8	好
131～36	2000.3		1，2，3，4， 5，6，7，8	7-4-1	7-4-1 与 8	好

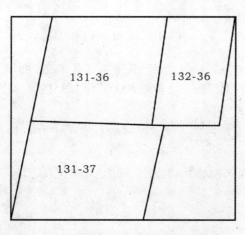

图 6-1　工程区 ETM$^+$卫星影像镶嵌拼接图

(2) 图像处理方法。

① 采用 ENVI3.5 专用软件进行处理，卫星图像经过几何矫正后进行镶嵌，再用 1∶10 万和 1∶5 万地形图上控制点进行图像配准，裁切加框制成遥感图像，用于目视解译。

② 为配合目视地质解译，对图像进行增强处理，如反差增强、边沿增强和突出线性构造的定向滤波。

③ 多波段数据的融合：由于 ETM+ 数据分辨率只有 30m，用 8 波段全色数据与 7-4-1 波段合成彩色数据进行数据融合，得到 15m 分辨率的清晰彩色照片。

6.1.5.2　遥感图像水系特征及应力方向解译

卫星遥感图像上水系是令人注目的图形之一，水系形态出现异常，如水系被错断，水系呈同步拐折或水系呈线性直角拐弯等现象，都认为是由于断裂活动所致。如果将这些裂点、拐折连接起来即可清楚地显示出断裂的走向。而且，从这些特征点性质上，又可以对断裂的某些特征，如扭动性质、活动强度等进行分析、判断，通过卫星影像水系数据提取，得到南水北调西线第一期工程区水系图，见图 6-2。

水系格局和其他地貌现象一样是内外地质营力作用的产物，外营力作用使水系方向分布具有随机性，而内营力使水系方向分布形成系统性和规律性。由于现代水系多沿着构造节理及破裂面发育，而构造节理和破裂是构造运动的产物，水系分布显示出有一定的优势方向，这些优势方向也代表了区域裂隙（解理、断层）总体优势方向。研究区山脉的隆升速率远远大于山脉的剥蚀速率，构造节理多为晚第三纪运动以来的产物，沿节理破裂面发育的水系排列的优势方向，可以反映新构造运动以来的应力分布状态。

优势方位计算考虑水系方向和该段水系的长度，本文运用密度计算方法对南水北调西线一期工程区区域地震带及邻近地区水系格局反映的新构造状态进行了分析。根据工程区新构造运动的不同表现（主要断裂、断块区新构造的差异性）和河流的流域范围，将调水区分为阿尼玛卿山区、北巴颜喀拉山区、中巴颜喀拉山区、南巴颜喀拉山区和玉树—义敦分区，并分别进行统计。实测河段数据为 (θ_i, l_i)，θ_i 为水系走向（按顺时针），l_i 为水系条数。把水系方向以 12° 分为一组，180° 共分为 15 组，再按角度大小重新排列，得到[(θ_0, l_0), (θ_1, l_1), (θ_2, l_2), $\cdots$, (θ_{15}, l_{15})]。再设

$$\varLambda = \begin{pmatrix} \lambda_{-1}, \lambda_{k+1}, \cdots, \lambda_{-1}, \lambda_0, \lambda_1, \lambda_{k-1}, \lambda_k \\ c, c+b, c+2b, \cdots, c+(k-1)b, c+kb, c+(k-1)b, \cdots, c+2b, c+b, c \end{pmatrix} \tag{6.1}$$

计算水系方向时设 $c=2n$，$b=1$，是一组非负、对称数，而以 λ_0 最大，并依次向两端严格下降。把 $\varLambda$ 称作一组权，对于每一个角度 θ_n（0° $<\theta_n<$ 180°），都有

$$\tau_n = \sum_{i-k}^{k} \lambda_i \cdot l_{n-1} \quad (n=1, 2, 3, \cdots, 15) \tag{6.2}$$

式中，τ_n 为水系方向 θ_n 处的相对于 $\varLambda$ 的密度。用上述密集度方法，将所测量的水系数据代入上式，计算结果列于表 6-3。

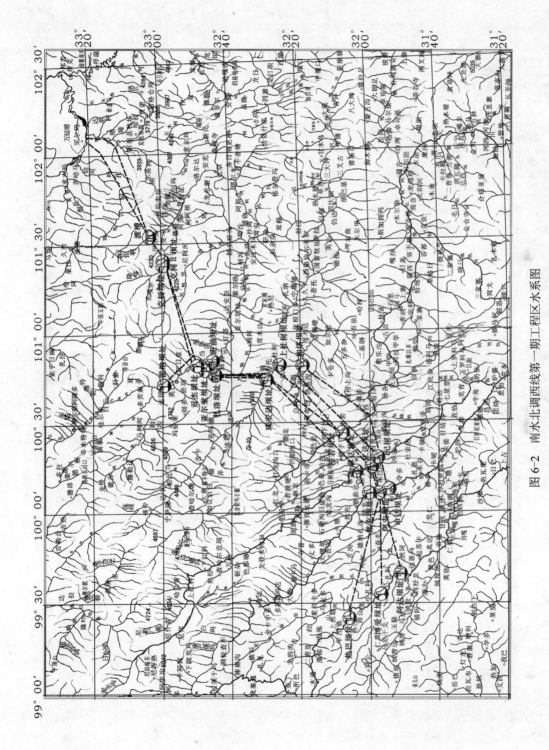

图 6-2　南水北调西线第一期工程区水系图

表 6-3　研究区水系计算新构造应力方向结果

地区	水系走向优势方向		Max$_1$ 和 Max$_2$ 所夹锐角等分线方向	Max$_1$ 和 Max$_2$ 所夹钝角等分线方向
	Max$_1$	Max$_2$		
阿尼玛卿山分区	135°±6°	20°±6°	148°±6°	58°±6°
北巴颜喀拉山分区	126°±6°	12°±6°	147°±6°	57°±6°
中巴颜喀拉山分区	141°±6°	5°±6°	158°±6°	68°±6°
南巴颜喀拉山分区	146°±6°	10°±6°	158°±6°	68°±6°
玉树—义敦分区	131°±6°	2°±6°	155°±6°	65°±6°

计算结果表明：在阿尼玛卿山分区，水系走向优势方向 Max$_1$ 为 135°±6°，Max$_2$ 为 20°±6°；北巴颜喀拉山分区，水系走向优势方向 Max$_1$ 为 126°±6°，Max$_2$ 为 12°±6°；中巴颜喀拉山分区，水系走向优势方向 Max$_1$ 为 141°±6°，Max$_2$ 为 5°±6°；南巴颜喀拉山分区，水系走向优势方向 Max$_1$ 为 146°±6°，Max$_2$ 为 10°±6°；玉树—义敦分区，水系走向优势方向 Max$_1$ 为 131°±6°，Max$_2$ 为 2°±6°，工程区平均水系优势方向 Max$_1$ 为 135.8°±6°，Max$_2$ 为 9.8°±6°。

根据以上结果计算出阿尼玛卿山分区、北巴颜喀拉山分区、中巴颜喀拉山分区、南巴颜喀拉山分区和玉树—义敦分区 Max$_1$ 和 Max$_2$ 所夹锐角等分线方向分别为 148°±6°、147°±6°、158°±6°、158°±6° 和 155°±6°，Max$_1$ 和 Max$_2$ 所夹钝角等分线方向分别为 58°±6°、57°±6°、68°±6°、68°±6° 和 65°±6°。区域平均的 Max$_1$ 和 Max$_2$ 所夹锐角等分线方向为 153.2°±6°，所夹钝角等分线方向为 63.2°±6°。

Max$_1$ 和 Max$_2$ 所夹锐角等分线为主压应力方向，Max$_1$ 和 Max$_2$ 所夹钝角等分线方向为主张应力方向。但区域的应力状态与以上分析不一致。这是由于 Max$_1$ 和 Max$_2$ 所代表的裂隙（节理、断层）力学性质不同所致。地质分析结果表明：区域 Max$_1$ 的方向为 135.8°±6°，代表了大多数压扭断裂的方向，断裂的力学性质多数是压扭性，而区域 Max$_2$ 的方向为 9.8°±6°，代表了大多数张性断裂的方向，断裂的力学性质多数是张扭性，所以 Max$_1$ 和 Max$_2$ 不能作为共轭关系，Max$_2$ 代表了区域主压应力的方向。

根据研究区水系格局计算的新构造应力方向为：阿尼玛卿山分区、北巴颜喀拉山分区、中巴颜喀拉山分区、南巴颜喀拉山分区和玉树—义敦分区区域最大主压应力方向分别为 20°±6°、12°±6°、5°±6°、10°±6° 和 2°±6°，平均为 9.8°。因此，由水系优选方位统计区域最大主压应力的平均方向为 NE9.8°，见图 6-3。

6.2　调水线路区活动断裂分布特征

调水线路区活动断裂较为发育，据野外地质调查、地球物理资料及遥感图像判释，区域北西向断层非常发育，规模巨大，其他方向的断层规模相对较小、数量不多。

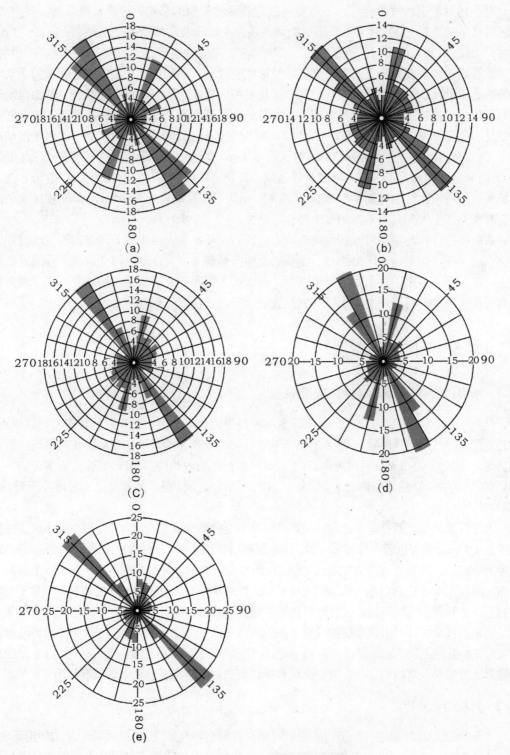

图 6-3 调水区水系优选方位玫瑰花图

(a) 阿尼玛卿山分区；(b) 北巴颜喀拉山分区；(c) 中巴颜喀拉山分区；

(d) 南巴颜喀拉山分区；(e) 玉树—义敦分区

对于规划的引水线路而言，不可能全部避开活动断裂的影响。区内目前发现主要有 15 条区域性活动断裂，南水北调西线第一期调水线路主要涉及区域性规模较大的断裂有：甘孜-玉树、当江-歇武、鲜水河、清水河北、清水河南、主峰、南木达、阿坝、阿柯河、桑日麻、甘德南等活动断裂及其分支断裂。这些断裂形成时代早，活动历史长，大部分断裂的活动时代为晚更新世（Q_3）、全新世（Q_4）。其中玉树断裂、鲜水河断裂、桑日麻断裂、甘德南断裂等断裂的活动性较强，对工程影响较大。尤其是桑日麻断裂，具有较宽的破碎带，控制着河谷的展布和第三系发育，沿断裂带曾于 1947 年发生达日 $7\frac{3}{4}$ 级地震，断层的平均水平滑动速率为 14.2mm/a，现今沿断裂带仍保留有长约 60km，宽达 10～20km 地震形变带。玉树断裂为 Q_4 活断裂，1896 年曾发生邓柯 7.0 级地震，地震造成的山崩使金沙江断流达 10 天之久。甘德断裂最后一次活动时间距今 1600 年左右，平均水平滑动速率为 8.1mm/a。工程区断裂活动在时空分布上大都具有明显的继承性和区域性。

从断层的分布与活动特征初步调查可知，区内主要断裂大多形成于印支构造运动时期。在第四纪早期，构造运动较为强烈，主要的北西向断裂大多有活动，以北东盘上升的逆断层为主。晚更新世以来，特别是全新世以来，除调水工程区南北边缘的玉树断裂、鄂陵湖南断裂和工程区内的桑日麻断裂的东段有大规模活动外，其他断裂仅在局部地段活动。

6.3　甘孜-玉树活动断裂

6.3.1　断裂带的空间展布及区域构造背景

甘孜-玉树活动断裂带实属广义的鲜水河断裂带的北段，南东起于四川甘孜石门坎附近，向北西经玉隆、邓柯（洛须），进入青海玉树、结隆、当江，消失于冬布勒山北麓勒玛曲第四纪盆地，全长约 650km。四川境内长约 270km，青海境内长约 390km。断裂呈 NW60°～NW70°方向展布，总体倾向北东，倾角在 60°～80°之间，是一条高角度走滑逆冲断裂（图 6-4）。

该断裂总体呈北西－南东走向，在西邓柯以东走向渐变成北西西向。断裂在调水区内延伸长度达 480km。果青以西影像显示一般，向东逐渐明显。西邓柯－甘孜段为最长连续活动地段，长度为 265km，断裂带宽度为 100m 左右，该断裂自全新世以来有多期活动。在果青东有断坎分布（图 6-5）。在巴塘以东，从影像上可见有陡坎断续分布，也见水系被错移现象，显示为右旋扭动。该断裂在当江与当江-歇武-甘孜断裂相交，被其斜接又被其袭夺。说明在玉隆段又表现了两期的活动特征，沿该断裂中段有 6 级地震发生，东端甘孜附近有 4～7 级的震群分布，并见有 7.5 级的强震。该断裂带由 2～3 条近于平行的断层组成，主要位于三叠系（T）浅变质的砂岩、板岩夹灰岩地层之中，对印支期和燕山期的岩浆侵入具有明显的控制作用。

6.3.2　新构造活动特征

在新构造活动时期，甘孜-玉树断裂表现出以左旋走滑运动为主，并伴随一定的倾滑运动。据 1∶20 万竹庆幅区测报告，该断裂的俄支－竹庆段，左旋错断了同属燕山晚期的高贡和雀儿山花岗岩体。两者岩性和含矿性相似，前者南侧和后者北侧都被断裂直线状切割。如果高贡岩体和雀儿山岩体形成时确实呈一体，则左旋位错量可达 80km。

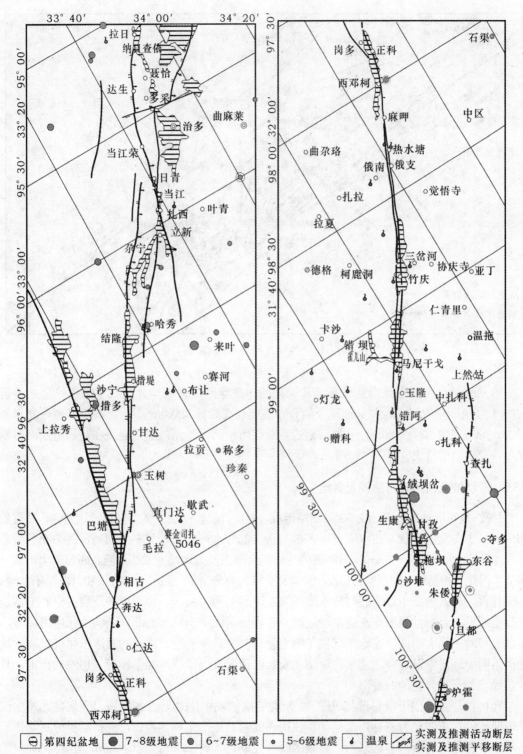

图 6-4 甘孜-玉树活动断裂分布及活动分段图

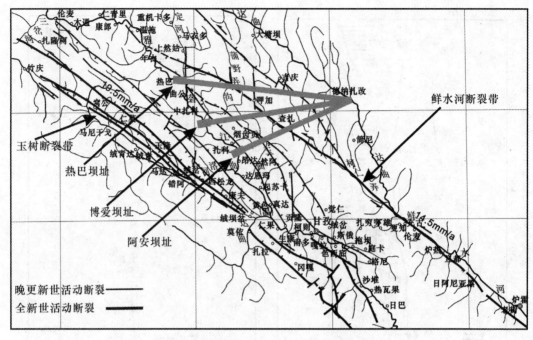

图 6-5　甘孜-玉树断裂与鲜水河断裂系统

第三纪时，在断裂带南西侧形成一系列的串珠状断陷盆地，并沉积了老第三系热鲁群（Er_1）红色砂砾岩层。这些盆地现今的分布高度已在海拔 4590m 以上，高出断裂带北东侧平均地形高度达 500～600m，并被后期的新断裂所错切。显然，这是断裂在新构造活动时期强烈差异运动的结果。

6.3.3　断裂的几何形态与第四纪盆地

甘孜-玉树活动断裂带由 2～3 条断层组成，断面陡立，平面上基本呈直线状延伸，断裂的邓柯段沿走向发生波状弯曲。断裂南东端与狭义的鲜水河断裂带呈左阶羽列，两条断裂叠距 80～90km，间隔约 20～30km，与断裂的几何组合形态及其运动方式相适应。断裂带上形成一系列第四纪沉积盆地，主要有：甘孜拉分盆地、邓柯拉分盆地、马尼干戈盆地和竹庆断陷盆地。

甘孜拉分盆地处于该断裂与鲜水河断裂左阶羽列的岩桥区，由于两条断裂在第四纪特别是晚更新世—全新世强烈地左旋走滑运动，在岩桥区派生出局部的北西西向的张应力环境，由地壳相对下陷而形成。盆地中沉积了中更新统—全新统的冲、洪积物及冰水相沉积物。盆地的第四纪地层中发育有北北东、近南北及北西西向次级断裂。闻学泽等（1983）指出，甘孜盆地正处于拉分盆地的雏形期。

邓柯拉分盆地位于断裂带北西段、主断面的南侧，由于甘孜-玉树断裂沿走向向北发生波状弯曲，并在第四纪为左旋走滑运动，使得在其弯曲处产生局部拉张，在正断层的断陷作用下形成。盆地受北西西与近东西向断裂的联合控制，长约 22km，宽约 3km，呈近 EW 向的菱形，盆地中沉积了第四纪冲、洪积物。在盆地东侧主干断裂通过处，燕山期花岗岩体与上更新统—全新统冲、洪积物呈正断层接触，且上更新统洪积物中也发育有北西西向正断层。

马尼干戈和竹庆盆地位于断裂带的中段，属第四纪断陷盆地，由断裂第四纪的差异活动而形成。马尼干戈盆地沿断裂带呈北西西向展布，长约35km，宽1～2.7km不等，呈楔形，局限于断裂带内（图6-6）。盆地中沉积了中更新统-全新统冲、洪积物及冰水相沉积物。竹庆盆地长约9km，宽约2～5km，呈北西西向不规则长条状。盆地中沉积了中更新统－全新统冲-洪积物、冰川堆积物、冰水相沉积物及全新统沼泽相沉积物。全新统沼泽相沉积物位于盆地南西侧靠近主干断裂处，表明全新世以来盆地仍呈下降趋势。

图6-6　当江-玉树-甘孜断裂ETM+卫星影像解译

综合上述，甘孜-玉树活动断裂带第四纪盆地沉积物是从中更新世开始堆积的，因此推断这些盆地应形成于早更新世末－中更新世初期。盆地的形成与该断裂的左旋运动有关，表明中更新世以来断裂表现出明显的左旋运动特征。

6.3.4　断错地貌

甘孜-玉树断裂晚第四纪以来表现的左旋走滑运动特征在地质地貌现象上十分显著。在马尼干戈第四纪盆地（图6-7）、麻呷洞中达铜矿（图6-8）、铁尼贡、俄西柯－竹庆及海子山口（图6-9）、错阿（图6-10）等地，第三纪和第四纪地层沿断裂呈线状分布，并被断裂左旋错切，形成一系列典型断裂地貌。另外，从实地考察，也可证实这一点，见照片6-1和照片6-2。

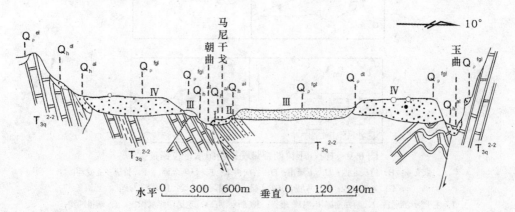

图6-7　马尼干戈第四纪盆地实测剖面图（据四川省地矿局，1984）

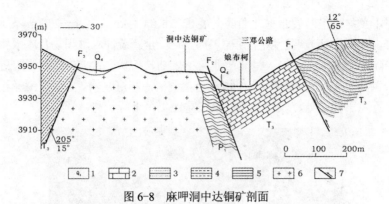

图 6-8　麻呷洞中达铜矿剖面

1. 地层年代；2. 灰岩；3. 细砂岩；4. 粗砂岩；5. 板岩；6. 花岗岩；7. 断层

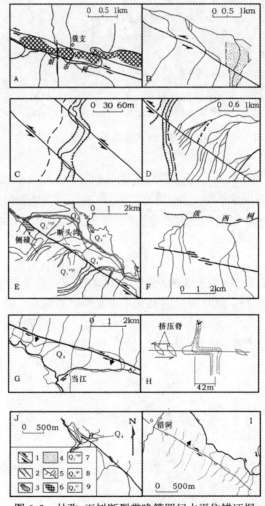

图 6-9　甘孜-玉树断裂带晚第四纪水平位错证据

A. 俄支乡；B. 竹庆北西；C. 玉隆甫；D. 竹庆甫东；E. 日阿北西；F. 竹庆乡亚龙柯；

G. 当江盆地；H. 马尼干戈东山梁；I. 错阿东山梁；J. 嘎宁盆地

1. 主干活动断裂；2. 朝曲期冰川"U"形谷；3. 断层湖；4. 晚第四纪沉积物；5. 断错冲沟；

6. 断层残丘；7. 朝曲期冰碛物；8. 全新世冰水沉积物；9. 全新世冲积物

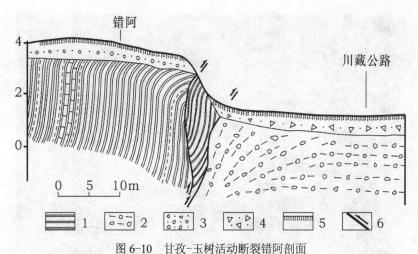

图 6-10　甘孜-玉树活动断裂错阿剖面

1. 页岩；2. 泥砾岩；3. 砂砾岩；4. 砂质角砾岩；5. 地表；6. 断层

（a）　　　　　　　　　　　　　　　　（b）

照片 6-1　玉树-甘孜断裂带断层地貌（镜头朝南）

（a）生康西 Q_2 冰积层中活动断裂；（b）玉树断裂玉隆段河谷中断层陡坎泉华、泉成串发育，

特别是在的山坡上升一道"眉"状小山脊沿主干断裂走向延伸，十分醒目

6.3.4.1　断错水系

在俄支乡一带，有若干南流的支流水系被断裂同步右旋位错，最大水平错距为 54m 左右，河床及Ⅰ级阶地也均发生同步位错（图 6-11a）。

竹庆盆地一带，竹庆北西，雀儿山北麓，主干断裂左旋位错了一系列北流的水系，其中一晚更新世的洪积扇被水平位错达 95m，垂直位错 2～3m。

照片 6-2　玉树-甘孜断裂马尼干戈东山梁地震鼓包（镜头朝南东）

当江盆地、当江—立新一线，断裂控制了盆地南缘，错动了不同时期形成的冲沟（图 6-11b），错距达 83m。玉隆南，主断裂在距 80m 之处分为两支，分别将同一溪流左旋位错 25～30m。

6.3.4.2　断错山脊

在竹庆寺，由于断层运动，山脊被左旋错断，错距达 150m。

6.3.4.3　断层陡坎

断层陡坎是断裂垂直运动（差异性运动）的产物，也是活动断裂的直接证据之一。甘孜-玉树断裂带在其左旋走滑运动的同时，也形成不同高度的断层陡坎。在俄支盆地东侧的娘布柯一带，断裂切割了三叠系地层，形成大量的断层陡坎（图 6-12a）。另外在竹庆盆地，断层陡坎几乎沿整个断裂分布，最高达 130m（图 6-12b）。

6.3.4.4　坡中槽与边坡脊

坡中槽和边坡脊是断层突然的差异性运动在山坡上形成的沟槽和脊状隆起（又称眉状隆起）。这两种共生的断错地貌现象主要出现在马尼干戈盆地玉隆—马尼干戈一线（图 6-13）。错阿到马尼干戈一线，断层错断成排的山脊，在沟口形成闸门脊、断塞塘，眉状陡坎线状分布，见照片 6-3。

6.3.4.5　断塞塘

断塞塘具有地质寿命较短的特点，因而一般认为是走滑断层全新世活动的直接证据。沿断裂带不同规模的断塞塘相当普遍，长度数米至数百米不等，大者称断塞型盆地，小者称断塞塘。绒坝岔的大金寺断塞塘长 200 多米，宽 30 余米，见照片 6-4。

图 6-11　水系被断裂左旋错切

(a) 俄支；(b) 当江盆地；(c) 绒坝岔；(d) 海子山口

图 6-12　山脊错断和断层陡坎卫星照片

(a) 俄支东断裂切割了三叠系地层形成的断层陡坎；(b) 竹庆现代冰川侧碛堤被断裂错断

图 6-13 玉隆眉状陡坎线状分布卫星照片

照片 6-3 马尼干戈坡中槽和边坡脊（镜头朝南东）

照片 6-4 玉树-甘孜断裂绒坝岔大金寺前断陷塘

6.3.4.6 断错冰碛物

竹庆南东，断裂在错切一系列小型冲沟和溪流的同时，将一近南北向延伸的大理冰期的"U"形谷左旋位错了 100m 左右，并将一冰碛垄岗左旋错开。

马尼干戈日阿附近，Ⅰ、Ⅱ级冰碛台地均被主干断裂左旋错断，位错量分别为 22±5m、43±3m。东山梁上，冲沟被左旋错断 42m，沿断层发育挤压脊，左阶雁列，显示断裂左旋扭动。

日阿北西，一系列晚第四纪以来的冰碛台地、冰积扇等地貌体，均被主断裂错断；最大左旋位错距为 45m 左右，同时南西盘相对上升了 4.5m。在全新世的冰积-洪积扇上，还可见因断层位借而被废弃、干涸的冲沟。

竹庆寺可见断裂错切新路海期（Q_4）冰碛垄，错距约 25m，见图 6-14。

6.3.4.7 错断洪积扇

沿断裂错断洪积扇的现象较普遍，绒坝-俄中一带的雅砻江右岸，因主干断裂错切而发育有一系列北西向延伸的洪积扇前缘陡坎,高约4m。该处全新世Ⅰ级阶地被垂直位错了1.5m（表6-4）。

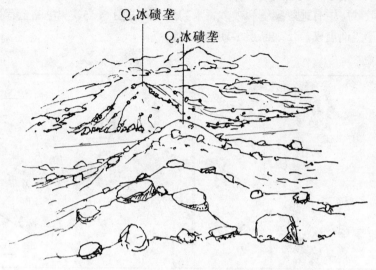

图6-14　竹庆寺断层错断第四期冰碛垄素描

表6-4　甘孜-玉树断裂带晚更新世以来位错值

地点	位错类型	错距（m）		水平 错动方式	位错 起始时代
		水 平	垂 直		
俄 支	断错水系	54.4±4		左旋	Q₄
竹庆北西	断错水系及洪积扇	100±10	3±1	左旋	Q₃~Q₄
竹庆甫东	断错冰川U形谷	98±10		左旋	Q₄
日阿	断错冰碛台	22±5 43±3		左旋	Q₄
日阿北西	断错冰碛台地	45±5	4.5±1	左旋	Q
马尼干戈	断错水系	80±5	3.5±1	左旋	Q₄
错阿	断错水系	75±5	4.5±0.5	左旋	Q₄
玉隆南	断错水系	55±5		左旋	Q₄
生康北西	断错Ⅰ级阶地		1.5±0.5		Q₄
俄中甫东	断错洪积台地		4±1.0		Q

6.3.5　新沉积物变形与古地震

甘孜-玉树断裂带在第四纪的强烈活动,造成了新沉积物的强烈变形。根据探槽揭露,这种新沉积物的变形大多显示了脆性破裂的特点,是断裂带上古地震形变的良好证据。断裂带上在生康、甘孜、玉隆,马尼干戈、竹庆、洛须、巴塘等地区均有较多古地震遗迹,包括地震裂缝、地震楔、地震鼓包及喷砂冒水痕迹等地质现象。现择其具代表性的剖面简述如下：

马尼干戈东山梁沿断裂地震楔、挤压脊较发育，见图6-9（H）；玉隆66道班哑口第四纪冰水沉积物松散砂层中有地震裂缝和喷砂冒水的痕迹，见图6-15，灰色黏土有被挤压变形的痕迹，后期又形成地震楔，反映断层多期活动的特点。

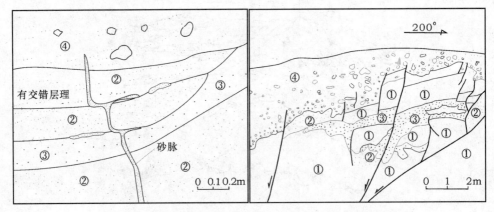

图 6-15　玉隆 66 道班哑口第四纪河床松散砂层中地震裂缝

①灰色黏土；②细砂；③中砂；④粗砂和全新统冰水沉积物

6.3.6　断层活动速率

从表6-4可以看出，甘孜-玉树断裂带在晚第四纪以左旋走滑运动为主，并伴随有一定的垂直位错分量。其水平位错量与垂直位错量在日阿北西为10∶1，在竹庆附近约为30∶1。据上述断错地貌的位移量及地貌体的时代，可以推算出甘孜-玉树断裂带在晚第四纪以来的年平均滑动速率为：在俄支为 5.4±0.4mm/a（以1万年计），在竹庆为 3.3±0.3mm/a（以3万年计），在日阿为 4.3±0.3mm/a（以1万年计），在日阿北西为 4.5±0.3mm/a（以1万年计），在玉隆南为 5.5±0.5mm/a（以1万年计），在马尼干戈为 8.0±0.5mm/a（以1万年计），在错阿为 7.5±0.5mm/a（以1万年计），最大错滑动速率在错阿－马尼干戈一带，故该断裂自晚第四纪以来的年平均滑动速率为 5.5±0.5mm/a。

6.3.7　断裂带的现今活动性

6.3.7.1　地震活动

据史料记载，自1738年以来，甘孜-玉树断裂带的四川境内部分共发生 $M_S \geq 4.7$ 地震17次，其中 $M_S \geq 4.7$ 地震3次，$M_S \geq 7$ 地震1次。从图6-16可以看出，地震集中于甘孜拉分盆地和邓柯段，而断裂中段有记载以来未发生过 $M_S \geq 4.7$ 地震，显示出明显的空间分布不均匀性，这与断裂带特殊的几何形态可能有着密切的联系。甘孜拉分盆地处于甘孜-玉树断裂与鲜水河断裂左阶羽列区，该区是两条断裂应力调整释放的地区，如1973年鲜水河断裂带上发生炉霍7.6级大震后，在该区内发生了5.2~5.8级地震4次。该断裂位于邓柯段，1896年发生过邓柯7级地震，在地表产生了明显的地震形变带，表现出现今的左旋走滑错动特征。

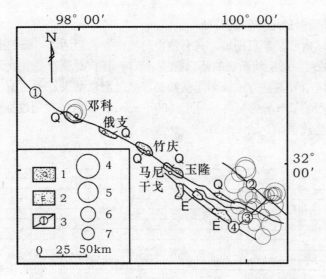

图 6-16　甘孜－玉树断裂带（四川部分）地震构造图

1. 第四纪盆地；2. 老第三纪盆地；3. 断裂及编号：①甘孜－玉树断裂；②鲜水河断裂；③罗锅梁子断裂；

④达郎松沟断裂；4. M=7.0～7.9；5. M=6.0～6.9；6. M=5.0～5.9；7. M=4.0～4.9

6.3.7.2　温泉活动

甘孜-玉树断裂带在第四纪活动中地热活动十分活跃，沿断裂带分布有十余处温泉。主要沿该断裂与其他方向断裂的交汇部位溢出。如甘孜县曲根南东－北西向断裂与近南北向断裂交汇部位的温泉，水温高达75～96℃，现已开辟为温泉洗浴场；色西底北面的河滩上，浅红色泉华大面积分布（图6-17），沿北西向断裂分布有十多处温泉，水温高达85℃，局部有间歇性蒸汽喷出；德格县俄支乡热水塘，北西向主干断裂中溢出的温泉，水温约40℃。

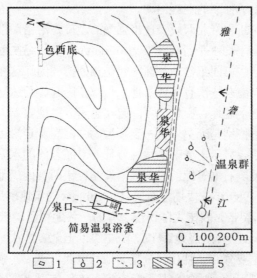

图 6-17　甘孜色西底雅砻江河滩上温泉分布

1. 温泉浴室；2. 河滩上出露的温泉泉口；3. 推测活动断裂；4. 氧化铁染钙质泉华；5. 含硫磺钙质泉华

6.3.7.3 活动断裂的地球物理特征

氡气来源于地球内部，半衰期短，只有数小时，由于断裂活动，破裂面成为氡气逸出通道，氡气逸出量或浓度，可反映断裂的活动强度。玉树-甘孜断裂带在甘孜到绒坝岔一带覆盖严重，我们采用土壤氡气测量方法探测隐伏断层，氡气测量结果显示（图6-18），在大金寺断陷塘，显示有强烈的氡气异常，异常宽度600～800m，异常幅度超过标准差5～6倍，表明该断裂现今活动性较强。

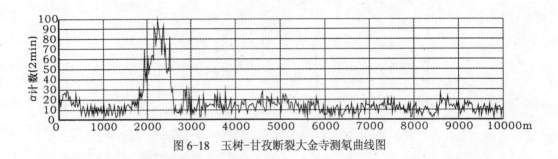

图6-18　玉树-甘孜断裂大金寺测氡曲线图

6.4　鲜水河活动断裂带

鲜水河断裂带，北西起于甘孜西北向南东经东谷、朱倭、旦都、炉霍、道孚、乾宁，色拉哈、木格错、康定，消失于公益海以南，全长约400km，是调水区内最强烈的活动断裂带。断裂总体倾向南西，倾角大致在55°～80°之间，是一条高角度走滑逆冲断层。断裂北西段主要断于三叠系（T）浅变质岩系，该断裂带成形于印支早期，定型于印支晚期，并受到燕山运动的影响。断裂带早期曾作右旋运动。随着印度大陆与欧亚板块的强烈碰撞，大致在老第三纪末期，断裂带开始了强烈的左旋运动。

第四纪以来，鲜水河断裂带北西段表现出强烈的左旋走滑错动性质，而断裂南东段表现为逆走滑左旋错动性质，平均水平滑动速率为17mm/a。第四纪盆地的新隆起是鲜水河断裂带上的重要构造现象，这些第四纪盆地与新隆起是相间排列的。这在鲜水河断裂北西段上表现得尤为清楚，从北西向南东依次有朱倭盆地、旦都新隆起、帮达盆地、炉霍新隆起、虾拉沱盆地、恰叫新隆起、道孚盆地、松林口新隆起及惠远寺盆地等。

鲜水河断裂在第四纪特别是晚更新世—全新世的强烈左旋走滑运动过程中，在地貌上留下了非常醒目的痕迹。断裂显示出清晰的线性特征，沿断裂线的水系、冲沟、冲积扇、河流阶地、冰碛垄岗、山脊及倒石堆等地貌显示被断裂左旋错断。四川地震局的跨断层短水准和短基线测量表明：1980～1989年朱倭场地断层以2.01mm/a的年速率反扭，北东盘以1.15mm/a的年速率下掉。鲜水河断裂带是我国大陆内部少有的一条地震活动带，自1725年以来共发生$M_S \geq 5$地震46次，其中6.0～6.9级地震17次，7级以上地震8次，强震具有呈丛、呈段的分布特征，而小震活动主要分布在甘孜拉分型盆地和磨西以南段。强震段小震活动则很少，充分反映了断裂带不同段运动方式的差异性，该带自1725年以来大致经历了两个地震活跃期和一个平静期，第一活跃期为1725～1816年，经历了91年，第二活跃期为1893～1981年，经历了 88 年，平静期为 77 年。强震活动周期反映了断裂活动的周期性和间歇性。鲜水河断裂最后一次大的活动时间为 1973 年的 7.9 级炉霍地震，最大错距 3.6m，并引发甘孜拉分盆地一系列 2～5 级余震。沿鲜水河断裂带出露的温泉约有 210 个以上，与断裂带新活动密切相关，主要分布于断裂拉分构造的岩桥区。

6.4.1　断裂带的空间展布及区域构造背景

这里所指的鲜水河断裂带系指狭义的鲜水河断裂带，北西起于甘孜西北的查扎乡，向东经棒多、东谷、朱倭、旦都、炉霍、道孚、乾宁消失于公益海以南（图 6-19），全长约 400km，是调水区内活动最强烈的断裂带。

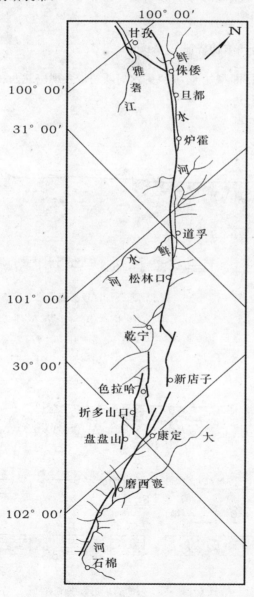

图 6-19　鲜水河断裂带活动断层分布图

在平面上，该断裂带主要由炉霍-乾宁断裂和乾宁-康定断裂组成。此外，在乾宁-康定断裂的南西侧，发育两条走向为北西西向，且相互平行的重要分支断裂，即色拉哈断裂和折多塘断裂，它们共同组成鲜水河断裂带。炉霍-乾宁段走向为 NW50°～NW60°，康定-石棉段走向 NW10°～NW30°，总体上呈现略向北凸出的弧形状，断裂总体倾向北东，局部倾向南西，倾角大致在 55°～80° 之间，是一条高角度走滑逆冲断层。断裂北西段主要断于三叠系（T）浅变质岩系，断裂南东段则主要断于前震旦纪花岗岩体和古生代地层中。

该断裂带形成于印支早期，定型于印支晚期，并受到燕山运动的影响，断裂带早期曾作右旋运动。随着印度大陆与欧亚板块的强烈碰撞，大致在老第三纪末期，断裂带开始了强烈的左旋运动。现有地壳厚度资料表明，该断裂带在上地幔与地壳的界面上都有清晰的反映，因而该断裂应属于壳内断裂。

6.4.2 断裂带的几何组合及结构特征

大致以乾宁-惠远寺横断型盆地为界，鲜水河断裂带表现出北西和南东两个不同结构的段落（图 6-20 和图 6-21）。

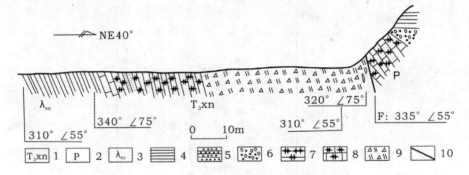

图 6-20 鲜水河断裂炉霍旦都段素描

1. 新都桥组；2. 二叠系；3. 石英斑岩脉；4. 板岩；5. 砂岩；6. 亚砂土及砾石层；

7. 碎板岩；8. 压碎灰岩；9. 糜棱岩；10. 断层

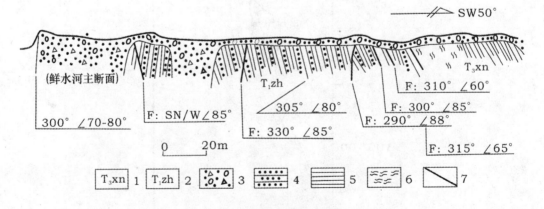

图 6-21 鲜水河断裂炉霍古雅南素描

1. 新都桥组；2. 朱倭组；3. 第四系；4. 砂岩夹板岩；5. 板岩；6. 糜棱岩；7. 断裂

断裂北西段长约 200km，由炉霍段、道孚段、乾宁段呈左阶羽列组合而成，结构比较单一，很少有次一级的分叉活动断裂伴生，断裂主要呈直线状延伸并伴有微角度走向弯曲。断裂南东段结构较复杂，主要由乾宁-康定主干断裂及其南西侧的色拉哈断裂和折多塘断裂组成，长约 200km，每条断裂均有不同程度的走向弯曲，同时，局部还伴有次一级的分支断裂。

瓦达沟-陡日沟断层属鲜水河断裂带重要断层之一，断层走向 330°，区内长约 45km，被北西向鲜水河断层反扭错动为两段，北西段延长 40km，沿 330° 延伸，经瓦达沟、阿安沟至达曲延入大塘坝。

断层附近岩层小褶曲发育，局部地段岩层陡立，倾角在 70°～80°，并见有断层泉及断层泥，石英脉沿破碎带呈网状穿插于岩层中。断层北西段在东谷若衣附近被第四系掩盖，从若衣向南东至波格一线，第四系边界沿达曲北东岸山脚呈 330° 走向直线状展布。该岸的山边似刀切状，断层三角面十分醒目，山坡残坡积中断层泉呈直线状分布。然而由于第四系掩盖，此段断层证据不足，主要依据是地貌、第四纪盆地的边界与展布、卫片以及该断层通过的第四系中一些地裂缝，1973 年 2 月 6 日的炉霍地震亦引起了该断层轻微活动。

6.4.3 断裂第四纪活动特征

第四纪以来，鲜水河断裂带北西段表现出强烈的左旋走滑错动性质，而断裂南东段表现为逆走滑左旋错动性质。

6.4.3.1 第四纪盆地与新隆起

第四纪盆地与新隆起是鲜水河断裂带上的重要构造现象，这些第四纪盆地与新隆起是相间排列的。从北西向南东依次有朱倭盆地、旦都新隆起、帮达盆地、炉霍新隆起、虾拉沱盆地、恰叫新隆起、道孚盆地、松林口新隆起及惠远寺盆地等构造。在鲜水河河谷阶地位相图上有明显的反映（图 6-22）。

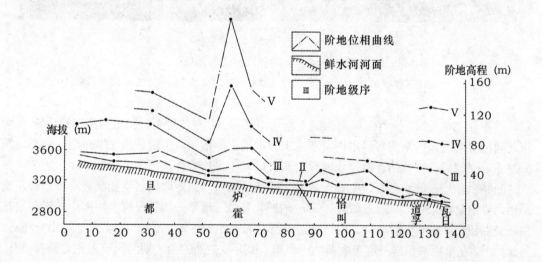

图 6-22 鲜水河阶地位相图（据李天诏等）

第四纪盆地有两种类型：一种为拉分盆地，另一种为断陷盆地。盆地成因与所处构造部位有关，属拉分盆地的有虾拉沱盆地、道孚盆地和惠远寺盆地；属断陷盆地的有帮达盆地和磨西盆地。

第四纪新隆起的轴向均为近南北向，这与该断裂在第四纪以来主要受到近东西向的构造应力场作用密切相关。

6.4.3.2 断裂地貌

由于第四纪特别是晚更新世—全新世的强烈左旋走滑运动，鲜水河断裂在地貌上留下了非常醒目的痕迹。卫星照片上，断裂显示出清晰的线性特征，沿断裂线的水系、冲沟、冲积扇、河流阶地、冰碛垄岗、山脊及倒石堆等地貌被断裂左旋错断，现分述如下：

(1) 断错水系。

断错水系是走滑断层第四纪活动的重要证据。沿鲜水河断裂带，断错水系极为普遍，如在英达段鲜水河断裂错断玉曲 260m，鲜水河断裂查扎玉曲断层谷地（照片 6-5）；老河口 I级冲沟位错量达 1500～1700m，新冲沟位错量达 44～47m，道孚附近也有 10 条 I 级冲沟同步左旋"肘"状转折的现象。

（a）   （b）

照片 6-5　鲜水河断裂英达段地貌

（a）英达错断玉曲 260m；（b）鲜水河断裂查扎玉曲断层谷地（阿达—阿安引水隧道由谷地下通过）

炉霍西北卡扎附近，鲜水河南西侧一系列深切沟谷，穿过断裂时发生同步左旋折转，炉霍北西格鲁附近，主断裂将鲜水河全新世 I 级阶地左旋错断，位错量达 138m（图 6-23，图6-24 和图 6-25），据此估计断裂北西段全新世以来年平均滑动速率为 13.8mm/a。

断错洪积扇在鲜水河断裂上是一种常见的断错地貌。康定团结村洪积扇被主干断裂左旋断错，位错量达 25m，并形成高达 2～4m 的断层陡坎。道孚—居日—鲜水河南岸的洪积扇被主断裂断错，早期洪积扇（I 期）被断裂左旋位错达 110m，离开原冲沟口，几乎与山脊相对。与此同时，在早期洪积扇一侧形成新的洪积扇（II 期）。被断错的 I 期洪积扇因左旋兼有上升，又阻隔了另一冲沟，洪积物不能溢出，在沟口就地堆积形成III期洪积扇。旦都、则儿佳、鲜水河北东岸洪积扇被断裂左旋错断，位错量达 50m（图 6-26 和图 6-27）。

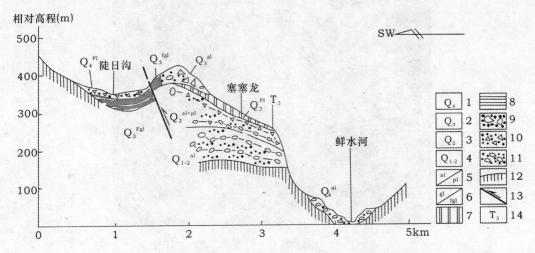

图 6-23　炉霍东南老河口塞塞龙鲜水河断裂北东盘新隆起剖面

1. 全新统；2. 上更新统；3. 中更新统；4. 中-下更新统；5. 冲洪积层；6. 冰碛；7. 红土；

8. 冰水碎石黏土；9. 冰碛砾石；10. 砂、碎石；11. 冲积砾石；12. 地层界面；13. 断层；14. 阶地级数

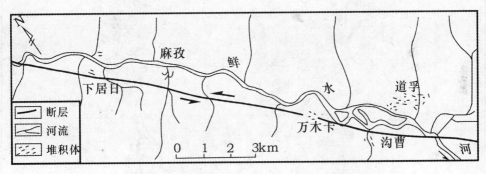

图 6-24　鲜水河断裂带道孚段水系扭曲平面图

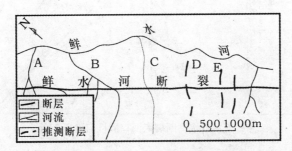

图 6-25　炉霍西北卡扎附近鲜水河断错水系图

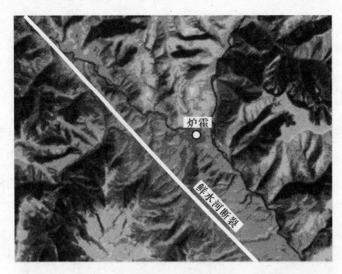

图 6-26 ETM$^+$卫星影像解译鲜水河断裂炉霍段左行滑动明显

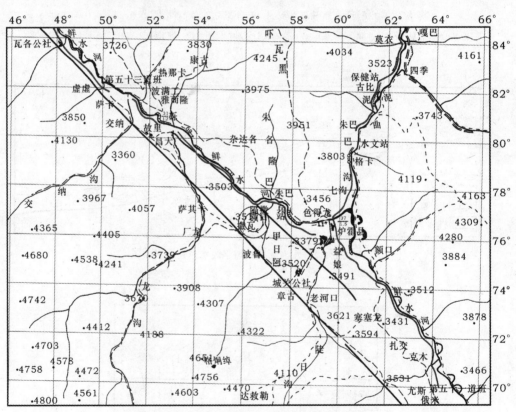

图 6-27 鲜水河断裂老河口陡日沟错切 230m

(2) 断错山脊。

鲜水河断裂带上山脊断错现象屡见不鲜，北段如尤斯附近山脊断错，该段山脊的左旋位错使冲沟向北西偏移，由于断错山脊阻碍流水，使之不能畅通外泄，在断崖一侧形成宽大的断塞型盆地，接受湖沼相沉积。在所形成的"闸门脊"上有3个深浅不同的风口，它们是左旋断错和东侧相对抬升而残留的弃沟。

(3) 断层陡坎。

断层陡坎是断裂垂直运动（差异性运动）的产物，也是活动断裂的直接证据之一。鲜水河断裂带在其左旋走滑运动的同时，也形成不同高度的断层陡坎。在炉霍—道孚段上，断层陡坎几乎沿整个断裂分布，其中以萨其卡处断层陡坎为例，最高达22m，道孚、格西一带，道孚断裂的分支断裂切割了纽日河北东岸洪积扇，在其前缘形成断层陡坎。

(4) 坡中槽与边坡脊。

坡中槽和边坡脊是断层突然的差异性运动在山坡上形成的沟槽和脊状隆起。这两种共生的断错地貌现象主要出现在鲜水河断裂的南东段。

(5) 断塞塘。

断塞塘具有地质寿命较短的特点，因而一般认为是走滑断层全新世活动的直接证据。沿鲜水河断裂带不同规模的断塞塘相当普遍，长数米至数百米不等，大者称断塞型盆地，小者称断塞塘。

(6) 断错冰碛物。

鲜水河断裂上可见多处冰碛物断错现象。炉霍扎交附近，见一晚更新世晚期冰碛垄岗（测龄值 360～21790 年）被断裂左旋位错达 250～300m，据此估算该段断裂平均滑动速率为 11.4～13.8mm/a。

根据前述断错水系、断错山脊等断裂地貌和第四纪断层年代学测龄数据，综合分析求得的断层平均滑动速率为：鲜水河断裂带在晚更新世—全新世以来的平均滑动速率在断裂北西段的炉霍—道孚段为 15±5mm/a。

6.4.3.3 新沉积物变形与古地震

鲜水河断裂带在第四纪强烈活动，造成了新沉积物的强烈变形。根据探槽揭露，这种新沉积物的变形大多显示了脆性破裂的特点，是断裂带上古地震形变的良好证据。现择其具有代表性的剖面简述如下：

炉霍、旦都、则儿佳探槽中，断层直接切割了全新统坡积碎石层和含碎石砂层（Q$_2$）。在炉霍探槽中；断层走向 NW75°，倾向 NE，倾角 75°，断面平直，为上盘下掉剪性正断层，垂直断距大于 1m，未切入现代腐殖土层，地貌上形成陡坎。在旦都探槽中，断层走向 NW35°，倾向南西，倾角 75°～80°，形成宽约 2m 的小地堑。在断面上盘有两个地震楔，上下叠置，皆成三角形。下三角形长约 1m，高 0.3m，形成时间 ^{14}C 测龄值为 2100±150a，分别代表了两次古地震事件。在则儿佳探槽中，断层切入了现代腐殖土，说明近 2000 年来曾有过活动。1973 年炉霍地震在断层上盘靠近断面处，形成一宽约 25cm、深 50cm 的地震地裂缝。

鲜水河断裂带仁达乡第四纪 Q$_3$ 次生黄土层中有背斜褶皱、轴面与断裂平行现象（照片6-6)。鲜水河断裂 1979 年炉霍地震形成的地震楔和地裂缝十分普遍，如仁达乡形成的地震楔、地震地裂缝宽数十厘米，深达数十米，造成马路塌陷，还有砾石错断的现象。朱倭段基座阶地中地震形成的地裂缝，上部第四纪砾石层中裂缝宽 1～5cm（照片 6-7)。

鲜水河断裂向西沿科仁曲谷地翻越 4800m 的甲坡纳主峰，沿玉曲河谷再向西分为南北两支，南支沿北西西方向延至查扎，北支经英达、大塘坝乡。断裂错断水系、山脊，形成长达数十公里的断层谷地，具有相当的活动性，在断裂面及其附近，5.6 级以上地震有 4 次。

照片6-6　鲜水河断裂带仁达乡第四纪 Q_3 次生黄土层中的断层牵引背斜褶皱、轴面与断裂平行

（a）　　　　　　　　　　　　　　　　　　　（b）

（c）　　　　　　　　　　　　　　　　　　　（d）

照片6-7　鲜水河断裂1979年炉霍地震形成的地震楔和地裂缝

（a）仁达1979年形成的地震楔；（b）朱倭段基座阶地中地震形成的地裂缝，

上部第四纪砾石层中裂缝宽1～5cm，下部基岩中裂缝不明显；（c）仁达1979年造成的砾石错断现象；

（d）仁达1979年形成的地震地裂缝宽数十厘米，深达数十米，造成马路塌陷

6.4.4　断裂带的现今活动特征

6.4.4.1　大地形变测量

大地形变测量资料表明，鲜水河断裂带各段的现今活动特征及速率值是很不一致的。四川省地震局地震测量队多年跨断层的短水准和短基线测量资料数据表明（图 6-28）：1980～1989 年朱倭场地断层以 2.01mm/a 的年速率反扭，北东盘以 1.15mm/a 的年速率下掉；日朗达场地断层以 0.30mm/a 的年速率反扭（1980～1989），北东盘以 0.32mm/a 的年速率上升（1974～1989）；虾拉沱场地断层以 5.49mm/a 的年速率反扭（1978～1989），北东盘以 1.29mm/a 的年速率上升（1975～1989）；道孚场地断层以 2.00mm/a 的年速率反扭，北东盘以 1.29mm/a 的年速率上升（1983～1989）。

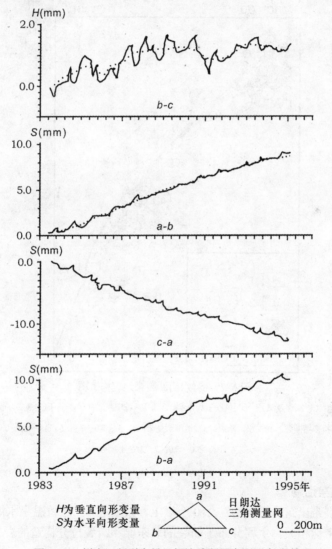

图 6-28　鲜水河断裂朱倭日朗达跨断层实测形变分布

（据四川省地震局测量队资料）

6.4.4.2 地震活动

地震活动是断裂现今活动的直接反映，如1973年炉霍7.6级地震构造形迹分布就是很好的例证。众所周知，鲜水河断裂带是我国大陆内部少有的一条地震活动带（图6-29），自1725年以来共发生 $M_S \geqslant 5.5$ 地震46次，其中6.0～6.9级地震17次，7级以上地震8次，强震具有呈丛、呈段的分布特征，而小震活动主要分布在甘孜拉分型盆地和磨西以南段。强震段小震活动则很少，充分反映了断裂带不同段落运动方式的差异性。该带自1725年以来大致经历了两个地震活跃期和一个平静期，第一活跃期为1725～1816年，经历了91年，第二活跃期为1893～1981年，经历了88年，平静期为77年。强震活动周期反映了断裂活动的周期性和间歇性。

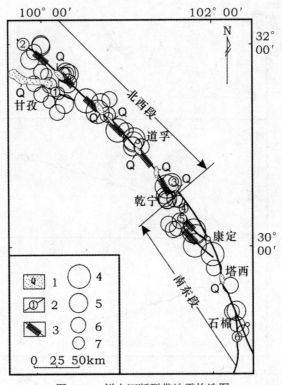

图6-29　鲜水河断裂带地震构造图

1. 第四纪盆地；2. 断裂及编号：①甘孜-玉树断裂，②炉霍-乾宁断裂，③乾宁-康定断裂，④色拉哈断裂，
⑤折多塘断裂，⑥安宁河断裂；3. 地震形变带；4. M_S=7.0～7.9；5. M_S=6.0～6.9；
6. M_S=5.0～5.9；7. M_S=4.7～4.9

6.4.4.3 温泉活动

沿鲜水河断裂带出露的温泉约在210个以上，如康定、二道桥温泉水温高达93℃，温泉和断裂带新活动密切相关，主要分布于断裂的北东侧和断裂拉分构造的岩桥区。

6.4.4.4 活动断裂的地球物理特征

氡气来源于地球内部，半衰期短，只有数小时，由于断裂活动，破裂面成为氡气逸出通道，氡气逸出量或浓度可反映断裂的活动强度。

鲜水河断裂带氡气测量结果显示，鲜水河断裂带在河谷中有三个断裂面（图 6-30），都有一定的活动性，其中北断面活动性最强，南断面活动性次之，中央断面活动性最弱。到卡苏段，鲜水河断裂为两个断面（图 6-31），而到英达段后，断面变为一个，其活动性丝毫不减（图 6-32）。

利用电法测得的结果有：鲜水河活动断裂朱倭段河谷电法联合剖面图（图 6-33），鲜水河活动断裂张曲段河谷电法联合剖面图（图 6-34）。

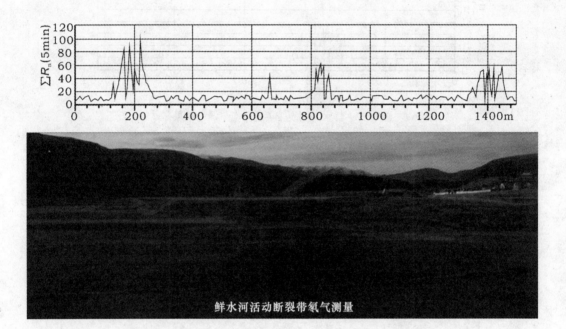

图 6-30　鲜水河断裂带朱倭段氡气测量结果及实地景观

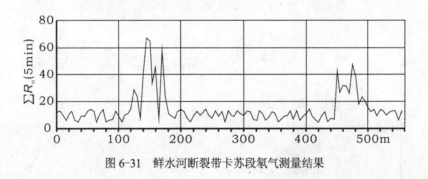

图 6-31　鲜水河断裂带卡苏段氡气测量结果

综上所述，鲜水河断裂带是在老第三纪末喜马拉雅山运动第一幕开始时，由于印度板块与欧亚板块的相互碰撞，在喜马拉雅弧东侧产生了强大的北东—北东东向构造应力，使鲜水河断裂带发生挤压左旋错动，因此喜马拉雅山运动第一幕可能是鲜水河断裂发生左旋走滑运动的开始。新第三纪末期至第四纪早期青藏高原开始抬升，这时构造应力场方向基本继承了喜马拉雅山运动第一幕的构造方向，仍然是北东一北东东向，因此使鲜水河断裂继续进行左旋错动。根据鲜水河断裂带拉分盆地的最早沉积物为中更新世，有理由认为该断裂带的强烈左旋运动开始于早更新世末或中更新世初，这种运动一直持续到现在。1973 年炉霍 7.6 级地震在炉霍城西萨瓦一带所见到的鲜水河老断裂、第四纪断层、地震断层"三合一"现象，表明鲜水河活动断裂带严格承袭了先存断裂带的位置，具有明显的继承性和新生性特点。

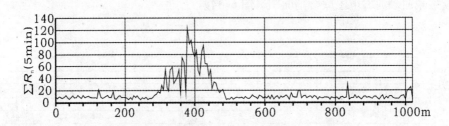

图 6-32　鲜水河断裂带英达段氡气测量结果

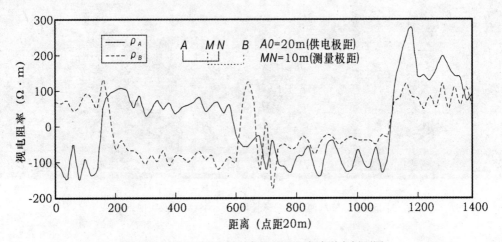

图 6-33　鲜水河活动断裂朱倭段河谷电法联合剖面图

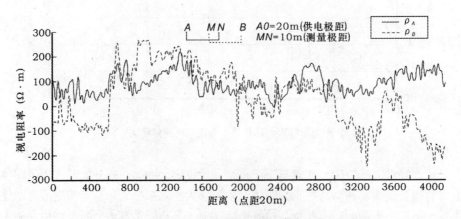

图 6-34　鲜水河活动断裂张曲段河谷电法联合剖面图

从广义的鲜水河断裂带平面展布上看，大致以甘孜拉分型盆地、乾宁横断型盆地为界分为3个大段，即甘孜-玉树断裂、炉霍-乾宁断裂、乾宁-康定断裂。它们彼此之间呈左阶羽列展布，具有统一的左旋走滑机制，构成一条活动断裂带。强震主要集中分布在炉霍-乾宁断裂和乾宁-康定断裂上，在这些段上强震分布往往具有明显的分段性和重复性特征，地震破裂严格受到上述断裂段的控制，具有明显的不连续性。断层活动强度沿断裂带亦是不均匀的，表现在断层平均滑动速率在不同段上是不同的，炉霍段为15±5mm/a左右，乾宁段为9±1mm/a左右，康定段为4～6mm/a左右。由于断层平均滑动速率的不一致，地震活动的强度与频率亦不一致。在炉霍段上地震强度大、频度高，而在康定段上地震强度虽大，但频度相对较低，上述一系列事实表明，鲜水河活动断裂带与地震活动都具有时空不均匀性特点，断裂活动与强震活动具有较好的一致性。

6.5 当江-歇武-觉悟寺-甘孜断裂

该断裂呈北西－南东方向延伸的条带状负地形影像，总体延伸长度为481km。断裂带平均宽60m。唐达向东影像上不明显，从西邓柯附近向东又有明显反映。

在当江处活动迹象十分明显，水系左旋错移60多米。在多彩公社南，可见阶地、洪积扇及水系均被错断，断裂上不定期有泉水溢出。在立新东，见有一系列陡坎分布，水系断错呈左旋扭动，沿该断裂带，基本未见地震发生，只在该断裂的西端有中强震震群出现（图6-35）。断裂西端最新活动年代为全新世，东段活动时代为中晚更新世。

图 6-35 立新盆地东系列走坎分布，水系断错呈左旋扭动

6.6 长沙贡玛-大塘坝-然充寺断裂（达曲断裂）

长沙贡玛-大塘坝-然充寺断裂又称达曲断裂。该断裂由一系列北西向断裂组成，主体由两条断裂，由于从清水河南北两侧经过，区域上称清水河北断裂和清水河南断裂。清水河北断裂发育于清水河北侧，经则拿、正拉到长沙干马，在俄科附近与清水河南断裂斜接复合。清水河南断裂向东沿发育于长沙贡玛—大塘坝—然充寺—觉底寺一线，在然充沿达曲库区穿过，东端消失于觉底寺。

该断裂全长540km，清水河以西为一北西向展布的线状负地形影像，可以从卫片上看到较为连续的线性影像，清水河以东，活动迹象更加明显。在巴曲哈，第四系水系均被错移，断裂带宽60m，断坎极为发育，在俄布绒地区，断层崖、断坎、断错水系清晰可见，从水系的断错行迹上显示为左旋扭动。1915年沿断裂发生过6.5级地震，断裂除局部地段Q_4有明显活动外，大部分区段最晚活动时代为Q_2。

6.7 下拉都-上红科活动断裂带（主峰断裂）

下拉都-上红科活动断裂带实属广义色拉寺-玉科断裂，又称巴颜喀拉山主峰断裂，西起昆仑山口附近，向东沿巴颜喀拉山主峰延伸到下拉都、上红科和泥曲的康勒，由一系列北西走向的断裂组成。

巴颜喀拉主峰断裂规模宏大，在TM卫片影像上表现清楚。总体走向北西－南东，主体部分位于输水管线西侧。该断裂沿着泥曲河进入近场区，经色达县康勒乡后，在仁达引水枢纽东、色曲河西很可能与输水管线相交。巴颜喀拉主峰断裂在输水管线近场区的部分称为康勒断裂。

6.7.1 断裂带的空间展布

下拉都-上红科断裂带，北东起于青海下拉都，经错斯多、泥羊沟，延伸到洞卡寺、亚龙寺、下罗科马，又称洞卡寺断裂，或称亚龙寺断裂。另一分支起于上红科到万仓、银朵附近，向南延伸到泥曲，又称泥曲断裂，在普吾寺-郎波断层以东5km左右，主断裂沿泥曲河谷分布。

6.7.2 断裂带的几何组合及结构特征

洞卡寺-亚龙寺断裂南起加热柯尾以西，向北延伸到错松多消失，全长95km。走向320°～330°，呈NW30°～NW40°展布，总体倾向北东，倾角在60°～80°之间，该断裂呈缓波状展布，延伸长度达275km。

在哈龙柯至雅柯一线，断层挤压破碎带宽20～150m，见大量的石英脉贯入和冷泉出露，断层角砾岩表面见大量擦痕，有镜面，也有很粗的擦线，沿破碎带贯入的石英脉上亦见有擦痕。断面倾向216°，倾角77°。在贾杨村的冲沟边，断层北东盘砂岩产状陡立，岩石挤压破碎强烈，板岩已明显片理化，见较多的逆冲擦痕。在哈龙柯北西至错松多一线，断层破碎带中见镜面和擦痕，为一压扭性断层。

泥曲断裂整体走向 330°，倾向北东或南西，呈波状，其北段多被第四系掩盖，南段在康勒寺北有宽 1～2km 的破碎带，内有一系列走向北北西的压性结构面，其多近于直立，倾向不定，呈波状，擦痕面、糜棱岩和构造角砾岩等极为常见，岩石普遍压碎。上盘主要由巴颜喀拉山群上亚群中部砂岩、板岩夹石灰岩组成。下盘主要由巴颜喀拉山群上亚群下部砂、板岩互层组成。

6.7.3 新构造活动特征

地貌上多为线状沟谷、鞍部负地形，航片上线性影像清晰；沿断裂带岩石破碎、线状泉水发育，局部沼泽化；沿断层见断层角砾岩及断层泥，新第三系（N）红土层呈椭圆状展布，明显受其控制；一般两盘岩性在组合、产状、地貌上均有较明显差别，中晚印支期后期活动不明显，明显控制并破坏了新第三系（N）沉积。在哈曲尕玛，可见第三系地层逆冲到老第三系地层之上。

6.7.4 断裂带的第四纪活动特征

在哈龙柯北西至错松多一线，水系呈直线状展现，可见连续的垭口和一系列断层三角面呈直线状排列。在上红科西侧见陡坎连续分布达 10km。沿断裂可见清晰三角面，错切水系100m 左右，并见有高 40m 的陡坎沿断裂分布。

洞卡寺断裂北端错切水系，形成长达 30km 充水带，从水系很小的错动方向上，可判断出该断裂为左旋性质（图 6-36）。

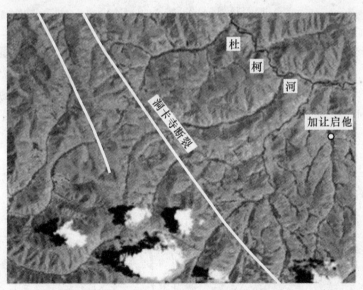

图 6-36 洞卡寺断裂北端错切水系，形成长达 30km 的充水带

康勒断裂沿线的第四纪地层主要沿着泥曲河分布，为一套河流相冲积物。地貌上构成泥曲河阶地和漫滩。泥曲河 T_1 和 T_2 阶地发育清楚，T_1 阶地分布广泛，T_2 阶地只在局部地段发育。T_1 阶地拔河高 2～3m，T_2 阶地拔河高 20～25m。根据与区域上其他水系上阶地堆积时代

对比，这两级阶地的堆积时代应不早于晚更新世。

在康勒乡东西两侧长约 50km 的范围，沿泥曲河两岸发育一系列支流，它们在穿越康勒断裂时，无一例外地被左旋位错（图 6-37），如确多柯、革柯、翁柯、俄柯等均被左旋位错 2～3km。同时，作为区域性的一条河流，泥曲河在穿越康勒断裂的河段表现出大规模左旋扭曲，沿康勒断裂线性状延伸 10 余公里，显示出康勒断裂对泥曲河变形特征的控制作用。与泥曲河 I 级支流同步左旋扭曲相配套的为一系列山脊扭曲和垭口发育，在断裂通过处，普遍可见山脊发生左旋扭曲，变成与断裂走向相平行或近于平行，地势上出现垭口地貌，比两侧山体的海拔低 80～200m。由于青藏高原抬升主要发生在距今 3～5Ma 以来（钟大赉等，1996），康勒断裂对现代河流明显的控制作用，说明它至少是一条第四纪活动断裂。

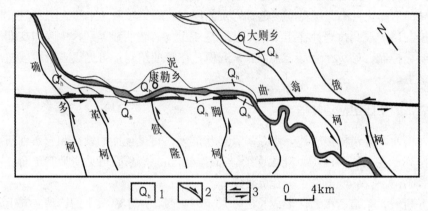

图 6-37 康勒断裂沿线水系左旋位错特征图

1. 晚第四纪河流相堆积物；2. 河流；3. 断裂

在康勒乡泥曲河对岸的假隆沟沟口东，可见发育在三叠系上统之中的断裂构造带，以构造破碎带为主，宽 15m，局部糜棱岩化，断面产状 30°∠80°（图 6-38）。采集热释光样品，测年结果为距今（87.80±6.58）×10³a。说明断裂晚更新世早期仍有过活动。断裂从泥曲河Ⅱ级阶地前缘通过，但未见与第四纪地层断层的接触关系。

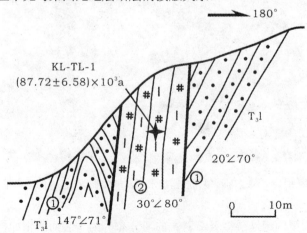

图 6-38 康勒乡假隆沟沟口断裂构造带剖面

① 三叠系上统砂质板岩；② 构造破碎带

在革恰夺西边的山脊上，断层通过处出现垭口地貌，该垭口拔河高百余米。垭口处可见平行断层面拉长的扁平状透镜体，成分为二叠系砂质板岩，其产状以 220°∠65° 为主，反映出这是一个强烈的韧性剪切带，走滑特征非常明显，整个构造带宽 70～100m。在剪切带中采集的电子自旋共振年代样品，测年结果为（643.0±34.0）×10^3a，由此可见，即便是电子自旋共振测年结果也说明是一条中更新世活动断裂。

为了研究该断裂的滑移方式，在该断层剖面上采集了一个显微构造样品。室内显微构造鉴定结果表明，断层物质中的长石、石英碎屑定向排列，显示出明显的优选方向；"Y"剪切发育，其方向近于平行叶理方向。被拉长的长石、石英集合体与叶理同步弯曲呈平缓褶皱，这些塑性变形特征是断层蠕滑形成的。其后断层再次活动，使叶理化断层泥沿断层面产生强烈褶皱，且褶皱变形区与叶理化区呈断层接触，断层面平直，部分"Y"剪切被错断。综上所述，断层至少经历了两次不同滑移方式活动，即断层先期为蠕滑，形成叶理化断层泥和平缓褶皱，而后期又经历了粘滑活动，使叶理和"Y"剪切被错断。由于近于平行断层面贯入的石英脉没有变形迹象，说明石英脉贯入后没有再活动。

6.7.5 断裂带的现今活动特征

6.7.5.1 地震

在上红科的泥羊沟泥曲河谷断层陡坎处开挖探槽，探槽长 12m，方向 NE55°，揭露有古地震楔，如图 6-39 所示，反映不少于 2 次古地震，时间分别是（86.5±4.3）×10^3a 和（1.2±0.1）×10^3a，其中表层黄土是改造的含砾黄土，时代为中更新世晚期到晚更新世早期。

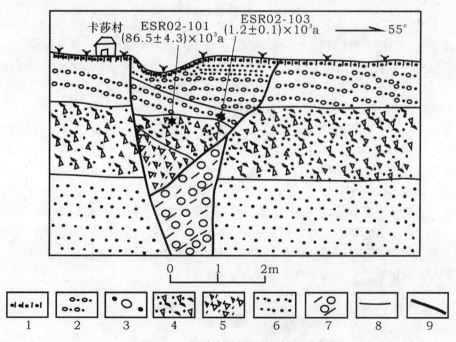

图 6-39　泥羊沟泥曲断裂探槽剖面

1. 表层 Q_2 黄土，含草根；2. 细砾石土；3. 粗砾石层；4. 含巨砾石砂土；

5. 坡积土；6. 残积土；7. 粗砾土；8. 地层界线；9. 断层

沿断裂东端河西附近的艾乌沟 1957 年 3 月 17 日发生 $4^3/_4$ 级地震。表明该断裂现今仍然活动，是全新世活动断裂，活动强度中等。

6.7.5.2 滑动速率

上红科西侧水系错动约 100m，断层滑动速率 10mm/a（按 1 万年计算）。

根据泥曲河 I 级支流平均切割深度在 400m，以及区域平均切割速率 0.4~1.0mm/a，可以大致确定支流形成时代为 40~100 万年。根据左旋位错量 2~3km，取它们的中值计算，可以求得断裂的平均水平位错速率为 3.6mm/a。

总之，巴颜喀拉主峰断裂是一条规模宏大的区域性构造带，我们只是对该断裂进入近场区的部分（即康勒断裂的局部）地段进行了考察。该断裂地貌表现清楚，使得一系列泥曲河支流水系发生左旋位错，错距 2~3km。对断层物质进行热释光测年，结果表明这是一条晚更新世早期有过活动的断裂。在表现出强烈韧性剪切活动特点的剖面上，电子自旋共振测年结果为中更新世早期。结合对断裂滑移方式的研究，可以初步认定，该断裂早期蠕滑运动方式可以与该断裂中更新世早期活动性质相对应，而后期粘滑运动方式可能对应着断裂晚更新世早期活动特点。由于交通和工作条件的限制，我们未能对该断裂与输水管线交叉地段进行考察，但根据我们的初步工作，这是一条第四纪以来有过强烈活动的断裂，平均水平位错速率可达 3.6mm/a，并且这种活动性有可能持续到晚更新世早期。因此，这是一条需要注意，并应进一步开展工作的断裂。

6.8　塔子乡断裂

塔子乡断裂在区域上是下拉都-上红科活动断裂带组成部分，断裂走向 330°，南东起于勒让沟尾向北西延伸至错松多，长约 76km。在塔子乡北西至错松多一线，地貌上形成直线状排列的垭口，水系在断裂带上呈直线状或角状分布。断层破碎带上常见挤压凸镜体、断层泥、断层角砾岩及擦痕。北东盘的砂板岩层在断层附近发生强烈揉皱、倒转，伴生一些倾向 5°，倾角 47° 的小断层，并有大量的断层泉涌出。

在塔子乡附近，断层北东盘砂、板岩层褶皱十分强烈，南西盘板岩直立，断层泥 ESR 测年（65.3±3.25）×10^4a（图 6-40）。断层挤压破碎带宽约 60m，其中见有宽约 5m 的断层泥（由板岩碾碎成）和砂岩挤压凸镜体，最大的凸镜体长约 2m，宽 0.5~1m，呈"S"形产出，凸镜体产状为倾向 60°，倾角 62°（图 6-41）。断层挤压带由一系列性质相同、产状基本一致的叠瓦状小断层组成。断层北东盘厚层砂岩在断层附近形成倒转背斜，其轴面倾向 60°，倾角 70°。断层南西盘板岩强烈碳化，在挤压带中板岩呈现出灰白色褪色现象，离断层稍远一些的板岩及薄层砂岩层倾角直立，总体产状呈"S"形，其性质为压扭性，断面倾向 NW60°，倾角 62°，北东盘往南西斜冲。

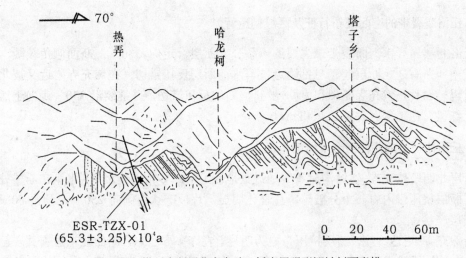

图 6-40　塔子乡断层北东盘砂、板岩层强烈褶皱剖面素描

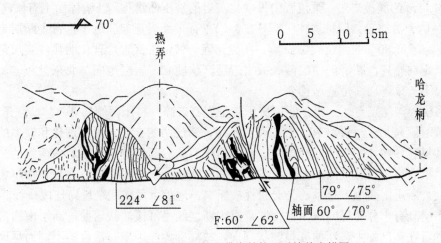

图 6-41　塔子乡断层挤压带中的挤压透镜体素描图

6.9　丘洛-格底村断裂

在调水区北东方向的上红科向东南到万仓、银朵、普吾寺，向南东经扎龙贡玛、郎波后延至然充寺，终于旦都，与鲜水河断裂、下拉都-上红科断裂斜接，长约 230km，走向 330°，断面倾向南西，倾角 50°～70°。该断层西盘为朱倭组，东盘为如年各组、两河口组，沿断裂北段在普吾寺、莫阶玉隆、英阶阿玛、尼龙俄玛等处地貌上显示十分清楚，有断层三角面。断层以西山地突起、基岩裸露，有破碎带、次级断裂和同斜小褶曲等，轴面多倾向南西，与主断裂方向一致；以东多为第四系冲积扇等掩盖，基岩很少出露，该断层在南段的郎波分叉为丘洛断裂、格底村断裂。

6.9.1　丘洛断裂带的空间展布特征及区域构造背景

丘洛断层属鲜水河断裂带最主要的一条分支断层，走向 330°，断面倾角较陡，倾向北东或南西兼有之。断层起于旦都附近被鲜水河断层反扭错切，在然充寺附近又被北西向长沙贡玛-大塘坝-然充寺断裂和康勒-罗科玛断裂反扭错切，并继续沿 330° 走向于然绒沟尾到上红科，在工程区内延长 230km。

6.9.2　丘洛断裂带的几何组合及结构特征

断层北西段然充寺-然绒沟尾一线通过处地貌上形成多个连续垭口，水系在断层处形成角状。断层挤压带内岩石十分破碎，片理化明显，片理产状为倾向 250°，倾角 60°，可代表断层产状。

沿然充寺-更达一线，断层挤压带更为明显。在夺多弄巴东，断面北东盘玄武岩已强烈片理化，并被揉皱或形成倾向 60°、倾角 70° 的挤压凸镜体。挤压带上菱镁岩呈条带状出现，与断层走向一致，方解石脉十分发育。在夺多弄巴另一支沟尾，挤压带宽约 50m，并见有宽约 15m 的糜棱岩带。糜棱岩中见硅化灰岩的挤压凸镜体，凸镜体面上有倾向 250°，倾角 83° 的斜冲擦痕。糜棱岩中见辉锑矿，沿平行主断层走向和近于垂直主断层走向的倾向 345°，倾角 80° 的两组裂隙充填。在然充寺一带，玄武岩片理化明显，炭质角砾岩因挤压而具定向排列，断层南西盘砂、板岩岩层产状陡立，岩层走向与北东盘灰岩、玄武岩走向明显不一致，局部呈直角相交。

在洛松弄沟尾至更达一带，断层挤压带上岩石破碎，挤压面倾向 195°，倾角 60°。断层面擦痕倾向北东，倾角 70°。在蕊达沟尾，断层两侧玄武岩具片理化和较多的挤压凸镜体，并见有倾向 200° 的逆冲擦痕，破碎带中有大股断层冷泉涌出。南西盘的二叠系薄层灰岩、板岩挤压褶皱强烈，断层面在该处倾向 230°，倾角 65°。在日拉沟尾大路西侧小山脊处，断层南西侧二叠系的一套岩性被断失，地貌上形成几个垭口连成一线。

该断层具有十分明显的压扭性特征，纵观断层线呈舒缓波状弯曲，断层南西盘总的向北东斜冲，在横剖面上，断面亦呈波状弯曲，故局部地段因出露部位的不同而呈现断面局部向北东陡倾。

6.9.3　格底村断裂带的空间展布特征及区域构造背景

格底村断裂带属炉霍断裂带组成部分，与上述丘洛断层形影相随、并驾齐驱平行延伸，南东段于阔玛古附近被朱倭断层反扭切错而断失。在然充寺一带又被然充寺反扭断层切错。然充寺以北掩盖严重，以南断层依据较充足。断层南东段严重破坏了由三叠系上统如年各组上段构成的次级背斜形态（北西段不明显）。

该断层对区内沉积建造、岩浆活动具一定的控制作用，它发育于炉霍-道孚的背斜轴部，为炉霍构造带上晚二叠世和晚三叠世卡尼克期玄武岩浆的喷发提供了通道。由此可见，它应是切穿地壳的断裂，延长达数百公里，规模十分宏大。它经历了前期（晚二叠世末-晚三叠世卡尼克期）张性，后期（诺利克期以后-老第三纪末）压扭性的构造转化历史，其构造特征错综复杂。

6.9.4 格底村断裂带的几何组合及结构特征

在旦都附近，断层挤压破碎带宽约150～200m，其中见大量的断层泥。断层泥多为板岩受挤压而成，其中有较多的灰岩挤压凸镜体嵌入。断层北侧的挤压凸镜体上产生多组扭裂面，其中一组走向340°，倾角近于直立，并见有大量擦痕。挤压强烈处灰质角砾岩产生褪色和方解石化、硅化。断层南侧板岩片理化明显，砂岩多呈挤压凸镜体，在旦都北东的公路直角拐弯处，断层南西盘灰岩被搓挤成碎裂岩，小褶皱十分发育，断面上的斜冲擦痕十分壮观。

在如年各一带，断层破碎带宽40余米，灰岩严重碎裂，产状直立，玄武岩片理化或成绿片岩出现，断面倾向南西，倾角在60～70°之间。

在夺多弄巴东山脊，断层破碎带宽约15m，挤压带中见玄武岩被搓碎成碎裂岩并伴有绿泥石化，板岩被挤搓成断层泥。断裂带中还见有黄色凸镜状糜棱岩，其边部见厚约5～10cm的菱镁片岩。在夺多弄巴北东冲沟中，破碎带内见菱镁滑石片岩、菱镁岩、硅化灰岩挤压凸镜体、滑石化糜棱岩及断层泥，测得断层产状为：倾向75°，倾角71°～83°。沿断层线有5～6个冷泉出露。

6.9.5 断裂的活动性

该断层成生历史较长，它应是成生于印支晚期，先期为张性，对沉积岩相及岩浆活动有明显的控制作用，后期转化为压扭性断层。其后，自喜山期以来，随着朱倭断层的反扭错动，它亦可能变顺扭为反扭，发生过力学性质的转化。

从甘孜的彭达至东谷，沿着普柯沟和尼库沟，有一条横切加德-丘洛断裂的公路剖面（图6-42）。在靠近尼库沟的沟头位置，可见三叠系上统的两河口组与印支期辉绿岩的断裂接触关系。断裂构造带宽32m，由构造片理化带、构造透镜体带和断裂破碎带组成，物质组成有印支期的辉绿岩以及三叠系上统的灰色薄－厚层变质钙质石英细砂岩。主断面产状为：60°∠68°。采集电子自旋共振年代样品，年龄测定结果大于1500×10³a（参考值）。辉绿岩基性岩脉沿断裂分布数百米，局部可见强烈风化，呈粉末状。基性岩脉沿断层的侵入以及后期的强烈变形与三叠系上统地层的断层接触，反映了加德-丘洛断裂多期活动的特点。断裂在横穿尼库沟时，没有引起深切达400～600m冲沟的任何变形。

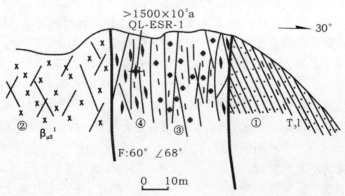

图6-42 甘孜县丘洛寺东北1km处公路边断裂剖面

①三叠系上统两河口组地层，灰色薄－厚层变质钙质石英细砂岩；②印支期辉绿岩；③断裂破碎带；④构造透镜体带

上一个观察点西南约 200m 处，在辉绿岩岩脉与三叠系上统接触的西南边界上，也发育断裂构造，主要表现为构造透镜体带、片理化带和构造破碎带（图 6-43）。透镜体成分主要为厚层变质钙质石英细砂岩。主断面产状：78°∠74°，摩擦镜面，断面上擦痕清晰，反映右旋运动特征。上覆第四纪残坡积物，热释光测年结果为（10.17±0.77）×10³a，属于晚更新世堆积。采集断层物质电子自旋共振年代样品，年龄测定结果为（465.0±30.0）×10³a。

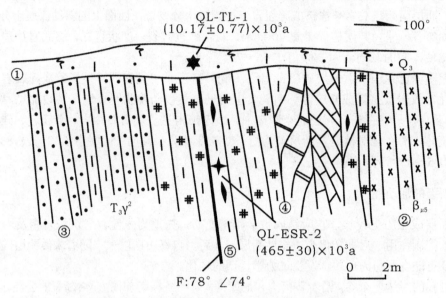

图 6-43　甘孜县丘洛寺东北公路边断裂剖面图
①上更新统残坡积物；②印支期辉绿岩；③三叠系上统两河口组地层，
灰色薄-厚层变质钙质石英细砂岩；④断裂破碎带；⑤构造透镜体带

从炉霍县旦都乡加德村向东南或北西观察，可见宽缓、线性状延伸的断层谷，但断层谷两侧的山体高程差异不大。达曲在断裂通过处部分利用了断裂破碎带，但在总体上并未出现位错。在加德村，可见 4 级达曲河流阶地，加德-丘洛断裂没有引起其上阶地的任何变形。由于断层谷较宽，Ⅲ级河流阶地或Ⅳ级河流阶地不能完全覆盖断层谷（图 6-44），它们只是一部分盖在断层谷上，考虑到加德-丘洛断裂有可能由一组平行断裂组成，因此，通过达曲河流Ⅲ级阶地和Ⅳ级阶地的联合作用，才可以完全盖住断层谷。为此，在Ⅲ级河流阶地和Ⅳ级河流阶地上分别采集热释光测年样品，其测年结果分别为：（67.27±5.52）×10³a 和（29.89±2.48）×10³a。

在Ⅳ级河流阶地的前缘可见滑坡，其主要特点在于：滑坡形成垂直擦痕，滑动面产状有向下变缓的趋势，滑动面形态显弧形特点，故推定为滑坡，而非构造成因。经过详细考察，在Ⅳ级河流阶地前缘不存在断裂构造。

在加德村东北的达曲河边，可见加德-丘洛断裂构造破碎带直接出露。断裂发育在厚层变质钙质石英细砂岩中，断裂一侧为高近百米的陡崖，断裂破碎带仅出露 1～2m 宽，主体部分位于达曲河床之下（图 6-45）。主断面产状：250°∠67°。断裂破碎带固结、岩化，采集电子自旋共振年代样品，年龄测定结果大于 1500×10³a（参考值）。

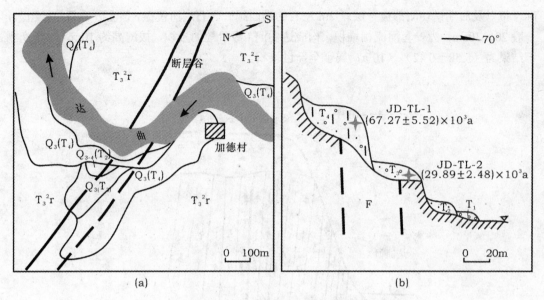

图 6-44 炉霍县旦都乡加德村断层谷与河流阶地关系图

(a) 平面图；(b) 剖面图

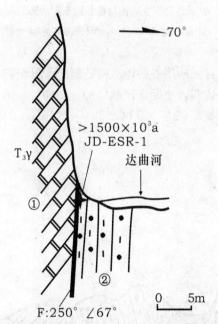

图 6-45 炉霍旦都加德村达曲河西岸断裂构造剖面

① 三叠系上统厚层变质钙质石英细砂岩；② 断裂构造破碎带

  在加德村附近的达曲河东岸边，沿着加德-丘洛断裂同样发现灰绿色基性岩脉（辉绿岩），组成Ⅰ级河流阶地的基座。由于断裂构造活动，基性岩脉变成构造角砾岩带。在该带中间，又见新的滑动面（图 6-46），出现宽 0.5m 左右的透镜体带，断面产状：35°∠68°，该带采集电子自旋共振年代样品，年龄测定结果大于 $1500 \times 10^3 a$（参考值）。由基性岩脉组成的角砾岩带以及后期错动面都被一层厚 2m 左右的第四纪砂砾石层所覆盖,该套砂砾石粒径粗大,一般 20～30cm,为一套河流相堆积,构成达曲河 I 级阶地的堆积,拔河高约 10m,热释光测年结果为 $(5.58\pm0.42)\times10^3a$,属于全新世堆积。

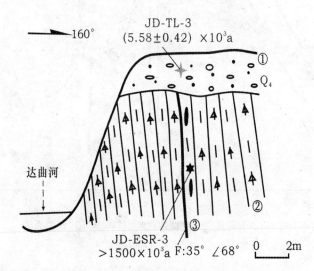

图 6-46　炉霍县旦都乡加德村达曲河东岸边断裂构造剖面图

①全新统河流相砂砾石层;②由印支期基性岩脉构成的断裂角砾岩带;③构造透镜体带

在达曲河东岸公路边,可见断层谷的地质构造剖面(图 6-47)。加德-丘洛断裂表现为一个宽达 80～100m 的构造破碎带,主断面产状:85°∠60°,未见新鲜的滑动面。采集电子自旋共振年代样品,年龄测定结果为 $(277.0\pm38.0)\times10^3a$。

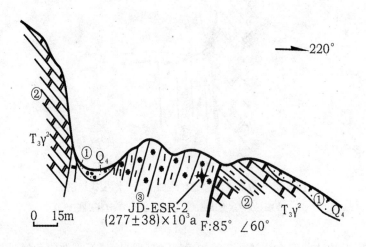

图 6-47　炉霍县旦都乡加德村达曲河东岸跨断层谷地质构造剖面图

①全新统残坡积物;②三叠系上统厚层变质钙质石英细砂岩;③断裂构造破碎带

总之，加德-丘洛断裂为一条北西－北北西走向的第四纪早期活动断裂。有关该断裂活动性鉴定的数据见表6-5。断裂活动的最新时代距今约（277.0±38.0）×10^3a，沿着加德-丘洛断裂采集的6个电子自旋共振年代样品中，该年代样品的采样地点在地理位置上最靠近鲜水河断裂带。随着离开鲜水河断裂的距离增加，最新活动时代有距今越远的趋势。事实上，加德-丘洛断裂与输水管线的可能交汇点还在丘洛以远的西北方向上，活动性应该变得更弱。

表6-5　加德-丘洛断裂参数和活动性鉴定证据一览表

地点	走向（°）	倾角（°）	倾向（°）	宽度（m）	最晚活动时代	
					测年方法	测年结果（10^3a）
丘洛寺东北	330	68	60	32	ESR（断层物质）	>1500
丘洛寺东北	348	74	78	12	ESR（断层物质）	465.0±30.0
加德村东北	340	67	250	>2 河床覆盖	ESR（断层物质）	>1500
加德村达曲河东岸	305	68	35		ESR（断层物质）	>1500
加德村东公路边	355	60	85	80～100	ESR（断层物质）	277.0±38.0

6.10　昆仑山口-达日断裂带

昆仑山口-达日断裂带西起昆仑山口附近，向东南沿巴颜喀拉山主脊北侧延伸，经雅拉达泽山南坡、野牛沟至达日后，继续往东南延伸到四川境内，全长700km，总体呈NW60°展布。

该断裂在鄂陵湖南青藏公路的野牛沟分为两支，北支经达日、灯塔斜到茶谷寺，又称达日断裂、灯塔断裂或茶谷寺断裂，是一条由两条断裂组成的控制二级构造单元的边界大断裂；另一支沿山脊线经亚尔堂坝址在灯塔与灯塔断裂斜接复合，该断裂带南支经桑日麻沿杜柯河发育，经吉卡在上杜柯穿越引水线路到南木达、中壤塘，在莆斯口与达日断裂北支斜接复合一起，该断裂又称杜柯河断裂或桑日麻断裂。

断裂带成生于印支期，新生代以来活动明显，沿带形成一系列的断层崖、三角面、断层残山、沟槽等断裂地貌以及第三纪、第四纪盆地的线性分布，并多处见老地层逆冲于第四系之上等事实，都说明该断裂带第四纪以来有明显活动性。该断裂带北西段于1947年发生在达日附近的$7\frac{1}{4}$级地震，地表形成了长近百公里的地震破裂形变带，遗留有多期古地震遗迹，是一条全新世有明显活动的地震断层。

6.10.1　桑日麻-杜柯河-南木达断裂

桑日麻断裂是区域内一条走向北西的大断裂。它西北起自昆仑山口，向南东经雅拉达泽山南坡、野牛沟、桑日麻至达日县莫坝、达卡，延伸到壤塘县南木达及马尔康以远。该断裂由数条北西向分支断裂组成，它们是卡日曲断裂、野牛沟断裂、江基贡玛断裂、杜柯河断裂和马尔康断裂（黄河水利委员会，2001）。杜柯河断层为区域昆仑山口-达日断裂的南部分支桑日麻断裂-南木达断裂的南东段。

桑日麻-南木达断层的中段称为江基贡玛断层，西起克授滩，经昂苍、江基贡玛后逐渐转变为北北西向，在日查一带呈弧形展布，全长150km。断层主要控制中生代地层分布，沿断层走向发育的河谷较为宽阔，两侧现今构造差异运动也不十分明显，为倾向北东、倾角60°～70°的逆冲断层。从柯曲至依龙沟，全长约30km，沿断层主要发育三叠纪地层，柯曲两侧还可见第三纪地层存在，断层两侧差异构造运动形成的陡坎明显。依龙沟至江基贡玛现今活动比较强烈，沿断层分布有多期古地震陡坎，依龙沟沟谷深切，北侧断错地貌十分清晰，由柯曲至日查段，为正断层，倾向北东。

依龙沟北缘，直线状分布的断错地貌十分清晰，主要类型有断错山脊、断错沟等。在错尔根河以西，断层形成的阻塞脊（有的已成为坡中台地）和挤压隆起，说明了该断层具有左旋错动特征。在依龙沟沟口一带，其北坡一沟头距断层600m的冲沟左旋错动170m，以中国西部地区5cm/a的溯源侵蚀速度计算，其水平滑动速率可达14.2mm/a。

桑日麻断裂是北巴颜喀拉断褶带和中巴颜喀拉褶皱带的分界断层，该断裂引起人们关注的一个主要原因，是位于该断裂中部的江基贡玛断裂1947年发生过$7^3/_4$级达日地震，是调水区最强烈的地震。该断裂属于全新世活动断裂，是一条在中生代就初具规模、历次地质构造运动中都很活跃的壳型断层，在地壳厚度图和地球物理场上均有反映。此次地震形成60km长的地表破裂带（国家地震局地质研究所，1994），最大垂直位移可达2m，已知左旋错距为0.8m。由于同属于桑日麻断裂的杜柯河断裂、擦孜德沟口断裂、约木达断裂和杜柯河北断裂发育在输水管线附近或直接穿越管线，因此，对这些断裂的活动性评价显得非常重要。

断裂带北西向展布于沿昂苍沟口、江基贡玛、日查，线状影像一直可延伸到达卡之南，但日查以南基本上是沿达曲和杜柯河谷展布。1947年发生过$7^3/_4$级达日地震震中位于昂苍沟口，地震形变带主要沿断裂展布，见图6-48。强烈地震所造成的地震鼓包、裂隙、陡坎、凹槽等地震断层破坏现象，断层三角面、断层崖、水系、山脊位移、冲洪积扇被错断等断层多次活动位移累积现象，以及在陡峻山体临空面由地震动造成的滑坡、崩塌等现象通称地震形变现象，这些地震形变现象在达日地震区极为普遍（据王学潮，2005）。

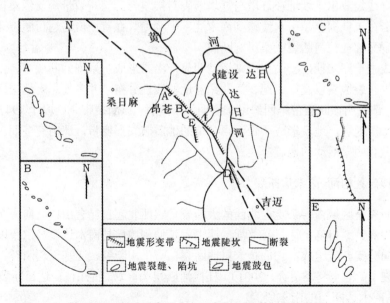

图6-48　达日1947年地震变形分布示意图（据青海省地震局，1984）

6.10.2 茸木达断裂

6.10.2.1 断裂带的空间展布及区域构造背景

在区域上，茸木达断裂是昆仑山口-达日断裂带的组成部分，断裂从错钦、巴昂、日东、卡日曲到茸木达，呈南东一北西向展布，断裂走向130°～310°，延伸长度650km。在巴颜喀拉山以西，北东盘主要由巴颜喀拉山群上亚群中部砂岩、板岩夹石灰岩组成，东盘少数地段由 T_{saya} 及 T_{cbyb} 组成，南西盘主要由巴颜喀拉山群上亚群中、下部岩组组成。在断裂带中见有断层角砾岩及断层泥，多处见线状泉水露头展布，中酸性岩体沿断裂带呈串珠状出现，可见断裂破碎带宽40～60m。晚印支期后期活动性明显，既是导岩构造，也是溶岩构造，性质不明，部分地段表现不明显。在航磁异常图上却表现为场值由-30～40nT 的平静异常，除莫坝一带外，侵入岩少见，反映该断裂带影响深度不大。

6.10.2.2 断裂分段性

断裂的活动迹象虽有显示，但不连续。吉郎一莫坝段是该断裂活动迹象最明显且延续最长的一段，段内断层三角面、陡崖、支流的错动等活动要素极为发育，并见沿断裂带有大量的水溢出，总体呈右旋扭动。在昂苍沟口以东，该断裂带呈两条平行的断裂，北面一条呈右旋扭动，南边的呈左旋，且在昂苍沟口处被一南北向断裂所错切。

6.10.2.3 断裂第四纪活动特征

该断裂带卫片影像醒目，断裂带通过处地段上多呈线状负地貌，航片上线形影像特征较明显。沿主干断裂形成一系列带状新第三纪断裂谷，上第三系被错断（图 6-49），且有多处影响到下更新统湖积层，沿断裂带有断层崖、三角面等明显的地貌标志。地层挤压破碎严重，具左旋扭动性质。第三纪以来活动十分强烈，莫坝一桑日麻一带有南北向构造与之截接复合，这与 1947 年达日地震在断裂带附近出现有关。

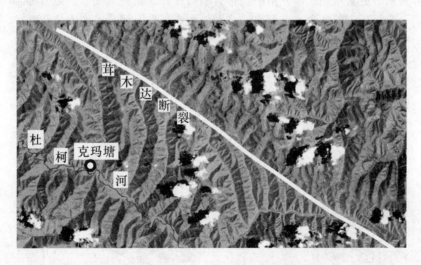

图 6-49 茸木达断裂克玛塘以东左旋错切水系地貌

6.10.2.4 断裂带的现今活动特征

1953 年 3 月 12 日茸木达西段上盘发生里氏 3.0 级地震。在班前南与洛若一上杜柯隧洞斜交，班前地震与该断裂有关，另外在该断裂带上有两次 5 级及一次 $7^3/_4$ 级的地震发育。

6.10.3 杜柯河断裂

6.10.3.1 断裂带的空间展布及区域构造背景

桑日麻-杜柯河-南木达断裂位于工作区中部，起于桑日麻西北，在野牛沟与昆仑山口-达日断裂斜接复合，经桑日麻向南东由莫坝依次经达尔勒曲北侧、藏康、安满塌南侧、上游公社、达卡、吉卡，沿杜柯河向南东继续伸延到上杜柯乡、南木达、中壤塘，与灯塔断裂斜接于莆斯口，长度约 380km。断线大致呈 130°～310°方向展布，断面倾向 NE45°左右，倾角在 40°～60°间，为一标志明显的走向逆断层。地层挤压破碎严重，具左旋扭动性质。

杜柯河断裂在输水管道附近主要沿着杜柯河分布，表现为一条北西及北西西向断裂，发育在三叠系上统新都桥组的一套灰黑色绢云板岩、变质石英细-粉砂岩中。过约木达后，向东变为近东西向，主要沿着约郎沟、达柯、斯达阔沟分布，延伸到南木达乡的桑隆寺附近。断裂在输水隧道西侧的西穷贡巴有比较清楚的显现，在输水隧道东侧的金木达两侧以及约木达、约郎沟一线都有清楚的露头。

该断裂在印支期形成，沿断裂发育有花岗闪长岩脉和石英脉，还有后期方解石脉充填，表明这是一条具有多期活动的断裂构造带。根据断裂构造带中多组断层面相互交切关系，也可以看出断层活动经历了多次逆冲、走滑的转化，最新一期活动可能以张性走滑运动为主。下面将根据输水管道两侧的构造表现、地层分布以及断裂沿线的地貌特点等特征评价断裂的活动性。

6.10.3.2 断裂第四纪活动特征

该断裂带卫片影像醒目，沿主干断裂形成一系列带状新第三纪断裂谷，上第三系被错断，且有多处影响到下更新统湖积层，沿断裂带有断层崖、三角面等明显的地貌标志，表明第三纪以来活动十分强烈。断裂向东分两支，分别向东南延伸到壤塘的南木达和耿达，其中南木达断裂活动性较强，是发震断裂（图 6-50）。

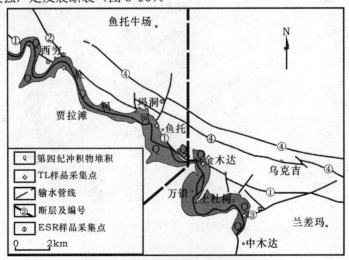

图 6-50 杜柯河断裂第四纪活动特征

断裂名称：①杜柯河断裂；②擦孜德沟口断裂；③约木达断裂；④杜柯河北断裂

在输水隧道西北直线距离约 7km 处，于壤塘县西穷贡巴佛塔后面的山边，可见发育在上三叠系中的北西西向断裂构造带（图 6-51）。该断裂构造带宽 35m 左右，主要由构造破碎带、片理化带和构造透镜体带组成，局部可见糜棱岩化现象，但未见断层泥或新鲜的错动面，故只能采集电子自旋共振年代样品，年龄测定结果为（258.0±24.0）×10³a。主断面产状：28°∠80°，走向 298°。断裂两侧的上三叠系产状和岩性特征也有所不同，上盘产状为 105°∠40°，岩性主要表现为薄层状的灰色、灰黑色绢云板岩，破碎严重；下盘地层产状为 50°∠45°，岩性则是中厚层状的石英粉-细砂岩。

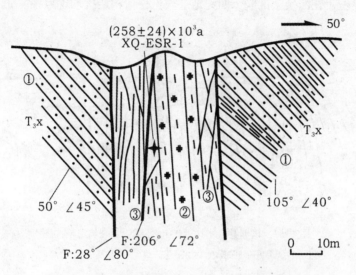

图 6-51　壤塘县西穷贡巴佛塔旁边断裂构造剖面图

①上三叠系；②构造破碎带；③构造片理化带与透镜体带

断裂向西北越过西穷贡巴后山，基本上沿着杜柯河（杜曲）河谷延伸。在向东面的延伸线上，可见杜柯河的Ⅰ、Ⅱ河流阶地发育完好，未见任何构造扰动现象（图 6-52）。其中，Ⅰ级阶地拔河高度 3～5m，阶地类型为堆积阶地，时代属于全新世；Ⅱ级阶地拔河高度 20～25m，顶部有 1m 左右厚的河流相砂砾石堆积层，热释光测年结果为（23.06±1.75）×10³a，属于晚更新世地层，下伏三叠系上统新都桥组地层，由此可见，Ⅱ级阶地属于基座阶地。

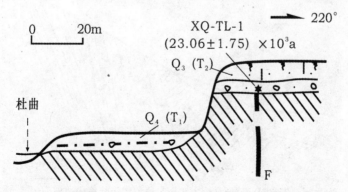

图 6-52　壤塘县西穷贡巴至洛薛日之间河流阶地与断裂剖面图

杜柯河断裂在输水管道西侧未见更多的露头，在输水管道东边的金木达东西两侧都有较好的断裂构造剖面。在金木达村西约 1km 处，公路边见宽度达 40～45m 的断裂构造带，主要由构造透镜体带和构造破碎带组成（图 6-53）。断裂发育在三叠系上统厚层状变质石英砂岩中，主断层面产状为 43° ∠85°，但断裂构造带内存在一些其他方向的破裂面或错动面，带内未见新鲜的断层泥或滑动面。断裂两侧的地层产状有明显的差异，北东盘产状为 270° ∠28°，南西盘产状则显得陡立。上覆两套第四系堆积层，顶部为灰黑色砂砾石层；下部为灰黄色黄土层，少见砂砾石，厚 3～4m，热释光测年结果为 $(35.12\pm2.67)\times10^3a$，属于晚更新世堆积层。覆盖在断裂上的晚第四纪地层未见任何构造扰动现象。

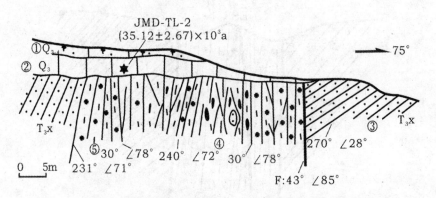

图 6-53　壤塘县金木达西 1km 公路边断裂构造剖面图

①全新统灰黑色砂砾石层；②上更新统灰黄色黄土层；③三叠系上统地层；④构造透镜体带；⑤构造破碎带

断裂在金木达村东开始偏离杜柯河河道，插入到山体中。在尼柯沟口可见发育在三叠系上统地层中的断裂剖面，断裂构造带宽 30～32m，主要表现为构造破碎带（图 6-54）。主断面产状 185° ∠78°，断裂两侧的上三叠系地层倾向相反，倾角也有明显差异。虽然该处断裂发育在山前斜坡地带，但对山前地貌没有控制，断裂斜穿山前地貌。在断裂北西西向的延伸线上，杜柯河的Ⅰ、Ⅱ级阶地平稳地覆盖在断裂构造带上，未见任何构造变动现象，其中Ⅱ级阶地的热释光测年结果为 $(15.77\pm1.20)\times10^3a$（图 6-55）。

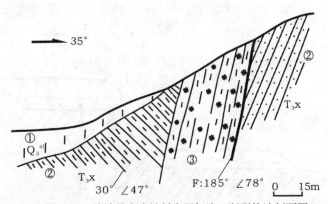

图 6-54　壤塘县金木达村东尼柯沟口断裂构造剖面图

① 上更新统河流相冲积物；② 上三叠系新都桥组薄层状的灰色、灰黑色绢云板岩，以及石英细砂岩；③ 断裂构造破碎带

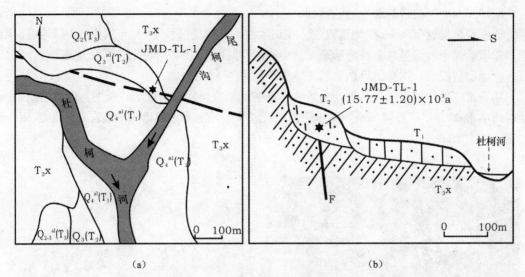

图 6-55 壤塘县金木达村附近杜柯河断裂与河流阶地关系图

(a) 平面图；(b) 剖面图

沿着约郎沟向东，由于修建电站引水渠，在约郎沟北侧山坡上开挖了新鲜的基岩剖面，可见一条北西向断裂构造，属于杜柯河断裂分支断裂，发育在三叠系上统新都桥组的绢云板岩和浅变质石英细砂岩中（图 6-56）。带宽 12～15m，断面产状：（60°～66°）∠（68°～70°）。断裂构造带主要由构造片理化带和构造破碎带组成，可见糜棱岩化现象。根据断裂的构造位置和产状，可以认为断裂属于杜柯河断裂的一部分。采集电子自旋共振年代样品，年龄测定结果为（480.0±21.0）×10³a。

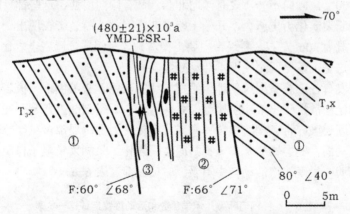

图 6-56 壤塘县约郎沟内 0.8km 处北侧山坡上断裂构造剖面

①三叠系上统地层；②构造破碎带；③构造片理化及构造透镜体带

6.10.3.3 新沉积物变形与古地震

断裂的西端，杜柯河莫坝 Q_3 水流沉积含砾黄土逆冲到 Q_4 杜柯河河漫滩松散砾石之上，Q_4 砾石有定向排列趋势，莫坝以西，达日河中有大量古地震遗迹，其下 Q_4 地层年龄测定结果为（9.21±1.0）×10³a。

6.10.3.4 断裂带的现今活动特征

该断裂带最近有 4～6 级地震发生。在调水线路上的班前乡 1969 年发生 5.3 级地震，距亚尔堂坝址仅十余公里。桑日麻断裂最后一次活动时间是 1947 年达日 $7\frac{3}{4}$ 级地震。

据地震造成水系错动估算断层的平均滑动速率为 14.2mm/a。

断裂带测龄结果显示，阿柯河南断裂和杜柯河断裂为晚更新世活动断裂。南木达断裂活动时间小于 1 万年，杜柯河断裂同步错断山脊和水系，金木达和万错一线左旋错距达 200m（图 6-57，图 6-58）。

图 6-57　杜柯河断裂同步错断山脊和水系
（错距 200m）

图 6-58　莫坝杜柯河活动断裂 Q_3 逆冲到 Q_4 之上
（镜头朝北西）

从上述几个断裂剖面上，可以看出杜柯河断裂倾角陡立，沿主断裂最小倾角也在 70° 以上。总体走向 300°，倾向不一，既有倾向北东，又有倾向南西，这些都反映了走滑断裂的活动特征。由于断裂演化历史悠久，开始于印支期，因此，断裂带表现出一定宽度，最大宽度可达 45m，一般为 30m 左右。断裂带主要由构造破碎带组成，已完全岩化，未见新鲜断层泥条带，反映出这是一条第四纪晚期不活动断裂。

杜柯河断裂发育在三叠系上统新都桥组薄层状的灰色、灰黑色绢云板岩以及石英细砂岩中，未见与第四纪松散沉积物的断层接触关系。尽管在断裂剖面上普遍存在十几米至几十米的构造带，但以断裂破碎带、构造透镜体带或片理化带为主，局部可见糜棱岩化现象，未见断层泥或新鲜错动面，断层物质基本上都是固结、岩化，只能采集电子自旋共振年代样品。年代测定结果表明：最晚一次活动在中更新世中期以前（表 6-6）。

表 6-6　杜柯河断裂几何学参数和活动性鉴定证据一览表

地点	走向（°）	倾角（°）	倾向（°）	宽度（m）	最晚活动时代	
					年代样品	测年结果（×10³a）
西穷贡巴	298	80	28	35	断层物质	258.0±24.0
金木达西	313	85	43	40～45		
金木达东	275	78	185	30～32		
约郎沟壁	330～336	68～70	60～66	12～15	断层物质	480.0±21.0

杜柯河断裂在输水管道两侧的一些地段沿着杜柯河河谷分布。野外实际考察表明：河流阶地平稳地覆盖在断裂带上，未见任何构造变动迹象，如陡坎、扭曲等现象。虽然杜柯河Ⅰ、Ⅱ阶地形成时代均较新，为晚更新世以来出现，但至少可以说明杜柯河断裂晚更新世以来没有活动迹象，对第四纪地层分布没有控制作用。

6.10.4 擦孜德沟口断裂

在西穷贡巴与洛薛日之间发育一条北北西向断裂构造，该断裂斜切杜柯河河谷。断裂发育在三叠系上统新都桥组地层中，在1/20万地质图上有明确表示。由于该断裂南南东向的延伸有可能与输水管道相交（图6-50），为此，对该断裂活动性进行了鉴定。

断裂在西穷贡巴东边1km处的擦孜德沟口有很好的露头（图6-59）。断裂发育在三叠系上统新都桥组地层中，断裂构造带宽28~30m，主要为一套构造破碎带，完全岩化，质地坚硬，采集电子自旋共振年代样品，年龄测定结果为（285.0±24.0）×10³a。断面产状210°∠80°，上下盘产状有所不同：上盘（西南盘）产状60°∠45°，下盘（东北盘）产状70°∠41°。该断裂对山体地貌、阶地形态和第四系地层分布没有影响。

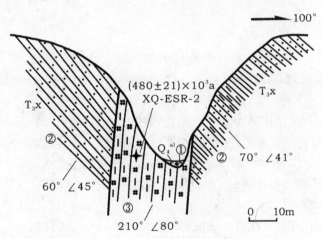

图6-59 壤塘县西穷贡巴东1km擦孜德沟口断裂剖面

①全新统河流相堆积；②三叠系上统新都桥组地层；③断裂构造破碎带

该断裂总体走向330°左右，倾角80°，倾向南西。断裂构造带宽28~30m。根据1/20万地质图，该断裂向北西方向继续延伸，但向东南（即可能与管道相交的方向）未见出露，被杜柯河第四纪河流堆积物所覆盖，对河谷沟壁形态没有控制作用。电子自旋共振测年结果也表明这是一条晚第四纪时期不活动断裂。

6.10.5 约木达断裂

沿着约木达村附近的约郎沟存在一条北东东走向断裂构造，该断裂向东偏北4~5km后，在约郎沟沟头与杜柯河断裂交汇在一起，向东继续延伸。因此，该断裂又可以看作杜柯河断裂的分支断裂。

在沟口南侧的公路边可见一条宽约22m的断裂构造带（图6-60），主要由构造破碎带和构造透镜体带组成，固结、岩化，未见新鲜滑动面及断层泥，主断面产状 343°∠86°。该分支断裂北东东向延伸 4km 后，在与尺伊沟交汇部位又与杜柯河断裂的主体部分汇合到一起，继续向东延伸。因此，该分支断裂可以看成是杜柯河断裂的一部分。上覆 3～4m 厚的灰黄色、灰褐色残坡积和冲积物，大小混杂，分选性较差，角砾最大粒径 10～12cm，充填物主要为粉砂质黏土。热释光年代测定结果（37.47±2.85）×10^3a，属于晚更新世堆积物，未见任何构造扰动迹象。

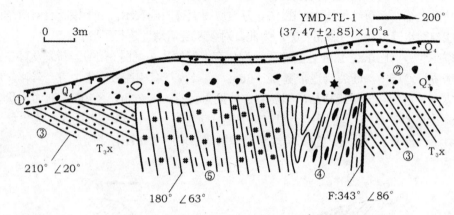

图 6-60　壤塘县约木达约郎沟口南侧公路边断裂构造剖面

①全新统土壤层及残坡积物；②上更新统砂砾石层；③上三叠系新都桥组板岩及细粒砂岩；④构造透镜体带；⑤构造破碎带

　　由于杜柯河第四纪松散堆积物和植被覆盖，过约木达村后向西断裂延伸状况不详，但从杜柯河的河流阶地发育状况来看，在约郎沟断裂的延伸线上，其两侧河流阶地平稳过渡，未见任何地貌异常。同时，杜柯河河岸平直展布，未见任何构造变动迹象，因此，即使约郎沟断裂过约郎村后可能继续向西展布，但自杜柯河出现以后，该断裂就没有活动过，属于一条晚第四纪时期不活动断裂。

　　该断裂总体走向 NE75°左右，倾角 86°陡立，断裂构造带宽 22m。由于这是一条晚第四纪时期不活动断裂，因此，活动性参数略。

6.10.6　杜柯河北断裂

　　从 1:20 万地质图和黄河水利委员会勘测规划设计院提交的 1:5 万地质图上，上杜柯地区杜柯河以北 2～5km 范围内，至少存在两条平行的北西向断裂构造，我们把这两条断裂合并称之为杜柯河北断裂。它们与杜柯河等断裂一起，构成了桑日麻断裂带。在长期构造演化中，经历了早期褶皱伴随低角度的逆断层活动、中期花岗闪长岩侵入、高角度断裂走滑运动和石英脉充填，后期再次出现逆断层活动，形成了胶结状断层构造岩。最新一期以张扭性活动为主。

　　沿着输水管道边上的鱼郎沟，实测了一条长约 2km 的综合地质构造剖面（图 6-61）。在该剖面上，共测量了 11 个地层产状，结果表明地层产状变化较大，反映地层已发生较强烈的褶皱。在该剖面上有两条北西向断裂构造，产状分别为 63°∠88° 和 230°∠80°，断裂两侧地层产状都有明显差异。断裂构造岩都非常坚硬，未见断层泥及新鲜滑动面。断裂带宽 15～

25m。在靠近山里的断裂构造带上采集电子自旋共振年代样品，年龄测定结果为（1121.0±220.0）×10^3a。

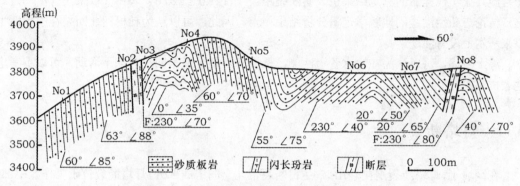

图 6-61　壤塘县鱼托寺西鱼郎沟综合地质构造剖面

地貌上，北西、北西西向断裂在横向上穿越北北东－南南西向的冲沟时，未引起冲沟的任何变动。由于这些冲沟现今一般都深切 400～500m，该地区平均下切速率约为 0.40～1.00mm/a（依据阶地拔河高度与年代测定结果的比值），可以推算冲沟的形成时代应该在 50～100 万年左右，也就是说，这些冲沟大致出现于中更新世早期。由此可以推断：杜柯河北断裂至少中更新世以来基本上没有活动。

杜柯河北断裂的两条分支断裂总体走向北西－北西西，倾角 80°～88°陡立，具有走滑断层的基本特征。对断层物质及其年龄测定、断层沿线地貌学特征的定量分析表明，它们都是晚第四纪时期不活动断裂，因此，活动性参数略。

由于桑日麻断裂带的杜柯河断裂和杜柯河北断裂在壤塘县鱼托乡的鱼郎沟附近与输水管道相交，为此，沿着该断裂带在输水管道两侧共实际观察了 6 个断裂构造剖面，实测了 1 个综合剖面，绘制了 3 个小范围断裂构造与第四纪阶地的平面和剖面关系图，通过对断裂物质、断错地层、地质地貌和第四纪沉积地层分布特征的综合分析，可以断定：与该断裂带相关的一组北西、北西西或近东西向断裂晚第四纪以来不活动。

在桑日麻断裂带中，杜柯河断裂和杜柯河北断裂的规模较大，擦孜德沟口断裂和约木达断裂都可以看作杜柯河断裂的分支断裂。杜柯河断裂发育在三叠系上统新都桥组薄层状的灰色、灰黑色绢云板岩以及石英细砂岩中，未见与第四纪松散沉积物的断层接触关系。尽管在断裂剖面上普遍存在十几米至几十米的构造带，但以断裂破碎带、构造透镜体带或片理化带为主，局部可见糜棱岩化现象，未见断层泥或新鲜的错动面，断层物质基本上都固结、岩化，只能采集电子自旋共振年代样品，最新活动时代也距今（258.0±24.0）×10^3a，最晚一次活动在中更新世中期以前。杜柯河断裂在输水管道两侧的一些地段沿着杜柯河河谷分布，野外实际考察表明：河流阶地堆积物平稳地覆盖在断裂带上，未见任何构造变动迹象，如陡坎、扭曲等现象。虽然杜柯河 I、II 阶地形成时代都比较新，都是晚更新世以来出现的，但至少可以说明杜柯河断裂晚更新世以来没有活动迹象，对第四纪地层分布没有控制作用。因此，可以认为杜柯河断裂为一条晚第四纪不活动断裂。

杜柯河北断裂在穿越切割深度达 400～500m 的冲沟时，未引起这些冲沟的任何变形。换言之，至少在这些冲沟开始形成以来，杜柯河断裂已经停止活动。根据杜柯河河流阶地的拔河高度和阶地上第四纪地层的沉积时代，可以获得杜柯河地区的地形下切速率在 0.40～1.00mm/a 之间，由此可以推算切割深度为 400～500m 的冲沟至少已出现 50～100 万年。电子自旋共振年代样品的测定结果也表明断裂距今（1121.0±220.0）×10^{3}a 以来没有活动过。这一结论与断裂沿线的地貌学定量分析结果相当。因此，可以认为杜柯河北断裂在中更新世以来基本上没有活动。

综上所述，可以认为在输水管道两侧，桑日麻断裂带晚第四纪时期不活动，可以不考虑地表位错的可能性。

6.11　灯塔断裂

在区域上，灯塔断裂是昆仑山口-达日断裂带北支的组成部分，灯塔断裂位于工作区中部，北起达日，向东南沿吉柯河谷发育，经过窝塞、莫坝东山口到班玛、灯塔、斜尔尕、热水塘、莆斯口，消失于茶谷寺，总体走向约 320°。该断裂发育于三叠系砂板岩中，1∶20 万区域地质图上显示，断裂长度达 46km，沿该断裂发育有新第三纪盆地，沉积了零星的晚第三纪（N$_2$）红层（固结的紫红色砂岩），且这些红层都发生了 30° 倾斜变形，表明该断裂在新生代晚期到第四纪早期有过活动。

该断裂在亚尔堂北 5km 横穿亚尔堂枢纽库区，向南东依次经宁它沟头、玛柯河乡北侧、幸福桥西山北缘、江卫桑至灯塔乡一带接于亚尔堂断裂，局部地段被第四系掩盖。断裂线总体呈 138°～318° 方向展布，区内全长约 99km。逆断层性质明显，断面倾向 NE20°～NE45°，倾角 40°～60°。沿断层线附近岩石破碎、地层产状混乱，常见小褶皱发育，时有线状泉水露头分布、石英脉穿插广泛；沿断裂带见有断层镜面、断层角砾岩及走向性明显的构造菱形体；岩石组合在两侧一般差异明显，多见产状相顶或明显斜交，可见断裂破碎带宽广，最宽达 1km 左右，一般 200～300m，最窄 50～100m。该断裂形成于印支晚期，燕山期活动不明显。

通过对断裂的追索，在横切断裂的冲沟中可以发现宽达几十米甚至上百米的挤压破碎带，带内发育一系列小断层和褶皱，我们对这些挤压破碎带及其上覆地层的年代进行了详细的研究，以确定断裂的活动时代。

在江巴桑，玛柯河东北岸，三叠系砂板岩中见到该断裂破碎带（图 6-62），其宽度不小于 35m，其中两处断层岩较发育。断层岩带主要为破碎岩和碎裂岩，未见到可塑断层泥。破碎岩沿破裂面分布厚度通常不到 10cm。断层岩处于胶结坚硬状态，没有新活动的迹象。在断裂带上方分别覆盖有层理分选很好的冲积相中细砂层、有一定分选的次棱状冲洪积砾石层和风积坡积次生黄土。这些第四纪的堆积物都处于原始堆积状态，没有受构造变动的迹象。断层通过处地貌上没有异常表现。因此，从断层岩特征、覆盖物的堆积结构和断层延伸线上的地貌看，均未发现断裂在第四纪中晚期有过活动的迹象。结合在砂层和次生黄土中的热释光测年样品（JBS1 为（12.71±0.95）×10^{3}a 和 JBS2 为（8.55±0.64）×10^{3}a）分析，可以说明，断裂在这些晚更新世或全新世早期地层堆积前很长时间就已经停止活动，至少不属于晚更新世活动断裂。

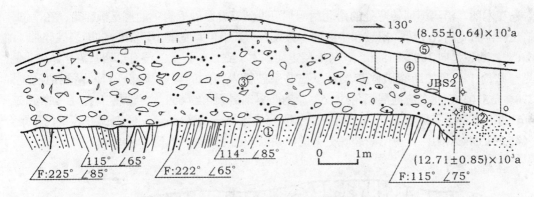

图 6-62　江巴桑公路边宁它-灯塔断裂剖面

①三叠系砂板岩，青灰色，片理化严重；②中细砂，见薄层理，成分较纯，可见厚度 1m 余，局部由于被覆盖而厚度不清楚；

③砾石层，砾石径长多 20~40cm，次棱状，有一定分选；④次生黄土，暗黄色，夹磨圆好的砾块，

发育孔隙，见垂直节理；⑤植物根系发育、含砾的表层土壤

在孜木达沟，挤压破碎带宽约几百米（图 6-63），主破裂带宽 40~50m，断裂近于直立，剖面上部没有第四系盖层。在沟口的次级小断面上有第四系盖层（图 6-64），经采集的热释光样品测试，其年代为距今（28.5±2.2）×10^3a（中国地震局地质研究所，2001）。

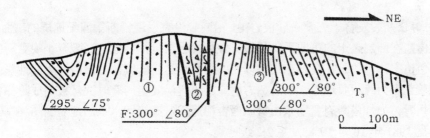

图 6-63　孜木达沟断裂剖面

①三叠系砂岩；②断层破碎带；③三叠系片理化严重的板岩

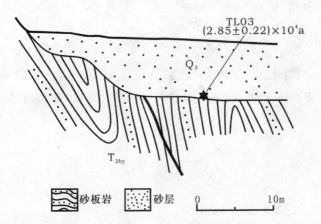

图 6-64　孜木达沟口断裂剖面（据中国地震局地质研究所，2001）

在木朗，沿玛柯河转弯处的南北两侧都可见到三叠系砂板岩中的挤压破碎带。在南侧，挤压破碎带宽约几十米，褶皱和小断面十分发育，其中也有宽度小于10m的断裂破碎带（图6-65），断裂走向300°～330°，与地层走向基本一致，断裂上部没有第四系盖层。在北侧，见一宽约十几米的断裂破碎带发育于三叠系砂板岩构成的背斜核部，背斜两翼地层走向290°～310°，北东翼地层倾角约85°，南西翼地层倾角约65°，断裂破碎带上覆厚约2～4m的洪积黄土夹砾石。在该套地层底部取一热释光样品（ML_1），经测试，其年代为距今（45.29±3.44）×10^3a，说明断裂晚更新世中期以来已不活动。

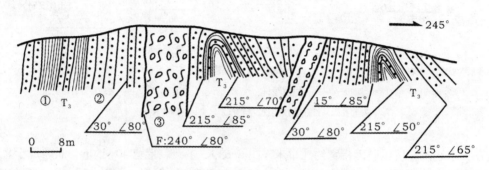

图 6-65 玛柯河木朗转弯处南侧实测断裂剖面

①三叠系片理化严重的板岩；②三叠系砂岩；③断层破碎带

宁它-灯塔断裂发育于三叠系砂板岩中，沿断裂没有发现错断第四纪地层的剖面，多个断层剖面上覆盖在断层之上的第四系年代最年轻为晚更新世，因此，断裂至少晚更新世以来已不活动。但值得注意的是在莫坝东山口以西的窝赛至达日一线，卫星照片上线性影像特征较明显，地貌上多为线状负地形，断层标志明显。山脊沿其走向有时突然被切成阶梯状、水系发生突然拐弯，如灯塔断裂莫坝东山口以西吉柯河谷左旋错切水系的地貌（图 6-66），断裂北西段上盘 1981 年 10 月 19 日发生 2.2 级地震。

图 6-66 灯塔断裂莫坝东山口以西吉柯河谷左旋错切水系地貌

6.12 亚尔堂断裂

6.12.1 断裂带的空间展布及区域构造背景

断裂北起琪郎，向南经亚尔堂乡、王柔、果果，与宁它-灯塔断裂合并，总体走向约

300°，倾向北东，倾角40°～50°，规模117km。该断裂发育于三叠系砂板岩中，断裂上、下盘主要由巴颜喀拉山群上亚群上部砂、板岩互层组成，东端少数地段由其中部砂岩、板岩夹石灰岩组组成。与宁它-灯塔断裂一样，此断裂北部也有零星红层沿断裂分布，但在地形地貌上没有任何显示，横切断裂的冲沟也没有水平位移。

6.12.2 断裂第四纪活动特征

卫星照片上线性影像清楚，地貌上多数地段为负地形；沿断裂带水系多处发生直角状弯转、线状泉多见；局部见断层泥、断层擦痕；断裂带附近岩石破碎，产状混乱，断裂带宽广（200～2000m）；断层线由分水岭一侧通过地段上多呈浑圆状山包，推测形成于中印支末期，印支晚期活动明显，被灯塔断裂所截。

通过对断裂的追索，在横切断裂的冲沟中可以发现宽达几十米甚至上百米的挤压破碎带，带内发育一系列小断层和褶皱。

在亚尔堂乡恩达弄沟见到三叠系砂板岩中发育宽约上百米的挤压构造带，褶皱及断裂面十分发育，断裂走向310°，倾向南西，倾角约70°，断裂面上部没有第四系覆盖（图6-67）。

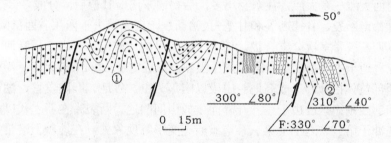

图6-67 亚尔堂恩达弄沟断裂剖面
① 三叠系砂岩；② 三叠系板岩

在亚尔堂乡南东德朗弄沟沟口见到一断裂剖面（图 6-68），断裂两侧三叠系砂板岩走向80°～105°，倾角约40°，破碎带宽约2m，断层产状300°∠60°，顺断层面发育宽约15cm的断层碎裂岩，在断层碎裂岩中取一电子自旋共振样品（DLNE$_1$），经测试其年代为距今（408±92）×10³a，说明断裂至少晚更新世以来已不活动。

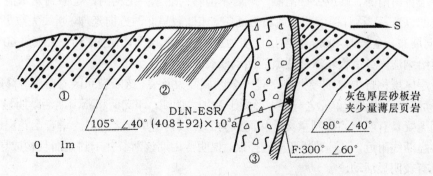

图6-68 亚尔堂东南德朗弄沟断裂剖面
①三叠系砂岩；②三叠系片理化严重的板岩；③断层破碎带

在果果附近，断裂近平行公路延伸，断裂带宽度在剖面上不清楚，但在该地段三叠系砂板岩变形较严重，在近 200m 的剖面上，地层产状变化较大，较明显的断层走向北西—北北西。沿断层面见 10～20cm 的碎裂岩带，固结坚硬。重要的是在断层上方覆盖有含砾石的灰黄色亚砂土和次圆状砾石层，为洪坡积物和冲积物。这些第四纪堆积物的原始沉积结构清楚，没有发现因断裂运动而产生的变形迹象。另外，在断层最新错动面上采集的碎裂岩电子自旋共振（GGE$_1$）测试样品所测的年代值为距今（308±34）×10³a。显然，该剖面反映的断裂最晚活动时间应该在晚更新世以前。

综上所述，亚尔堂断裂东部无论在大地貌和微地貌上都没有显示，断层剖面上断层岩带固结坚硬，在断层上部覆盖的第四系没有发现被断错的迹象，断层岩样品测年结果也较老，说明该断裂第四纪中晚期已不活动，至少晚更新世以来不再活动。

6.13 甘德活动断裂带

甘德活动断裂带是区域上玛多-甘德断裂带的东段。玛多-甘德断裂带西起库塞湖，穿越昆仑山的西大滩—东大滩，往东经玛多，后拐向东南经甘德后，分成 3 支，在工作区内分别称作甘德南断裂、甘德断裂和甘德-久治断裂，向东消失于四川省西部阿坝-龙日坝一带。玛多以西断裂带多次分支合拢，使下二叠统呈构造透镜体产出。昌麻河一带，巴颜喀拉山群下亚群逆于中亚群之上，岩层挤压强烈，形成宽达 200m 破碎带。沿断裂带地貌景观各异，西部整体抬升，形成高地；中段以陷落为主，谷地、凹陷发育，湖泊多见，其中有扎陵湖和鄂陵湖；东段由于差异升降而生成山间凹地。断裂带在新生代以来的活动，除见老地层逆冲于第三系之上及第三系褶皱断裂变形等现象外，在地貌上沿带常有整齐的三角面、断层陡坎、断层残山、谷地及湖泊、泉水的线性分布，卫星照片判读还发现在玛多—甘德和索乎日麻等地段有切错最新微地貌现象，带内近代发生过多次 5～6 级地震，是一条第四纪活动断裂带。

6.13.1 甘德南断裂（白玉-达尕断裂）

6.13.1.1 断裂带的空间展布及区域构造背景

该断裂带位于测区的北东部，北西端起于甘德南面的隆亚—东吾一线，经白玉寺，向东南依次经塔音山南侧、解放公社南侧，顺若木河转向北东到尼柯河，延伸到龙尔根、达尕，消失于安曲以东，又称甘德南断裂或白玉断裂。该断裂呈北西方向延伸，断线大致呈 130°～310° 方向展布，全长约 400km，断层性质为压扭性，断层面倾向 NE50°，倾角 60°，是区内穿越阿给纳洼—鼻痖牧场深埋隧道的活动断裂带。

本断层区域称野牛沟-暗羌断裂，是一条区域性大断裂。该断裂系区内白玉寺隆起与下红科-班玛坳陷二三级构造单元之分界，形成于晚华力西期，印支期和燕山期活动明显，对后期沉积作用无疑具有明显的控制意义，从而成为二三级构造单元之分界。塔音山花岗斑岩体发育在其上盘断线附近，明显受断裂构造控制，说明燕山期该断裂并未封闭而且构成导岩构造，现代也具有较明显活动迹象。

6.13.1.2　断裂带的几何组合及结构特征

(1) 断裂两盘地层时代不同、岩石组合不同，多数地段产状相顶。上盘主要由下二叠统中岩组和下部岩组组成，主要岩性为灰-灰绿色硬砂质长石、石英砂岩与灰-灰绿色泥质、粉砂质板岩互层，并夹有结晶灰岩透镜体；次为灰色硬砂质长石、石英砂岩夹灰色泥质、粉砂质板岩。断裂下盘主要由三叠系巴颜喀拉山群下亚群上岩组组成，主要岩性为灰色长石、石英砂岩夹灰-灰绿色泥质、粉砂质板岩，顶部夹灰岩透镜体；次为硬砂质长石石英砂岩、钙质砂岩夹粉砂质板岩，地层产状多倾向 210°～255°，倾角 60°～30°。

(2) 沿断裂带岩石破碎，多处见泉水露头呈线状分布。

(3) 沿断裂带常见断层泥、断层擦痕及断层角砾岩。

(4) 断裂破碎带发育，一般宽 70m 左右，最宽达 100～200m。

(5) 断裂面除破碎带外，还发育宽达数公里构造变形带。

6.13.1.3　断裂的分段性

大致以黄河和克柯河支流若木柯为界，甘德断裂带表现出北西和南东两个不同结构的分段。

北段：黄河以北段，断裂北西段长约 120km，在东段分叉为 2 支，控制了甘德县以南大片北西走向第三系盆地的发育，后期又切割了新第三系砾岩层，反映喜山期有一定的活动性。单个断裂结构比较单一，在一些部位还伴有次一级分支断裂，第四纪走滑活动强烈。

中断：黄河—若木河段长 100km，侧尺以西沿黄河支流河谷发育，侧尺以东沿日塔、玛曲和玛柯河（麻尔曲）谷发育。断裂在东塔南分为两支，北东为白玉-科索-解放公社断裂，南西为同动洞-永红公社断裂，断裂结构较复杂，有多个次一级分支，第四纪断裂走滑活动较北段弱，沿断裂有大量小地震发育。

东段：若木河以东柯河—达尕段，长约 110km，结构比较单一，断裂主要呈直线状延伸并伴有不同程度的走向弯曲。地貌上表现不明显，走滑活动不明显，在达尕附近发生 5.3 级地震。

6.13.1.4　新构造活动特征

在新构造活动时期，甘德南断裂表现出以左旋走滑运动为主，并伴随一定的倾滑运动。第三纪时，在断裂带西侧形成一系列串珠状断陷盆地，沉积了新老第三系红色砂砾岩层，并被后期的新断裂所错切。显然，这是断裂在新构造活动时期强烈左旋滑动的结果。

6.13.1.5　断裂第四纪活动特征

第四纪以来，甘德南断裂带北西段表现出强烈的左旋走滑错动性质，而断裂中段表现为逆走滑左旋错动性质。断裂东段表现为挤压逆冲性质，伴有中等地震发生。

(1) 第四纪盆地与新隆起。

第四纪盆地与新隆起是甘德南断裂带上的重要构造现象，这些第四纪盆地与新隆起是相间排列的。断裂北西段从北西向南东依次有隆亚隆起、东吾盆地、胜利-德郎隆起等；中段有东塔-白玉盆地、同动洞-塔音山隆起、白玉四社盆地等；东段在若木河以东地貌上不明显。

(2) 断裂地貌。

甘德南断裂西段在第四纪特别是晚更新世—全新世的强烈左旋走滑运动，在地貌上留下了非常醒目的痕迹。断裂显示出清晰的线性特征，沿断裂线水系，冲沟、冲积扇，河流阶地、山脊等常显示被断裂左旋错断。现分述如下：

西段：甘德南断裂影像上断裂呈直线状负地形，切割了新第三系地层，使新第三系红色砂砾岩与上三叠系上统巴颜喀拉群灰褐色长石石英砂岩呈断层接触，在侧尺南见有断坎连续分布达20km。在图6-69上可见山脊被错切，水系同步拐折，出现断头沟谷现象，水系错切850m，呈左旋扭动。

中段：在该段内，可见山脊被断裂整齐切断，断裂两侧地貌截然不同，断层西南盘形成宽达1500～2000m的构造变形带，山脊线成排转折呈近南北向，显示断裂反扭。形成数十米高的断层崖、三角面，水系同步拐折，水系错切约150m（图6-70，照片6-8）。

(3) 新沉积物变形与古地震。

甘德断裂带西段在第四纪的强烈活动，造成了新沉积物的强烈变形。在甘德－达日公路旁（照片6-9），断裂面附近第四纪沉积物强烈变形褶皱。探槽揭露，这种新沉积物变形大多显示了柔性破裂的特点，是断裂带蠕滑形变的证据。

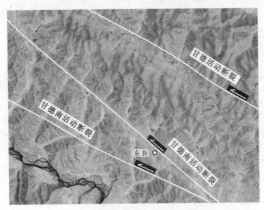

图6-69 甘德南活动断裂东吾西北卫星照片
（图中山脊被错切，水系同步拐折，
出现断头沟谷现象，水系错切850m）

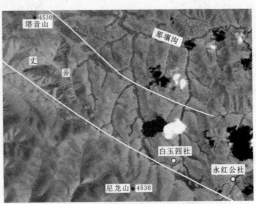

图6-70 甘德南-白玉－达尕活动断裂
中段塔音山－永红公社卫星照片
（山脊被整齐切断，形成数十米高的断层崖、
三角面，水系同步拐折，水系错切150m）

镜头朝北

镜头朝北东

照片6-8 胜利乡甘德南断裂断层崖

照片6-9 甘德断裂带西段甘德－达日公路旁第四纪新沉积物强烈变形（镜头朝北西）

6.13.1.6 断裂带的现今活动特征

断裂带现今活动主要是左旋滑动和现代地震活动。现代断层运动缺乏资料，但通过错切水系和其他地质标志，计算出第四纪平均滑动速率为：西段的平均滑动速率约为15mm/a（以1万年计）；中段的平均滑动速率约为10mm/a（以1万年计）；该断裂晚第四纪以来年平均滑动速率为 8.1mm/a。由于没有确切断错地貌体的断代年龄数据，故其年平均滑动速率值精度较差，还有待进一步工作。本次在野外调查工作中拍摄的现今活动证据见照片6-10。

照片6-10 甘德南断裂带现今活动证据
（a）现今断层活动形成的逆冲（白玉）（镜头方朝东）；（b）地震楔（白玉）（镜头方向东）；
（c）上新统红色泥岩灰绿色标志层被错断（镜头方朝东）；（d）断裂左旋成排切断小型冲沟（镜头方朝东）

地震活动是断裂现今活动的直接反映。甘德南断裂最后一次大的活动时间 1600 年左右，近年来频繁发生 4～5 级地震。如 1982 年白玉的 4.1 级地震、1991 年甘德南发生的 5 级地震和 1969 年达朵的 5.3 级地震。

6.13.2 甘德断裂

6.13.2.1 断裂带的空间展布及区域构造背景

该断裂带位于测区的北东部，北西端起于甘德南面，往西与甘德南断裂合并为一条，往东经过龙加牙桑谷地，在索合勒过黄河，到台康塘－上确关一线，经那壤沟转向近东西向到安斗－阿坝，向东在麦尔玛与阿坝北断裂合并。

本断层是一条区域性大断裂。该断裂系区内又一条三级构造单元的分界，形成于晚华力西期，印支期和燕山期活动明显。

该断裂呈北西方向延伸，断线大致呈 120°～315°方向展布，全长约 400km，断层性质为压扭性，断层面倾向 225°，倾角 60°。活动断裂带在甲当村北的沃央曲穿过鼻疽牧场－若果郎深埋隧道。

该断裂的中段又称台康塘-上确关断裂，北侧段裂分支又称隆格寺断裂。

6.13.2.2 断裂带的几何组合及结构特征

(1) 断裂两盘地层时代不同、岩石组合不同，多数地段产状相顶。下盘主要由下二叠统中部岩组和下部岩组组成，主要岩性为灰-灰绿色硬砂质长石石英砂岩与灰-灰绿色泥质、粉砂质板岩互层，并夹有结晶灰岩透镜；次为灰色硬砂质长石石英砂岩夹灰色泥质、粉砂质板岩。断裂上盘主要由三叠系巴颜喀拉山群下亚群上岩组组成，主要岩性为灰色砂质长石石英砂岩夹灰-灰绿色泥质、粉砂质板岩，顶部夹灰岩透镜；次为硬砂质长石石英砂岩、钙质砂岩夹粉砂质板岩，地层产状多倾向 210°～255°，倾角 30°～60°。其特征为：沿断裂岩石破碎，石英脉穿插，形成北西－南东向一排负地貌；两盘岩性不同，产状普遍相顶或相交；沿断裂带泉水频繁出露；断裂附近层间褶曲十分发育。

(2) 隆格寺断裂位于断裂带北侧。北东盘：西段由巴颜喀拉山下亚群下部砂岩夹板岩组组成；东段由上部砂-板岩互层，并夹透镜灰岩组成。南西盘：由巴颜喀拉山群下亚群之下部砂岩夹板岩组组成。地貌上具有一排负地形，航片上线形特征明显，见到断层破碎带，且沿断裂带有线状排列的泉水露头连续出现；断裂两盘局部地段产状明显相顶；断裂两侧附近层间揉皱发育，产状零乱。

6.13.2.3 断裂带的现今活动特征

该断裂在卫片上线性影像均较醒目，呈北西向延伸达 235km。断裂带宽 40m 左右，在下贡玛南活动明显地段长达 20km。影像上水系略有拐折，沿断裂可见有断坎分布。从局部拐折的水系分折，可判断该断裂为左旋扭动。

沿断裂发育有一个 5 级地震，甘德断裂东端上盘那壤沟 1935 年 7 月 26 日发生里氏 5.5 级现代地震。另外，隆格寺断裂北东盘及北西消失端分别有 1.6 级及 2.4 级现代地震发生。

野外调查发现，阿坝县与色达县白石山地热田水温高达 85°，流量 15lm³/min；在那壤沟河谷发育成串温泉群，向东在柯河也有温泉出露，共有温泉 7 处，温度 40～81℃，流量 15lm³/min，该温泉对引水隧道影响最大。

6.13.3 甘德-索乎日麻-年保玉则断裂

6.13.3.1 断裂带的空间展布及区域构造背景

该断裂位于黑马河-达日断裂东侧，沿科曲从甘德县城向东南经下贡嘛，由冈龙过黄河，由唐仕加经扎拉，消失于年保玉则，长度约 115km，整体走向北西，倾向南西。

6.13.3.2 新构造活动特征

该断裂西北段控制着科曲河断陷盆地的发育和分布，其中部分地段的新第三系被错断，在马河上游见三叠系逆于新第三系之上。西盘岩层破碎，小型断裂与主干断裂平行分布，错动面两侧有一系列片理、破裂、节理等发育，该断裂在新构造活动时期具有压性兼反扭性质。沿断裂可见断坎分布，影像上水系略有拐折，在唐仕加附近，使黄河发生门形拐折，幅度达 10～12km。从局部水系的拐折来看，可以判断该断裂为左旋扭动。

6.13.3.3 断裂带的现今活动特征

断裂带重力梯度值可达 $20 \times 10^{-8} s^{-2}$，磁场异常被错断、转折。同样亦有一条呈南北向展布的地震震中优势连接线与断裂相依，且在与达日-久治强震带的交接区也出现了两次 6 级地震，即 1935 年和 1952 年发生的 6.0 级地震。该断裂有 6 级中强震发震条件，影响调水线路的克柯坝址及隧道区。

断裂带上有温泉活动：在唐仕加黄河河谷中，有较大的温泉，使黄河冰面融化（图 6-71）。

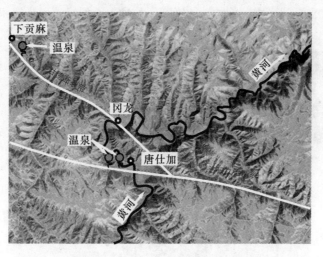

图 6-71 甘德断裂与达日-久治断裂复合部位温泉分布图

6.14 阿坝盆地断裂

阿坝高原区海拔 3500～4000m，地表平旷，多为岭缓谷宽的地貌景观，无明显差异活动，出露地层全部为三叠系西康群。阿坝盆地是这一地区唯一一个相对沉降区，甘德-阿坝断裂带就控制着这一沉降区的发育。

阿坝盆地总体走向北西，长约 20km，最宽处约 20km。阿柯河 I 级阶地海拔 3330m 左右。

另外，在盆地中还发育Ⅰ级由第四纪冰湖积物构成的台面，海拔约3700m左右（也可视为Ⅲ级阶地），盆地周围的高原面海拔一般在4000m以上。

在该盆地中发育有不厚的第四系地层，出露地表的主要有：

(1) 冰洪积砾石层夹灰绿、灰黄色薄层状亚黏土。出露于阿坝盆地西北部阿坝盆地北缘断裂与盆中断裂之间，组成盆地内最高的地貌面。砾石砾径多为3～6cm，磨圆度中等—好，砂土充填，整体呈橘黄—橘红色。其下部微显胶结而相对坚硬，上部相对松散。灰绿、灰黄色亚黏土，一般厚几十厘米至数米，薄层状，具有水下堆积的特征，呈透镜状局部夹于砾石层中。该套地层堆积于中更新世至晚更新世早期，可见厚度大于50m。

(2) 黄土及次生黄土。主要出露于盆地西北侧。较纯的风成黄土覆盖于冰洪积砾石层之上，厚几米至三十余米；风成黄土与次生黄土混杂堆积主要分布在靠近盆地中部的Ⅲ级和Ⅱ级阶地上部，厚几米至十余米。从其层位看，主要堆积时代在晚更新世。

(3) 河流堆积物。堆积在河流两岸，Ⅱ级阶地堆积物主要为中—粗砂充填的砾石与黄色亚砂土互层。砾石径长多在10cm左右，径长几十厘米的也常见，相对冰洪积砾石层要松散。形成时代在晚更新世晚期（该阶地表部黄土热释光样品测年结果为距今$(9.27\pm0.69)\times10^3a$，阶地形成时代要早于该年龄值）。Ⅰ级阶地堆积物主要为砂砾石层，砾石大小和磨圆度与Ⅱ级阶地相仿，颜色偏棕色，较松散，堆积于全新世。

综合目前收集的各种资料认为，甘德-阿坝断裂带主要由甘德-阿坝北支断裂和甘德-阿坝南支断裂组成，北支断裂又由阿坝盆地北缘断裂、盆中断裂、顺河断裂和盆地南缘断裂组成（图6-72）。

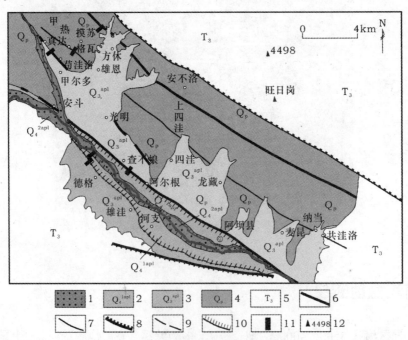

图6-72　阿坝盆地地质构造略图

1. 全新世晚期冲洪积物；2. 全新世早期冲洪积物；3. 晚更新世冲洪积物；4. 第四纪冰湖积物；
5. 晚三叠纪砂板岩；6. 晚更新世以来活动断裂；7. 晚更新世活动断裂；8. 第四纪早期活动断裂；
9. 推测断裂；10. 阶地；11. 探槽；12. 山峰及标高

6.14.1 阿坝盆地北缘断裂

6.14.1.1 断裂带的空间展布及区域构造背景

又称阿坝（二牧场）断裂，它西端位于年保玉则岩体的东北侧，以120°～130°方向延伸，经过阿坝盆地北缘，被麦尔玛断裂错动后，逐渐转为东西向，在阿坝牧场附近转向NE65°左右，经过瓦切，进入草地，延至图外，在测区内长达185km。该断裂虽然延伸很长，但在各部位都有与褶曲协调一致的弯曲，形成一个向南突出的弧形。作为断裂带的北界，是测区内最重要的一条断裂。

测区内，断裂的中、西段均有强烈的地表显示，常有数十米至百余米宽的破碎带，带内断层角砾、糜棱岩化常见，石英岩脉沿此侵入，若干上升泉沿断裂展布。譬如，在阿坝二牧场所见，断裂面倾向 NW12°～NE10°、倾角 66°～80°，破碎带内的肠状角砾灰岩碎块呈左行雁列排列，说明北盘（上盘）相对上冲，并有反扭。在上盘所见分支断裂断面清晰，呈波状弯曲，倾向北北西，倾角很陡。断裂两侧拖曳褶曲发育，特别是在扎尕山群的薄板状灰岩中更是如此。阿坝弧形断裂面上共见三组擦痕：一组方向近于水平，与水平面夹角10°；一组与水平面近于直立，夹角大于 70°～80°；还有一组则与水平面成 20°～46°斜交，指示北盘 （上盘）相对上升。

在1：50万地质图上，阿坝盆地北缘断裂仅在阿坝盆地北边界画有一段。张裕明等（1996）在承担国家计委下达的南水北调西线工程地震烈度区划的任务中，对甘德-阿坝南、北支断裂都进行过调查，认为断裂总长度240km，控制阿坝盆地，断错第四系。本次野外工作中，我们主要对近场区范围内地貌显示最好、控制阿坝盆地发育的阿坝盆地北缘断裂进行了针对性的研究。

阿坝盆地北缘（f_{1a}和f_{1b}）（图6-72），主要由两条大致平行的断裂组成。北边的一条（f_{1a}）展布于三叠系砂板岩之中，地貌上表现不明显；南边的一条（f_{1b}）位于第四系冰洪积砂砾石与三叠系砂板岩之间，总体走向北西。它是一条具有长期活动历史的断裂，控制了阿坝盆地的北边界。

6.14.1.2 断裂第四纪活动特征

沿北边一条断裂追索，断裂两侧地貌面有几十米至百余米的高差，但从山区到盆地之间为连续、坡度不大的剥蚀带，没有明显的断层陡坎。在上四洼沟、郎木乔共巴沟等地区都没有看到天然断面，基本全部被植被覆盖。另外，在阿坝盆地以外地段对该断裂追索发现，断层在大地貌上有微弱显示，但微地貌上看不出断层存在或有新的活动证据。如在盆地东的日阿河，断裂通过部位存在地形转折，见约两米厚的风积、坡积物覆盖。在地形低洼处热释光样品测年结果为距今（7.34 ± 0.54）$\times10^3a$，第四系结构稳定，没有受构造变动影响的迹象。

从甲热继续向北西追溯约 10km，公路横穿断裂，在公路边可以见到发育于砂板岩中的断裂破碎带（图6-73），宽约 2m，顺断层面发育厚约 10m 断层碎裂岩，在断层碎裂岩中取一电子自旋共振样品，经测试，其年龄值为42.5万年，说明断裂至少晚更新世以来已不活动。

南边一条断裂线性地貌明显，基岩与第四系界线附近，可见小陡坎；冲沟切开的部位，往往出露泉水或成为小的沼泽；在方休北西沿一沟壁泉水出露的部位经过开挖见到了断层剖面（图6-74，图6-75，图6-76）。最新一次事件发生年代为距今1.115万年，表明它是一条晚更新世以来的活动断裂。

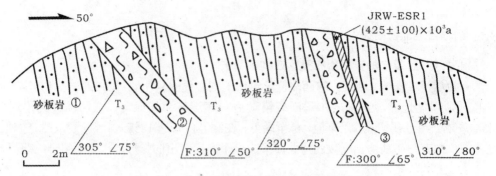

图 6-73　盆中断裂甲热西北 10km 处断裂剖面

①三叠系砂板岩；②断层破碎带；③断层碎裂岩带

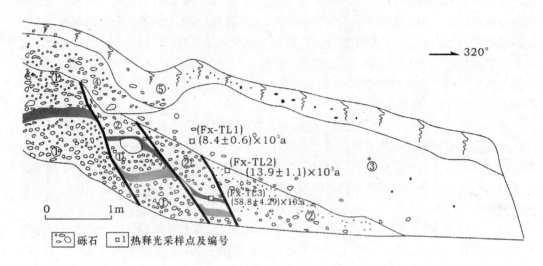

图 6-74　阿坝盆地方休西北甘德－阿坝断裂探槽剖面

（据冉勇康，2005）

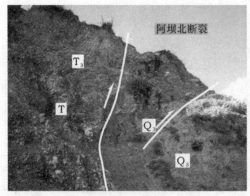

图 6-75　阿坝北断层 T_3 逆冲到 Q_3 砾岩之上

（镜头朝西）

图 6-76　阿坝北断裂错断冲沟

由剖面图 6-74 可以看出，最新破裂带的宽度约 2m。

6.14.1.3　活动断裂的地球物理特征

通过在四洼村北河谷中沿垂直断裂面方向的测线对该断裂进行氡气测量，结果显示（图 6-77），该断裂无氡气异常，现今活动性较弱。

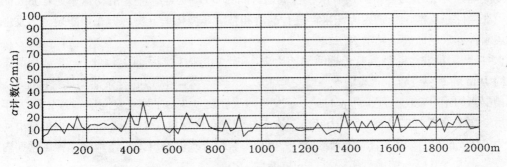

图 6-77　四洼村阿坝北断裂土壤气氡分布图

6.14.1.4　断裂带的现今活动特征

阿坝断裂的卫片影像十分清晰，延伸很远，近代地震活动也很强烈，1935 年、1952 年和 1969 年，共发生 3 次 5～5.3 级地震。该断裂为更新世活动断裂。

6.14.1.5　活动性参数分析

在方休北西开挖剖面，揭示以下 5 个地层单元：

① 橘黄色－橘红色砂黏土充填的砂砾石层，砾石径长多为 3～5cm，有一定分选性、中等磨圆，该层夹有厚度 10～15cm 的砖红色黏土。

② 灰棕色亚黏土夹砾石，砾块大小不一，在该层底部见黄色黏土，其上部的砾石背向断层倾斜，有断层坎前堆积的特征。

③ 发育黄色网状条带的灰棕色亚砂土含砾石，砾石主要集中在该层的下部和靠近断层错动面的部位，应为坡积和风积物。

④ 以砾石为主、砂土充填的坡积物，较松散、根系发育。

⑤ 表层黑色土壤含小砾石，植物根系发育。

该剖面可见断层正断位错层①、②被层③、④、⑤覆盖。由层②具正断层坎前堆积特征情况分析，剖面揭露了两次位错事件：事件一发生在层①堆积之后，而后堆积层②；事件二则断错事件一的坎前堆积地层，之后堆积层③及以下地层。层①顶部薄层黄色黏土的热释光样品（Fx-TL3）年代为距今 $(58.8 \pm 4.29) \times 10^3 a$，而层②顶部和层③底部的热释光样品（Fx-TL2；Fx-TL3）年代值分别为距今 $(13.9 \pm 1.1) \times 10^3 a$ 和 $(8.4 \pm 0.6) \times 10^3 a$，因此，得到这两次事件的发生年代分别为约距今 3.635 万年和 1.115 万年，重复间隔约为 2.52 万年，最后一次事件的离逝时间为 1.115 万年。另外，由层①顶部在剖面上的可见位移量大于 2.2m、层②厚度约为 80cm 和其底部在剖面上可视位移量大于 1.2m 的情况分析，一次事件的垂直位移量在 1.2～1.4m 左右。

层①顶部在剖面上的可见位移量大于 2.2m，最后一次破裂事件垂直位移约 1.2～1.4m，因此，层①顶部的垂直位移应该约等于两者之和 3.6m。层①顶部薄层黄色黏土的热释光样品年代距今（58.8±4.3）×10³a，因此，垂直滑动速率为0.06mm/a。

另外，从总的活动情况看，断裂仅在阿坝盆地区间对地貌有明显控制，并发现断错第四系的迹象，因此，该断裂活动段即阿坝盆地段，大约从阿坝盆地甲热北至日阿河，长25～30km。

综上所述，该剖面揭露两次事件，发生年代分别为约距今3.635万年和1.115万年，平均重复间隔约为2.52万年，最后一次事件离逝时间为1.115万年，垂直滑动速率为0.06mm/a。

在第四系松散沉积物内无法采样进行蠕滑和粘滑显微构造分析，但在该断裂上已发现古地震事件，表明断裂以粘滑为主。

甘德-阿坝北缘断裂具有长期活动的历史，在近场区内控制阿坝盆地北界，主要由两条相距约1km的断裂组成。北边的一条晚更新世以来已不活动，南边的一条活动地貌特征明显，探槽揭露约距今3.635万年和1.115万年发生两次破裂事件，平均重复间隔约为2.52万年，最后一次事件离逝时间为1.115万年。一次事件的垂直位移量在1.2～1.4m，最小垂直滑动速率为0.06mm/a，该断裂活动段长约25～30km，破裂方式以粘滑为主，未来工程运营期内发生位移量大于0.68m的地表破裂事件的可能性很小。

6.14.2 阿坝盆中断裂

前人研究认为，阿坝盆中断裂为两条相距1～2km、近于平行的北西西向断裂（图6-72显示的f_2和其南侧的虚线陡坎）。北边的一条从甲热经雄恩村、四洼乡北、麦昆乡到共洼洛，该断裂错断了年龄为距今（81.0±6.3）×10³a的晚更新世早期地层，认为该断裂应为晚更新世以来活动断裂，并可能延续至全新世；南边的一条从真达到甲尔多，再至光明乡以南，影响到阿柯河的T_1、T_2级阶地，在地貌上形成陡坎，可能是一条全新世初仍有活动的断裂（中国地震局地质研究所等，2001），两条断裂延伸长度在26km左右。

此次，对这两条被认为可能的活断裂进行了野外追索和探槽开挖。

6.14.2.1 断裂第四纪活动特征

南边的这条所谓断裂从真达到甲尔多地貌上对应有高约2～3m的陡坎，但沿该陡坎追索，在横跨陡坎的冲沟剖面上没有见到断裂剖面。甲尔多乡西垂直陡坎开挖一探槽，探槽长约8m，深2～3m，剖面如图6-78所示，主要揭露出3套地层，最上部为黑色腐殖土，发育大量草根；中间为一套黄色粉砂土，发育条带状黑土，上部含黑土团块；下部为一套黄色粉砂土夹砾石。剖面中未见断层，因此，可以肯定地表陡坎是人类活动所致。另外，在黄色砂土层的底部取一热释光样品，经测试其年龄为距今（12.36±0.9）×10³a，如果在该地貌位置有断裂存在的话，至少全新世以来已不活动。

另外，在甲尔多南，与阿柯河支流平行发育有高10m左右的线性陡坎，从地貌位置看该陡坎可能是构造或非构造成因（图6-79）。沿垂直陡坎的多条冲沟观察，发现陡坎及其控制台地由冲积砾石和黄色亚砂土组成，地层结构稳定，冲洪积砾石层近水平产状，未见断裂剖面及断裂错动痕迹。

北边的一条在地貌上有一定显示，如宽约十几米的负地形或洪积扇面上宽度比较大的坡折，沿此地貌变异带内发现多个断裂剖面。在苟洼洛北东一冲沟壁上见到断裂剖面，在该剖面北东约10m的位置，地貌上有一高约4～5m的陡坎，为了揭示该陡坎的成因，沿此沟壁进行了开挖，剖面如图6-80所示。

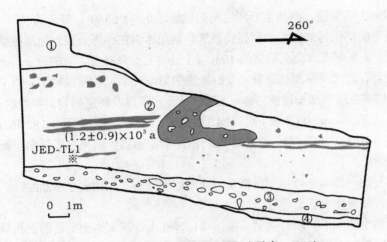

图 6-78 甲尔多乡西探槽剖面（据冉勇康，2005）

①黑色腐殖土；②黄色粉砂土，底部夹条带状黑土，上部混杂有团块状黑土；③黄色粉砂土夹砾石；④底层

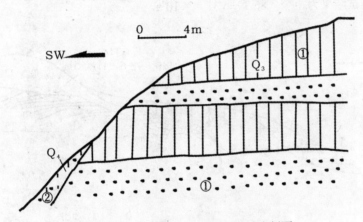

图 6-79 甲尔多横跨地貌陡坎的冲沟剖面

①磨圆较好的冲积砾石与黄色亚砂土互层；②坡积砂土砾石层

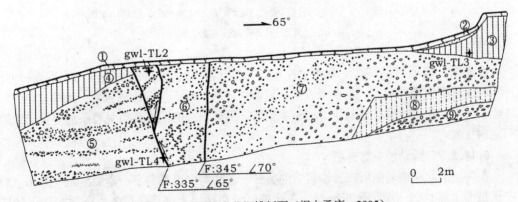

图 6-80 苟洼洛东北探槽剖面（据冉勇康，2005）

①黑色腐殖土，发育草根；②次生黄土；③黄土，比较坚硬；④黑土夹砾石；⑤淡黄色砂砾石层，层理基本水平，
砾石磨圆好，粒径 2cm 左右；⑥淡黄色砂砾石层，砾石磨圆好，粒径 2cm 左右，层理倾斜，倾角 30°左右；
⑦灰绿色砂砾石层，砾石均匀，磨圆好，粒径 2cm 左右，层理倾斜，倾角 30°左右；⑧灰绿色黏土；⑨淡黄色砂砾石层

剖面揭示出 3 条断层，两条主要断层相向而倾，走向约 340°，倾角约 70°，且都为逆断层，显示了断裂的挤压运动特征。断裂错断了第四纪冰洪积砂砾石层，顶部被厚约 30cm 的黑色腐殖土覆盖，断层北东侧离断层约 10m 以上的位置，分布有大量的黄土，而这些黄土在断裂带附近则没有分布，推测这些黄土受到断裂的影响，后期被侵蚀掉了。为了确定断裂的活动时代，我们在断层顶部被错断的砂砾石中、黄土底部以及断层破裂岩中各取一年代样品，分别编号为 gwl-TL2、gwl-TL3 和 gwl-TL4。经测试，其年龄分别为距今 $(82.46\pm6.18)\times10^3a$、$(22.99\pm1.68)\times10^3a$、$(127.77\pm9.33)\times10^3a$。由此剖面的测年结果可以看出，断裂活动时代主要在晚更新世。

在苟洼洛村顺一冲沟还可见到发育于第四系冰积砾石层中的多个小断面，它们向上延伸都被最上部的一层黄土夹砾石覆盖。

在纳当我们也实测了一断裂剖面（图 6-81），在上寺院大道上揭露的剖面显示了三叠系砂岩与第四系的接触关系。基岩发育小褶皱并见破裂面，总体上较破碎，但与第四呈不整合接触。第四系由黄土充填的砾石组成，其中未发现断层和被构造影响的痕迹，该层下部热释光年代样品测试结果为距今 $(86.39\pm6.31)\times10^3a$。

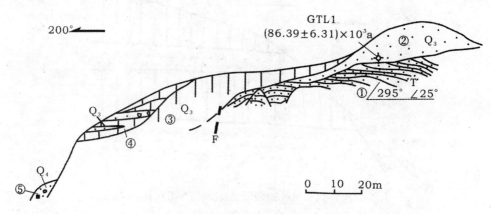

图 6-81　纳当阿坝盆地盆中断裂剖面

①半风化砂板岩，薄层状；②灰黄发青的砂砾岩，黄土充填；③桔黄色土，类似华北中更新统黄土；
④次生黄土与砂砾石互层；⑤砂土砾石

在麦昆乡东北（图 6-82），地貌上存在线性坡度转折的部位顺断层延伸方向发育一冲沟，冲沟两侧分别为基岩和冰、洪积砾石层，似断层接触。砾石层向山外倾斜，倾角达 30°，并在砾石层中发育小断层，使两侧砾石牵引变形。另外，在沟的底部可见与断层位置一致的砾石定向排列。

6.14.2.2　活动性参数分析

在苟洼洛北探槽剖面所在冲沟南边的另外一条冲沟内也见到了一断裂剖面（图 6-83），在该剖面上可见到一楔状堆积地层，在此楔底部和断层上部覆盖层各取一热释光年龄样品 GSTL1 和 GSTL2，经测试其年龄分别为距今 $(10.93\pm0.81)\times10^3a$ 和 $(85.38\pm6.15)\times10^3a$，表明这次破裂事件发生于距今 $(85.38\pm6.15)\times10^3a$ 左右，断裂 $(10.93\pm0.81)\times10^3a$ 以来没有再活动过，这与中国地震局地质研究所等（2001）认识的断层活动时代 $(81.0\pm6.3)\times10^3a$ 以及图 6-80 显示的断错地层测年结果为距今（82.46±6.18）×10³a、上覆 2.3 万年黄土层的结果吻合。另外，从图 6-83 上可以看出，层④被垂直断错约 2.5m，它与该崩积楔的最大厚度基本一致，层④的垂直断距也是该破裂事件以来所形成，因此，由此求得的最小垂直滑动速率为 0.029mm/a。如果认为事件发生的最晚年代是在距今 2.3 万年，那么断裂的最大垂直位移速率为 0.1mm/a。单从断裂剖面上来看，破裂带的宽度约 15～20m，但在地貌上有一宽约 50m 的负地形，因此，结合地貌特征估计破裂带的宽度约 50m。

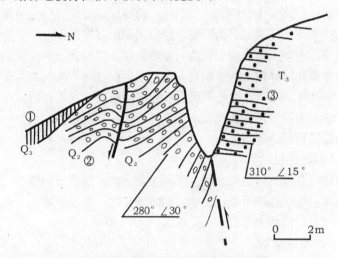

图 6-82　麦昆乡阿坝盆地盆中断裂剖面

①风积、坡积黄土；②磨圆较好，粒径多 3～5cm 的冰洪积砾石；③三叠系砂板岩

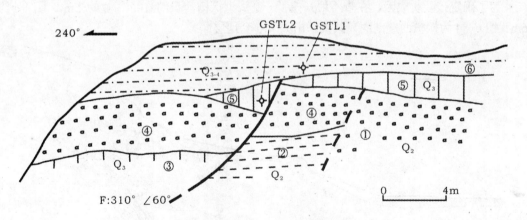

图 6-83　苟洼洛北-冲沟断裂剖面

①冰洪积砾石层；②湖相灰绿色亚黏土；③次生黄土；④砂砾石层；⑤黄土，块状结构；⑥黄色、灰黑色次生黄土

阿坝盆地盆中断裂共长 26km 左右，即活动段长度约 26km。

在第四系松散沉积物内无法采样进行蠕滑和粘滑的显微构造分析，但在该断裂上已发现古地震事件，表明断裂以粘滑为主。

以上证据表明，盆中断裂是一条规模相对较大，长度约 26km 的断裂，主要活动时间为晚更新世早中期，距今 8.5～2.3 万年之间发生过一次破裂事件，以正断层活动为主，垂直滑动速率约为 0.029～0.1mm/a，未来工程运营期内潜在垂直位移为 0.67～2.32m。破裂带宽度约 50m。晚更新世中晚期以来，活动主要迁移到了顺河断裂上，因此，判断在未来工程运营期内盆中断裂不会发生地表破裂事件。但从保障输水管道安全的保守角度出发，可考虑按 2.32m 的潜在位移量设防。

6.14.3 阿坝盆地顺河断裂

阿坝盆地阶梯状地貌特征十分明显，分割这些阶梯状地貌的有些为断裂，如阿坝盆地北缘和盆中断裂；有些则还不清楚是否为断裂，如顺阿柯河展布的 I、II 级阶地陡坎，有些比较规则、直线状延伸，有些人推测他们可能为断裂陡坎，把他们统称为阿坝盆地顺河断裂。中国科学院遥感所在影像解译图上把该断裂向南延出阿坝盆地，顺阿柯河至安羌乡一带，长约 50km。为了确定阿柯河两岸陡坎是否都为断裂活动成因，我们在野外对这些陡坎的展布及形态特征进行了详细的研究，并选择合适地点进行了探槽开挖。

6.14.3.1 断裂第四纪活动特征

(1) 阿柯河北 I 级阶地陡坎。

阿柯河北 I 级阶地陡坎总体走向北西，平面上呈一向南西突出的弧形，曲线状延伸，相对其他 3 条阶地陡坎直线状延伸最差，推测它为阶地陡坎，在该陡坎上没有布设探槽，但在其他 3 条线性延伸较好的陡坎上布设了大型探槽。

(2) 阿柯河北 II 级阶地陡坎。

它是阿柯河阶地陡坎中线性延伸最好的一条，北西向延伸，北边过阿柯河后沿安斗乡北西侧继续延伸，向南东经查不埌、阿尔根、阿坝县城北侧，并向南东沿阿柯河分布，长度大于 15km。

为了确定该陡坎成因，在查不埌开挖了一个大型探槽，长约 10m，宽约 5m，最深处约 6m。图 6-84 为探槽西壁剖面，共揭露出如下 6 套地层：

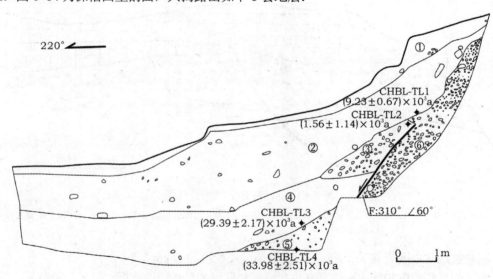

图 6-84 阿柯河北 II 级阶地陡坎探槽西壁剖面

①黑色腐殖土；②淡黄色砂黏土夹少量砾石；③较粗砾石与黄色砂黏土混杂堆积；④黄色砂黏土散布少量砾石；

⑤砾石与黄色砂黏土混杂堆积；⑥灰绿色砂砾石层，松软，砾石磨圆好

① 黑色腐殖土，发育大量草根；

② 淡黄色砂黏土，夹少量砾石；

③ 较粗砾石（粒径5～10cm）与黄色砂黏土混杂堆积，明显呈楔状，应为坎前堆积的崩积楔；

④ 黄色砂黏土，散布少量砾石；

⑤ 砾石（粒径<5cm）与黄色砂黏土混杂堆积，可见部分为楔状，应为坎前堆积物；

⑥ 灰绿色砂砾石层，松软，没有胶结，具有水平层理，砾石磨圆好，分选差。

由剖面图 6-84 可以看出，在地形陡坎的转折部位，探槽揭露处两侧地层明显不同，存在向南西倾的正断层。断层下盘为冲洪积砂砾石层，断层上盘为多层岩性有差别的黄色冲积、崩积砂黏土，夹少量砾石，剖面顶部覆盖一层厚约 20cm 的黑色腐殖土。在野外仔细观察发现，断层只发育于剖面的下部，剖面上部砂砾石层⑥和黄色砂黏土②之间为沉积接触关系，二者之间的界线呈锯齿状，没有砾石定向排列，也没有错动迹象，砂砾石层⑥和黄色砂黏土②之间胶结紧密。在剖面下部，砂砾石层⑥和黄色砂黏土④之间接触界线平直，砾石有定向排列，错动迹象明显。因此，断裂最新一次活动错断应在层②堆积以前。分析层②以前地层堆积特征和接触关系，可以判断出 3 次断错事件。第一次事件：层⑥下部断错随后堆积砾石与黄色砂黏土混杂的层⑤，即坎前崩积楔，随后被进一步的陡坎演化堆积物层④覆盖；第二次事件：断错层⑤和层④，堆积层③；最后的事件：断错崩积楔层③，而堆积层②及以上地层。为了确定断裂的最后一次活动时代和崩积楔形成的年代，我们分别在相关层位采集了 4 个样品，CHBL-TL1（未断地层底部）、CHBL-TL2（最新断错地层顶部）、CHBL-TL3（层④底部）和 CHBL-TL4（层⑤下部）。

经测试，其年龄分别为距今 $(9.23\pm0.67)\times10^3a$、$(1.56\pm1.14)\times10^3a$、$(29.39\pm2.17)\times10^3a$ 和 $(33.98\pm2.51)\times10^3a$。因此，断裂至少从 $(9.23\pm0.67)\times10^3a$ 以来没有活动过，最新一次活动距今为 1.6～0.9 万年之间。第二次事件应发生在距今 1.6～2.9 万年之间，第一次事件发生年代早于距今 3.4 万年。由两个被断错崩积楔在断层附近的厚度分别为 1.1m 和 1.6m 分析，一次地震的垂直位移约 1.6 和 2.3m（崩积楔厚度视为实际位移量的 2/3）。

探槽东壁剖面（图 6-85）与西壁剖面基本相同，只是崩积楔没有西壁清楚，在此不再详述。

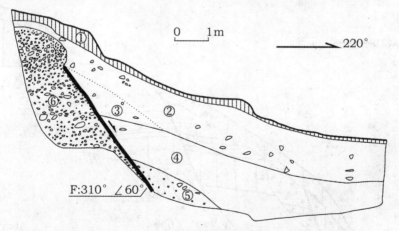

图 6-85　阿柯河北Ⅱ级阶地陡坎探槽东壁剖面（据冉勇康，2005）

①黑色腐殖土；②淡黄色砂黏土夹少量砾石；③黄色砂黏土与少量较砾石混杂堆积；

④黄色砂黏土散布少量砾石；⑤砾石与黄色砂黏土混杂堆积；⑥灰绿色砂砾石层，松软，砾石磨圆好

沿断裂向南东追索，在沙尔港共巴-冲沟的东西两壁都可以看到清楚的断层剖面（图 6-86）为冲沟东壁剖面，主要有 3 套地层，从上到下依次为：①淡黑色黄土；②黄土；③冲洪积砾石层。胶结疏松，砾石大小混杂，无分选和磨圆。3 条向南西倾的阶梯状正断层分别错断了黄土和洪积砾石层，被层①淡黑色黄土覆盖，为了确定断裂的活动时代，分别在被断黄土和上覆淡黑色黄土中，各取一热释光年代样品（SRGBTL2；SRGBTL1），经测试，其年代分别为距今（15.39±1.12）×10³a 和（14.11±1.02）×10³a。

图 6-87 为冲沟西壁剖面，可以清楚地看出最后一次活动的垂直断距为 1.5～2m。该剖面所反映的断裂活动特征与探槽剖面揭露的吻合性较好，一次活动的垂直断距为 1.5～2m，最后一次活动的时间为 1.45 万年左右。

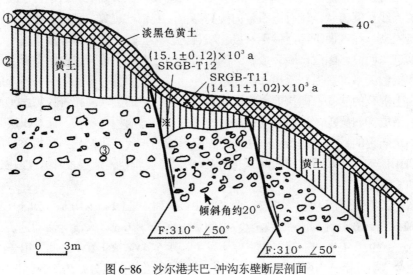

图 6-86　沙尔港共巴-冲沟东壁断层剖面

①淡黑色黄土；②黄土；③冲洪积砂砾石层

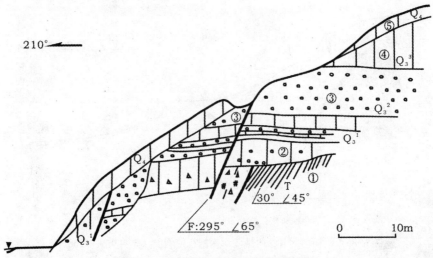

图 6-87　沙尔港共巴-冲沟西壁断层剖面

①三叠系砂板岩，片理发育；②橘黄土夹大砾石；③青灰色砂砾层与黄土互层；④纯黄土，块状结构；⑤表层次生黄土

(3) 阿柯河南 I 级阶地陡坎。

以河支乡为界，可以分东西两段，东段为一向南西突出的弧形，走向由北西逐渐转为近东西；西段走向北西，近直线状延伸。因此，阿柯河南 I 级阶地陡坎走向变化较大，我们在线性延伸较好的西段德格乡北西开挖一个探槽，探槽长约 20m，宽 3m，最深处约 5m。西壁剖面共揭露出以下几套地层：

① 橘黄色粗砂，分选好，偶夹砾石，有成层的发黑团块分布，其顶部的热释光年代样品 DGT1TL1 年代值为距今（8.24 ± 0.6）$\times 10^3$a。

② 砂砾石层，有一定分选，径长有两级；大的 15～30cm，小的多为 5～10cm，粗砂充填。

③ 黑色砂土散布小砾石，粗砂含量较高。砾石磨圆较好，多为 5～10cm 大小。远离陡坎部位黏土含量增加，而砂减少，其顶部的热释光年代样品 DGT1TL2 年代值为距今（8.34 ± 0.61）$\times 10^3$a。

④ 小砾石层，径长多为 1～3cm，扁平者多磨圆中等—好，含泥粗砂充填。

⑤ 黑色砂土夹砾石，砾石径长 15～30cm。陡坎附近的土中粗砂含量较高远离陡坎相变为黏土。

⑥ 砾石，黑色砂土充填，仅局部可见，无层理。

⑦ 微发黄色的含黏土细粉砂与砂土充填的小砾石互层，小砾石 0.3～1cm 居多，中等磨圆。

⑧ 灰黑色粉砂夹小砾石与较纯小砾石互层，小砾径长多为 0.3～1.5cm，中等磨圆。

⑨ 灰黑色含泥粉砂，散布砾石。砾石多为 1～3cm 大小，中等磨圆。该层分选、层理不清楚。

⑩ 表层土壤。

探槽剖面显示，在陡坎下方层③以上地层和层①、②之间接触的角度较大，远看有似断层的感觉。但仔细观察发现，接触面并不平直，上陡下缓，没有错动的迹象，而是正常的上叠式不整合堆积界面，因此，该阶地陡坎不是断裂活动形成。

(4) 阿柯河南 II 级阶地陡坎。

阿柯河南 II 级阶地陡坎与阿柯河南 I 级阶地陡坎具有相同的空间分布特征，也是以河支乡为界，可以分东西两段，东段为一向南西突出的弧形，走向由北西逐渐转为近东西；西段走向北西，近直线状延伸。在线性延伸较好的西段德格乡北西开挖一个探槽，探槽长约 14m，宽 3m，最深处约 4m。西壁剖面如图 6-88 所示，共揭露出以下几套地层：

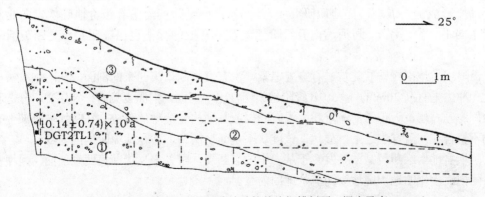

图 6-88　阿坝盆地阿柯河南 II 级阶地陡坎前缘探槽剖面（据冉勇康，2005）

①黄色黏土与砾石混杂层；②黑色亚砂土层，散布砾石；③灰黑色土壤层，散布小砾石

① 黄色黏土与砾石混杂层，在陡坎下部砾石多并有一定分选，离开陡坎砾石变小，砾石径长多 5～15cm，磨圆较好。其中部的热释光年代样品 DGT2TL1 年代值为距今（10.14±0.74）$\times 10^3$a。

② 黑色亚砂土层，散布砾石，砾石磨圆好。

③ 灰黑色土壤层，散布小砾石。

探槽剖面清楚显示，Ⅰ级阶地沉积物超覆于Ⅱ级阶地沉积物之上，阿柯河南Ⅱ级阶地陡坎不是断裂活动形成。

6.14.3.2 活动性参数分析

探槽研究结果表明，只有阿柯河北Ⅱ级阶地陡坎与断裂活动有关。阿坝顺河断裂沿此陡坎延伸，探槽揭露出 3 次古地震事件：最近一次事件发生时间距今 0.9 万～1.6 万年。沙尔港共巴最后一次活动时间距今 1.4 万～1.5 万年，因此，事件发生的年代被限制在距今 1.45 万年左右。第二次事件发生在距今 1.6 万～2.9 万年之间，中间值为 2.25 万年。第一次事件发生年代早于距今 3.4 万年。重复间隔约为 0.8 和 1.15 万年，平均 0.975±0.175 万年。另外，如果认为距今 3.4 万年以来断层的位移量为 6m 左右（3 次事件的大致位移量），可求得顺河断裂垂直滑动速率约为 0.18mm/a。在沙尔港共巴处，断裂破裂带宽度约 15～20m，查不埃处 2～5m。如果整条顺河断裂在全新世都是活动的，那么，其活动段长度约为 50km。

探槽剖面显示，顺断层面砾石定向排列，并有多次破裂事件发生，这些都表明断裂以粘滑为主。

阿坝盆地顺阿柯河发育有两级阶地，阶地陡坎的探槽剖面显示，只有河流北侧的Ⅱ级阶地陡坎具有断裂作用的因素。断裂活动方式以粘滑为主，垂直滑动速率约为 0.18mm/a，破裂带最大宽度约 15～20m。探槽揭露出 3 次古地震事件，其发生的平均重复间隔约为 0.975±0.175 万年，未来 200 年内该断裂有再次发生垂直位移最大达 2.62m 的地表破裂事件的可能。

6.14.4 阿坝盆地南缘断裂

1：20 万区域地质图在阿坝盆地南侧基岩中划了一条断层（图 6-72），在野外可以看到阿坝盆地南缘山盆之间为三角面或斜坡，但这些地貌现象只分布在河支乡以东，走向北西西到近东西，向西延伸逐渐消失于基岩中。也有人认为阿柯河南Ⅱ级阶地陡坎就是该断裂活动所形成（中国地震局地质研究所，2002），但是阿柯河南Ⅱ级阶地陡坎走向北西，两者走向不一致，另外，阿柯河南Ⅱ级阶地陡坎所开挖的探槽也已证明它不是断裂活动所致。

沿阿坝盆地南缘地貌陡坎进行野外追索，没有发现断错第四系的剖面，在阿坝大桥桥头附近一冲沟垂直高 20m 的陡坎（Ⅱ级阶地）切割出一剖面，剖面上见有一定层理、分选和磨圆较好的砾石层，为正常河流堆积，没有断层或其他构造变动的痕迹。在陡坎坡脚部位有坡积物不整合在河流堆积之上。显然，该陡坎不是断层所为，而是河流阶地的前缘。

阿坝盆地南缘断裂是一条发育于基岩中的老断裂，野外未见错断第四系剖面。阿坝盆地内沿阿柯河南岸的地貌陡坎为河流阶地的前缘。

6.15 龙尕沟断裂

6.15.1 断裂带的空间展布及区域构造背景

龙尕沟断裂是工作区西部最为宏观的一条北北西向断裂。从区域构造分析，它横切了褶皱断裂带，断裂两侧的构造线走向有很大变化，弧形褶皱和断裂都被它错动。断裂在鼻疸牧场以北，地表显示十分清楚，向南延伸至给柯之间，行踪不清楚。断裂属压扭性，北段断面倾向 NE54°～NE65°，倾角 60°～70°，因倾角较陡，局部倾向南西。沿断裂有 80～150m 宽的破碎带，保留有强烈挤压痕迹，如劈理、构造透镜体发育。破碎带内板岩强烈揉皱并有动力变质，擦痕也屡见不鲜。沿断裂有花岗岩脉、石英脉，方解石脉侵入。断裂西盘，切割了年保玉则岩体，两条东西向断裂（尕尔乌断裂和章木多断裂）可能是它的次级构造。

尕尔乌断裂带以 170°左右的角度从北部延入工作区，沿龙尕沟向南切割了小石头山岩体，南延不清。

若果郎河谷发育一系列与龙尕沟断裂相平行的断裂，于阿坝盆地西边界形成宽达数十米的破碎带，引水隧道从破碎带下通过，两者交角较小，只有 15°左右，将直接影响到引水隧道和渡槽的安全，增加隧道施工的难度（照片 6-11）。

照片 6-11　若果郎北北西向断裂（镜头朝南）

6.15.2 断裂第四纪活动特征

这条断裂地表迹象不明显，但卫星照片影像特征清晰，线性构造切割了阿坝断裂，使其西盘有向北的明显位移。年保玉则岩体中发育的东西向断裂也为它所截，向东未见其踪迹。若果郎可见阿曲断裂切割 Q_3～Q_4 坡积物，断裂内砂土的 ESR 年龄为（8.5±0.6）×10^3a（图 6-89），由此可见，该断裂活动时代最晚是全新世，年龄较阿坝盆地内的沿河断裂还新。

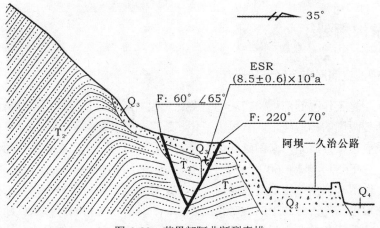

图 6-89　若果郎阿曲断裂素描

6.16　久治断裂

久治断裂在唐仕加分为南北两支，北支由唐仕加经布隆达到索乎日麻，消失于年保玉则山北侧，长 120km，又称索乎日麻断裂（图 6-90）。

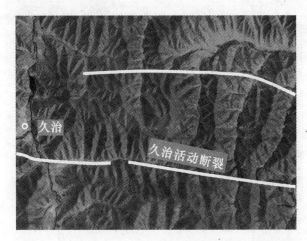

图 6-90　久治活动断裂展布

6.17　麦尔玛-查尔玛南北向张性断裂带

从龙日坝到麦尔玛，其间有一系列走向北北西向（340°～350°）的断裂呈多字形斜列，规模较大的有纳木则曲断裂、当曲断裂和麦尔玛断裂，形成一条宽约 30km 的断裂带，切割了所有的老构造，并且卫片上的影像特征特别明显。一系列近南北向的小支流平行排列，南北向的对头沟、河流急转弯等现象普遍出现，山脊被错断移位。在查尔玛－当曲沟，甚至见到第四纪泥炭层被错断的现象。

该断裂带位于东经 102°左右，从地壳深部结构来看，这里是个大界线。从地表来看，断裂带延伸也相当远，从麦尔玛向北，沿加曲至黄河，使黄河转弯。断裂越过黄河后，横切至阿尼玛卿背斜而继续北延，从当曲向南，横过黄河、长江之分水岭，形成大金川、足木足河河谷，直奔丹巴。

麦尔玛断裂带在麦尔玛一带覆盖严重，采用土壤氡气测量方法探测隐伏断层，氡气测量结果（图 6-91）显示，麦尔玛乡所在河谷，显示有氡气异常，异常宽度 300～400m，异常幅度超过标准差 2～3 倍，表明该断裂现今仍在活动。

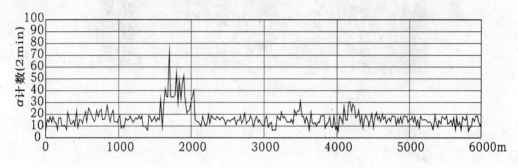

图 6-91　麦尔玛河谷活动断裂氡气测量曲线

6.17.1　麦尔玛张扭性断裂

北段和南段分别沿哈布柯、查木龙两条对头沟近南北向延伸约 25km。断面倾向 105°，倾角 70°。除东盘下降外，并有明显的顺扭位移，在麦尔玛以北位错达 1000m 以上，南端也有 200～300m，表明此断裂挽近时期也有强烈活动。

6.17.2　当曲张扭性断裂

断裂大致沿当曲近南北向延伸，直切弧形褶皱带，长约 35km。断裂倾向 260°，倾角 60°～75°，断面略有弯曲，其上有各种方向的擦痕出现。断裂挽近时期的活动很明显，控制了第四系沉积，也破坏了第四系沉积，地貌标志显著。

6.18　托索湖-玛沁-玛曲断裂

托索湖-玛沁-玛曲断裂在区域上又称东昆仑断裂，是印度板块向欧亚板块俯冲过程中在青藏高原内部沿东昆仑古构造缝合线形成的以左旋走滑运动为主的一条大断裂带。该断裂西起羌塘地块北侧，向东经库赛湖、东大滩、西大滩、托索湖、玛曲继续东延至若尔盖以北，在玛曲下游毛曲穿越黄河（图 6-92），全长千余公里，总体呈北西西－东西向展布，断面多向南倾，倾角较陡。

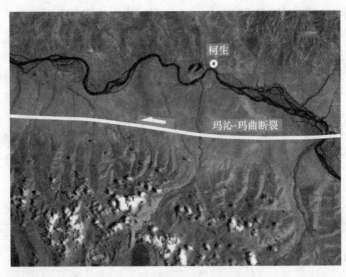

图 6-92　断裂在玛曲下游的玛曲穿越黄河

　　该断裂是一级构造单元青藏断块与甘（甘肃）青（青海）断块的分界断裂，北侧为甘青断块南部的东昆仑断隆带，基岩主要为一套上古生代砂板岩及变质岩；南侧为青藏断块北部的巴颜喀拉地块，主要为一套早三叠世的砂板岩。根据重、磁资料及沿断裂带有多个基性、超基性岩体以及鲸鱼湖两侧有第四纪基性喷出岩等事实，充分说明东昆仑断裂带是一条延伸长、切割深的岩石圈断裂。它形成于古生代，在各期构造运动中均具有重要作用。

　　新构造运动时期，断裂带有较强的活动，它控制了第四纪断裂谷及断陷盆地的发育，沿断裂第四纪断陷盆地、断裂谷、断陷湖呈串珠状展布。此断裂带还是分隔青藏高原北部南、北两大地貌单元的分界线：断裂带北部以高山夹持大型盆地为特征，水系为封闭内陆型，以南则为大幅度整体上升形成的青南高原，水系属黄河、长江外流型。两者界线平直，断层崖清楚，有一系列线状或窄长条状断裂谷地、现代湖泊沿断裂带分布，从西到东有向阳湖-库赛湖谷地、西大滩-东大滩谷地、野牛沟-秀沟谷地、阿拉克湖、托索湖、玛沁盆地等。沿断裂带形成的宽阔谷地中湖泊、沼泽和泉水成排出现，一系列由第三系红土层、第四系砂砾石层及基岩破碎带组成的垄丘广泛分布，以及上第三系与更新统、中上更新统与全新统之间构造不整合的存在和不同时期第四纪地层多处被断裂切错等现象，都说明断裂带第三纪晚期以来有明显的多期活动迹象。

　　由于断裂带的快速左旋走滑运动，导致历史上沿该断裂带多次发生 7.0～8.1 级地震。西段最新考察结果表明（吴珍汉，胡道功等，2001），断裂带全新世时期的活动非常强烈而普遍，沿断裂带除多处见老地层逆冲于全新统之上外，强烈地震造成的地震陡坎、鼓包、凹坑、鼓梁、地裂缝、沟槽、断塞塘、崩塌、水系-阶地被扭错等古地震遗迹发育十分广泛。由于多次大地震的重复发生，形成了沿带展布长达数百公里的叠加、且规模十分壮观的综合地震破裂形变带。能准确分出期次并可大致定出震中位置和有测年结果的 23 次古地震（吴珍汉，胡道功等，2001），均发生在该主干活动断裂带上（表 6-7）。这些古地震和现今大地震活动一致表明，该断裂带全新世以来的活动是以左旋走滑为主。晚更新世以来断裂带的平均滑动速率虽各段有所不同，但都在 5mm/a 以上，而且晚全新世有明显增强（曾秋生等，1999）（表 6-7）。

表 6-7 东昆仑活动断裂带全新世以来古地震事件统计

序号		1	2	3	4	5	6	7	8	9	10	11
距今时间（年）		11000	10000	8400	8400	8317	7500	5513	6000	5650	5000	5000
震级		7.5±	≥7.5	7.5	7.5±	8.0	≥8.0	7.5±	7.5±	8.0±	≥7.5	8.0±
震中位置	北纬			35°41′	35°25′	35°44′	34°24′	35°24′	35°31′	35°43′	35°32′	34°24′
	东经	94°03′	92°00′	96°22′	98°13′	94°53′	100°25′	98°12′	97°40′	94°08′	97°35′	100°30′
	地点	惊仙谷口	库赛湖北	怀德水外	托索河右岸	东大滩	大武东	托索湖右岸	马尼特沟口	西大滩	孟可特哈儿散沟	大武东牧场附近
变形规模（m）	水平错距					45	30	13	12.5	18	38.5	11.5~20
	垂直错距					4	3~4	1.2	2.0	4.5~8	0.95	2.5
	鼓包长度					23~36	60			31~34		30

序号		12	13	14	15	16	17	18	19	20	21	22	23
距今时间（年）		5000	4500	4400	3000	3000	2700	5800	2500	1000	1000	600	200
震级		7.5±	7.5±	≥7.5	≥7.5	7.5	≥7.5	7.5±	7.5±	≥7.5	≥7.5	≥8.0	≥7.5
震中位置	北纬	34°01′	35°29′	35°16′	35°32′	33°58′	35°43′	35°14′	34°21′	35°13′	35°43′	35°10′	35°43′
	东经	102°02′	97°55′	98°34′	97°35′	102°08′	91°14′	98°42′	100°36′	98°46′	94°42′	99°01′	94°14′
	地点	玛曲	必鲁特那仁沟口	托索湖	孟可特哈儿散沟	玛曲	西大滩	托索湖东	肯定那	托索湖东	东大滩	花石峡东北	西大滩
变形规模（m）	水平错距		14.7	35~38	34.5		8		8	19~23	14.5	12~15	5
	垂直错距		4.0	8.5	0.5		1.1		1~2	2	2	0.7~1.5	
	鼓包长度						11~20		10		5~7	20~60	2~8

据曾秋生等（1999）

在区内西起托索湖，东延至甘肃玛曲进入若尔盖沼泽平原。在区内一直延伸达335km，断裂带平均宽180m。整条断裂带上连续活动地段达195km（从积雪山东至西科河）。地震裂缝是地震断层运动在地表的一种表现形式，多属张性，而平面展布特征则受控于地震断层的运动方式，其规模大小不但与地震强度有直接关系，而且与岩性有关。在花石峡北东方向10km处，1937年托索湖7.5级地震变形带穿越康青公路，时隔70年后的今天，依然可见到断裂切割了第四纪冲-洪积物，并见明显的地震形变带，带上鼓包、凹坑、挤压泥、小型断塞塘、地裂缝较发育，还见有冲沟（水系）被断错，见图6-93。

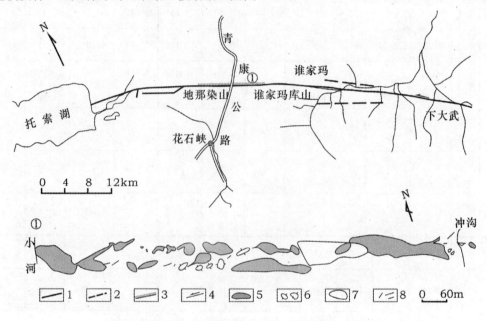

图6-93 花石峡地震形变带平面图（据肖振敏，1988）

1. 实测断层；2. 推测断层；3. 地震断层陡坎发育地段；4. 断层错动方向；5. 形变带的鼓包（鼓梁）；

6. 1937年托索湖地震鼓包；7. 洼地或坳坑（包括积水洼地）；8. 地裂缝

花石峡地震形变带中的地裂缝主要分布于托索湖以东至年扎河一段，裂缝的方位70°～99°，呈锯齿状，长度一般不超过30m，多在10～20m间，宽度多在1m以内。裂缝呈右行雁行状排列，总体构成与地震断层展布方位一致的地裂缝带，宽度一般不超过30m。同期形成的地震鼓包和裂缝的分布有一定的规律，裂缝多出现在相邻两鼓包首尾衔接的部位。后期形成的地裂缝有的与早期地裂缝重合或在原来的基础上再发展，有的则发育在早期鼓包上，使其表面产生许多垂直于长轴的裂沟（照片6-12）。该变形带上可以分辨出3组地震鼓包，分别属于三次地震事件的产物。

在玛沁东南24km处牧场，全新世冲-洪积物形如刀切，陡坎随处可见（照片6-13），水系错距达120m，水系的错移方向显示了左旋扭动性质，具有明显的充水性。

（a）　　　　　　　　　　　　　　　　　　（b）

（c）　　　　　　　　　　　　　　　　　　（d）

照片 6-12　东昆仑断裂花石峡地震形变带

（a）断塞塘；（b）1937 年托索湖 7.5 级地震变形带；（c）老地震鼓包被新地震裂缝破坏；（d）槽探剖面显示多期地震形成

（a）　　　　　　　　　　　　　　　　　　（b）

照片 6-13　玛沁东南 24km 处牧场地震陡坎

（a）玛沁断裂断层陡坎剖面，全新世冲-洪积物形如刀切；（b）玛沁断裂断层陡坎，水系左旋错断，泉水成排出露东段又称玛曲断裂，西起玛沁盆地北侧，以玛沁盆地与东昆仑断裂带的托索湖－玛沁段左阶斜接，向东经肯定那、西贡周、西科河南岸、唐地、玛曲，沿黑河南岸穿过若尔盖草地向东，直至岷山北端求吉附近，长约 330km（图 6-94）。断裂走向 NE100°～NE110°，倾向南西或北东，倾角 50°～70°。在若尔盖草地以东，其断裂走向向南偏转，消失在岷山北端附近。玛曲活动断裂的主干断裂由多条次级断裂组成，马寅生等将其分为四个段落。

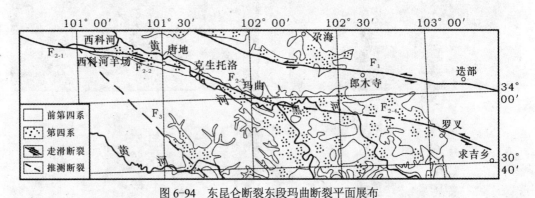

图 6-94　东昆仑断裂东段玛曲断裂平面展布

F_1 为迭部-白龙江断裂；F_2 为玛曲断裂；F_3 为阿万仓断裂

(1) 玛沁－肯定那段（F_{2-1}）：沿玛沁盆地北缘展布，为盆地的边界断裂。断裂以北为扎木儿山，海拔高度在 4100～4600m 之间，主要由白垩系组成，其东部和南部有部分二叠系出露。断裂以南为玛沁盆地，平均海拔高度 3800m，与其北侧扎木儿相对高差 300～800m，主要为第四纪冲洪积物堆积。沿断裂走向发育一系列断层三角面、断塞塘、左旋错动的水系、断层陡坎等活动断层地貌。

(2) 西贡周－唐地段（F_{2-2}）：断裂沿西科河南岸和黄河南岸延伸，错断第四纪冰碛物、全新世冲积扇和河流阶地。

(3) 克生托洛－玛曲段（F_{2-3}）：断裂在侧卸日公玛以东经黄河，并沿黄河北岸向东延伸。断裂表现为一系列正向陡坎和左旋断错水系。

(4) 玛曲－求吉段（F_{2-4}）：断裂延伸进入若尔盖盆地，在若尔盖盆地内断裂沿黑河南岸和沼泽地延伸，表现为清晰的线性影像特征。控制了一段黑河水系的延伸，在罗叉以北出沼泽草地，走向逐渐向南偏转，至求吉附近消失。

玛曲断裂第四纪运动学特征主要表现为以左旋走滑为主兼有倾滑运动。左旋走滑运动特征的主要表现为水系、山脊、阶地、洪积扇等的左旋位移。

马寅生等根据活动断裂断错黄河IV级阶地后缘陡坎的错动量（690m）和IV级阶地顶部的年龄（67.99±2.36）ka，求出唐地段晚更新世以来的平均水平滑动速率为（10.15±0.34）mm/a，并认为这一滑动速率与 VanDer Woerd 等求得的东昆仑活动断裂带（11.5±2.0）mm/a 的平均走滑速率基本一致。

该条断裂是区内活动最强烈、形变影像特征最明显的活动断裂之一，但在玛沁附近仅见有 4 级左右的地震。

6.19 阿万仓断裂

阿万仓断裂是区域上玛沁-玛曲断裂的分支断裂,起于西科河上游的西科河羊场,向西南到切哈儿、哈热,沿黄河到河曲军马场过亚多垭口,消失于万年塘一带。该断裂呈 330° 方向展布,长度达 150km,断裂面倾向南西,线性影像十分明显(图 6-95)。

图 6-95　阿万仓活动断裂卫星照片

断裂第四纪活动特征:第四纪活动非常明显,活动性强。地貌上为一明显的断层陡坎、断陷槽、切割冲积扇和水系,形成断头谷和断尾谷。断层陡坎一般高 2m,最高达 15m。在赛尔曲上游,第四系冲积物被切,水系右旋断错 100m 左右,并见有断坎沿断裂分布,在赛尔曲下游的哈热,现代冲沟被错断,水系右旋断错 20m 左右,并见有断坎沿断裂分布,如阿万仓断裂断层陡坎,断层面右旋错动使水沟出现弯曲(照片 6-14)。在阿万仓的黄河南岸,断裂呈雁行状斜列。两断裂中间形成突起地形,其上有两条大致平行的小断裂分布。在求积玛北,因第四系覆盖,卫片上显示不太明显,但仍可见明显的线性影像向东南方向延伸。累积活动明显地段达 60km,第四系冲积物被切。虽然沿断裂带有 3 个 4 级地震分布,但地震遗迹表明断裂曾发生过大于 6 级的地震。

（a） （b）

照片 6-14　阿万仓活动断裂地震陡坎（马寅生摄）

（a）阿万仓断裂断层陡坎，断层面左旋错动使水沟出现弯曲（镜头向东南）；
（b）阿万仓断裂断层陡坎形成坡中脊（镜头向东南）

6.20　工作区断裂活动性分级

　　调水线路所在的甘青川地区位于青藏高原东部、巴颜喀拉山印支冒地槽褶皱带内，区域性展布的基底-地壳断裂十分发育，呈北西向，与山体走向近于一致。大部分断裂规模巨大，向西延伸数百至上千公里，与青藏高原中部昆仑山口-二道沟一线分布的活动断裂相对应。

　　东昆仑断裂带和西金乌兰湖-玉树两域性隐伏基底-地壳断裂，与龙门山断裂和阿尔金断裂构成调水区区域一级构造分区边界。区域内的西金乌兰湖-歇武断裂带、玛多-甘德断裂是巴颜喀拉山印支冒地槽褶皱带内南北边界，构成调水区区域二级构造分区边界。区内所有断裂都受限于一级构造分区边界。一级构造分区内存在一系列南北向构造带，如昌麻河-科曲-桑日麻南北向构造带，这些构造形成时间较晚，切割了北西向断裂，构成了北西向断裂活动性分段的边界。

　　昆仑山口-达日断裂和智秋-清水河断裂是昆仑山口断裂的东延部分，是巴颜喀拉山印支冒地槽褶皱带内三级分区界线，划分巴颜喀拉山印支冒地槽褶皱带为北巴颜喀拉山印支冒地槽褶皱带、中巴颜喀拉山印支冒地槽褶皱带和南巴颜喀拉山印支冒地槽褶皱带。五道梁-曲麻莱-东区断裂是区域南部另一条活动断裂，位于调水区内的东谷-英达一带，与鲜水河断裂交接复合。这些深断裂不但在地质历史时期发生过强烈活动，而且该断裂上现今地震仍然活动频繁。以上这些断裂都是引水沿线地区及其外围最为重要的活动断裂。

　　区内目前发现 16 条区域性活动断裂，主要有鲜水河断裂、甘孜-玉树断裂、当江-歇武、库塞湖-玛沁断裂、桑日麻断裂、达日河断裂、曲麻莱断裂（温拖断裂）、清水河南断裂（宜牛-大塘坝断裂）、清水河北断裂（长沙贡玛-大塘坝）、主峰断裂（上拉都-下红科）、桑日麻断裂（杜柯河断裂）、鄂陵湖南断裂（甘德断裂西段）、甘德南断裂（白玉断裂）、久治断裂（甘德-久治断裂）、阿万仓断裂（赛尔曲断裂）、库塞湖-玛沁断裂。其中规模较大的断裂有：玉树断裂、桑日麻断裂、甘德南断裂、鲜水河断裂及其分支断裂，延展数百公里，断裂

— 204 —

活动性较强，地震活动频繁，尤其是断裂的最新活动在时空分布上大都具有明显的继承性。据野外地质调查、地球物理资料及遥感图像判释，工作区内活动断裂以北西向为主，大多形成于印支构造运动时期。在第四纪早期，构造运动较为强烈，以北东盘上升的逆断层为主。晚更新世以来，特别是全新世以来，除调水工程区南部边界的鲜水河－甘孜－玉树断裂、北部边界的库塞湖－玛沁断裂有大规模活动外，工程区内的桑日麻断裂西段和东段、甘德－阿坝断裂、阿万仓断裂也有明显活动，其他断裂仅在局部地段有活动。阿坝断裂、阿柯河北断裂、阿柯河南断裂为区域内甘德南断裂的分支断层，主要影响亚尔堂枢纽以北的水工建筑物；而杜柯河断裂为桑日麻断裂的分支断裂－南木达断裂的南东段，这些断裂走向主要为北西和北西西向，断层倾角一般为 40°～60°，破碎带宽 30～200m，以左旋走滑为主。总之，调水区大部分活动断裂具有多次活动的特点，与青藏高原隆升事件相关，活动时期主要为晚更新世，而在全新世主要是地块边界断裂活动，地块内部断裂大部分已不再活动，或活动较弱。

我们根据南水北调西线一期工程区活动断裂在晚第四纪以来的断错位移，结合断裂年代学测定资料估算的断裂平均滑动速率（参照现今地壳形变测量资料求得的断裂活动速率），将活动断裂分为 AAA、AA、A、B、C 五级。鉴于目前地壳形变测量资料连续性差、周期少（有的仅一个周期），故求得的断裂活动速率不稳定，可靠性差。因此，在分级时着重考虑以下两条依据：第一，断裂的平均滑动速率；第二，是否有明显的断错地貌及有无清楚的位移证据。南水北调西线一期工程区及外围断裂活动性分类和分级结果见表 5-5。

工程区内 AA 级活动断裂 5 条，分别是鲜水河断裂、甘孜-玉树断裂、库塞湖-玛沁断裂、桑日麻断裂、达日河断裂。其特点是规模巨大，走滑速率大于 10mm/a 而小于 100mm/a，且沿断裂有 6.5 级以上强震发生，全部属全新世活动断裂。

A 级活动断裂 9 条，分别是曲麻莱断裂（温拖断裂）、清水河南断裂（宜牛-大塘坝断裂）、清水河北断裂（长沙贡玛-大塘坝）、主峰断裂（上拉都-下红科）、桑日麻断裂（杜柯河断裂）、鄂陵湖南断裂（甘德断裂西段）、甘德南断裂（白玉断裂）、久治断裂（甘德-久治断裂）、阿万仓断裂（赛尔曲断裂），其特点是规模较大，走向长度大于 100km，走滑速率在 1～10mm/a，而且沿断裂有 5～6 级中强强震发生，全部属晚更新世－全新世活动断裂。其他活动速率小于 1mm/a 的断裂为 B 或 C 级。

6.20.1 强烈活动断裂

6.20.1.1 库塞湖-玛沁断裂（东昆仑断裂）

库塞湖-玛沁断裂为一条全新世以来活动迹象十分明显的深大断裂，总体走向北西－南东。在区内西起托索湖，东延至甘肃玛曲进入若尔盖沼泽平原。在区内的延伸达 335km，断裂带平均宽 180m。整条断裂带上连续活动地段达 195km（从玛积雪山东至西科河）。在花石峡北东 10km 处，可见到断裂切割了第四纪冲-洪积物，并见明显的地震形变带，带上鼓包、挤压泥、地裂缝较发育，还见有冲沟（水系）被断错。在玛沁东南 24km 处，全新世冲洪积物形如刀切，水系错距达 120m，从水系的错移方向上，显示了左旋扭动性质，断裂具有明显的充水性。该条断裂是区内活动最强烈，形变影像特征最明显的活动断裂之一，根据军牧场北断错阶地与冲沟壁错断距离和测年研究，求得冲沟壁水平滑动速率及Ⅱ级阶地前缘陡坎的水平滑动速率分别为（6.8±0.8）mm/a 和（7.0±0.8）mm/a，但在玛沁附近仅见有 4 级左右的地震。

6.20.1.2 玉树-甘孜断裂

该断裂总体呈北西－南东走向，在西邓柯以东走向渐变成北西西向。断裂在工作区内的延伸长度达 480km。果青以西影像显示一般，向东逐渐明显。西邓柯－甘孜段最长连续活动地段长度为 265km，断裂带宽度 100m 左右，认为该断裂自全新世以来至少有两期活动。一期表现在果青东，见有断坎分布。另一期在巴塘以东，从影像上可见有陡坎断续分布，也见有水系被错移现象，断裂显示为右旋扭动性质。该断裂在当江处与当江-歇武-甘孜断裂相交，从影像上看，好似被其斜接向东又被其袭夺，说明在玉隆段又表现了两期的活动特征（详细描述见活动断裂的活动特征一段）。另外，沿该断裂中段有 6 级地震发生，但在该断裂的东端甘孜附近有 4～7 级的震群分布，并见有 7.5 级的强震。

6.20.1.3 鲜水河断裂

鲜水河断裂带，北西起于甘孜西北向南东经东谷、朱倭、旦都、炉霍、道孚、乾宁、康定，消失于公益海以南，全长约 400km，是工作区内最强烈的活动断裂带。断裂总体倾向北西，倾角大致介于 55°～80° 之间，是一条高角度走滑、逆冲断层。该断裂带成形于印支早期，定型于印支晚期，并受到燕山运动影响。随着印度大陆与欧亚板块的强烈碰撞，大致在老第三纪末期，断裂带开始了强烈的左旋运动。

第四纪以来，鲜水河断裂带北西段表现出强烈的左旋走滑错动性质，而断裂南东段表现为逆走滑左旋错动性质，平均水平滑动速率为 14mm/a。第四纪盆地新隆起是鲜水河断裂带上的重要构造现象，这些第四纪盆地与新隆起是相间排列的。这在鲜水河断裂北西段上表现得尤为清楚，鲜水河断裂在第四纪特别是晚更新世－全新世发生强烈左旋走滑运动，在地貌上留下了非常醒目的痕迹。断裂显示出清晰的线性特征，沿断裂线水系、冲沟、冲积扇、河流阶地、冰碛垄岗、山脊、倒石堆等地质标志常见，并被断裂左旋错断。跨断层短水准和短基线测量表明：1980～1989 年朱倭场地断层以 2.01mm/a 的速率反扭，北东盘以 1.15mm/a 的速率下掉。鲜水河断裂带是我国大陆内部少有的一条地震活动带，自 1725 年以来共发生 M_S ≥5 地震 46 次，其中 6.0～6.9 级地震 17 次，7 级以上地震 8 次，强震具有呈丛、呈段的分布特征。断裂带自 1725 年以来大致经历了两个地震活跃期和一个平静期：第一活跃期为 1725～1816 年，经历了 91 年；第二活跃期为 1893～1981 年，经历了 88 年，平静期为 77 年。强震活动周期反映了断裂活动的周期性和间歇性。鲜水河断裂最后一次活动是 1973 年 7.9 级的炉霍大地震，最大错距 3.6m，并引发甘孜拉分盆地一系列 2～5 级余震。

6.20.1.4 桑日麻断裂

桑日麻断裂是区域内一条走向北西的大断裂。它西北起自昆仑山口，向南东经雅拉达泽山南坡、野牛沟、桑日麻至达日县莫坝、达卡，延伸到壤塘县南木达及马尔康以远。该断裂由数条北西向分支断裂组成，它们是卡日曲断裂、野牛沟断裂、江基贡玛断裂、杜柯河断裂和马尔康断裂。

桑日麻断裂中部的江基贡玛断裂 1947 年发生过 $7\frac{3}{4}$ 级达日地震，属于全新世活动断裂。此次地震形成 60km 长的地表破裂带，最大垂直位移可达 2m，左旋错距为 0.8m。

6.20.2 中等活动断裂

6.20.2.1 阿万仓断裂

阿万仓断裂是区域上玛沁-玛曲断裂的分支断裂，起于西科河上游的西科河羊场，向西南到切哈儿、哈热，沿黄河到河曲军马场过亚多垭口，消失于万年塘一带。该断裂呈 330°方向展布，长度达 150km，断裂面倾向南西，线性影像十分明显。

该断裂第四纪活动非常明显，活动性强。地貌上为一明显的断层陡坎、断陷槽、切割冲积扇和水系，形成断头谷和断尾谷。断层陡坎一般高 2m，最高达 15m。在赛尔曲上游，第四系冲积物被切，水系右旋断错 100m 左右，并见有断坎沿断裂分布；在赛尔曲下游的哈热，现代冲沟被错断，水系右旋断错 20m 左右，并见有断坎沿断裂分布，如阿万仓断裂断层陡坎，断层面右旋错动使水沟出现弯曲。在阿万仓的黄河南岸，断裂呈雁行状斜列。两断裂中间形成突起地形，其上有两条大致平行的小断裂分布。在求积玛北，因第四系覆盖，卫片上显示不太明显，但仍可见明显的线性影像向东南方向延伸。累积活动明显地段达 60km，第四系冲积物被切。虽然沿断裂带有 3 个 4 级地震分布，但地震遗迹表明断裂曾发生过大于 6 级的地震。

6.20.2.2 下拉都-上红科断裂（主峰断裂）

该断裂呈北西西缓波状展布，延伸长度达 275km。在上红科的西侧，见陡坎连续分布达 10km。进入四川境内，沿断裂可见清晰的三角面，水系错动 100m 左右，并见有高 40m 的断坎沿断裂分布。从很小的错动方向上可判断出该断裂为左旋性质。

综上所述，调水区活动断裂活动性分类和分级可以给出，详见表 6-8。

6.20.3 近场区断裂活动性

工程近场区断裂调查沿调水线路两侧 25km 范围内展开，共发现有长度大于 10km 的断裂 23 条，它们是鲜水河断裂、温拖断裂、加德-丘洛断裂、长沙贡玛-然充寺（达曲）断裂、康勒（泥曲）断裂、色达-洛若断裂、日柯-查卡断裂、杜柯河断裂带、擦孜德沟口断裂、约木达断裂、杜柯河北断裂、康木-西穷、宁它-灯塔断裂、亚尔堂断裂带、昆仑山口-达日、甘德-阿坝北支断裂、阿坝盆中段断裂、阿坝顺河断裂、阿坝盆地南缘断裂、甘德-阿坝南支断裂、久治断裂、赛尔曲南支断裂、赛尔曲北支断裂等（图 6-96），其活动性见表 6-9。其中早-中更新世 11 条，晚更新世-全新世断裂 6 条。全新世以来的主要活动断层有鲜水河断裂、甘德-阿坝断裂带、色达断裂带，第四纪以来活动的主要断裂有旦都-丘洛断裂带、上杜柯断裂带，其他都是中晚更新世断裂。

目前还没有发现坝址有活动断裂通过，因此，断裂活动性对水利枢纽影响的评价主要是针对隧道而言。晚更新世-全新世活动断裂在各隧道段上的分布情况是：雅砻江-达曲隧道段为鲜水河断裂、温拖断裂，达曲-泥曲段隧道为长沙贡玛-大塘坝断裂，泥曲-杜柯河隧道有色曲-洛若断裂，杜柯河-麻尔曲隧道段有达日河断裂，麻尔曲-阿柯河隧道段为甘德南断裂（白玉断裂），贾曲明渠段有甘德-久治断裂。

6.20.3.1 阿坝断裂带

阿坝断裂带主要由阿坝北支断裂和阿坝南支断裂组成，其中，北支断裂又由阿坝盆地北缘断裂、盆中断裂、顺河断裂和盆地南缘断裂组成。研究表明，阿坝南支断裂和北支的盆地南缘断裂都是晚更新世以来不活动断裂。而北支断裂的盆地北缘断裂、盆中断裂、顺河断裂，在晚更新世有过活动，都是以粘滑为主的活动断裂，3 条活动断裂在未来 200 年内发生地表位错事件的可能性程度不同。

6.20.3.2 亚尔堂断裂带

该断裂带主要由宁它-灯塔和亚尔堂2条断裂组成，卫星影像及实地观察表明，断裂对地形地貌没有控制作用，断裂两侧地形没有高差，横切断裂的冲沟也没有水平位移。

表6-8 南水北调西线一期工程区及外围断裂活动性分类和分级一览表

序号	断层名称	与工程关系	地质地貌特征	最新活动时代	滑动速率（mm/a）	现代地震活动	运动强度分类	活动年代分类
1	甘孜-玉树断裂	工程区南	谷地、盆地、错断水系、错断Q_4地层	Q_4	3.3~20（左旋）	$M7.0$（1896年）$M7.0$（1866年）	AA	全新世活动断裂
2	曲麻莱断裂（温拖断裂）	热巴库区和热巴-阿安隧洞	谷地、断层破碎带	Q_2晚期Q_4西段局部		$M6.5$（1915年）	A	中晚更新世活动断裂
3	清水河南断裂（宜牛-大塘坝断裂）	阿安库区和仁达-阿安隧洞	谷地、断层破碎带	Q_2晚期		$M5.1$（1977年）	A	中晚更新世活动断裂
4	清水河北断裂（长沙贡玛-大塘坝）	阿安库区和仁达-阿安隧洞	断层破碎带	Q_2、Q_4西段局部		$M6.5$（1915年）	A	中晚更新世活动断裂
5	主峰断裂（上拉都-下红科）	仁达库区和洛若-仁达隧洞	错断河谷、水系、山脊、断层破碎带	Q_2			A	中晚更新世活动断裂
6	桑日麻断裂（杜柯河断裂）	上杜柯坝址、库区和上杜柯-亚尔堂隧洞	谷地、错动新断层60km，宽10~20km的地震形变带	Q_4	14.2（左旋）	$M7.7$（1947年）	AA	全新世活动断裂
7	鄂陵湖南断裂（甘德断裂西段）	工程区外围	错断水系、山脊、断层破碎带	Q_4			A	全新世活动断裂
8	甘德南断裂（白玉断裂）	亚尔堂-克柯隧洞	谷地、错断水系断坎、错断Q_4地层	Q_4	8.1（左旋）	$M5.3$（1969年）	A	全新世活动断裂
9	久治断裂（甘德-久治断裂）	黄河入口隧洞	谷地、断层破碎带	Q_{1-2}			A	中晚更新世活动断裂
10	阿万仓断裂（赛尔曲断裂)	工程区北部外围	谷地	Q_2			A	全新世活动断裂
11	达日河断裂	工程区北部外围	谷地	Q_4		$M7.7$（1811年）	AA	全新世活动断裂
12	鲜水河断裂	热巴-阿安段	谷地、错断水系、错断Q_4地层	Q_4	14.5（左旋）	$M7.6$（1973年）	AA	全新世活动断裂
13	库塞湖-玛沁断裂	工程区外围	谷地、错断水系、错断Q_4地层、			$M8.1$（2001年）$M7.5$（1923年）	AA	

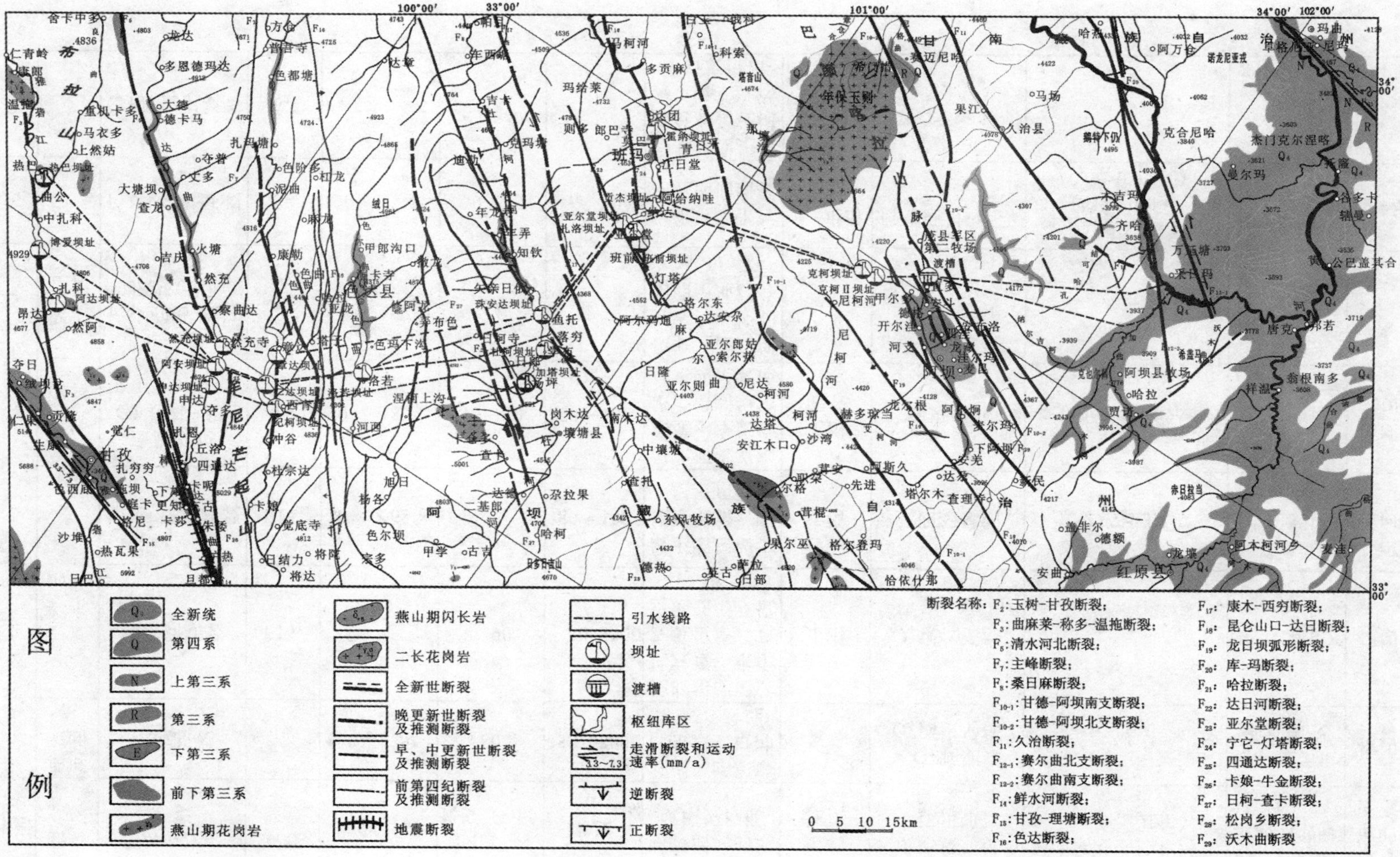

图 6-96　近场区活动断裂分布图

图例

Q	全新统	
Q	第四系	
N	上第三系	
E	第三系	
E	下第三系	
	前下第三系	
	燕山期花岗岩	

	燕山期闪长岩	
	二长花岗岩	
	全新世断裂	
	晚更新世断裂及全新期断裂	
	中更新世断裂及前第四纪断裂	
	早、第四纪断裂及前第四期断裂	
	地震断裂	

	引水线路
	坝址
	溢槽
	枢纽库区
	走滑断裂和运动速率(mm/a)
	逆断裂
	正断裂

断裂名称：

F_1：玉树日沃断裂；
F_2：曲麻莱—称多—温地断裂；
F_3：清水河北断裂；
F_4：主峰断裂；
F_5：秦日麻断裂；
F_{10}：甘德—阿坝南支断裂；
F_{11}：甘德—阿坝北支断裂；
F_{14}：久治断裂；
F_{15}：赛尔曲南支断裂；
F_{15-1}：赛尔曲北支断裂；
F_{16}：鲜水河源断裂；
F_{17}：甘孜—理塘断裂；
F_{19}：色达断裂；

F_{17}：康木—西沙断裂；
F_{18}：昆仑山口—达日断裂；
F_{19}：龙日坝弧形断裂；
F_{20}：库—玛断裂；
F_{21}：哈拉断裂；
F_{22}：达日河断裂；
F_{23}：亚尔堂断裂；
F_{24}：宁它—灯塔断裂；
F_{25}：四通达断裂；
F_{26}：卡娘—牛金断裂；
F_{27}：日柯—查卡断裂；
F_{28}：松岗乡断裂；
F_{29}：沃木曲断裂；

0　5　10　15km

表6-9　南水北调西线工程一期场近区断裂活动性评价表

序号	断裂名称	段落或次级断裂	断裂编号	断裂产状	工作区内长度(km)	断裂宽度(m)	断裂活动的地质地貌特征	运动性质	地质地貌判断的活动时间	最新活动的测年结果(距今，万年)	综合判定的最新活动时间	与管道的关系
1	曲麻莱断裂	温拖断裂		28°∠70°	80	50~300	谷地、断层破碎带，且过冲积扇，阶地		Q_2晚期 Q_4西段局部		中晚更新世活动断裂	相切
2	鲜水河断裂	鲜水河断裂	$F14_1$	28°∠50°~70°	90	80~300	控制第四纪盆地发育，水系左旋位错。T_1阶地变形及位错	走滑	Q_4现代活动		全新世	相切
3		加德-丘洛断裂	$F14_2$	30°∠68°			线形断层浅沟槽形断地貌，断层三角面	走滑	第四纪早期	27.7±3.8	中更新世	指向
4	主峰断裂	康勒断裂（下拉都-上红科）	F_7	30°∠80°	15~20	70~100	尼曲河支浅沟水系显示左旋位错，沿断裂发育第四纪盆地	走滑断裂	晚更新世	8.78±0.66	晚更新世	可能交切
5	清水河北断裂	长沙贡玛-然冲寺断裂（达曲）	F_5		26		控制达曲河部分走向，控制第四纪地层分布					
6		色达-洛若断裂	F_{16}	190°∠64°	30~35	6~10	一组近于平行的北西向断裂	正-走滑断裂	晚更新世-全新世	5.44±0.43（地貌单元：0.6±0.03前）	晚更新世-全新世	穿经
7		日柯-查卡断裂	F_{27}		88		控制第四纪盆地分布，杜柯河Ⅰ级支流水系右旋位错	右旋走滑				

序号	断裂名称	段落或次级断裂	断裂编号	断裂产状	工作区内长度 (km)	断裂宽度 (m)	断裂活动的地质地貌特征	运动性质	地质地貌判断的活动时间	最新活动的测年结果 (距今, 万年)	综合判定的最新活动时间	与管道的关系
8	杜柯河断裂			$28°\angle80°$、$185°\angle78°$	50	15~45	控制第四纪地层和盆地分布,杜柯河I级支流右旋同步位错	走滑	前第四纪	25.8±2.4	中更新世	穿经
9	桑日麻断裂带	搽攻德沟口断裂	F_8	$210°\angle80°$	7.9	28~30		走滑	前第四纪	28.5±2.4	中更新世	不经过
10		约木达断裂		$343°\angle86°$	5	22		走滑	早—中更新世		第四纪早期	不经过
11		杜柯河北断裂		$63°\angle88°$、$230°\angle80°$	40~45	15~25	切错第四纪地层,控制第四纪盆地,水系右旋位错	走滑	第四纪早期	112.7±22.0	第四纪早期	穿经
12		康木-西穷	F_{17}		44		水系左旋同步位错	左旋走滑				
13	宁它-灯塔断裂带	宁它-灯塔断裂	F_{24}	300° / SW /80°	46	5.1	断裂发育在三叠系砂板岩中,断层构造岩发育,上覆T3阶地砂砾层	逆断裂	第四纪早期	45±0.34以前	第四纪早期	穿经
14		亚尔堂断裂	F_{23}	290° /SW /60°	50	3.5	断层构造岩带,地貌形迹不清,T3阶地堆积覆盖在断裂之上	逆断裂	第四纪早期	30.8±3.4	第四纪早期	穿经

序号	断裂名称	段落或次级断裂	断裂编号	断裂产状	工作区内长度（km）	断裂宽度（m）	断裂活动的地质地貌特征	运动性质	地质地貌判断断的活动时间	最新活动的测年结果（距今，万年）	综合判定的最新活动时间	与管道的关系
15		昆仑山口－达日					控制玛柯河部分段落走向及第四纪分布，断错 $T_1 \sim T_3$ 阶地地层和晚更新世地层					
16	甘德－阿坝断裂带	甘德－阿坝北支断裂	F_{10-2}（f_1）	300°/SW/50°	55	5.1	沿袭老断层发育，控制阿坝盆地北部边缘及地层，早、中更新世地层分布	正断裂	晚更新世	1.115	晚更新世末	穿经
17		阿坝盆中段断裂	F_{10}（f_2）	340°/SW/70°	26	20～50	发育在阿坝盆地中，控制晚更新世以来地层分布，切错 $T_1 \sim T_3$	正断裂	全新世	5.4±3.1	晚更新世	穿经
18		阿坝顺河断裂	F_{10}（f_3）	310°/SW/60°	30	15～20		正断裂	全新世	1.45±0.5	晚更新世末	指向接近
19		阿坝盆地南缘断裂	F_{10}（f_4）	300°/SW/80°	25	30～50	控制阿坝盆地南部边界和晚更新世地层分布，地貌反差明显	正断裂	第四纪早期		第四纪早期	指向
20		甘德－阿坝南支断裂	F_{10-1}	280°/SW/80°	60	50～100	卫星影像和地貌上有一定线性显示，南端查曲弯曲附近水系左旋位错	逆断裂	第四纪早期	25.7±2.3	第四纪早期	穿经

续表

序号	断裂名称	段落或次级断裂	断裂编号	断裂产状	工作区内长度(km)	断裂宽度(m)	断裂活动的地质地貌特征	运动性质	地质地貌判断的活动时间	最新活动的测年结果(距今,万年)	综合判定的最新活动时间	与管道的关系
21		久治断裂	F_{11}				发育在三叠系地层中,卫星影像上有一定线性显示	28			晚更新世断裂	距管线4km左右
22	库塞湖-玛沁断裂带	赛尔曲南支断裂	F_{12-2}				控制黄河部分河段分布,卫片上,地貌上有一定线性显示	28			晚更新世断裂	在入黄河口南与管线相交
23		赛尔曲北支断裂	F_{12-1}				控制黄河河道及全新世地层分布,地貌上线性特征清晰	20			全新世断裂	距管线7km

宁它-灯塔断裂发育于三叠系砂板岩中，沿断裂没有发现错断第四系地层的剖面，多个断层剖面显示，覆盖在断层之上的第四系年代最年轻为晚更新世，因此，断裂至少从晚更新世以来已不活动。亚尔堂断裂无论在大地貌还是微地貌上都没有显示，断层剖面上断层岩带固结坚硬，在断层上部覆盖的第四系没有发现被断错迹象，断层岩样品测年结果也较老，说明该断裂第四纪中晚期已不活动，至少自晚更新世以来不再活动。

6.20.3.3 上杜柯断裂带

上杜柯断裂是桑日麻断裂东段的一部分，而桑日麻断裂中部的江基贡玛断裂在 1947 年发生过达日地震，震级为 $7^3/_4$ 级，属于全新世活动断裂，因此，上杜柯断裂的活动性直接影响到引水隧洞的稳定。

上杜柯断裂带发育在三叠系上统新都桥组薄层状的灰色、灰黑色绢云板岩，以及石英细砂岩中，未见与第四纪松散沉积物的断层接触关系。尽管在断裂剖面上普遍存在十几米至几十米的构造带，但以断裂破碎带、构造透镜体带或片理化带为主，局部可见糜棱岩化现象，未见新鲜的错动面，断层物质基本上固结、岩化，最晚一次活动在中更新世中期以前。野外考察表明，沿断裂带分布的河流阶地堆积物平稳地覆盖在断裂带上，未见任何构造变动迹象，断裂对第四纪地层分布没有控制作用。

通过对断裂物质、断错地层、地质地貌和第四纪沉积地层分布特征的综合分析，可以认为，上杜柯断裂带晚第四纪时期不活动，因此，不考虑工程运营期地表位错的可能性。

6.20.3.4 色达断裂带

沿断裂带分布有晚白垩世－古近纪红盆，并且红盆沉积物均已变形。断裂带具有明显的左行走滑特征，控制了现代地貌的形成，沿断裂带形成许多后成谷地及断陷槽沟，并有线状泉水分布，断裂带两侧水系呈平行直线状，并在通过断裂时，具有明显的偏转。在航空影像上，该断裂带具有全新世活动特征。断层物质的热释光测年数据表明，该断裂在晚更新世中期曾经活动过；断层滑动方式的显微试验分析也表明断层的最新一次活动方式为粘滑，断层面平直，表明断层具有潜在的地震危险性。

6.20.3.5 达曲断裂带

达曲断裂带主要由一组北北西向断层组成，在地貌上形成了线性延伸的断层谷。根据其基性岩脉沿断裂侵入、并被角砾岩化或片理化，后期又发育透镜体带的特点，可以看出这是一条具有多期活动的断裂构造带。所有通过断层的水系出现偏转，显示断层具有明显的活动性。断层物质的电子自旋共振年代表明断层最晚一次活动是在中更新世中期。根据综合地质构造、地貌、地层、断层活动方式和断层物质等方面的研究结果，可以认为达曲断裂不是一条晚第四纪时期活动断裂，对输水隧洞不会构成危害。

6.21 活动断裂对调水隧道影响的评价

6.21.1 调水隧道段晚更新世－全新世活动断裂

通过对南水北调西线调水线路两侧 25km 范围的详细调查和地球物理探测，共发现有长度大于 2km 的断裂 23 条，其中早－中更新世 11 条，晚更新世－全新世断裂 6 条。目前还没有发现坝址有活动断裂通过，因此，活动断裂对水利枢纽影响的评价主要是针对隧道而言。

晚更新世－全新世活动断裂在各隧道段上的分布情况是：雅砻江－达曲隧道段为鲜水河断裂，达曲－泥曲段隧道为长沙贡玛-大塘坝断裂，杜柯河－麻尔曲隧道段有达日河断裂，麻尔曲－阿柯河隧道段为甘德南断裂（白玉断裂），贾曲明渠段有甘德－久治断裂。晚更新世-全新世活动断裂等特征及其与隧道的关系，详见前述各隧道段断裂的勘察研究结果。

6.21.2 断裂位移量的估计

大量资料证明，对工程安全有影响的断裂是自晚更新世以来（即 10 万年以来）有过活动的断裂。对于这些断裂，尤其是与工程相交的断裂，应当预测它们在未来百年内的位移量，这对评价断裂对调水工程的影响是很有意义的。

南水北调西线一期工程线路要穿越鲜水河断裂、甘德断裂等多条活动性断裂，有的活动性极强，对线路安全造成威胁。若能取得断裂断错地质体和地貌体错距，则可以计算断裂滑动速度，包括水平和垂直滑动速率，进而推算未来某一时段活动断裂累积位移量，在工程设计时充分考虑其潜在的危险性，预防断层活动对工程的影响。由于本区北段古地震事件稀少，尤其是明渠段，断裂大多发育在基岩中或被第四系土层掩盖，很难发现错切全新世乃至晚更新世地层的断裂，因此，很难应用这一简捷方法获得断裂位移量或滑动速度。为此，通过地球物理方法，横切过河谷方向进行剖面线布设，采用浅层地震方法，测出隐伏地层下活动断层。

断裂位移量估计常用的方法有：古地震法、非完全古地震法、滑动速率法、断裂长度转换法和预测地震转换法。

古地震法：重复间隔时间接近离逝时间加 200 年，则认为断裂面临新的位错事件，位移值用古地震位错量；重复间隔时间远远大于离逝时间加 200 年，则不考虑该断裂位错的可能性。

非完全古地震法：假定与方法 1 相同，在未能同时获得所需要的各种资料的情况下，只能利用古地震位移量估算断裂未来可能遭遇的突发位移。

滑动速率法：在已知古地震位移量的情况下，可用滑动速率乘离逝时间加 200 年。如果得到的潜在位移量近于或大于断裂产生地表破裂的最小值，则认为可能发生近于或大于该值的位错事件。

断裂长度转换法：由于地震地表破裂带的长度和位移量与地震震级有一定的关系，在无法获得同震位移量的情况下，也可以利用活动断裂的几何参数对断裂可能发生的位移量进行估算。

预测地震转换法：在发震构造明确的条件下，直接采用预测的地震震级及震级与断裂位移的统计关系来估算活动断裂的位移量值。

由于本地区南段具备使用前 3 种方法的条件，而北段地面为覆盖严重区域，只能用后一种方法来预测断裂的位置。

地震区划图不论是确定性区划还是概率性区划，实质上都是一种地震预测性质的图件。在这种地震预测图上所表示的各地地震参数都包含本地发生地震的可能性及远场地震对该地的影响。一般说来，高烈度区，如Ⅶ度以上地区，应是近场构造活动的产物，所以在高烈度区且发震构造明确的条件下，可以直接采用预测地震的大小及其与断裂位移量的统计关系来外推断裂的位移量。

通过上述方法对 6 条与隧道相交的晚更新世－全新世断裂未来 200 年可能的位移量作了推测（表 6-10）。这一结果是在现有水平上对断裂危险程度的一种粗略估计，只能说明沿这几条断裂发生地震可能产生的最大位移量，仅供工程研究参考。

表 6-10　工程区主要活动断裂未来 200 年断裂位移量估算

断裂名称	断裂编号	断裂产状	活动段长度（km）	未来200年突发事件可能性	最新错动带宽度(m)	突发错动影响带宽度(m)	运动性质及擦线滑动侧伏角（度）	位移速率（mm/a）	滑动方式	预测的突发位移量（m）	与管道的交汇角度β（°）	设计处理建议
鲜水河断裂	F_{14}	30°/SW/70°	300	很大	20～50	80	左旋走滑	14	粘滑	3.6	60	
甘德-阿坝北支断裂	$F_{10-2}(f_1)$	330°/SW/60°	25～30	很小	1～2	50	正断裂	0.06	粘滑	0.68	70	参考预测位移量计算设防位移量；防渗漏处理
阿坝盆中断裂	$F_{10}(f_2)$	310°/SW/60°	26	较小	2～5	50	正断裂	0.029～0.1	粘滑	0.67～2.32	70	参考预测位移量计算设防位移量；防渗漏处理
顺河断裂	$F_{10}(f_3)$	350°/SW/70°	50	可能	15～20	20～30	正断裂	0.18	粘滑	2.62	70	按预测位移量设防；防渗漏处理
色达-洛若断裂		190°∠64°	?	可能	6～10	10～15	正-走滑断裂	0.62	粘滑	3.7	85	进一步工作，或设防
康勒断裂	F_7	30°∠80°	50	可能	15	15	走滑断裂	1.8	粘滑		78	进一步工作

6.21.3　晚更新世－全新世断裂与引水隧道相交的影响评价

鲜水河断裂、甘德-阿坝断裂带的阿坝盆地北缘断裂、盆中断裂、顺河断裂，色达-洛若断裂和康勒断裂等在晚更新世有过活动，属于活动断裂；甘德-阿坝断裂带的阿坝盆地南缘断裂、甘德-阿坝南支断裂、亚尔堂断裂带的宁它-灯塔断裂、亚尔堂断裂，桑日麻断裂带的 4 条分支断裂和加德-丘洛断裂没有发现晚更新世以来活动的证据，不属于活动断裂。

鲜水河断裂、阿坝盆地北缘断裂、盆中断裂和顺河断裂都是以粘滑为主的活动断裂。四条活动断裂在未来 200 年内发生地表位错事件的可能程度不同。色达-洛若断裂、康勒断裂和主峰断裂都是先蠕滑、后粘滑的断裂，即最新运动方式为粘滑。按目前有限资料分析，这两条断裂在未来 200 年内都具备发生断错地表的可能性。

（1）阿坝北缘断裂强震平均重复间隔约为 2.52 万年，最后一次事件的离逝时间为 1.115 万年，一次事件的垂直位移量在 1.2～1.4m，最小垂直滑动速率为 0.06mm/a，该断裂活动段长约 25～30km，破裂方式以粘滑为主，未来工程运营期内不会发生位移量大于 0.68m 的地表破裂事件。

(2) 盆中断裂长度约 26km，主要活动时间为晚更新世早中期，距今 8.5～2.3 万年之间发生过一次破裂事件，垂直滑动速率为 0.029～0.1mm/a，未来工程运营期内的潜在垂直位移为 0.67～2.32m，破裂带的宽度约 50m。

(3) 阿坝盆地顺河断裂活动方式以粘滑为主，垂直滑动速率约为 0.18mm/a，破裂带最大宽度约 15～20m。古地震平均重复间隔约为 0.975±0.175 万年，未来 200 年内该断裂有可能再次发生垂直位移最大达 2.62m 的地表破裂事件。

(4) 色达-洛若断裂的一些段落存在晚更新世－全新世活动证据，并且其水平滑动速率约为 0.62mm/a。初步估计在工程运营期（200 年）内最大潜在位移可达 3.7m。

(5) 鲜水河断裂为一条北西向断裂，全长数百公里，是一条活动性极强的断裂，该断裂在全新世仍有活动，在英达一带与隧道相交，交角 85°。由于断裂规模巨大，活动性极强，对热巴-阿安引水隧道的影响非常大，并且其水平滑动速率约为 14.0mm/a，初步估计在工程运营期（200 年）内最大潜在位移可达 3.7m。

(6) 康勒断裂平均水平位错速率为 1.8mm/a。由于没有获得与管线交汇段的活动特征及最后一次事件的离逝时间等参数，无法估计工程运营期内最大潜在位移量。

总而言之，工程区内与引水隧道相交的主要活动断裂，在未来的 200 年里对引水工程均有较大影响。

6.22 结论

(1) 调水线路所在的甘青川地区位于青藏高原东部、巴颜喀拉山印支冒地槽褶皱带内，区域性展布的基底-地壳断裂十分发育，呈北西向，与山体走向近于一致。大部分断裂规模巨大，向西延伸数百至上千公里，与青藏高原中部昆仑山口－二道沟一线分布的活动断裂相对应。东昆仑断裂带和西金乌兰湖-玉树两域性隐伏基底-地壳断裂，与龙门山断裂和阿尔金断裂构成调水区区域一级构造分区边界。区域内的玛多-甘德断裂、西金乌兰湖-歇武断裂带是巴颜喀拉山印支冒地槽褶皱带内南北边界，构成调水区区域二级构造分区边界。区内所有的断裂都受限于一级构造分区边界。一级构造分区内存在一系列南北向构造带，如昌麻河-科曲-桑日麻南北向构造带，这些构造形成时间较晚，切割了北西向断裂，构成了北西向断裂活动性分段的边界。输水隧道分布在活动地块内部，属于巴颜喀拉强烈活动地块内部构造和地震的相对稳定区。

(2) 区域性活动断裂 16 条，分别是鲜水河断裂、甘孜-玉树断裂、当江-歇武、库塞湖-玛沁断裂、桑日麻断裂、达日河断裂、曲麻莱断裂（温拖断裂）、清水河南断裂（宜牛-大塘坝断裂）、清水河北断裂（长沙贡玛-大塘坝）、主峰断裂（上拉都-下红科）、桑日麻断裂（杜柯河断裂）、鄂陵湖南断裂（甘德断裂西段）、甘德南断裂（白玉断裂）、久治断裂（甘德-久治断裂）、阿万仓断裂（赛尔曲断裂）和库塞湖-玛沁断裂。这些断裂延展数百公里，有的达千余公里以上，断裂带宽达数百到数千米。断裂活动性较强，地震活动频繁，尤其是断裂的最新活动在时空分布上大都具有明显的继承性。据野外地质调查、地球物理资料及遥感图像判释，工作区内活动断裂以北西向为主，大多形成于印支构造运动时期。在第四纪早期，构造运动较为强烈，以北东盘上升的逆左旋走滑断层为主。晚更新世以来，特别是全新世以来，大部分断裂活动集中在西段，受昌麻河-桑日麻南北向断裂的阻隔，东段活动性较弱。

（3）工程近场区断裂有 23 条，它们是鲜水河断裂、温拖断裂、加德-丘洛断裂、长沙贡玛-然冲寺（达曲）断裂、康勒（泥曲）断裂、色达-洛若断裂、日柯-查卡断裂、杜柯河断裂带、擦孜德沟口断裂、约木达断裂、杜柯河北断裂、康木-西穷、宁它-灯塔断裂、亚尔堂断裂带、昆仑山口-达日、甘德-阿坝北支断裂、阿坝盆中段断裂、阿坝顺河断裂、阿坝盆地南缘断裂、甘德-阿坝南支断裂、久治断裂、赛尔曲南支断裂和赛尔曲北支断裂。其中早—中更新世 11 条，晚更新世—全新世断裂 6 条。

（4）鲜水河断裂、甘德-阿坝断裂带的阿坝盆地北缘断裂、盆中断裂、顺河断裂、色达-洛若断裂和康勒断裂等在晚更新世有过活动，属于活动断裂；甘德-阿坝断裂带的阿坝盆地南缘断裂、甘德-阿坝南支断裂、亚尔堂断裂带的宁它-灯塔断裂、亚尔堂断裂，桑日麻断裂带的 4 条分支断裂和加德-丘洛断裂没有发现晚更新世以来活动的证据，不属于活动断裂。

（5）根据工程区活动断裂的主要地质特征，按断裂运动强度将活动断裂划分为 AA 级强烈活动断裂 5 条，分别是鲜水河断裂、甘孜-玉树断裂、库塞湖-玛沁断裂、桑日麻断裂和达日河断裂。其特点是规模巨大，走滑速率大于 10mm/a，而且沿断裂有 6.5 级以上强震发生，全部属全新世活动断裂。A 级活动断裂 9 条，分别是曲麻莱断裂（温拖断裂）、清水河南断裂（宜牛-大塘坝断裂）、清水河北断裂（长沙贡玛-大塘坝）、主峰断裂（上拉都-下红科）、桑日麻断裂（杜柯河断裂）、鄂陵湖南断裂（甘德断裂西段）、甘德南断裂（白玉断裂）、久治断裂（甘德-久治断裂）和阿万仓断裂（赛尔曲断裂），其特点是规模较大，走向长度大于 100km，走滑速率在 1～10mm/a，而且沿断裂有 5～6 级中强强震发生，全部属晚更新世—全新世活动断裂。其他活动速率小于 1mm/a 的断裂为 B 或 C 级。

（6）采用古地震法、非完全古地震法、滑动速率法和预测地震转换法，对工程近区域主要活动断裂未来 200a 位移量进行了预测。预测结果：鲜水河断裂 3.6m（走滑），甘德-阿坝北支断裂 0.68m（正断），阿坝盆中断裂 0.67～2.32m（正断），阿坝顺河断裂 2.62m（正断），色达-洛若断裂 3.7m（走滑）。

（7）区域若干强烈活动断层如桑日麻断裂、甘德断裂、鲜水河断裂都穿越引水线路，但目前还没有发现坝址有活动断裂通过，因此，断裂活动性对水利枢纽影响的评价主要是针对隧道而言。晚更新世—全新世活动断裂在各隧道段上的分布情况是：雅砻江—达曲隧道段为鲜水河断裂、温拖断裂，达曲—泥曲段隧道为长沙贡玛-大塘坝断裂，泥曲—杜柯河隧道有色曲-洛若断裂，杜柯河—麻尔曲隧道段有达日河断裂，麻尔曲—阿柯河隧道段为甘德南断裂（白玉断裂），贾曲明渠段有甘德-久治断裂。

第 7 章　工程区构造应力场分析

地应力是地球表面和内部发生构造运动（包括构造变形、断裂活动、地震活动）的根本作用力，也是影响工程区地壳稳定性的主要原因，许多地质灾害都与地应力的作用密切相关。现代构造应力场的研究有助于探讨现代地壳运动的成因，有助于估计断裂运动性质和运动状态，进行地震区划和地震预报研究。同时现代地壳受力状态在水利水电工程、采矿工程、交通工程以及建筑工程等多方面的工程稳定性研究也有不可忽视的重要性。

研究构造应力场最直接方法是原地应力测量。目前工程地应力测量手段依赖于钻孔，其深度有限，多在 600m 以内，只能测量工程某些部位的应力状态，而对于工程稳定性或者说地壳稳定性，我们要了解整个地壳的应力状态，不能通过直接测量手段来解决，需要根据地壳应力作用所产生的响应，如地壳、地壳变形能现象，推测地壳应力状态。

地震和地壳变形（包括断裂活动和地块运动）是地应力作用的结果，通过位于震中不同方位的地震台站所记录地震波初始相位的关系，对震源机制进行解析，可得到地壳深部形成地震的动力学机制，进而了解地壳的应力状态。地壳变形是地壳应力场作用的图像，因而通过地壳变形分析，可间接分析区域应力场特征，重塑地应力的作用过程。

7.1　工程区构造应力场

地质历史分析表明，南水北调西线地区位于甘孜-松潘地槽三叠系褶皱带中，中生代以来应力场没有发生实质性的变化。在喜马拉雅运动过程中，随着印度板块与欧亚板块陆壳的顶撞，导致青藏高原隆升，地壳运动有所增强，引起第三纪地层变形，但构造线方向与中生代构造基本相同。现代断裂运动特征及主要地震震源机制解表明，区域现代构造应力场是新构造运动应力场的继承。地壳在现代构造应力场作用下表现种种不同的行为，或者在地壳中留下某种痕迹，从而提供了间接研究现代构造应力场的资料和依据。其中常用的有：断层现代活动方式、地震形变带特征、震源机制解、地壳形变测量等。

7.1.1　主要断裂在现代构造应力驱动下的运动方式

活动断裂运动是现代地壳运动的主要表现形式，断裂的活动是构造应力作用的结果，所以断裂的活动形式可以反映地应力的作用方式。在区域构造应力场中，不同断裂可以表现不同的运动方式。平面应力作用性质有明显的分区性。根据这种分区原则，借助现代断裂运动的性质大致估计驱使断裂运动的构造应力场方向。

图 7-1a 为沿先存断裂破裂错动的莫尔圆及其应力状态。在完整岩石中产生剪切破裂时，理论破裂位于与主压应力成 45° 交角的方向上。实际上初始破裂面方位往往小于 45°。如果断层面和主压应力方向的交角为 ψ，则

$$\psi = \pi/4 - \phi/2 \tag{7.1}$$

这里 ϕ 为内摩擦角，塑性岩石的 ϕ 值小，脆性岩石的 ϕ 值大。在先存断裂的破裂条件下，构造应力场中，断裂与主压应力方向有不同的交角。要使先存断裂发生破裂错动，应当满足破裂准则：

$$\tau = S_0 + \sigma \tan\phi \tag{7.2}$$

其中，τ 和 σ 分别为断层面上的剪应力和正应力；S_0 为断裂带内物质的抗剪强度；$\mu = \tan\phi$ 为内摩擦系数。对任何应力系统，只要满足公式 7.2，就能使断面错动。在平面条件下，断层面上的应力状态见图 7-1（b），若断层以（90°-β）角斜交于最大主应力，主压应力方向与断面法线交角 β 是决定断面能否错动的关键。

断层发生滑动时，主压应力轴与断层面的交角并不一定是 45°，而可以在某一角值范围内。

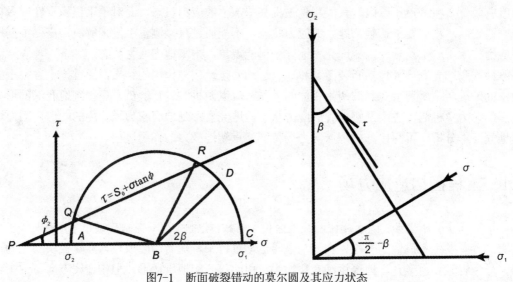

图7-1　断面破裂错动的莫尔圆及其应力状态

这样，根据断层的运动状态可推断应力作用方向。

7.1.1.1　鲜水河断裂带

鲜水河断裂带是工作区内最主要的活动断裂带，是当今世界上活动最为强烈的板内活动断裂之一。组成断裂带的几条主干断裂表现为左阶羽列的特点。羽列部位往往发育有第四纪盆地，如虾拉沱盆地是由于断裂左旋运动在岩桥区形成拉分作用的产物，如图 7-2 所示，断裂的东盘相对西盘左滑，平均滑动速率为 10~20mm/a。研究表明，盆地内部的沉积作用开始于中更新世，显然，鲜水河断裂带的左旋运动至少在中更新世就已出现。全新世断错地貌特征及现代地震断错显示了强烈的现代左旋运动特征，反映为北东—南西向地应力作用。

谢富仁等（1995）在炉霍利用断层滑动方向擦痕资料反演构造应力张量，根据多组含有同期构造作用产生断层运动的观测数据反推断层所在区域的两期构造应力状态。如图 7-3 所示，通过一些切割晚更新世或全新世地层的活动断裂显示出剪切拉张的特征研究表明：鲜水河断裂中更新世早期地层中产生大量的挤压逆冲断层，而晚期产生一系列切割晚更新世

（Q_3）、全新世（Q_4）地层的正走滑断层。其中一组主断层面的产状为：走向310°，倾向南西，倾角66°，断面上擦痕侧伏方向为东，侧伏角20°，断层性质为正左旋滑动断层。反映早期主应力作用方向为北东东向，晚更新世到全新世为近东西向。断裂带上由一系列近南北向挤压的鼓包和近东西向拉张裂缝组成的地震形变带亦反映了鲜水河断裂带区域现代构造应力作用的近东西向挤压和近南北向拉张的特点。

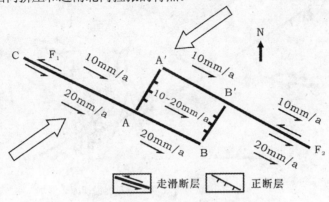

图7-2 拉分区滑动速率变化示意图

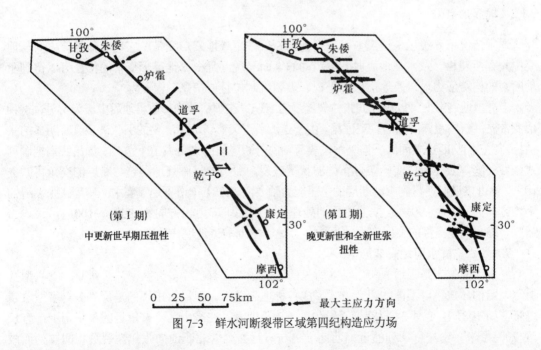

图7-3 鲜水河断裂带区域第四纪构造应力场

7.1.1.2 甘孜-玉树断裂带

玉树断裂是一条十分复杂的断裂，主要以断层谷地、断层槽地为主要地貌表现形式，晚更新世以来以强烈的水平左旋滑动为主，控制众多第四纪盆地（邓柯、俄文、竹庆、玉隆、绒坝岔-生康），沿断裂分布的地貌错断现象较多。

在竹庆乡南的硬普沟，断裂走向295°，沟西冰碛侧堤上发育一隆包（长15m，宽10m，走向140°）和凹坑（长30m，宽8m，走向近东西）。硬普沟两侧大理冰期形成的冰碛侧堤，被左旋错动 100±10m（图 7-4）。北西西走向的断裂左旋运动，反映出驱使的构造应力场为北东东－东西向。

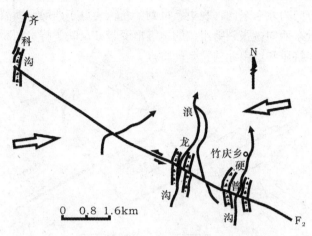

图7-4　甘孜-玉树断裂竹庆乡南被左旋错切冰碛侧堤

7.1.2　地震形变带

通常情况下 6 级以上地震方可出现地面断层作用或地震形变带。它们总体延伸方向与地壳中先存断裂相一致，是地震时断层错动的地面显现。且根据地震形变带的特征可以得到驱动断裂的构造应力场以及地震破裂过程、破裂机制的重要信息。

走滑型地震形变带以雁列式张性裂缝最为普遍，在炉霍地震、道孚地震中极为常见，这种形变带提供断层左旋滑动的直观证据。由于走滑断层突然错动所产生的羽状破裂具有明显的张性特征，它们与断层之间的平均夹角比载荷轴向与断层间的夹角大 10° 左右。如果我们把雁列式张性裂缝等效地看成实验条件下的羽状微破裂，那么，将雁列地裂缝与断层的交角再减去10°，就可以近似地得到驱动断层的主压应力轴方向。1981 年道孚地震震中区雁列式张裂缝的平均方向为 80°～90°，按上述原则处理后得到主压应力轴方向为 90°～100°，平均为95°。震源机制提供的主压应力轴为 94°，这一方向与该地现代地震主压应力轴一致。

7.1.2.1　鲜水河地震变形带

鲜水河断裂带是强地震带，震区所见的地裂缝组合有反"多"字型、羽列型、"X"型及追踪型四种，往往以不同的组合方式形成各种地裂缝带。但最常出现的是反"多"字型地裂缝带，如 1981 年 1 月 24 日在道孚发生的 6.9 级地震，在震中区沟普附近的泉华层上，有长达 200 余米，由左行羽列的近南北向鼓包与右行羽列的北西西向张扭性裂缝相间排列而成（图 7-5）。张扭性裂缝大多呈锯齿状，主要沿 NW60° 和 NE40° 两组扭裂面追踪而成。除追踪型张裂缝外，也有少量不规则张裂缝无明显的方向性。这些张扭性裂缝有时近东西向。但总体方向为 NW70°～NW80°，均呈左旋扭动，最大左旋量达 23cm。鼓包大多呈平缓的弧形或反 S 形弯曲，以反 S 形居多。单个鼓包的方向为 NW30°～NE20°。鼓包的最大长度可达 5m，高 10～40cm，最大宽度约 1m。鼓包为现代泉华层所组成，具有一定的强度。鼓包的规模与组成鼓包的泉华厚度成正比。鼓包两翼倾角不等，通常西翼较缓，东翼较陡。鼓包轴部常被张裂破坏，且在鼓包的发展过程中沿张裂使一翼逆冲于另一翼之上。除少数张扭性裂缝切开鼓包外，张扭性裂缝与鼓包总是首尾相接，两者组成 100°～130°交角，此裂缝带由数十个鼓包和数十条张扭性裂缝组成，宽仅几米，沿鲜水河断裂延伸。由于断裂的左旋运动诱导出近东西向的压应力，从而导致近东西向张扭性追踪裂缝以及河漫滩上的南北向鼓包和"X"型地裂缝的出现（图 7-6），锯齿状裂缝的追踪方向反映了断裂运动产生的主应力方向为近东西向。

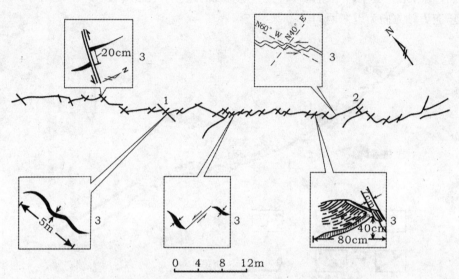

图 7-5　道孚 6.9 级地震沟普南反"多"字型地裂缝实测平面图

1. 鼓包；2. 张扭性地裂缝；3. 局部放大

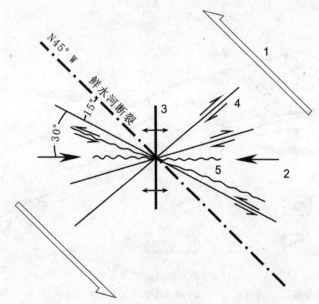

图 7-6　道孚地震震区地裂缝及应力场示意图

1. 鲜水河断裂错动方向；2. 诱导应力场方向；3. 鼓包方向；4. 剪切裂缝及相对错动；5. 张性及张扭性裂缝（据钱洪等）

7.1.2.2 甘孜-玉树断裂带地震变形带

1896年邓柯7级地震在奔达、真达、挡拖、晒拉、色巫及挡底，沿玉树断裂通过处保留较好的地震形变带（张裕明，1994），主要由地裂缝、滑坡、边坡脊、陡坎、槽谷、断塞塘、断错山脊及洪积扇组成（图7-7），总长度约70km。在玉树断裂通过晒拉与色巫间的宽缓坡中谷底，保存有完好的1896年地震形变带（图7-8）。形变带由地裂缝、地震鼓包、断塞塘、地震陡坎组成，发育在晚更新世以来形成的冰碛层中，走向130°，实测长度750m，呈左列展布，宽10m，其中有一组规模较大、呈左列的地震鼓包和宽1～2m、走向120°的地裂缝。主压应力轴方向为近东西向。

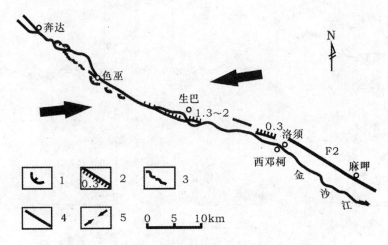

图7-7 1896年邓柯地震形变带展布图

1. 滑坡；2. 地震陡坎及高度（m）；3. 由鼓包、裂隙、陡坎组成的地震形变带；
4. 断层；5. 主应力方向

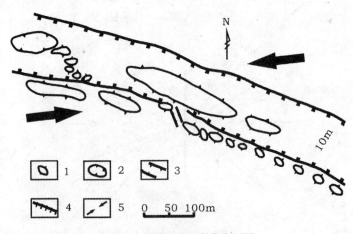

图7-8 色巫地震形变带实测图

1. 地震鼓包；2. 断塞塘；3. 地震沟槽及深度（m）；4. 地震断层；5. 主应力方向

7.1.2.3 达日地震形变带

1947 年 3 月 17 日青海省达日地震发生在巴颜喀拉山地块中部山区，震中位于桑日麻的北西方向。震中烈度为Ⅹ度，等震线长轴方向为 NW50°，地震形变带长 150km，由一系列的陡坎、鼓包、凹槽和裂缝组成（戴华光，1983）。发震断裂是桑日麻断裂。

在地震震中所在的昂苍沟，单条裂缝长 20～40m，宽 1～2m，深 0.5～1m，呈雁行排列（图 7-9）。这次地震所形成的多种形变现象，有其各自的成因和性质：陡坎走向与形变带的走向一致，北东侧上升，南西侧下落。凹槽与陡坎相伴生，呈椭圆形，其形态类似短轴向斜，长轴方向多与形变带的走向一致。它们共同显示了形变带的强烈挤压特征。鼓包是地面的一种局部拱起，长轴方向多为南北或北北西向，与主形变带的走向有一定的夹角、或雁行排列，或与裂缝相生组成多字型。这显然是地面受到挤压兼水平扭动形成的。这些不同形态、不同方向、不同性质的地震形变现象按一定的规律组合在一起，反映了形变带两侧的水平运动方向为反扭。从形变带的性质及其组合规律分析，震区主压应力方向为北东东－南西西。

综上所述，北西西向的地震形变带显示了挤压兼水平扭动特征，扭动方向为反扭。北北西向形变带主要显示挤压特征，扭动迹象不明显。根据形变带的组合特征分析，它们无疑是在统一的应力方式作用下形成的，其主压应力方向大约为北东东－南西西（图 7-10）。

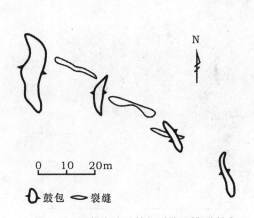

图 7-9 昂苍沟地震鼓包裂缝及排列型式

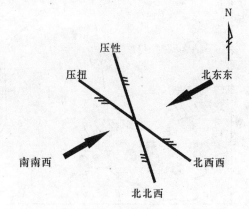

图 7-10 1947 年达日地震形变带应力作用方式

7.1.3 震源机制解

地震的孕育与发生是岩石圈内部应力积累与释放的结果。地震震源机制的解析结果能定量地反映出地震发生时的应力场，而大量的地震震源机制结果则反映了地震区的岩石圈区域应力场特征，是研究岩石圈应力场的优势方法。

震源机制是目前国内外研究地壳动力学问题中应用最为广泛的基础资料。单个震源机制解只能非常粗略地提供发震应力的方向，但是大量震源机制解的平均方位可以代表区域构造应力场的方向。鉴于地震活动是现代地壳运动中最普遍、最主要的表现方式，理所当然，震源机制解是研究地壳深部现代构造应力场的主要手段。随着板块构造学说的兴起，震源机制资料得到了更为广泛的应用。不少研究者根据震源机制资料讨论了板块运动特征以及我国板内地震的动力学问题。

为了探明青藏高原及其周缘区域应力场与构造运动的区域特征,通过工程区自1927年以来共有44次地震的震源机制解,据此绘制工程区地震震源机制解和区域应力场图(图7-11),系统研究青藏高原及其周围地区所发生地震的震源机制解,进而研究其区域构造运动和地球动力学特征。

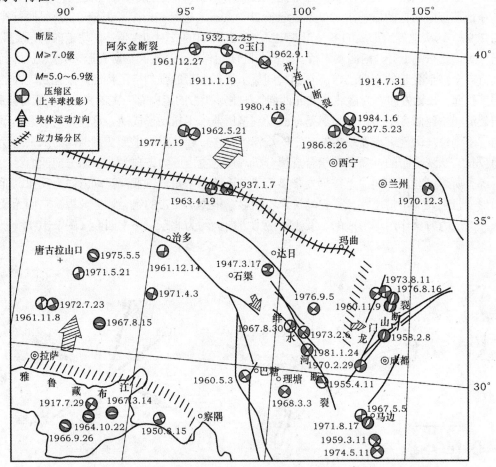

图 7-11　工程区及邻区震源机制解与区域应力场示意图(据王学潮,2005)

从图7-11地震震源机制解主压应力轴的投影分布看出,工程区及邻区的震源活动性质、主压应力轴方位及仰角分布比较复杂,除了南北地震带南部东侧所发生的地震外,从喜马拉雅山、昆仑山、阿尔金山、一直到祁连山地区,绝大部分地震震源机制解的P轴方位都是沿着近NE-SW方向排列。在喜马拉雅山前沿地区P轴的方向几乎都是在NNE-SSW到NE-SW方向范围变化,且在多数地段垂直于喜马拉雅山弧。在青藏高原北部的阿尔金山、祁连山乃至祁连山以北的地区,地震的震源机制的主压应力P轴方向主要为NNE-SSW方向或者NE-SW方向。而从图7-11的震源机制解张应力轴的投影分布可以看出,上述区域内主张应力轴T轴大体均位于近E-W或者NW-SE方向。在阿尔金山等地的一些地震的震源机制解的T轴的水平分量比较小,而P轴的水平分量较大,显示出较强的挤压应力场控制着该区,反映青藏高原地区在南北向总体压应力场作用下,区内主压应力轴优势方向在高原东部逐渐向东偏转,即南向北主压应力轴向北东—东西向偏转。区域构造应力场的特点同时也进一步指示了高原应力场动力作用来源于印度板块的向北俯冲的推挤作用力。

　　震源机制研究结果表明青藏高原岩石圈的区域应力场与构造运动特征的一致性。从喜马拉雅到中国西部的广大范围内，主压应力P轴的水平分量位于近北东－南西方向，形成了一个广域的北东－南西方向的挤压应力场。特别是青藏高原周缘地区，除其东部边缘外，南部的喜马拉雅山前沿以及青藏高原的北部、西部边缘地区所发生的绝大部分地震都属于逆断层型或走滑逆断层型地震，表现出周缘地区的水平挤压应力更为强势。应力场特征充分表明来自印度板块的北北东或北东方向的水平挤压应力控制了青藏高原及其周缘地区的岩石圈应力场。

　　丁国瑜、阚荣举、成尔林等对西南地区和四川省地震震源机制作过系统的研究，这里所用主压应力轴向主要是根据他们的资料（图7-12）。该图表明，甘孜-炉霍一带，震源机制资料反映地壳深部最大应力方向为北东东－东西向，而区域实测地应力方向主要为北东向，震源机制结果与区域地应力实测数据不一致，表明该区应力场深部与浅层的差异。其原因是在印度板块持续向北俯冲作用下，青藏高原隆升的同时，大量物质向东和东南被挤出，产生次生变形应力，形成高原复杂应力场。在高原不同位置和不同层次，地震断层、构造变形特征和块体运动方向在高原内有很大的差别。

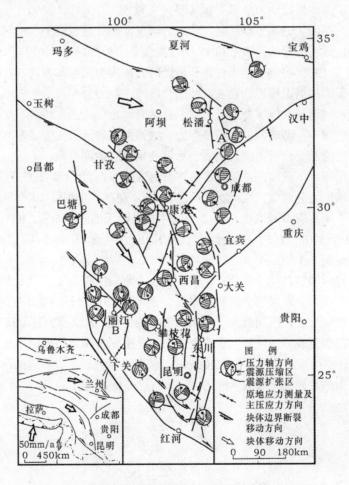

图7-12　青藏高原东沿震源机制（据丁国瑜等，1991）

7.1.4　工程区地应力测量

工程区地壳岩体的应力状态是工程稳定性关键因素，也是工程安全设计的重要参数。通过在调水线路沿线进行原地应力测量，确定隧道围岩的现今地壳应力状态，即原地应力的大小和方向。根据地应力分布特征，结合区域地层岩石的力学参数、岩体的工程地质特性等，利用三维有限元数值模拟技术对线路工程区进行了应力场模拟综合分析。根据原地应力测量及三维模拟计算结果进行综合分析，给出了工程区地应力的赋存规律和基本特征，并进一步分析研究了隧道开挖过程中发生诸如岩爆等地质灾害的可能性，同时为隧道的衬砌设计、断面选择以及轴线方位确定提供设计依据。同时也为工程线路区域地壳稳定性评价提供了必要的参数。

水压致裂地应力测量技术是迄今为止进行深部岩体地应力测量最有效的手段之一。它具有以下优点：测量深度大；资料整理时不需要岩石弹性参数参与计算，可以避免因岩石弹性参数取值不准引起的误差；岩壁受力范围较广（钻孔承压段程度可达 1m），可以避免点应力状态的局限性和地质条件不均匀性的影响；操作简单；测试周期短，等等，因而被广泛应用于水电、交通、矿山、地球动力学等工程（研究）领域（蔡美峰，2000）。

为了解南水北调西线一期工程场区的地应力情况，为坝址以及引水隧洞轴线布置提供设计依据，采用水压致裂法对 5 个坝址和 12 个线路及 7 个外围钻孔共计 24 个测点进行了现场地应力试验（图 7-13），确定了输水线路及坝址区的地应力大小和方向，并探讨了工程区地应力场的分布特征。根据工程设计要求，并结合线路工程的分布及所处的地质构造位置，选点尽量靠近坝址、隧道最大埋深处或进出口，且又有适合钻孔施工场地、水源条件的工程重点部位。在选点过程中，考虑到以下几个方面：线路两侧地区的应力状态、隧道最大埋深部位的应力状态、地壳深部岩石的应力状态、尽量利用现有的勘查孔。

地应力测量采用水压致裂法。现场线路外围测试工作自 2003 年 7 月开始，至 2003 年 11 月结束。线路和坝址上分两期完成：2002～2004 年分别对 5 个坝址 10 个地应力测试孔（其中含地质力学所 7 个地应力测试孔）和 12 个线路孔进行了地应力测量，2006 年 6 月 6 日至 7 月 29 日，增加 2 个 500m 深钻孔进行水压致裂法地应力测量，历时 6 年，取得了翔实的测量资料，测点参数见表 7-1。

根据对测试资料的整理及计算分析，确定了各个测段的破裂压力 P_b、裂缝重张压力 P_r、破裂面的瞬时闭合压力 P_s、岩层的岩石孔隙压力 P_o 以及测段岩石的原地抗拉强度 T。根据测得的压力参数及相关公式，得到最大、最小水平主应力值（S_H、S_h）及垂直主应力值 S_v，各测试孔的地应力参数见表 7-2。其中垂直主应力值是根据水压致裂理论，按照上覆岩层的厚度计算得到的。计算中岩石的容重取 2.70g/cm³。按照水压致裂应力测量的基本原理，水压致裂所产生的破裂面的走向就是最大主应力方向。

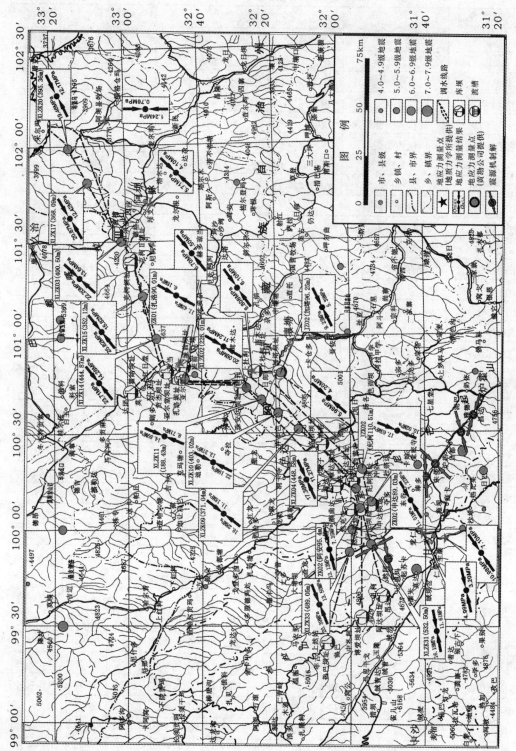

图 7-13 工程区地应力试验钻孔布置

表 7-1 南水北调西线第一期工程区水压致裂原地应力测量钻孔位置表

钻孔名称	工程部位	钻孔位置		钻孔深度（m）	测试段数
		东经	北纬		
阿坝	阿坝盆地	101°41′48″E	32°52′35″N	32.3	4
阿坝县第一牧场	贾曲盆地	102°06′28″E	33°06′42″N	31.5	2
甘孜绒岔寺	甘孜盆地	99°59′06″E	31°41′10″N	24.9	2
甘孜石门坎	甘孜玉树断裂	100°05′30″E	31°33′01″N	27.6	3
色达霍西电站	色达断裂	100°29′35″E	32°02′51″N	25.3	3
上杜柯坝址	坝址	100°52′00″E	32°19′41″N	32.5	3
亚尔堂坝址	坝址	100°47′25″E	32°45′40″N	49.6	3
ZK01（ZL）	扎洛坝址河床孔			79.03～90.81	3
JZ02（JT）	加塔坝址河床孔			64.2～96.25	7
XLZK02	易朗沟线路孔			176.03～226.01	8
JZK02（JK）	纪柯坝址河床孔			21.22～110.5	6
ZK02（SD）	申达坝址河床孔			47.59～89.03	3
ZK02（AN）	阿安坝址河床孔			66.7～95.4	5
XLZK03	阿坝线路孔			84.4～400.5	13
XLZK04	线路孔			270～470	10
XLZK09	线路孔			160～375	12
XLZK10	线路孔			160～375	12
XLZK11	线路孔			111.63～403.02	18
XLZK14	线路孔			28.07～188.43	11
XLZK15	线路孔			235.25～352.16	9
XLZK17	线路孔			313.57～368.09	6
XLZK20	线路孔			345.34～395.36	10
XLZK31	热巴—达曲线路孔			469.75～532.5	3
XLZK33	阿达—达曲线路孔			403.26～489.05	5

表 7-2 南水北调西线一期工程区水压致裂原地应力测量结果

钻孔名称	测段序号	测段深度（m）	压裂参数（MPa）					主应力值（MPa）			破裂方位（°）
			P_b	P_r	P_s	P_o	T	S_H	S_h	S_v	
甘孜绒岔寺	2	22.00	9.76	4.70	3.10	0.22	5.06	4.38	3.10	0.594	NE70.1
甘孜石门坎	1	25.00	15.74	10.20	7.50	0.25	5.54	12.05	7.50	0.675	NE45.5
色达霍西电站	1	22.00	11.30	6.50	4.20	0.22	4.80	5.88	4.20	0.594	NE34.6
上杜柯坝址	2	25.00	15.98	10.97	6.50	0.25	5.01	8.28	6.50	0.675	
	3	31.00	13.15	9.30	6.10	0.31	3.85	8.69	6.10	0.837	NE55.6
亚尔堂坝址	1	35.00	15.30	5.56	5.80	0.35	9.74	11.49	5.80	0.945	NE54.3
	2	40.00	13.15	6.40	5.50	0.40	6.75	9.70	5.50	1.080	NE46.2

7.1.5 工程区地应力测量结果综述

7.1.5.1 最大、最小水平主应力随深度的变化关系

5个坝址（12个测量孔）和12个线路孔的最大水平主应力随深度的变化关系曲线如图7-14和图7-15所示。由图可知，各个钻孔的最大水平主应力随深度的增加均有增大趋势。结合钻孔的地质资料还可看出，岩体的完整性及岩体的强度对岩体的地应力量值影响较大：岩体完整性好及岩体强度高的测试段，其最大水平主应力量值较大，反之则较小。最小水平主应力也具有类似的变化规律。

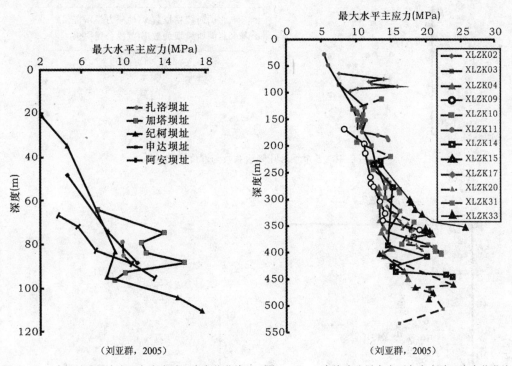

图7-14 5个坝址孔最大水平主应力随深度变化曲线　图7-15 12个线路孔最大水平主应力随深度变化曲线

7.1.5.2 应力构成分析

图7-16和图7-17分别为5个坝址孔和12个线路孔的实测最大水平主应力与铅垂向应力比值（侧压系数）随深度的变化曲线。在近地表区域（深度150m以上区域），由于受地形地貌影响较大，加上河（谷）底应力集中相应比较明显，坝址孔的侧压系数普遍偏大且比较分散，如图7-16所示。同样地，对于线路孔，近地表区域的侧压系数也是如此。但是，在深部区域内，地形地貌影响有所减弱，侧压系数随深度的增加明显减小，在200m以下基本维持在2左右，如图7-17所示。此外，坝址孔和线路孔的侧压系数均大于1，表明工程场区地应力以水平构造应力为主。

7.1.5.3 线路孔最大水平主应力回归分析

图7-18为历年来所测的线路孔最大水平主应力值与岩层深度的回归分析结果，可表示为：

$$\sigma_h = 0.0289x + 5.4613 \tag{7.3}$$

式中，x 为深度（m），且 $22.00 \leqslant x \leqslant 532.50$。样本数量 $n = 120$，拟合的相关系数 R^2 为 0.7805，表明最大水平主应力随深度呈现良好的线性关系。

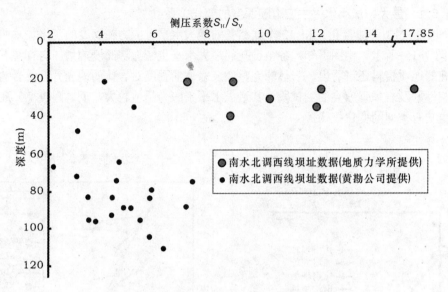

图 7-16　5 个坝址孔侧压系数与深度变化关系

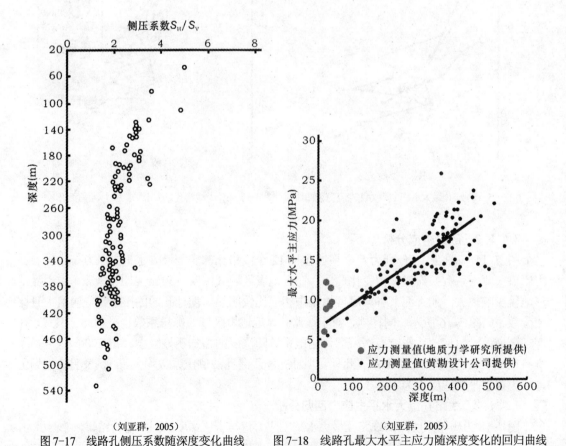

图 7-17　线路孔侧压系数随深度变化曲线　　图 7-18　线路孔最大水平主应力随深度变化的回归曲线

7.1.5.4 地应力场对隧洞施工影响的简要分析

各线路孔最大水平主应力均为北北东或北东东向，与初步设计中引水线路的洞室走向均小角度相交，很大程度上可以避免隧洞开挖时的应力集中对洞室围岩稳定性的破坏，对将来的隧洞施工和支护比较有利。

但是，由于西线工程部分洞段将穿越高应力区，同时，隧道埋深比较大，在岩体较完整区域，发生中等强度岩爆的可能性比较大，而在相对破碎或者软弱岩体区域，发生软岩流变的可能性比较大。因此，隧道施工时必须选择合理的开挖方式，并在施工过程中采取必要的安全措施。

7.1.5.5 南水北调西线区域应力场综合分析

为了对工程区应力场有一个全面的认识，将全部实测资料进行整理归纳，并综合分析如下：

(1) 现场测试孔的资料均较理想。其压力记录曲线相当标准，破裂压力峰值确切、明显，各个循环重复测量的规律性很强，各个循环测得的压裂参数具有良好的一致性，因此较为可信地确定出了各测点的应力状态，测试结果见表 7-2。印模结果表明：所有测试孔压裂段产生的裂缝以竖直方向为主，只有在甘孜绒岔寺测点和阿坝测点由于岩层不太完整，测段内发育有原生裂隙，在同一区域应力背景下，地应力大小明显受岩石完整程度、断裂构造的影响而差异较大。同一孔内，在较完整孔段，地应力值较高；节理、裂隙发育孔段地应力值较低，印模能清楚地观察到，在压裂过程中，压裂曲线破裂压力峰值明显，后续循环重复性较好，说明原生裂隙的重张及扩展表现不明显，测试结果可靠。

(2) 工程区应力场以水平主应力为主：按照水压致裂应力测量的基本理论，垂直主应力可以按其上覆岩层的重力进行估算。根据岩石的平均容重，取 2.70g/cm^3，所有测点垂直应力（S_v）为最小主应力，测孔水平地应力值与垂直应力值之比较高，即 $S_H > S_k > S_v$，反映了该区为逆断层型应力状态。

(3) 测试结果表明：巴颜喀拉山不仅是工程区地理上的地貌分区界线、长江与黄河水系的分水岭，也是一条重要的新构造分区界线，两侧的地应力状态完全不同，表现为以北地应力值较小，方向偏北；以南明显增大，是以北数值的 5～10 倍，方向以北东方向为主。巴颜喀拉山以南地区在上杜柯—亚尔堂地区地应力值明显较大，可能与该区壤塘-阳陪断裂、中壤塘-桑日麻断裂及地震活动有关。另外，甘孜断块位于鲜水河断裂带与甘孜-玉树走滑断裂带雁行斜接复合的拉分盆地和岩桥区，为低应力区，最大主地应力方向偏东，近东西向。以上结果符合本区震源机制解得出的挤压应力场方向。现今地壳应力场的主压应力方向在 NE18.0°～NE79.0°之间，平均为 NE 47.6°，与中国地壳应力图反映的区域构造应力场方向相一致。

(4) 岩体原地抗张强度：由于水压致裂法可以在同一测段上连续进行多次测量，大量的实测结果表明，初次的破裂循环与其后的重张循环有显著差别，一般情况下，破裂压力（P_b）大于重张压力（P_r）。初次的破裂循环不仅要克服岩石所承受的压应力，而且还要克服岩石本身的抗张强度（T）。而在破裂后的重张循环中，由于破裂面已经形成，要使之重新张开，只需克服作用在破裂面上的地应力，那么，二者之差就是岩石原地抗张强度，即

$$T = P_b - P_r \qquad\qquad (7.4)$$

总体上讲，水压致裂法所测得的工程区岩体原地抗张强度较实验室实测岩石抗张强度低，一般为 0.20~10.63MPa。这主要经历多次构造运动，岩石节理裂隙发育造成的。

(5) 从应力与深度的关系看，应力随深度变化有增加的趋势，见图 7-18。同时，与国内其他地区测量结果（图 7-19，图 7-20）比较：工程区深埋特长隧道及坝址的上杜柯、亚尔堂地应力水平属中等偏高水平。

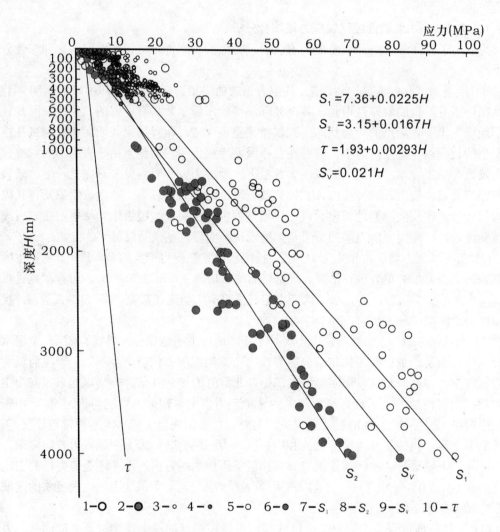

图 7-19　南水北调西线沿线地应力与全国各地地应力随深度的变化

1. 全国各地最大水平主应力；2. 全国各地最小水平主应力；3. 南水北调西线沿线最大水平主应力（黄勘公司提供）；

4. 南水北调西线沿线最小水平主应力（黄勘公司提供）；5. 南水北调西线沿线最大水平主应力（地质力学所提供）；

6. 南水北调西线沿线最小水平主应力（地质力学所提供）；7. 最大水平主应力；

8. 最小水平主应力；9. 铅直主应力；10. 剪应力

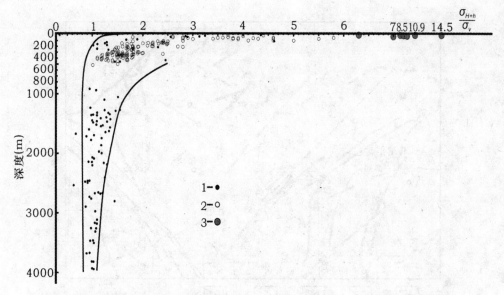

图 7-20　水平主应力的平均值与铅直应力之比与全国各地相应比值随深度的变化

1. 全国各地的水平主应力的平均值与铅直应力比值；2. 南水北调西线沿线水平主应力的平均值与铅直应力比值（黄勘公司提供）；3. 南水北调西线沿线水平主应力的平均值与铅直应力比值（地质力学所提供）

7.2　区域构造应力场基本特征及其成因

喜马拉雅造山运动与青藏高原隆升是全球最新的一次岩石圈强烈构造运动，也是中、新生代以来世界上最大的地质事件之一。它不仅导致世界最高的喜马拉雅和号称"世界屋脊"青藏高原的形成，并且致使青藏高原及其周缘地区成为现今世界上构造运动最激烈、强震活动最集中的地域。由于印度板块在喜马拉雅山南缘向欧亚大陆碰撞俯冲，造成大量的逆冲构造运动发生。沿着喜马拉雅地区的印度洋板块和欧亚板块的碰撞运动所产生的强烈的挤压构造应力，不仅导致了青藏高原待续隆升，并致使周缘的喜马拉雅、阿尔金山以及祁连山等发生造山，使其发生激烈的地壳形变和频繁的地震活动。印度洋板块和欧亚板块碰撞运动的影响，控制了中国西部的广大地区。从地震活动、地震应力场等可知，青藏高原及其周围区域的构造运动明显表现为挤压、逆冲等特征。而且这种强烈的构造运动一直延伸到天山山脉及河西走廊地区。研究结果还表明，青藏高原及其周围地区的地震活动性与喜马拉雅地区的地震活动的时间变化相关性相当密切，这种地震活动性时间变化的同步特征表明了青藏高原地震活动的孕震力源与印度板块和欧亚大陆板块的挤压碰撞的相对运动有着密切的关系。

将各种手段所得的现代构造应力场资料放到同一图上（图 7-21），它们表现了良好的协调性。西南地区主要地震震源机制解以及其他资料显示了本区现代构造应力场具有两个明显的特点，这就是优势的水平挤压状态和主压应力方向的分区现象。

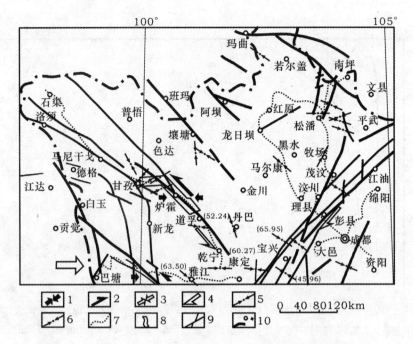

图 7-21　川西地区现代构造应力场特征（据四川省地震局资料编制）

1. 水平形变测量确定的主压力方向；2. 水平形变测量确定的剪切扭动方向；3. 由水平形变、震源饥制、

地应力测量推导的区域压应力作用方向；4. 区域压应力作用的剪切扭动方向；5. 震源机制解 P 轴方位；

6. 原地应力测量主压应力方向和应力值（巴）；7. 水准测量路线；8. 三角锁网；9. 活动断裂；10. 城镇及省界

　　把西南地区部分主要地震震源机制解的 P 轴放在赤平投影图上（图 7-22），可见 P 轴仰角基本上位于 0° 和 30° 圆之间的环带内，平均仰角为 15.6°，表现了以水平挤压占主导地位的水平应力状态，从而导致西南地区优势的现代水平地壳运动。中间主应力的赤平投影表明，优势仰角在 60° 以上（图 7-23），近于直立，表明西南地区的现代断层运动以陡立断面上的走滑运动为主要方式。少数中间主应力轴的低仰角与逆断层作用和水平挤压导致地壳局部张裂作用相对应。

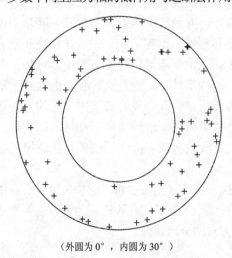

（外圆为 0°，内圆为 30°）

图 7-22　主压应力轴优势方位赤平投影

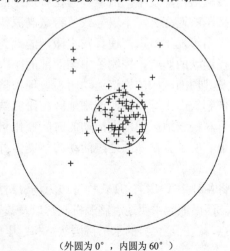

（外圆为 0°，内圆为 60°）

图 7-23　中间主应力轴优势方位赤平投影

构造应力场的分区现象是工程区的重要特点，应力场在不同地区的方向差异。鲜水河断裂是一条重要的分界线，断裂以南，主要为北东东—东西向，如甘孜—炉霍—道孚地区；断裂以北，主要为北西—北北西向，如壤塘地区。构造应力场的大致分区与断块运动的边界一致。

随着印度板块与欧亚板块对接碰撞和持续向北推挤，青藏高原的同构造挤压伸展和高原物质向东挤出在其东缘产生了由南向北逐渐增强的变形响应。新近纪以来，高原中部的羌塘地体和岗底斯地体通过其内部广泛发育的一组北东—南西和北西—南东走向的共轭剪切带和一组近南北走向的拉张断陷（图7-24）使高原物质进一步向东挤出（张家声等，2003）。川青、川滇块体向东挤出，受到东部不同性质地体的阻挡，四川地体的变形响应主要表现为西侧沿龙门山断裂带向东的逆冲推覆和变质基底的褶皱缩短，持续的向东挤出作用导致川滇地体最终从扬子陆块分离，并发生向南的运动和刚体转动。工程区就是在以上的构造背景中，与印度板块对青藏块体的推挤作用有关。鲜水河断裂带的现今活动是在近东西向区域应力场作用下产生的，板块运动产生的侧向压力传递到川青地块内，引起该断裂南西侧川滇菱形块体产生沿断裂构造带向南东方向的运动，在软弱带上进行非均匀的剪切应变积累和反扭剪切释放。

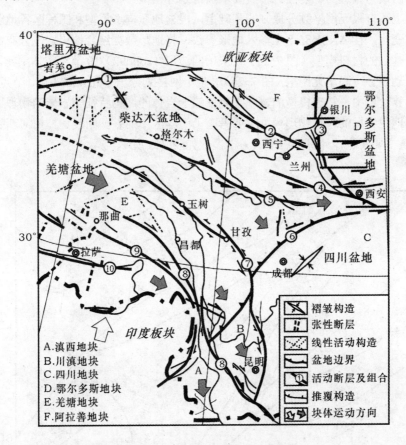

图7-24 青藏高原向东挤出变形响应

①阿尔金断裂带；②祁连山-海源断裂带；③鄂尔多斯西缘冲断层带；④西秦岭断裂带；⑤东昆仑南缘断裂带；

⑥龙门山断裂带；⑦鲜水河断裂带；⑧金少江-红河断裂带；⑨喀拉昆仑-嘉黎断裂带；⑩雅鲁藏布江断裂带

7.3 工程区构造应力场模拟

地壳中的应力状态是地壳稳定性的重要指标，地壳构造应力场是地壳构造变形、位移的直接驱动力。构造应力场的分布特征、变化趋势的研究，对分析现今构造活动性具有重要意义。在地应力场的分析研究中，采用线性有限元应力回归分析反演法，首先建立地质模型和力学模型，利用已知测点的应力状态、震源机制 P 轴方向、断层位移等数据，建立某段边界条件的线性关系，通过最小二乘法反演有限元模型的边界条件，最后用所获得的边界条件正演研究区域的应力场。该方法的突出优点是借助数值分析理论和计算机技术，把实测地应力资料、工程地质资料和数理统计理论结合一体，充分利用各方面资料，综合考虑影响地应力的各种因素，从而保证回归再现的应力场最大限度地接近真实情况。

在进行有限单元网格划分时，遵循细分网格以满足计算精度、粗分网格以减少计算工作量的总原则。根据所用计算机的条件，考虑单元形状的规则性以及迁就地质构造的延伸等诸多因素，给出最为合适的、能满足精度要求网格划分模型。

在遵循上述有限元网格划分原则的基础上，根据地质构造模型和工程区各地层物理性质参数的分布变化，在 ANSYS6.5 上输入地形参数，将地形数据结合地层岩性分布情况，建立以关键点为基础的材料模型（图 7-25），采用四边形（solid92）10 节点实体单元，分别通过各自体元自动划分有限单元网格（图 7-26），整个网格划分出单元 43043 个，节点 62412 个。在有限元计算过程中，物理模型的建立主要依赖于岩体的结构特征与岩体的物理力学参数。隧道工程区地应力场的计算物理模型主要考虑了工程区中的甘德断裂、杜柯河断裂、鲜水河断裂等 17 条主要断裂，计算中所用的力学参数如表 7-3 所示。

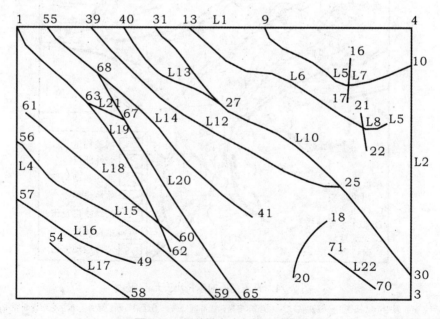

图 7-25 用关键点建立的地质模型

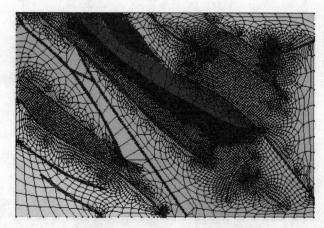

图 7-26　有限元网格划分

表 7-3　工程区介质力学参数表

材料介质	弹性模量（×10⁴MPa）	泊松比	容重（t/m³）	备注
板岩	2.5	0.30	2.63	
花岗岩	6.2	0.24	2.76	
砂岩	2.5	0.31	2.65	
断层	1.25	0.40	2.1	弹性模量取板岩50%

　　在上述的基础上，利用计算机软件 ANSYS6.5 分别计算出主应力分布等值面图（图7-27、图7-28）、剪应力分布等值面图（图7-29）、工程区岩体内单位体积弹性应变能密度分布图（图7-30）。

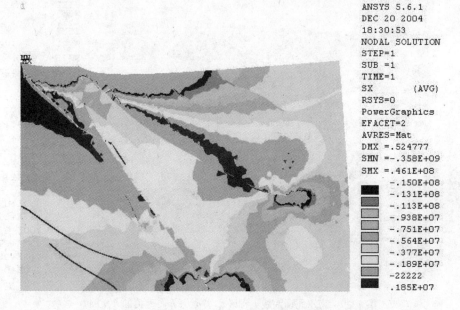

图 7-27　南水北调西线工程区 σ_x 应力分布等值面（MPa）

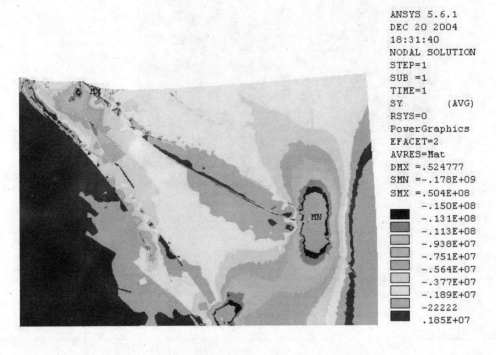

图 7-28　南水北调西线工程区 σ_y 应力分布等值面（MPa）

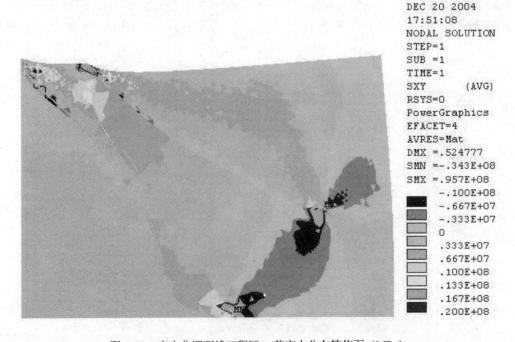

图 7-29　南水北调西线工程区 τ_{xy} 剪应力分布等值面（MPa）

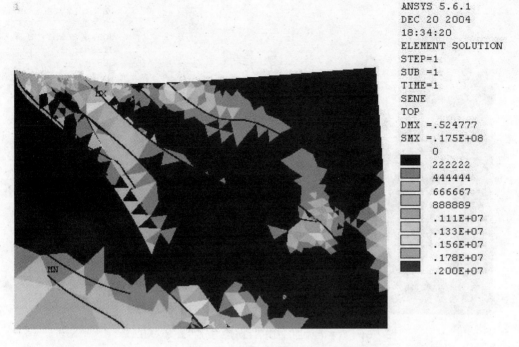

ANSYS 5.6.1
DEC 20 2004
18:34:20
ELEMENT SOLUTION
STEP=1
SUB =1
TIME=1
SENE
TOP
DMX =.524777
SMX =.175E+08

0
222222
444444
666667
888889
.111E+07
.133E+07
.156E+07
.178E+07
.200E+07

图 7-30 南水北调西线工程区单位体积弹性应变能密度分布图（×10^3J/m^3）

将各选定因素拟定的初始载荷乘以所求得的对应系数，再同时施加所有选定因素进行有限元计算，得出工程区地应力场各节点主应力的分布规律，并做出工程区各节点主应力状态云图，如图 7-31、图 7-32 和图 7-33 所示。

应力形变场的线弹性有限元计算也表明，区域的甘德一带、达日一带、炉霍－甘孜及中壤塘地段为一构造应力集中区，地应力值高达 25MPa，与甘德断裂带、达日断裂带、炉霍-甘孜断裂带和中壤塘南木达断裂带共 4 个现代活动断裂带相吻合。

区域应变能的分布特征是：以清水河断裂为界线，以南地区，即南巴颜喀拉山地区、玉树－义敦分区构造应变能较高，能量密度值普遍达（0.8～1.7）×10^6J/m^3，而区域的中巴颜喀拉山、北巴颜喀拉山及阿尼玛卿山地区，构造应变能普遍较低，小于 0.4×10^6J/m^3，断裂带上的能量密度值一般都在（1.0～1.5）×10^6J/m^3 左右，在桑日麻地区、甘德和炉霍地区存在着北西西向展布的应变能密度高值区，其值达 2.0×10^6J/m^3。另外，在阿坝南部和壤塘地区的中壤塘－南木达地区，也有一个能量聚集区，能量密度值一般都在（1.5～1.7）×10^6J/m^3，与甘德、达日、炉霍－甘孜及中壤塘现代地震活动区十分吻合。

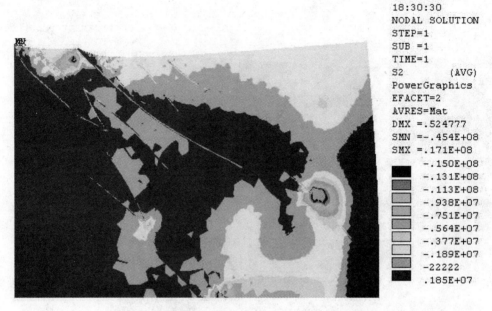

図 7-31 南水北调西线工程区 σ_1 应力分布云图（MPa）

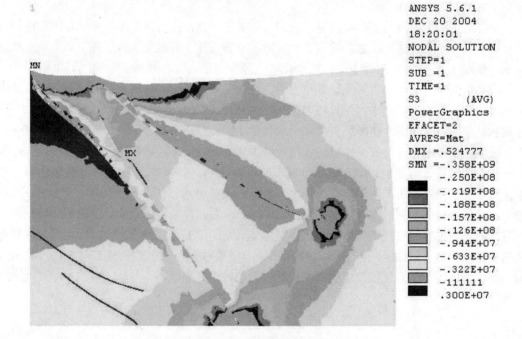

图 7-32 南水北调西线工程区应力 σ_2 分布云图（MPa）

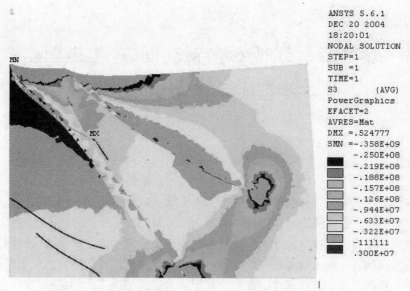

```
ANSYS 5.6.1
DEC 20 2004
18:20:01
NODAL SOLUTION
STEP=1
SUB =1
TIME=1
S3        (AVG)
PowerGraphics
EFACET=2
AVRES=Mat
DMX =.524777
SMN =-.358E+09
    -.250E+08
    -.219E+08
    -.188E+08
    -.157E+08
    -.126E+08
    -.944E+07
    -.633E+07
    -.322E+07
    -111111
    .300E+07
```

图 7-33　南水北调西线工程区 σ_3 应力分布云图（MPa）

第 8 章　典型深埋特长引水隧道工程区三维地应力场有限元分析

8.1　概述

地下隧道开挖之前，岩体处于一定的应力平衡状态，开挖使洞室周围岩体发生卸荷、回弹和应力重新分布。如果围岩足够强固，就不会因卸荷、回弹和应力状态的变化而发生显著的变形和破坏，那么，开挖出的地下洞室就不需要采取任何加固措施而能保持稳定。但是，有时或因洞室周围岩体应力状态的变化大，或因岩体强度低，以致围岩适应不了回弹应力和重分布应力的作用而丧失其稳定性。此时，如果不加固或加固未达到足够强度，都会引起破坏事故，对地下建筑的施工和运营造成危害。在国内外地下建筑史上，由于地应力场估算错误导致地下洞室围岩失稳而造成的事故不计其数。例如，北京十三陵抽水蓄能电站地下厂房因将地下厂房的最大开挖面迎向最大主应力方向，导致主变洞与主厂房间岩石卸荷发生强烈回弹，引起交通洞和尾水洞钢筋混凝土衬砌呈环状拉裂破坏，岩壁位移过大，最后不得不采用对穿锚索加固；我国西南某水电站地下厂房上游边墙在施工过程中失稳下滑，将下部压力隧道的衬砌剪断，由于及时地采取了加固措施，才保证了洞体的稳定；奥地利格尔利斯电站压力斜管，在使用期间因下部围岩破坏而使钢板衬砌破裂，高压水冲入电站厂房，使机组受到重大损失；澳大利亚悉尼输水压力隧洞因围岩强度低、混凝土衬砌质量不合要求，在 100多米水头的内水压力作用下，300m 长的一段衬砌严重破坏，承压水使洞顶围岩破裂错动，水涌出地表后，被迫停工补修，造成很大损失。

有时我们也可利用岩石中的应力设计稳定的隧道。对于引水隧道，由于要可考虑水压力作用，需要构筑一定强度的衬砌，但在隧道设计时如果考虑围岩中地应力的作用，则可适当减小衬砌强度，有的甚至不用衬砌。通常，水头超过 150m 的隧洞为高压隧洞，考虑到混凝土抗裂的限制，在水工隧洞中如此高的设计水头完全由钢筋混凝土衬砌来承受是不可能的，因此，近年来水电王国挪威等国家巧妙地利用岩石中自身应力稳定，建造不用衬砌的压力引水隧道，大大降低了工程造价。

对围岩应力估计过高，或对岩体强度估计不足，也常能使地下洞室的设计过于保守，提高工程造价，造成不必要的浪费。

上述种种事例说明，为了保证地下建筑符合多快好省的原则，工程地质工作者必须了解和掌握地下洞室围岩的应力状态及在应力场作用下围岩变形破坏机制，分析评价围岩的稳定性，以便能够在工程地质勘察过程中，为正确解决地下建筑的设计和施工中的各类问题，提供充分而可靠的地质依据。

进行工程岩体地应力测量，是直接获取地应力场参数的唯一途径，由于应力场受多种因素相互作用影响而较为复杂，常采用有限元方法进行计算和反演分析。

20 世纪 70 年代以来，不仅地应力测量技术更趋成熟，而且随着计算机技术在我国的普遍应用，地应力场的计算方法和计算技术也得到迅速发展。根据生产实际的需要，地质力学研究所、武汉岩土力学研究所、天津大学及水利科学院先后提出了边界载荷调整法、应力回归分析法、应力函数趋势分析法等方法把实测点应力转化为场应力的理论和方法。它们的共同特点是以实测地应力值为依据，结合工程区域的地形地质条件，建立有限元或边界元数学模型，利用数理统计原理，拟合出与实测应力值残差平方和最小的地应力场，使实测数据得到更合理的应用。从而把初始地应力的研究理论从点应力阶段推向场应力设计阶段，使设计理论更加科学和完善，更加符合实际。我们在北京十三陵抽水蓄能电站、安庆铜矿、大丽铁路、通海隧道及西气东输工程的地应力场研究中，也大量采用了回归法进行反演地应力场。

麻尔曲—阿柯河深埋特长隧道工程区地应力测量与数值模拟计算研究就是应用上述测量技术和计算理论，采用了难度较大但更能符合工程实际的三维分析计算模式进行分析计算。

8.2　三维地应力综合回归分析基本原理

地应力场的形成决定于岩体自重、地质构造作用、地质体岩性、地形地貌、温度应力等因素，实测地应力就是这些因素综合作用的反映，回归反演地应力场就是对诸因素模拟再现的过程。

在地应力场的分析研究中，我们采用有限元应力回归分析法，该方法的突出优点是借助数值分析理论和计算机技术，把实测地应力资料、工程地质资料和数理统计理论结合一体，充分利用各方面资料，综合考虑影响地应力的各种因素，从而保证回归再现的应力场最大限度地接近真实情况。

为能更好地了解隧道工程区现今地应力场状态，为设计和施工提供依据，在工程区现今地应力场分析研究中，我们采用了三维计算分析模型。有限元应力法回归分析地应力场的基本思想是：

(1) 根据确定的地形地质勘测资料和物理力学资料，建立有限元计算数值模型。

(2) 把可能形成地应力场的因素（如岩体自重、地质构造运动等）作为待定因素拟订单位载荷分别进行单因素有限元计算，得到各拟定因素在单位载荷下的模拟计算值，根据应力线性叠加的原理，运用最小二乘法建立各因素模拟值与实测值之间的多元回归方程。

(3) 将各选定因素拟订的初始载荷乘以所求得的对应系数，再同时施加所有选定因素的边界条件进行有限元计算，从而得到与实测值残差最小的模拟地应力场。

8.3　建立三维有限元模型

首先，根据所研究问题的目的，选取适当的区域，并充分考虑地形、地质构造、介质不均匀性等自然因素，特别是对工程区现今地应力场有较大影响的断层，以客观地反演出现今地应力场分布规律。其次，在建立地质模型时，要综合考虑研究的方法、途径以及资料的来源和可靠性等诸多方面的条件和因素，恰当地选取研究范围和结构。

8.3.1 建立地质模型

工程区区域地质资料以收集 1：20 万区调报告及区域地质资料为主，隧道有限元计算地质模型尽可能做到与实际地质情况完全吻合，但为了研究工程区隧道围岩的应力分布情况，故选取的计算区范围以隧道工程区为中心，其面积为 100km×100km，深度取到海拔 2000m 的水平，根据 1：10 万地形图和 1：20 万区测地质资料，用关键点建立地质模型图（图 8-1）。

8.3.2 有限单元网格化

在进行有限单元网格划分时，在遵循细分网格以满足计算精度、粗分网格以减少计算工作量的总原则基础上，根据所用计算机的条件，考虑单元形状的规则性以及迁就地质构造的延伸等诸多因素，给出最为合适的、能满足精度要求的网格划分模型。

在遵循上述有限元网格划分的基础上，应用 ANSYS10.0 软件，根据地质构造模型和工程区各地层物理性质参数的分布变化，输入地形参数，以地形数据结合地层岩性分布情况，建立以关键点为基础的材料模型，采用三角形（solid92）10 节点实体单元，分别通过各自体元自动划分有限元网格（图 8-2），整个网格划分出单元 31494 个，节点 49553 个。

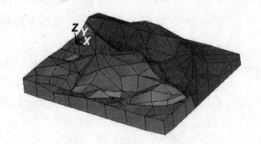   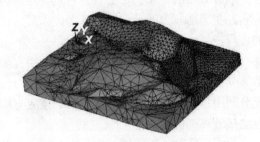

图 8-1　用关键点建立的工程区地质模型　　　　图 8-2　工程区有限元网格划分

8.3.3 建立物理模型

在有限元计算过程中，物理模型的建立主要依赖于岩体的结构特征与岩体的物理力学参数。麻尔曲—阿柯河深埋特长隧道工程区地应力场的计算物理模型主要考虑了工程区中的甘德南-白玉-达尕断裂。计算中所用的力学参数如表 8-1 所示。

表 8-1　工程区介质力学参数

材料介质	弹性模量（×10⁴MPa）	泊松比	容重（t/m³）	备注
三叠系板岩	2.5	0.30	2.53	
花岗岩	6.2	0.24	2.76	
砂岩	2.5	0.31	2.65	
断层	0.8	0.40	2.1	弹性模量取板岩 50%

8.4　隧道工程区三维构造应力场分析

　　根据工程区现代地震震源机制解主压应力方向统计资料分析、区域地质构造分析和原地应力测量资料的综合分析结果，隧道区区域地应力场最大主压应力方向近南北向，与隧道轴向夹角接近 35°。因此在计算域的边界上施加南北向应力，即在模型边界上施加边界法向水平构造压应力与沿边界方向的水平构造剪应力，以岩体自重和地质构造作用力为待回归因素，重力作用沿着铅直方向作用于所有单元，岩体容重采用表 8-1 中数据。重力、构造模式如图 8-3、8-4 所示，三个待定回归因素所形成的域内应力用 σ_{KP1}、σ_{KP2}、σ_{KP3} 表示。在上述基础上，利用计算机软件 ANSYS6.5 分别做出主应力分布等值面图（图 8-5、图 8-6、图 8-7）、剪应力分布等值面图（图 8-8、图 8-9、图 8-10）、工程区岩体内部单位体积弹性应变能密度分布图（图 8-11）、隧道轴线垂直面单位体积弹性应变能密度分布图（图 8-12）。

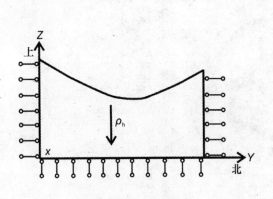

图 8-3　重力作用模式

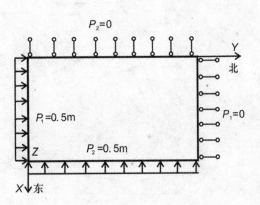

图 8-4　构造作用模式

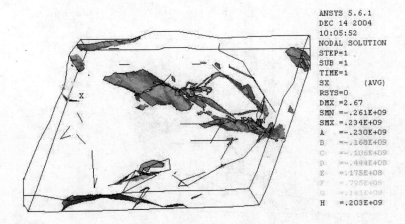

图 8-5　麻尔曲一阿柯河深埋特长隧道工程区 σ_x 应力分布等值面（MPa）

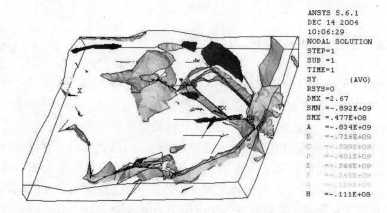

图 8-6　麻尔曲—阿柯河深埋特长隧道工程区 σ_y 应力分布等值面（MPa）

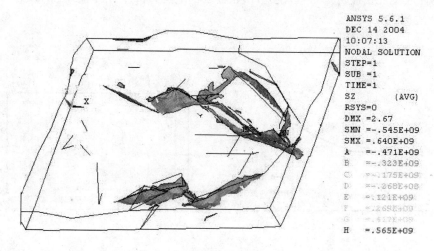

图 8-7　麻尔曲—阿柯河深埋特长隧道工程区 σ_z 应力分布等值面（MPa）

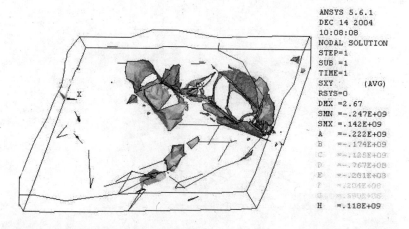

图 8-8　麻尔曲—阿柯河深埋特长隧道工程区 τ_{xy} 剪应力分布等值面（MPa）

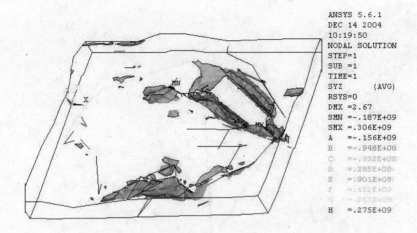

图 8-9 麻尔曲—阿柯河深埋特长隧道工程区 τ_{yz} 剪应力分布等值面（MPa）

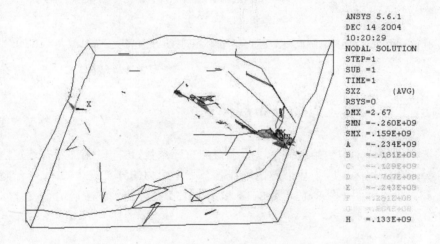

图 8-10 麻尔曲—阿柯河深埋特长隧道工程区 τ_{xz} 剪应力分布等值面（MPa）

图 8-11 隧道工程区岩体内部单位体积弹性应变能密度分布图（$\times 10^3 \text{J/m}^3$）

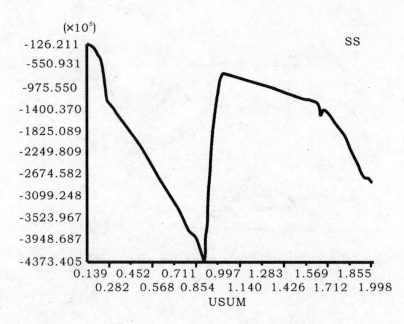

图 8-12　麻尔曲—阿柯河隧道轴线垂直面单位体积弹性应变能密度分布曲线（$\times 10^3 \mathrm{J/m^3}$）

8.5　隧道工程区地应力场分布规律

　　将各选定因素拟定的初始载荷乘以所求得的对应系数，再同时施加所有选定因素进行有限元计算得出工程区地应力场沿隧道轴线各节点主应力的分布规律，并做出沿隧道轴线各节点主应力状态云图（图 8-13、图 8-14 和图 8-15）及隧道轴线主应力值变化状态曲线（图 8-16）。

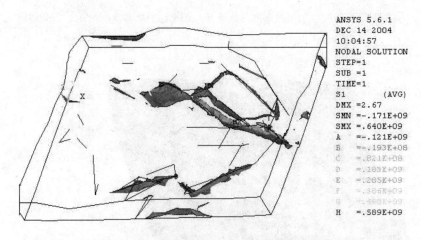

图 8-13　沿麻尔曲—阿柯河隧道工程区 σ_1 应力分布云图（MPa）

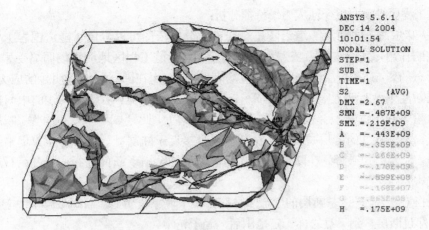

图 8-14　沿麻尔曲－阿柯河隧道工程区 σ_2 主应力分布云图（MPa）

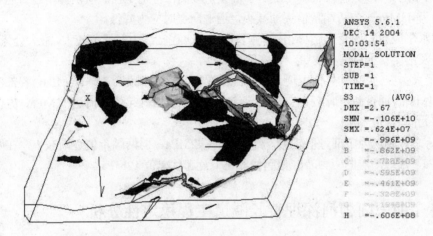

图 8-15　沿麻尔曲－阿柯河隧道工程区 σ_3 主应力分布云图（MPa）

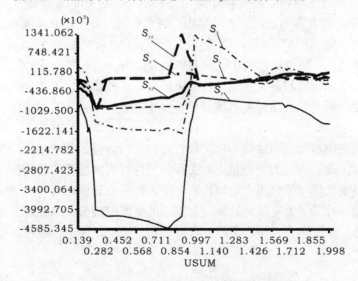

图 8-16　沿麻尔曲－阿柯河隧道轴线主应力值变化状态曲线

隧道工程区纵断面现今地应力场特征分析：

(1) 从麻尔曲－阿柯河隧道沿隧道轴线应力分布云图可以看出，隧道围岩主要受构造力和自重的作用，且构造应力普遍大于自重应力，隧道工程区地应力场明显受岩性、地形和断层形态的影响。在断层部位主应力值均有所降低，而在断层附近有明显的应力集中区，特别是在断层下盘有明显表现。从图 8-12 和图 8-16 中可见，沿隧道轴线的中间部位有明显的应力集中和单位体积弹性应变能密度的显著增大，此区域易于发生岩爆。断层上盘的岩层是花岗岩，下盘的岩层是板岩，在断层下盘接近于断层处，由于强应力集中及活动断裂的作用，板岩易于破碎，在隧道施工和运营中可能会出现断面缩径、洞内泥石流等不良的地质灾害。

(2) 甘德南-白玉-达尕断层的上盘岩体应力集中现象较明显，断层破碎带中应力急剧降低，隧道穿过断层，到下盘岩体一定范围后，趋于正常。

(3) 主应力沿隧道轴线变化规律（图 8-16）。

① 水平应力（σ_x）总体表现为隧道中部量值较高，特别是在断层两侧附近有明显的应力集中，约为 48MPa，向两端量值逐渐减小，通过断层时应力降低。

②与水平应力 σ_x 的变化趋势相比，垂直应力（σ_z）在轴线中部量值较大，最大处为 32MPa，在断层内及两侧有相对偏小的带，宽度达数公里。

③ 最大主应力（σ_1）总体表现为中部高两端低，隧道中段为 35～45MPa，局部应力集中区可达 51MPa。通过断层时应力有较大起伏，在断层上下盘起伏幅值达 15MPa，方位总体表现为近南北向。

④ σ_3 总体表现为中部量值较大，约为 34～42MPa，向两端量值逐渐减小，在两端量值小于 2MPa，通过断层时应力有一定起伏，在下盘起伏幅值 12MPa。

8.6　麻尔曲－阿柯河深埋特长隧道工程稳定性分析

麻尔曲－阿柯河深埋特长隧道位于阿坝县和班玛县之间的果洛山（属于巴颜喀拉山脉），海拔 4676m，也是青海与四川省的界山。南水北调西线连接麻尔曲和阿柯河深埋特长隧道横穿该山脉，呈 NE35°走向，隧道海拔高程 3442m，长度为 55.4km，是南水北调西线关键性的一条隧道。隧道穿越的山梁最高峰为 4613m，埋深接近 1200m。隧道穿切主要的岩石地层为三叠系板岩和砂岩，包括浅灰色板岩、千枚状板岩夹页岩、砂质板岩和长石岩屑杂砂岩。这些岩石经地质时期多次变形，发生褶皱、断裂和顺层剪切滑动，岩体质量较差。

由于该隧道是南水北调西线第一期工程首批施工的项目，是调水工程穿越巴颜喀拉山分水岭的控制性工程，隧道的受力状态和工程稳定性对南水北调西线的施工及安全运营十分重要，因而备受关注。项目组在地质构造分析、地应力测量和岩石力学实验基础上，对隧道的应力分布进行了三维有限元计算，对围岩的强度与应力比值和稳定性进行了分析，并对断面形状进行了优选，为引水隧道的合理设计、施工，保证长期稳定安全运营提供科学依据。

8.6.1 隧道方向选取问题

实测最大水平主应力方向（即破裂方位）为 NE12.7°～NE70.1°，平均为 NE44.7°。从地应力角度考虑，当最大水平主应力方向与隧道轴线方向夹角为 15°～30° 时，有利于隧道稳定。拟建隧道轴线方向为 NE65°，与最大水平主应力平均方向的夹角基本在此范围，应该说地应力方向对隧道工程稳定性影响不大。

8.6.2 隧道断面形状选择原则

隧道断面形状对围岩诱发应力和稳定性有重要影响。断面形状不同时，隧道周边的诱发应力不同。在地应力较高，岩体条件较差的地区，隧道断面形状的选择尤为重要。隧道断面选择的目的之一是使之与地应力状态相适应。即在一定的地应力状态下，尽量使隧道围岩的诱发应力为相对均匀分布的压应力，减少应力集中程度，避免出现较大张应力（王连捷等，1994）。

在岩体开挖过程中，周边应力分布均匀的隧道称为"谐洞"。能获得均匀应力分布的"谐洞"通常是椭圆形隧道。其长轴和短轴之比等于原岩水平应力和铅直应力之比。由于工程费用、施工难易程度以及其他方面的要求，椭圆形隧道实际上是难于采纳的。在很多实际情况下，也是不需要的，通常要全面考虑。在保证安全、降低费用、充分利用断面空间、满足"隧道界限"规定的前提下，选取适当的断面方案（钟桂彤，2000）。南水北调西线隧道初步设计断面为圆型，故我们在假定圆型隧道的基础上，计算硐室围岩的应力分布，分析其隧道围岩的稳定性，并进一步提出合理的隧道断面，以供设计参考。

8.6.3 隧道断面应力场数值模拟与稳定性分析

8.6.3.1 原岩水平地应力

由于在隧道附近专门进行了地应力测量，并在上章节中根据地应力测量结果对隧道附近地应力场进行了反演，结果表明沿隧道轴线地应力大小为 2～45MPa 之间，为了保证安全，在计算时取原岩水平应力为 45MPa。

8.6.3.2 铅直应力

按隧道上覆岩层的重量考虑铅直应力，即按隧道埋深 1200m、容重为 2.7g/cm³ 计算的铅直应力为 32.5MPa。这样，水平应力与铅直应力之比为 1.38。

8.6.3.3 岩石力学参数的确定

隧道应力计算所使用的岩石力学参数系由岩石力学实验确定。隧道经过的地方主要岩石为变质的砂岩和板岩。由野外现场采集岩石样品，在室内进行测试，每种岩石分 3 个组，每组样品 5 个，进行了力学参数的测试，并将测试结果用于隧道应力计算。

8.6.3.4 隧道断面的尺寸

由于考虑到水流特点，设计引水隧道采用圆形，断面的尺寸为 Φ10m，衬砌厚度 40cm。

8.6.3.5 有限元网格

选取的隧道分析模型的边界尺寸为隧洞尺寸的 5 倍。网格为四边形等参单元，单元数为 3100 个。在隧道周边网格较密，以保证周边分析的足够精确，网格划分如图 8-17 所示。

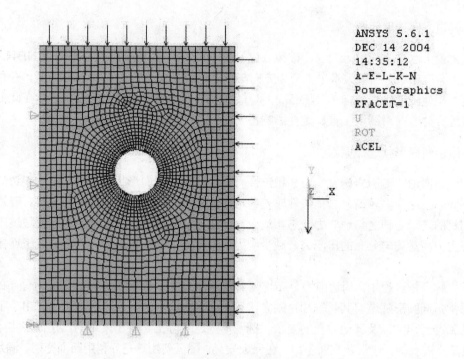

ANSYS 5.6.1
DEC 14 2004
14:35:12
A-E-L-K-N
PowerGraphics
EFACET=1
U
ROT
ACEL

图 8-17　麻尔曲－阿柯河深埋特长隧道横断面有限元网格划分

8.6.3.6　计算结果

在上述基础上，利用计算机软件 ANSYS6.5 分别作出隧道断面主应力分布等值面图（图 8-18、图 8-19）、剪应力分布等值面图（图 8-20）、隧道断面围岩体内部单位体积弹性应变能密度分布图（图 8-21）和各节点主应力状态云图（图 8-22，图 8-23）。

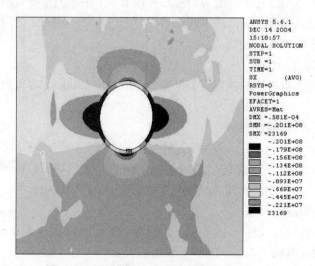

图 8-18　隧道断面 σ_x 应力分布等值面（MPa）

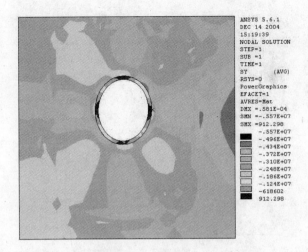

图 8-19　隧道断面σ_y应力分布等值面（MPa）

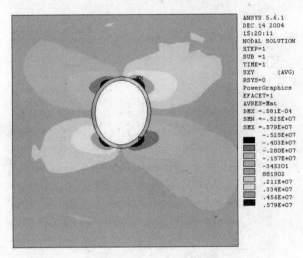

图 8-20　隧道断面 τ_{xy} 剪应力分布等值面（MPa）

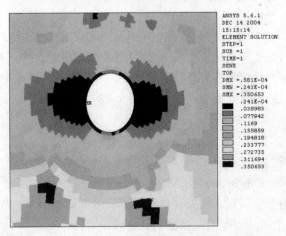

图 8-21　隧道断面岩体内部单位体积弹性应变能密度分布图（$\times 10^3 \mathrm{J/m^3}$）

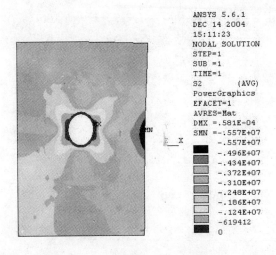

图 8-22　沿麻尔曲—阿柯河隧道轴线 σ_2 应力分布云图（MPa）

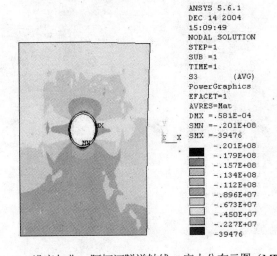

图 8-23　沿麻尔曲—阿柯河隧道轴线 σ_3 应力分布云图（MPa）

隧道断面原设计形状为圆形，断面积为 $78.5m^2$，侧边出现张应力，数值较小，大小为 0.2MPa。张应力波及的深度为 1.4m，如图 8-18、图 8-19、图 8-20、图 8-22 和图 8-23 所示，相应的衬砌已出现张应力的范围较大，但数值较小。顶底板区域最大压应力为 20MPa，压应力集中区的范围较小，波及深度仅为 0.6m，如图 8-18 所示。

8.6.4　隧道围岩稳定性分析

以下采用 E.Hoek 和 E.T.Brown 准则对隧道围岩进行稳定性分析。

8.6.4.1　E.Hoek 和 E.T.Brown 强度准则

在进行了隧道应力分析以后，需要分析隧道围岩可能破坏情况。对于破坏分析准则，在这里采用 E.Hoek 和 E.T.Brown 准则，该准则表达式如下：

$$\sigma_{1c} = \sigma_3 + \sqrt{m\sigma_{ic}\sigma_3 + s\sigma_{ic}^2} \tag{8.1}$$

式中，为 σ_{1c} 为破坏时的最大主应力；σ_3 为最小主应力；σ_{ic} 为完整岩石的单轴抗压强度；m、s 为常数，取决于岩石性质和岩体质量。

上述关系式可用图解表示，如图 8-24 所示，这条曲线表示岩体破坏时最大主应力与最小主应力的关系，称为强度曲线。可以看出，围岩岩体的强度与应力状态有关，围压越大，围岩强度越大。

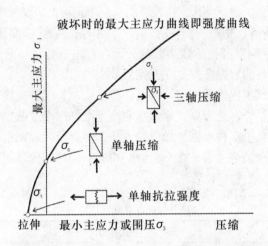

图 8-24 岩石破坏时最大主应力和最小主应力关系

如果隧道某一点的应力状态在强度曲线的右侧，则不发生破坏。只有最大主应力等于或大于强度的地方，才有可能发生破坏，可以划出围岩强度与应力比（强度/应力）的曲线，根据该曲线可以判断围岩破坏程度。

如果隧道围岩发生破坏的范围达到一定程度，则将引起隧道围岩的整体失稳；若破坏范围较小，只形成局部破坏，总体仍是稳定的。

8.6.4.2　m、s 值的确定

根据岩石三轴实验结果，利用 E.Hoek 公式（E.Hoek，E.T.Brown，1986），可以计算出 m、s 值及完整岩石的强度 σ_{ic}。项目组已使用了多组三轴实验数据进行了计算，其结果的平均值位为 $\sigma_{ic} = 62.6\text{MPa}$，$m = 23.1$，$s = 1$。如前所述，需要根据岩石的质量对 m、s 值进行折减，才能用于现场，折减后为 $m = 4.5$，$s = 0.25$。

8.6.4.3　强度与应力的比值

将折减后的 m、s 值（$m = 4.5$，$s = 0.25$）代入强度准则公式，可得各单元的强度值。将此强度值与单元的最大主应力相比，可得围岩强度与应力比值。经计算得出隧道周边围岩的强度与应力比值皆大于 1，表明隧道在采用圆形截面时，其围岩没有超应力区出现，也就是没有破裂出现，处于安全状态。但在隧道衬砌上却大范围出现张应力，由于混凝土不能承受，因而不宜采用素混凝土衬砌，应适当配筋，抵抗张应力。

8.6.5 隧址区岩爆问题的讨论

岩爆是岩体具有高地应力的一种典型的表现形式。岩体内由于开挖硐室，改变了岩体的初始应力状态，引起硐室周围应力场的重新分布。在硐室附近其地应力值可能达到初始地应力的几倍，从而导致岩爆的突发。但是，实际观测得知，高地应力并不是岩体发生岩爆的唯一条件，围岩储存弹性变形能的能力及围岩变形速度等因素也起着很大作用。通过长期现场观测，一般发生岩爆都具有如下特征：

① 围岩应力与单轴抗压强度相比，在较低的情况下也可能出现岩爆，其临界比值约为 1/3；

② 岩爆多发生在新鲜、完整及坚硬的岩石中，如花岗岩、深变质岩等；

③ 岩爆一般发生在硐室开挖后数小时或数天内，也有持续至几个月后逐渐减弱或停止的，一般来说，比较剧烈的岩爆多发生在开挖后数小时内。

岩爆预测是地下建筑工程地质勘察的重要任务之一，为了解决这一问题，除了研究岩爆的产生条件和发生机制以外，还需要建立定量的判别准则。在总结已有经验和研究成果的基础上，国内外学者已建立了多种准则，如巴顿方法、卢森堡岩爆判别准则、侯发亮岩爆判别准则、陶振宇岩爆判别准则等（表8-2、表8-3 和表8-4），国内常用侯发亮和陶振宇岩爆判别准则。

表8-2　卢森岩爆判别准则

I_s/σ_{max}	岩爆活动特征	备注
<0.083	严重岩爆活动	I_s 为岩石的点荷载强渡；σ_{max} 为遂洞中最大切向应力
0.083～0.15	中等岩爆活动	
0.15～0.20	低岩爆活动	
>0.20	无岩爆活动	

表8-3　陶振宇岩爆判别准则

岩爆分级	R_c/σ_1	岩爆特征
I	>14.5	无岩爆发生
II	14.5～5.5	低岩爆活动，有轻微声发射现象
III	5.5～2.5	中等岩爆活动，有较强的爆裂声
IV	<2.5	高等岩爆活动，有很强的爆裂声

关于发生岩爆的临界判据，本报告依据侯发亮等提出的岩爆判别准则公式（8.2），进行计算：

$$\sigma_\theta \geqslant (0.19 \sim 1.40)\sigma_c \tag{8.2}$$

式中，σ_θ 为围岩切向应力；σ_c 为围岩的单轴抗压强度。式中括号内的系数值需要根据围岩应力的组合状态而定，即取决于最小与最大主应力值 σ_2、σ_1 之比。不同围岩应力状态下岩爆的临界应力公式见表8-4。

表8-4　侯发亮岩爆判别准则

A 状态	$\sigma_2/\sigma_1 = 0.00$	$\sigma_{lcr} = 0.188\sigma_c$
B 状态	$\sigma_2/\sigma_1 = 0.25$	$\sigma_{lcr} = 0.294\sigma_c$
C 状态	$\sigma_2/\sigma_1 = 0.50$	$\sigma_{lcr} = 0.360\sigma_c$
D 状态	$\sigma_2/\sigma_1 = 0.75$	$\sigma_{lcr} = 0.383\sigma_c$
E 状态	$\sigma_2/\sigma_1 = 1.00$	$\sigma_{lcr} = 0.402\sigma_c$

注：σ_c 为岩石的单轴抗压强度；σ_{lcr} 为发生岩爆的临界应力。

西线调水工程洞体深埋于山体基岩内，上覆岩体最大厚度近 1200m。隧道将要穿越高地应力区，通过工程岩体力学性质的测试，作为隧洞围岩三叠系的浅变质砂板岩、花岗岩、花岗闪长岩属坚硬脆性岩石，具备了储存高能量的条件。

隧道围岩岩石容重均取 2.70g/cm^3，隧道底板部位即约 1200m 处的垂直应力 S_V=32.50MPa，可以看出 S_V 为最小主应力，即 $S_H > S_h > S_V$，为逆断层应力状态。岩爆的发生主要取决于硐壁上最大环向应力 $\sigma_{\theta max}$，而环向应力的大小取决于垂直硐轴方向平面内的两个主应力 σ_1、σ_2。由于隧道轴线方向与实测最大水平主应力方向之间的夹角为 20.3°，根据弹性力学公式可以得出与隧道轴线垂直的平面内两个主应力 σ_1=35.36MPa、σ_2=29.7MPa。根据发生岩爆的临界判据，该工程隧道硐壁上应力组合状态为 σ_2/σ_1=0.84。发生岩爆的临界切向应力 σ_{lcr} 取 0.402σ_c，岩性为板岩，该处岩石的平均饱和单轴抗压强度 σ_c 为 62.6MPa，则发生岩爆的临界切向应力 σ_{lcr} 为 25.17MPa。由公式 8.2 求得隧道开挖后，围岩表面最大切向应力 σ_θ 为 76.38MPa。$\sigma_\theta > \sigma_{lcr}$，在这种条件下，工程施工时产生岩爆的可能性较大。

按陶振宇岩爆判别准则，隧道最不利的部位判别数值为 R_c/σ_1=1.77。需指出的是如隧道走向与最大水平主应力方向接近时，会极大地降低围岩表面的最大切向应力，发生岩爆的可能性也会极大地降低。此外，尽管具备了发生岩爆的地应力条件，但高地应力并不是发生岩爆的唯一条件，还与岩石的力学性质有关，硐身部位也有可能以塑性变形的方式释放弹性应变能。硐身部位为板岩，属于坚硬完整的浅变质岩，其围岩表面最大切向应力比发生岩爆的临界切向应力要大，故存在发生岩爆的可能性。

8.6.6　结论与建议

根据地应力分布特征，结合区域地层岩石的力学参数、岩体的工程地质特性等，利用三维有限元数值模拟技术对线路工程区进行了应力场模拟综合分析，给出了隧道工程区地应力的赋存规律和基本特征，并进一步分析研究了隧道开挖过程中发生岩爆等地质灾害的可能性，为隧道的衬砌设计、断面选择以及轴线方位的确定提供设计依据。具体结论和建议如下：

(1) 在原地应力测量和室内岩石力学实验的基础上，根据地质条件，对工程区三维地应力场进行了数值模拟分析，结果表明：隧道围岩主要受构造应力和自重的作用，且构造应力普遍大于自重应力，应力状态的变化与地形起伏、断裂构造及岩性的分布有关系。在铅垂方向上，从地表向下，主应力 σ_1、σ_2、σ_3 值同步增加，隧道埋深越大，围岩地应力值越高。由于埋深较大，隧道围岩地应力水平整体较高，在隧道轴线上，最大水平主应力为中部高两端低，隧道中段为 35～45MPa，最小水平主应力为 34～42MPa，方向平均为 NE20°。麻尔曲一克柯隧道在穿越甘德断裂时，断层面上盘地应力值明显增大，最大主应力可达 45～55MPa；而向隧道轴线两端，地应力值逐渐减小；在断层部位应力降低，在断层两侧，应力有明显集中现象，局部应力集中部位可达 61MPa，设计和施工时应充分注意高应力引起的软岩和硬岩地质灾害问题。

(2) 通过设计给定的几何形态和不同参数设置的隧道断面应力场数值模拟，对隧道受力状况和隧道稳定性进行了系统分析，当隧道断面设计形状为圆形时，在应力场作用下，隧道侧边围岩局部可能出现张应力，数值较小，大小为 0.2 MPa，张应力波及的深度为 1.4m。顶底板区域最大压应力为 20MPa，压应力集中区的范围较小，波及深度仅为 0.6m，因此，隧道围岩是基本稳定的。

(3) 采用 E.Hoek 和 E.T.Brown 准则对隧道围岩进行稳定性分析，结果表明：隧道围岩强度与应力比值皆大于 1，表明在采用圆形截面隧道时，隧道围岩没有超应力区出现，也就是没有破裂出现，处于安全状态。由于隧道表面局部出现张应力，不宜采用素混凝土衬砌，应适当配筋，抵抗张应力。

(4) 岩体内由于开挖硐室，改变了岩体的初始应力状态，引起硐室周围应力场的重新分布。在硐室附近其地应力值可能达到初始地应力的几倍，从而导致岩爆的突发。采用侯发亮和陶振宇岩爆判断准则，对隧道区围岩应力状态与岩体强度关系进行分析，得出隧道工程区具备了发生岩爆的应力条件，预测板岩岩体施工断面将发生烈度Ⅳ级的岩爆，即高等岩爆活动。岩爆特征：伴有强烈的爆裂声。

(5) 水压致裂地应力测量结果表明，尽管在甘德南断层下盘内地应力有所降低，但仍然处于较高水平，断裂带形成较宽的破碎、风化带，易形成各种膨胀性的黏土矿物，开挖扰动易形成碎屑流和围岩发生长期塑性变形等地质灾害，可能会对隧道施工和运营产生不利影响。

(6) 基于隧道复杂的地质构造条件，考虑岩石力学实验数据和数值模拟计算结果，建议在施工过程中掌握工程地质条件和岩层状态的变化，并进行隧道位移收敛监测，及时调整工程设计，以保证工程施工顺利进行和长期稳定。

第9章 工程区地震危险性分析

在地震危险性分析中，区域地震活动性特征是划分潜在震源区和估计地震活动性参数的重要依据。本章利用了区域历史地震资料和近年来小震观测资料，其中历史地震资料来源于中国地震局、四川省地震局、青海省国土资源局及兰州市地震局的有关文献和网站资料。

9.1 区域地震活动特征

区域地震活动性研究的目的在于阐明调水区及其邻近地区地震活动的时间、空间、强度特征和规律，以及地震对调水区的影响，为评价工程区地震地质条件、合理划分潜在震源区和确定地震活动性参数提供依据。青藏高原东部是大陆上地震活动最强烈的地区，沿喜马拉雅、昆仑山、祁连山和龙门山历史上都有强震发生，并造成了巨大的灾难，青藏高原东部强震震中分布见图 9-1，$M_S \geq 3$ 地震震中分布见图 9-2 和图 9-3。区域自有强震记载以来，共记载 $M \geq 6$ 地震 115 次，其中 $M \geq 7$ 地震 26 次，$M \geq 8$ 地震 4 次。从图中可以看出：地震发生是不均衡的，有丛聚性，即总是在一些地方重复发生，而且地震发生的时空分布有一定规律可循。

调水区 4 次 8 级以上的地震主要分布在海源断裂带和南北地震带的北段。南北地震带的北段从会宁、天水、武都到松潘、茂汶，是一条复杂的北东东向活动构造带，带内 7 级以上地震频度较高、分布集中，1654 年天水南和 1879 年武都南两次 8 级地震均与北东东向断层活动有关。除了北东东向活动断层外，其他各组断层在第四纪晚期均有不同程度的活动。构造活动性和各组构造交会的复杂性显然是这里强烈地震活动的主要原因。海源断层带及其平行断层是另一个活动构造带，1920 年 8.5 级海原地震和 1927 年 8 级古浪地震均发生在该带上，现在均可见到地震构造变形带。

调水区及邻区 7.0～7.9 级地震主要分布在鲜水河断层带、当江-歇武-甘孜断层、花石峡-玛沁-玛曲断层、祁连山构造带上以及会宁-茂汶构造带上，但也有部分发生在块体内部，如 1125 年兰州 7 级地震和 1947 年达日 $7\frac{3}{4}$ 级地震。

另外，调水区的鲜水河、当江-歇武-甘孜断层、桑日麻-南木达断层、花石峡-玛沁-玛曲断层等这些规模巨大、活动性很强的断层带都发生过 7.0 级以上或接近 8.0 级的古地震，故这些断层带也都具备发生 8 级地震的构造条件。

调水区及邻区约 90 次 6～6.9 级地震分布广泛，其中有相当一部分分布在上述 7 级以上地震分布的地区或地带。

根据地震活动的时间、空间、强度特征和规律，青藏高原地震区可分为 11 个地震带（图 9-4）。与调水区有关的地震带有祁连山、龙门山地震带、柴达木地震带、巴颜喀拉山地震带、鲜水河地震带、滇西南地震带、藏中地震带和喜马拉雅山地震带。

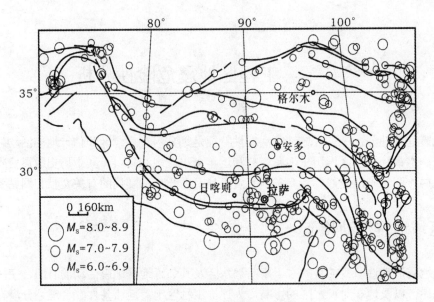

图 9-1 青藏高原地震分布图

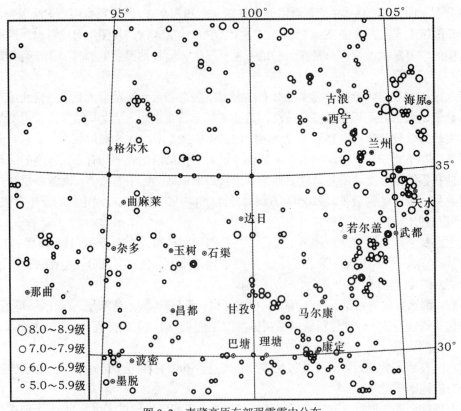

图 9-2 青藏高原东部强震震中分布

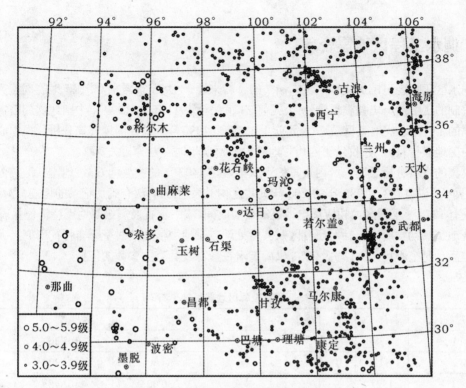

图 9-3　青藏高原东部 $M_S \geqslant 3$ 地震震中分布

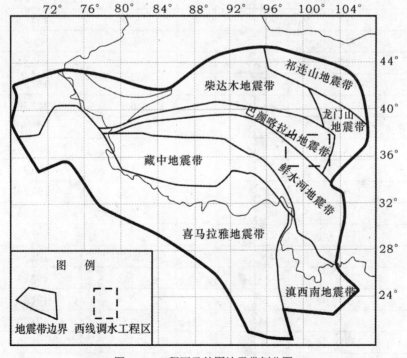

图 9-4　工程区及外围地震带划分图

9.2　调水工程区地震资料

调水区工程区范围历史地震 $M_S>4.7$ 的资料来源于 1995 年国家（中国）地震局震灾害防御司编制的《中国历史强震目录》（公元前 23 世纪至 1911 年）、1999 年中国地震局震灾害防御司编的《中国近代地震目录》（公元前 1912 年至 1990 年）及中国地震局分析预报中心汇编的《中国地震详目》，并收录了四川省地震局、阿坝州地震办等相关资料。

收集的资料分析表明，区内最早的一次地震是 1443 年的中壤塘 6¼级地震（地震附表中无该记录），从 1783～1982 年的 200 年间，区内共发生 177 次有确切记录的地震，$M_S>4.0$ 的地震有 137 次。工程区内相应历史地震的发震时间、震中位置及震级等地震特征值见表 9-1。工程区地震活动性研究包括对研究区及其所处地震带地震活动的时空分布特征研究，尤其是对地震活动时空不均匀性研究，以提供确定潜在震源及其有关参数的依据。

表 9-1　工程区及邻区地震目录（$M_S\geqslant4$）

地震统计	年	月	日	小时	分	纬度（°）	经度（°）	震级
1	638	2	11			32.36	103.36	5.70
2	842	1				34.30	102.30	7.00
3	1327	8				30.00	102.48	6.00
4	1597	6	25			31.36	103.48	5.50
5	1657	4	21			31.18	103.30	6.50
6	1713	9	04			32.00	103.42	7.00
7	1722	1				30.00	99.06	6.00
8	1725	8	01			30.00	101.54	7.00
9	1734	3				30.12	103.30	5.00
10	1736	1				30.36	101.30	5.50
11	1741	1				30.36	101.30	5.00
12	1742	1				30.36	101.30	5.00
13	1747	3				31.24	100.42	6.70
14	1748	2	23			31.18	103.30	5.50
15	1748	3	06			30.12	101.30	5.70
16	1748	5	02			33.00	103.42	6.50
17	1748	8	3			30.24	102.36	6.50
18	1748	10	12			31.06	102.24	5.00
19	1750	1				30.36	101.30	5.00
20	1765	1				30.36	101.30	5.00
21	1785	11				30.36	101.30	5.70
22	1787	12	13			31.00	103.36	4.70

地震统计	年	月	日	小时	分	纬度（°）	经度（°）	震级
23	1792	9	07			30.48	101.12	6.70
24	1792	11	3			30.36	101.30	5.50
25	1793	5	15			30.36	101.30	6.00
26	1811	1				30.36	101.30	5.70
27	1811	9	27			31.42	100.18	6.70
28	1816	12	08			31.24	100.42	7.50
29	1837	9				34.36	103.42	6.00
30	1870	4	11			30.00	99.06	7.50
31	1893	8	29			30.36	101.30	7.20
32	1896	1				32.30	98.00	7.00
33	1900	7				30.30	103.00	5.00
34	1904	8	3			31.00	101.06	7.00
35	1904	9	09			31.00	101.06	5.50
36	1904	9	11			31.00	101.06	5.50
37	1919	5	29			31.00	101.06	6.20
38	1919	8	26			32.00	100.00	6.20
39	1923	3	24			31.30	101.00	7.20
40	1923	6	14			31.18	100.48	5.70
41	1923	10	2			30.00	99.00	6.50
42	1928	7	2			31.30	102.30	5.70
43	1930	4	28			32.00	100.00	6.00
44	1930	8	24			30.00	100.00	5.50
45	1931	7	29			35.00	98.00	5.50
46	1931	12	07			34.30	102.00	5.50
47	1932	1				31.48	102.12	5.00
48	1932	3	07			30.06	101.48	6.00
49	1933	8	25			31.54	103.24	7.50
50	1933	8	25			31.42	103.24	5.00
51	1933	9	05			32.00	103.42	4.70
52	1933	10	09			31.30	103.24	5.50
53	1933	11	05			32.00	103.42	4.70
54	1933	11	24			32.00	103.42	4.70
55	1934	3				32.00	103.42	5.00
56	1934	4	03			32.00	103.42	5.00
57	1934	5	2			32.00	103.42	4.70

地震统计	年	月	日	小时	分	纬度（°）	经度（°）	震级
58	1934	6	09			32.00	103.42	5.50
59	1935	7	26			33.06	101.00	5.50
60	1935	7	26			33.18	101.06	6.00
61	1937	2	13			35.00	98.00	5.00
62	1937	11	17			34.30	99.30	5.00
63	1938	1	04			32.30	98.00	5.20
64	1938	3	14			32.18	103.36	6.00
65	1940	1	1			35.00	98.48	5.70
66	1941	6	12			30.24	102.12	6.00
67	1941	8	02			30.00	100.00	5.00
68	1941	10	08			31.42	102.18	6.00
69	1944	10	14			31.00	101.00	5.00
70	1947	3	17			33.18	99.30	7.70
71	1948	5	26			30.00	100.00	5.00
72	1948	10	1			32.00	103.42	5.00
73	1949	6	15			33.18	100.00	6.00
74	1949	11	13			30.00	102.30	5.50
75	1952	6	26			30.06	102.12	5.70
76	1952	8	31			31.12	103.00	5.00
77	1952	11	01			33.18	101.00	6.00
78	1952	11	04			32.00	103.30	5.50
79	1953	3	01			32.30	103.30	5.50
80	1954	5	04			31.00	98.30	5.20
81	1955	4	14			30.00	101.48	7.50
82	1958	9	11			35.00	100.00	5.10
83	1960	3	24			32.18	103.42	5.00
84	1960	11	09			32.42	103.42	6.70
85	1960	11	09			32.24	103.12	5.10
86	1960	11	09			32.36	103.48	4.70
87	1961	3	3			32.48	103.42	5.50
88	1961	5	18			33.42	99.12	5.20
89	1964	1	07			30.06	98.48	4.80
90	1965	11	26			31.18	100.12	5.10
91	1967	8	3			31.36	100.18	6.80
92	1967	8	3			31.42	100.18	4.90

地震统计	年	月	日	小时	分	纬度（°）	经度（°）	震级
93	1967	8	3			31.42	100.20	6.00
94	1969	9	26			32.30	101.48	5.10
95	1969	11	06			32.42	101.48	5.30
96	1970	1	27			34.41	101.16	4.80
97	1970	2	24			30.36	103.18	6.20
98	1970	3	05			30.36	103.24	4.70
99	1970	3	22			31.38	103.02	4.80
100	1970	9	05			32.09	101.20	5.50
101	1970	11	08			32.09	101.24	5.50
102	1972	9	27			30.24	101.42	5.80
103	1972	9	3			30.30	101.42	5.60
104	1972	9	3			30.24	101.54	5.70
105	1973	2	06			31.18	100.42	7.60
106	1973	2	06			31.24	100.06	4.70
107	1973	2	07			31.30	100.12	4.80
108	1973	2	07			31.24	100.54	5.00
109	1973	2	08			31.36	100.30	6.00
110	1973	3	24			31.54	100.00	5.50
111	1973	8	02			30.54	101.12	4.70
112	1973	8	25			31.40	100.05	4.70
113	1973	9	09			31.36	100.06	5.80
114	1973	9	09			31.42	100.00	5.00
115	1974	6	15			31.36	99.54	5.00
116	1974	9	23			33.48	102.36	5.60
117	1978	2	21			34.00	101.06	5.10
118	1978	5	31			30.24	101.36	4.90
119	1978	7	13			31.56	102.57	5.40
120	1979	11	06			30.34	99.20	5.00
121	1981	1	24			31.00	101.10	6.90
122	1982	6	16			31.50	99.45	6.00
123	1985	5	3			30.48	98.24	4.70
124	1987	1	08	2	19	34.18	103.42	5.80
125	1988	6	02	14	11	30.35	101.28	5.00
126	1989	1	19	1	22	30.00	100.06	5.30
127	1989	3	01	21	0	31.30	102.30	5.10

地震统计	年	月	日	小时	分	纬度（°）	经度（°）	震级
128	1989	5	01	7	5	30.01	99.31	5.40
129	1989	5	03	13	53	30.00	99.23	6.40
130	1989	5	03	23	41	30.01	99.25	6.20
131	1989	5	04	1	28	30.00	99.06	5.00
132	1989	9	22	10	25	31.33	102.23	6.60
133	1991	2	18	17	6	31.42	102.18	5.20
134	1992	11	30	1	39	33.12	98.00	5.10
135	1993	5	24	7	57	32.12	98.48	5.00
136	1996	10	04	1	28	34.82	99.15	5.40
137	1996	12	21	16	39	30.60	99.42	5.80

自有历史记录（公元 638 年）以来至 2001 年 6 月共发生 $M_S \geqslant 4.0$ 地震 221 次，$M_S \geqslant 5.0$ 地震 126 次，$M_S \geqslant 6.0$ 地震 48 次，$M_S \geqslant 7.0$ 地震 14 次，具体统计见表 9-2。

表 9-2　区域地震分档统计表

震级范围（M_S）	2.0～2.9	3.0～3.9	4.0～4.9	5.0～5.9	6.0～6.9	7.0～7.9
地震数目（次）	4815	937	95	78	34	14

注：据中国地震局分析预报中心，2001 年资料。

9.3　区域震中分布特征

根据地震目录参数，绘制了工程区内相应的历史地震震中分布图，具体见图 9-5。

从历史地震震中分布图上看，工程区范围内地震活动十分频繁，尤其是南部的甘孜-炉霍一带地震活动强度大、频度高、分布密集。工程区南部的雅砻江—达曲引水枢纽位于这一带，在阿安坝址附近 1919 年曾发生过 6.25 级地震。引水隧道的中部 1982 年、1973 年及 1866 年发生过 6 级、5.6 级和 7.5 级强震。除鲜水河断裂中强震呈现密集线性分布外，区内其他地区的中强震活动相对较为分散。工程区西北部的达日—久治是地震高发区，历史上曾发生过 $7\frac{3}{4}$ 级达日莫坝地震，其东南段也发生过 4 次 6 级地震和 14 次 5 级地震。沿甘德-阿坝断裂带附近，有一些中强地震沿断裂带发生，但相对而言沿库-玛断裂 $M_S=3.0～4.9$ 地震较为集中。壤塘东南的中壤塘一带自古以来就是一个中强地震多发区。

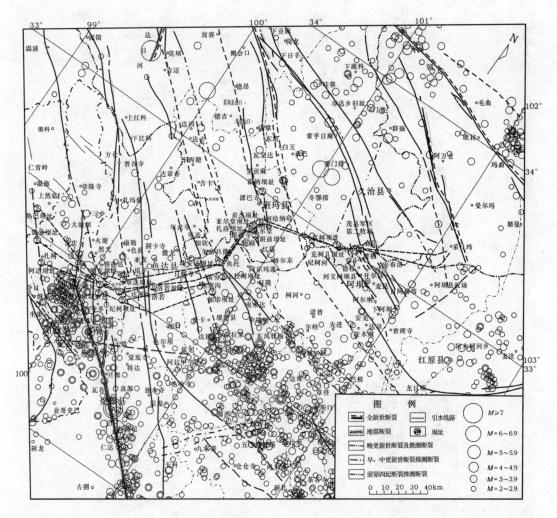

图 9-5　南水北调西线第一期工程区地震震中分布图

断裂名称：F₂：玉树-甘孜断裂；F₃：麻莱-称多-温拖断裂；F₅：清水河北断裂；F₇：巴颜喀拉山主峰断裂；F₈：桑日麻断裂；

F₁₀₋₁：甘德-阿坝南支断裂；F₁₀₋₂：甘德-阿坝北支断裂；F₁₁：久治断裂；F₁₂₋₁：赛尔曲北支断裂；F₁₂₋₂：赛尔曲南支断裂；

F₁₄：鲜水河断裂；F₁₅：甘孜-理塘断裂；F₁₆：色达断裂；F₁₇：康木-西穷断裂；F₁₈：昆仑山口-达日断裂；F₁₉：龙日坝弧形断裂；

F₂₀：库-玛断裂；F₂₁：哈拉断裂；F₂₂：达日河断裂；F₂₃：亚尔堂断裂；F₂₄：宁它-灯塔断裂；F₂₅：四通达断裂；

F₂₆：卡娘-牛金断裂；F₂₇：日柯-查卡断裂；F₂₈：松岗乡断裂；F₂₉：沃木曲断裂

注：M_S=2.0～3.9 级地震为 1970.1～2001.6 间资料

9.4　区域地震随深度的分布

工程区及邻区地震活动频繁，多数属浅源地震，震源深度多在 15～20km，少数 40～50km，工程区地震深度随纬度变化图具体见图 9-6 和图 9-7。

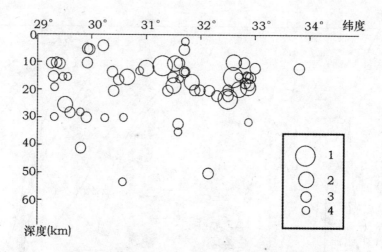

图 9-6　工程区中强地震（$M \geqslant 4.7$）深度随纬度变化图

1. $M = 7.0 \sim 7.9$；2. $M = 6.0 \sim 6.9$；3. $M = 5.0 \sim 5.9$；4. $M = 4.7 \sim 4.9$

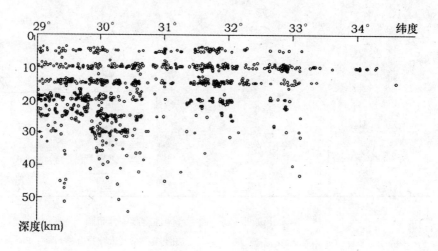

图 9-7　工程区弱地震（$M < 4.7$）深度随纬度变化图

9.5　历史地震对工程场地的影响

　　分析历史地震对工程场地的影响，是地震安全性评价的重要组成部分。引水隧洞不可避免地要穿过地震断裂带，距震源较近时，场地地震加速度会很大，可能产生严重的错动损害。

　　南水北调西线所在区域是中国历史强震区，也是震害频繁发生的区域，震害给当地人民群众物质生活造成了较大的影响。尤其是 1973 年炉霍县 7.9 级强烈地震，致使甘孜、道孚、色达、新龙、壤塘等县受到不同程度的破坏，仅炉霍县城死亡人数就达几千，倾倒房屋数千间，鲜水河干涸了数日，其凄惨情景 30 年后许多当地百姓还历历在目。调水线路距强震震中区较近，地震影响问题不容忽视。

9.5.1 工程区典型地震

对调水线路影响最大的 3 次地震：1947 年 3 月 17 日达日 $7^3/_4$ 级地震、1991 年 3 月 11 日甘德 5.0 级地震和 1973 年 2 月 6 日炉霍 7.9 级地震。通过对调水区内主要地震的调查研究，并运用烈度平均轴衰减规律，对工程沿线进行影响烈度区划。

9.5.1.1 达日地震

(1) 地震参数。

发震时间：1947 年 3 月 17 日 16 时 19 分；微观震中：北纬 33°18′，东经 99°30′；宏观震中：北纬 33°35′40″，东经 99°20′18″；震级：$7^3/_4$。

(2) 地震类型。

此次地震为孤立型地震。

(3) 震中区烈度及等震线特征。

通过查阅文献，将达日地震的震中区烈度及等震线特征绘制成图表，具体见图 9-8 和表 9-3。

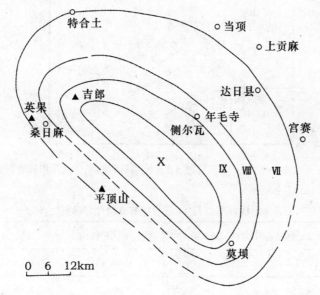

图 9-8 1947 年 3 月 17 日达日 $7^3/_4$ 级地震等震线图（据四川省地震局）

表 9-3 1947 年 3 月 17 日达日 $7^3/_4$ 级地震等震线参数

烈度区	长轴 $2a$（km）	短轴 $2b$（km）	围限面积（km²）	b/a	长轴走向（°）
X	54	16	700	0.30	320
IX	63	26	1638	0.41	320
VIII	76	31	2175	0.41	320
VII	95	39	4225	0.41	320

9.5.1.2 甘德地震

(1) 地震参数。

发震时间：1991 年 3 月 11 日 0 时 47 分；微观震中：北纬 33°36′，东经 100°28′；宏观震中：北纬 33°55′，东经 99°51′；震级：5.0；震源深度：10km。

(2) 发震构造。

甘德地震的发震构造为玛多-甘德北西向断裂。

(3) 震中区烈度及等震线特征。

通过查阅文献，将甘德地震的震中区烈度及等震线特征绘制成图表，具体见图 9-9 和表 9-4。

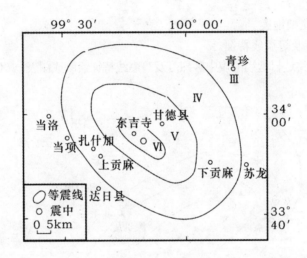

图 9-9　1991 年 3 月 11 日甘德 5.0 级地震等震线图（据四川省地震局）

表 9-4　1991 年 3 月 11 日甘德 5.0 级地震等震线参数

烈度区	长轴 2a（km）	短轴 2b（km）	围限面积（km²）	b/a	长轴走向（°）
Ⅵ	22	5	86.35	0.23	310
Ⅴ	47.5	26	969.48	0.55	313
Ⅳ	75	55	3238.25	0.73	314

9.5.1.3 炉霍地震

(1) 地震参数。

发震时间：1973 年 2 月 6 日；发震地点：四川省甘孜藏族自治州境内的炉霍县，北纬：31.18°，东经：100.42°；震级：7.9 级；震源深度：17km。

(2) 震区构造。

地震区位于青藏高原东南部的鲜水河中游耸立于高原上的贡卡拉山。震区内地势陡峻，层状地貌发育，且分布有 2 级夷平面和 8 级阶地。鲜水河河谷两侧为低山丘陵，左岸缺失高级阶地，低级阶地的宽度也小于右岸。西南侧上升幅度相对较大，不少洪积扇呈串珠状分布。

地震发生在鲜水河断裂带上,断裂带呈 NW50°,即沿西北方向展布。沿断裂带有中、基性岩侵入,具有深断裂特征。断裂带上新构造活动十分显著,沿此断裂带历史上曾发生过多次强震。这次地震震中位于炉霍西北的瓦格附近,形成的地裂缝带呈 NE50°～NE60° 方向(照片 9-1),沿鲜水河谷、以斜列式或锯齿状断续展布,北西起于甘孜县西北的东谷附近,向南东经朱倭、旦都、虚虚、老河口,止于仁达,全长约 90km。地裂缝带宽 20～150m,一般可见 5～6 条地裂缝平行排列,穿过河漫滩、阶地、陡崖、山坡和垭口等地貌,其展布显然受炉霍-道孚断裂带严格控制,并继承该断裂带左旋扭动性质。地震最大水平位错在炉霍为 3.6m,垂直位错为 2m,具体见图 9-10。

照片 9-1　震中附近瓦格坡积层上地裂缝带(据四川省地震局)

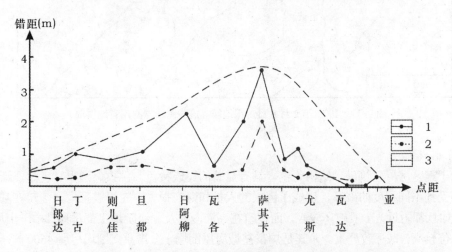

图 9-10　1973 年 2 月 6 日炉霍地震位错分布曲线图(据四川省地震局)

1. 水平错距曲线;2. 垂直错距曲线;3. 轮廓线

(3) 烈度分布。

这次地震极震区烈度达到 X 度，烈度形态呈狭长椭圆形，沿鲜水河分布，长轴 41km，短轴 4km，面积 150km²；IX 度区长轴 68km，短轴 11km，面积 530km²；而 VI 度区长轴 195km，短轴 120km，面积达 18200km²，北至色达、南达新龙，其等震线见图 9-11。

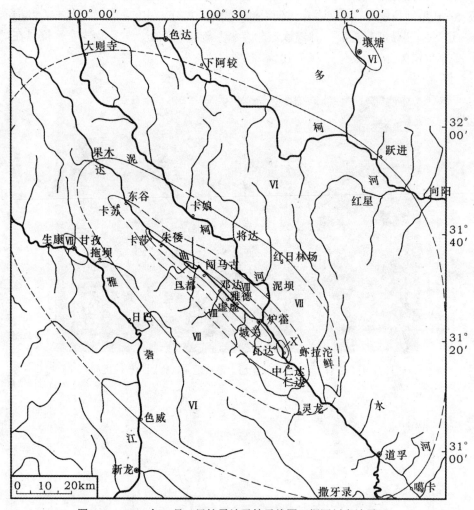

图 9-11 1973 年 2 月 6 日炉霍地震等震线图（据四川省地震局）

(4) 破坏程度。

由于震区房屋建筑以木结构为主，具有显著的民族特色，甘孜、道孚、色达、新龙、壤塘等县受到不同程度的破坏，造成了巨大的人员和财产损失。在极震区内，建筑在基岩上的房屋（如旦都附近）一般破坏较轻，而建筑在高河漫滩及一级阶地上的房屋，由于土质疏松，地下水位较高，破坏较严重。尤其是炉霍县城房屋倒塌十分严重，倒塌房屋 4600 幢（全区共有 5600 幢），死伤数千人。由于山体岩性软弱破碎，因此在较陡的公路边坡出现不同规模的崩塌和滑坡，对公路交通造成了极其严重的影响。

9.5.2 地震地表破裂特征

区域内分布的地震等震线有相关地表破裂资料的地震 4 个。这些地震发生后，地表产生了破裂。现对有关地震地表破裂的一些资料和主要特征简述如下。

9.5.2.1 地震地表破裂资料

1923 年虾拉沱 $7\frac{1}{4}$ 级地震发生在鲜水河断裂上，地震发生后，据阿诺德·西蒙（美）的调查资料，发育大量的地震裂缝。资料中记到："……一条像刀切的裂缝沿冲沟作北西—南东向延伸。……在仁达东南 2km 的震中区，发育的主破裂带保存新鲜，延伸长达 10km。裂缝位移不超过 20cm。沿裂缝带形成小圆丘地貌，地皮发生不规则的翻转。"据上海《字林西报》（英文）报道："在道孚出现大量的地裂缝，有的长达数英里"（四川地震资料汇编编辑组，1980）。据上述资料，地表破裂在北西端虚虚村及雅德村都有地裂缝，南东端在麻孜南东约 1km 也有裂缝。由此计算地裂缝的总长为 70km 左右（唐荣昌等，1993）。

1947 年达日 $7\frac{3}{4}$ 级地震发生在桑日麻断裂的中段，地震后迄今已有不少单位对地震破坏情况作了调查。1980 年青海省地震局等单位调查后，提出地震宏观震中位于建设乡西南山昂苍沟口。地震形成的地表破裂带西起玛多县克受滩，东止于达日县南日查，全长 150 余公里。1983 年青海省地震局又一次考察，提出地震形变带分布于依龙沟头至日查之间，长近 60km。1992 年中国地震局地质所等单位再次调查，确认了地震形变带长 60km 的数据（1992 年中国地震局地质所等，1994）。并指出北西向地震裂缝带的垂直断层陡坎高度一般为 0.5～0.8m，最高 2m；沿地震形变带冲沟左旋错距达 0.8m。形变带宽 30m 左右，有的地段宽 2～3m，但其最大水平位错量不清。

1967 年朱倭 6.8 级地震发生在鲜水河断裂与玉树-甘孜断裂之间的阶区附近。据蒲玉泰（1994）研究，地震时产生了许多地裂缝，可归并为马山地裂带、雄鸡岭地裂带、石门坎-庭卡地裂带。马山地裂带长 1～1.5km，宽几厘米到 20cm，呈北东向分布，其垂直断距（南东盘下掉）几厘米到 20cm。雄鸡岭地裂带走向 60°～80°，长 30～60m，宽 7～8cm，呈北东向分布，南东盘下掉 5cm。石门坎-庭卡地裂带呈北东向展布，长数十米，宽 40～60cm，垂直断距 8～9cm。据此，蒲玉泰认为地震的发生和北东向断裂活动有关。

1973 年炉霍 7.6 级地震发生在鲜水河断裂上。据蒲玉泰（1994）研究，地震发生后，地表产生长 90km 的地震断层。地裂缝呈带状分布，东南起于炉霍仁达乡吾村，向西北到达甘孜东谷乡卡苏村附近，总体延伸呈 NW55°。带宽 20～150m，单条裂缝宽 0.2～1.0m，最宽 1.5m。水平位错（左旋）0.1～2.3m，最大可达 3.6m；垂直位错为 0.1～0.4m，最大达 0.6m。

外围地区 1896 年邓柯 7 级地震，发生在玉树-甘孜断裂上。地表破裂带长达 60km，最新一期洪积扇左错达 5m（可能系多期次位错叠加所致），其垂直位移量多在 1.3～2.0m。宽约 10m，有的地段仅为 1～2m（国家地震局地质研究所等，1994）。1981 年道孚 6.9 级地震发生在鲜水河断裂东南段，地表破裂长度达 44km，最大宽度 50m（刘盛利，1994）。

9.5.2.2 地震地表破裂特征

断裂活动方式不同，引发地震的地表破裂规模也不同。走滑断裂上的地震地表破裂长度最大，位错量也最大，如鲜水河断裂上的炉霍 7.6 级地震，破裂长度达 90km，水平位错达 3.6m，而垂直位错量最大仅为 0.6m；又如虾拉沱 $7^1/_4$ 级地震产生地表断层长达 70km 等。逆走滑断裂上的地震地表破裂长度较小，位错量也较小，且垂直位错量与水平位错量较接近。如达日 $7^3/_4$ 级地震的破裂长度为 60km，平均水平和垂直位错分别为 0.5～0.8m 和 0.8m，最大水平位错达 2m。

发生在阶区附近的地震地表破裂多出现一组平行的破裂带，但规模很小，如朱倭 6.8 级地震，发生在玉树-甘孜与鲜水河断裂组成的阶区附近（拉分构造区）。地表破裂由 3 条近似平行的形变带组成，但规模很小，最长仅为 1.0～1.5km，一般几十米，仅发育垂直位移，位移量很小，仅为几厘米至几十厘米。

小于或等于 6 级的地震，地表一般不产生地表位移。如 1935 年久治 6 级地震，1974 年若尔盖 5.7 级地震等。

区域内发生的强震以挤压走滑型破裂为主要特征，一个 7.5 级左右的地震产生的地表破裂带长度在 60～80km，其水平与垂直位错量之比一般为 3～5。

9.5.2.3 地裂缝组合型式

地裂缝基本形式为裂缝和鼓包，依据力学性质，不同性质、不同方向、不同序次的单条地裂缝组合成一定的构造型式，可分为以下四种：

(1) "多"字型。

由地裂缝组及"鼓包"相间组成。地裂缝中间宽、两端狭窄、裂缝面具水平擦痕，并呈不规则锯齿状，表明这组地裂缝为张扭性质（反扭）。"鼓包"是地表土层受水平挤压而隆起形成的，多分布于地裂缝首尾交替部位，表现为压性特征，其两翼呈不对称状，走向上有时呈"S"形。

(2) 斜列式。

主要由多条地裂缝组成，单条长数米至数十米，宽数厘米至数十厘米，地裂缝间相互平行，首尾相错，呈雁列式，其力学性质为张扭性。

(3) 锯齿式（或追踪型）。

在极震区为地裂缝与"鼓包"轴部低序次的纵张裂缝组合而成，在低烈度区多见呈小幅度摆动前进的锯齿状裂缝，其力学性质为张扭性。

(4) 棋盘格式。

两组裂缝相交组成棋盘式或"X"型。两组裂面均较平直，并见有水平擦痕，显示扭性，一组为顺扭，一组为反扭。

9.5.3 地震等震线特征

地震等震线的分布和形态反映了活动断裂的空间位置、断裂走向、运动性质和活动强度等特征。地震烈度是地震发生时地震波对地面建筑物、地形、地貌等破坏程度的表征。一般来说，地震震级越大，地震烈度越高。但深源和中深源地震除外，它们对地面的烈度影响甚小，只有浅源地震才对地表产生强烈破坏，人们才能根据破坏程度勾画出地震等烈度线。工作区区域范围内所分布的地震等震线均是浅源地震所致，即地震与地壳内的断裂构造运动有关，具体而言他们与断裂的新活动有关。

一期调水工程线路的周围，区域范围内收集到地震烈度线图有 7 个，其中鲜水河断裂上有 3 个，玉树-甘孜断裂和曲玛莱-称多-温拖断裂上有 1 个、桑日麻断裂上有 1 个，甘德-阿坝北支断裂上有 1 个、库-玛断裂深部的分支断裂上有 1 个（四川省革委会地震办公室等，1975；国家地震局全国地震烈度区划编图组，1979；唐荣昌等，1993；国家地震局地质研究所等，1994）。

区域内地震烈度图的形态多为长轴状椭圆形，其次为短轴状椭圆形。地震烈度的高低与地震震级大小关系密切。震级大于 7 级的地震，其极震区烈度值达 X 度，如 1923 年虾拉沱 $7\frac{1}{4}$ 级地震、1947 年达日 $7\frac{3}{4}$ 级地震、1973 年炉霍 7.6 级地震等。大于 6.5 级而小于 7 级的地震，其烈度可达IX度，如 1967 年朱倭 6.8 级地震。6 级左右的地震，其最高烈度有的达VIII度，如 1982 年甘孜 6 级地震，多数则为VII度，如 1935 年久治 6 级地震，1974 年若尔盖 5.7 级地震等。

地震烈度线的形态与最新构造运动关系密切。大型走滑断裂上发生的地震，其烈度线呈长轴状椭圆型展布，如发生在鲜水河断裂带上的虾拉沱地震和炉霍地震，其烈度线的长轴方向与断裂走向完全一致，均呈北西向，极震区完全分布于该断裂上，其等震线的长轴与短轴长度之比达 7：1。又如发生在桑日麻断裂上的达日地震，其长、短轴长度之比达 5：1。由于地震发生受达日河断裂的影响，等震线东南端略向南发生拐弯。

其他地震的发生，除受断裂走滑运动影响外，还与断裂垂向挤压运动和横向或斜向交叉断裂同时作用有关。这类地震烈度线多为短轴状椭圆型，且极震区也不完全分布于主发震断裂上。如发生在鲜水河断裂北端的朱倭地震，其发震构造除与鲜水河断裂活动有关外，还有近东西向的横向构造参与作用，因此其极震区烈度线呈北西西方向，其长轴与短轴之比约为 2：1。甘孜地震受北西西向的曲玛莱-称多-温拖断裂和北西西向的玉树-甘孜断裂的共同作用，其等震线走向呈近南北向，长、短轴之比仅为 1.3：1。发生在甘德-阿坝北支断裂上的久治地震，其烈度线长轴方向与断裂走向一致，极震区也落在断裂上，但由于断裂具有走滑和挤压逆冲运动性质，烈度线呈短轴状椭圆型。其长、短轴之比仅为 2：1。若尔盖地震烈度线分布与地表破裂关系不甚明显，根据北西走向的烈度线长轴方向推测，其发震构造也可能为北西向。极震区的东北侧为大型走滑运动的库-玛断裂，地震烈度线与断裂走向平行。由此推测，地震的发生可能和与库-玛断裂平行的深部分支断裂活动有关。

9.5.4　地震烈度衰减规律

本区历史上记载的强震和中强震较少，仅在鲜水河、玉树-甘孜、桑日麻、甘德-阿坝北支、库-玛等断裂有强震、中强震的历史和仪器记载。沿引水工程线路附近除 1930 年在阿安引水枢纽区北发生过 6.0 级地震外，其他地段尚未发生过中强以上地震，因而也就没有相应的地震等烈度线图分布。为了研究地震影响场特征、烈度衰减规律，我们收集了工程区及邻近地区的等震线资料，经分析整理，删除了历史地震（包括地震后未立即进行宏观考察的地震）的低烈度等震线及无实际考察点控制的推测等震线，最后得到 $M_S \geqslant 5.0$ 的 17 次地震共 46 条等震线资料。其中包括青海省境内 8 次地震的 18 条等震线，四川省 9 次地震的 28 条等震线（表 9-5）。

表 9-5 南水北调西线地区及邻区典型地震震级与烈度表

发震时间	地 点	震级 M_S	烈度 I	长半轴 a / km	短半轴 b / km
1738	青海玉树	6.5	Ⅶ	88.7	3
1923.3.24	四川炉霍道孚	7.25	Ⅹ	19.6	3.0
		7.25	Ⅸ	26.1	6.8
		7.25	Ⅷ	37.8	14.6
		7.25	Ⅶ	49.5	23.2
1933.8.25	四川茂汶叠溪	7.5	Ⅹ	15.0	8.1
		7.5	Ⅸ	23.4	16.9
		7.5	Ⅷ	39.4	30.0
		7.5	Ⅶ	60.0	44.4
1947.3.17	青海达日	7.75	Ⅹ	27.8	5.3
		7.75	Ⅸ	27.8	5.3
		7.75	Ⅷ	30.5	12.3
1948.5.24	四川理塘	7.25	Ⅹ	13.6	4.3
1960.11.9	四川漳腊	6.75	Ⅸ	4.5	3.0
		6.75	Ⅷ	9.0	4.4
		6.75	Ⅶ	15.7	
		6.75	Ⅵ	21.8	
1961.12.4	青海杂多	5.9	Ⅶ	42.5	20.8
		5.9	Ⅵ	70.0	45.8
1967.8.30	四川炉霍	6.8	Ⅸ	7.0	4.5
		6.8	Ⅷ	23.3	9.7
		6.8	Ⅶ	37.3	17.3
		6.8	Ⅵ	63.3	
1971.3.24	青海托索湖	6.3	Ⅷ	16.6	6.4
		6.3	Ⅶ	34.9	20.8
		6.3	Ⅵ	76.7	45.3
		6.3	Ⅴ	128.0	94.4
1971.4.3	青海杂多	6.5	Ⅸ	3.2	1.7
1971.4.3	青海杂多	6.3	Ⅸ	2.0	1.1
1973.2.6	四川炉霍	7.9	Ⅹ	20.3	2.4
		7.9	Ⅸ	35.6	5.1
		7.9	Ⅷ	47.5	9.3
		7.9	Ⅶ	60.2	23.7
		7.9	Ⅵ	89.8	72.9
1974.9.23	四川若尔盖	5.6	Ⅶ	6.8	4.4
1976.8.16	四川松潘	7.2	Ⅸ	5.4	1.7
		7.2	Ⅷ	30.0	8.4
		7.2	Ⅶ	41.8	17.1
1976.8.23	四川松潘	7.2	Ⅷ	20.4	4.8
		7.2	Ⅶ	30.2	10.7
1979.3.29	青海玉树	6.2	Ⅶ	36.8	9.4
		6.2	Ⅵ	67.5	17.3
		6.2	Ⅴ	105.8	33.8
1986.11.9	青海曲麻莱	5.2	Ⅵ	22.1	10.4
		5.2	Ⅴ	49.9	20.1
		5.2	Ⅳ	80.6	

为了从这些不很规则等震线中概括出地震烈度衰减规律，采用了椭圆来描述等震线，以震中至某一条等震线最大距离为长半轴 a，以与其垂直方向、震中至该等震线最大距离为短半轴 b。共测量长轴数据 46 个、短轴数据 42 个，与震级 M 和烈度 I 数据一并列入表 9-5 中。回归公式为：

$$I = C_0 + C_1 M - C_2 \ln(a - a_0) C_3 \ln(b - b_0) \tag{9.1}$$

式中，I 为地震烈度；M 为震级；a、b 分别为长、短半轴长度，且有 $a \neq 0$ 时，$b=0$，$b \neq 0$ 时，$a=0$；C_0、C_1、C_2、C_3 均为回归系数；a_0 和 b_0 分别为预设常数，又称近场距离饱和因子，以使回归的标准差最小为原则来选取。采用最小二乘法，经双重循环试算，选定青海及邻近地区烈度衰减公式为：

$$I_a = 3.976 + 1.439M - 1.597\ln(a + 10.9)$$

$$I_b = 1.596 + 1.438M - 1.322\ln(b + 3.2) \quad (\sigma = 0.685) \tag{9.2}$$

式中，σ 为回归的标准差，表现为实际数据对回归公式偏离的程度。

对于椭圆模型而言，当 $R=0$ 时，应当有 $I_a = I_b$ 的约束条件，但是由于回归误差的原因，很难精确满足。因此只要在震中处的 I_a 和 I_b 差别很小，即可认为长轴方向和短轴方向两个衰减关系是匹配的。根据以上研究结果计算南水北调西线地区烈度 a、b 轴衰减表如表 9-6 和表 9-7 所示，其烈度衰减规律与青藏高原中部昆仑山一带相当一致，见图 9-12。

为了进一步分析调水沿线的影响烈度，这里应用区域烈度衰减关系公式（9.2）计算区域历史地震到引水路线最短距离的影响烈度值（下称最大影响点），并在表 9-8 中给出计算影响烈度值达 5.5 度以上的地震目录以及相应的参数值。表 9-8 中影响烈度一栏为每个地震调水线路最大影响点的影响烈度。凡是有宏观烈度资料确定影响烈度的，一律用宏观资料确定影响烈度值；对没有宏观等震线资料可依据的地区，则用上述计算值，以四舍五入原则给出各个最大影响点的参考影响烈度值，通过计算得出南水北调西线一期工程地区烈度平均轴衰减表（表 9-6 和表 9-7）。根据收集的地震资料和计算的南水北调西线一期工程沿线最大影响点的影响烈度（表 9-8），编制区域综合等震线图（图 9-13）。

表 9-6　南水北调西线地区烈度 a 轴衰减表

震级	震中与调水线路最短距离（km）									
（M_S）	0	5	10	15	20	30	40	50	75	100
1	1.6	1.0	0.5	0.2						
2	3.0	2.4	2.0	1.6	1.3	0.9	0.5	0.3		
3	4.4	3.8	3.4	3.0	2.8	2.3	2.0	1.7	1.1	0.7
4	5.8	5.2	4.8	4.5	4.2	3.7	3.4	3.1	2.5	2.1
5	7.3	6.7	6.2	5.9	5.6	5.2	4.8	4.5	4.0	3.6
6	8.7	8.1	7.6	7.3	7.0	6.6	6.2	5.9	5.4	5.0
7	10.1	9.5	9.1	8.7	8.4	8.0	7.6	7.4	6.8	6.4
8	11.5	10.9	10.5	10.1	9.9	9.4	9.1	8.8	8.2	7.8
9	12.9	12.3	11.9	11.6	11.3	10.8	10.5	10.2	9.7	9.2

表9-7 南水北调西线地区烈度 b 轴衰减表

震级 (M_S)	震中与调水线路最短距离（km）									
	0	5	10	15	20	30	40	50	75	100
1	1.6	0.3								
2	3.0	1.7	1.0	0.6	0.3					
3	4.4	4.4	4.4	4.4	4.4	4.4	4.4	4.4	4.4	4.4
4	5.8	4.5	3.9	3.5	3.1	2.7	2.3	2.0	1.5	1.2
5	7.3	6.0	5.3	4.9	4.6	4.1	3.7	3.5	2.9	2.6
6	8.7	7.4	6.7	6.3	6.0	5.5	5.2	4.9	4.4	4.0
7	10.1	8.8	8.2	7.7	7.4	6.9	6.6	6.3	5.8	5.4
8	11.5	10.2	9.6	9.1	8.8	8.3	8.0	7.7	7.2	6.8
9	12.9	11.6	11.0	10.6	10.2	9.8	9.4	9.1	8.6	8.3

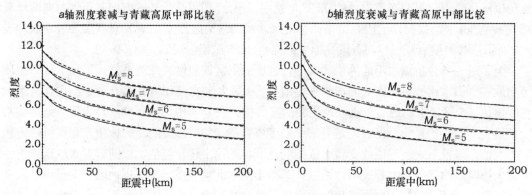

图 9-12 烈度衰减与青藏高原中部比较曲线

图中实线为工程区烈度衰减曲线；虚线为青藏高原中部烈度衰减曲线

表9-8 南水北调西线一期工程沿线最大影响点的影响烈度

序号	发震时间 （年.月.日）	震中（°）		震中地点	震级 (M_S)	距离 （km）	计算烈度	影响烈度
		纬度	经度					
1	1443	–	–	中壤塘	6.25	3	8.5	Ⅸ
2	1982.6.16	31.8	99.85	甘孜	6.0	10	7.6	Ⅷ
3	1973.3.24	31.6	100.0	甘孜	5.6	4	7.5	Ⅷ
4	1866.4	31.5	100.4	真达	7.6	20	9.3	Ⅹ
5	1919.8.26	32.0	100.0	甘孜	6.5	0	9.2	Ⅹ
6	1967.3.17	–	–	霍西	4.75	16	5.4	Ⅵ
7	1969.11.6	–	–	班前	5.3	0	7.4	Ⅷ
8	1935.7.26	–	–	那壤沟	5.5	24	6.1	Ⅵ
9	1978.3.8	–	–	万延塘	4.4	25	4.5	Ⅴ

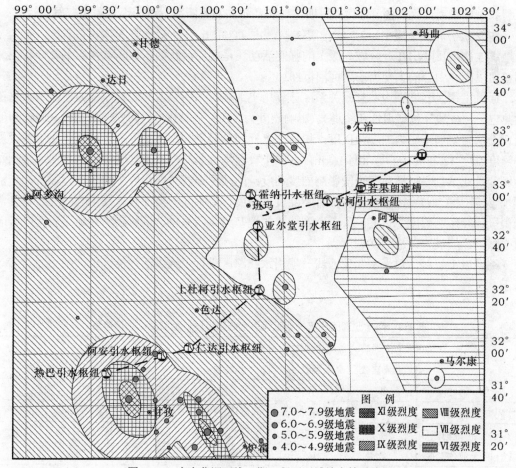

图 9-13 南水北调西线一期工程区区域综合等震线图

综上所述，区域内历史地震对工程沿线影响烈度达Ⅵ度的 2 次，Ⅷ度的 3 次，Ⅸ度的 1 次，Ⅹ度的 2 次。由于工作区内历史地震记载很少，有些地震又发生在无人居住的地方，所以有宏观资料的地震记录不多。从综合等震线图 9-13 上可看出，引水线路阿柯河以南基本上在历史地震影响烈度Ⅶ度以上地区穿越，受历史上两次近 8 级地震的影响，其中要穿越Ⅷ度、Ⅸ度、Ⅹ度区，可见历史地震的影响是很大的。

9.6　近区域地震活动性

近区域是指引水线路两边 25km 范围。由于川西高原地区地震台网监测能力的局限性，3.5 级以下的地震有遗漏，自有地震记录以来，在近场区范围（31.5°～33.5°N，99.00°～102.42°E）内，共记录到 7.0～7.9 级地震 1 次，6.0～6.9 级地震 8 次，5.0～5.9 级地震 15 次，4.0～4.9 级地震 15 次。1970 年以来，近场区范围内发生 3.0～3.9 级地震 234 次，2.0～2.9 级地震 1609 次。

微震活动与强震活动在空间上分布相一致，即近 30 年来的弱震活动也主要集中在鲜水河断裂和壤塘东南地区（图9-14）。阿坝盆地和塞尔曲北支断裂附近中小地震也有发生。

在9次破坏性地震中，7.5级地震1次，占11%；6～6.9级地震3次，占33%；5～5.5级地震5次，反映出在近区域6级上的强震活动还是相当活跃的。近区域强震主要分布在泥曲枢纽以南和中部的上杜柯—阿柯河枢纽。

通过工程区烈度平均轴衰减关系，计算历史地震对工程要素的影响烈度如下：引水枢纽的热巴—阿安段（包括坝址和隧道），影响烈度为Ⅹ度，局部Ⅸ度；阿安—仁达段，影响烈度为Ⅷ度，阿安坝址影响烈度为Ⅸ度；仁达—上杜柯全段影响烈度Ⅷ度；上杜柯—亚尔堂段影响烈度Ⅷ度17.2km，烈度Ⅶ度16km，其中上杜柯坝址影响烈度为Ⅶ度，亚尔堂坝址影响烈度Ⅷ度；亚尔堂—阿柯河段全段影响烈度Ⅶ度；阿柯河—若果郎全段影响烈度为Ⅶ度，克柯坝址影响烈度为Ⅶ度，若果郎渡槽影响烈度为Ⅶ度。若果郎—贾曲段计算影响烈度为Ⅵ度，明渠段计算影响烈度为Ⅵ度区，考虑到该段的地基为第四系松散沉积物，对地震波反应可能更强烈，加剧震害，故烈度Ⅶ度。

综合以上资料，对南水北调西线一期引水线路区进行了地震活动性评价，结果如表9-9所示。

表9-9　南水北调西线第一期工程引水线路近区域地震活动性评价表

工程部位	历史地震记录次数	历史地震最大震级 M_S	烈度评价
阿达—阿安段	4	7.5	烈度Ⅹ度60%，局部Ⅸ度40%
阿安—仁达段	1	6.25	烈度Ⅸ度区20%，烈度Ⅷ度区80%
仁达—上杜柯段	1	4.75	全段烈度Ⅷ度
上杜柯—亚尔堂段	2	6.5	烈度Ⅷ度17.2km，烈度Ⅶ度16km
亚尔堂—阿柯河段	2	5.5	全段烈度Ⅶ度
阿柯河—若果郎段	无记录		全段影响烈度为Ⅶ度
若果郎—贾曲段	无记录		计算为Ⅵ度区，但据区域强震区较近，因此线路区划分为烈度Ⅶ度
明渠段	1	4.4	计算为Ⅵ度区，考虑到该段的地基为第四系松散沉积物，对地震波反应可能强烈，加剧震害，故烈度Ⅶ度

9.7　工程区主要发震断裂区（带）特征

在大陆内部受地壳块体运动控制，块体内部往往具有一定的地质或深部地质构造背景，有统一的力学机制，块体内部地震与活动断裂关系十分密切，使同一地震区的地震活动常具有若干共同的特征。一条地震带往往对应一个地质块体的一条边界，在块体运动时，各条边界对应地震带的地震活动常常具有一定的相关性。这样，这些边界地震带及块体内的地震活动带（区），就构成了高一层次的地震区。在进行工程区地震研究时，必须将区内地震资料与整个青藏高原东部及周边地区的序列特征进行比较，才可以对研究区的序列特征有更加清楚的认识。

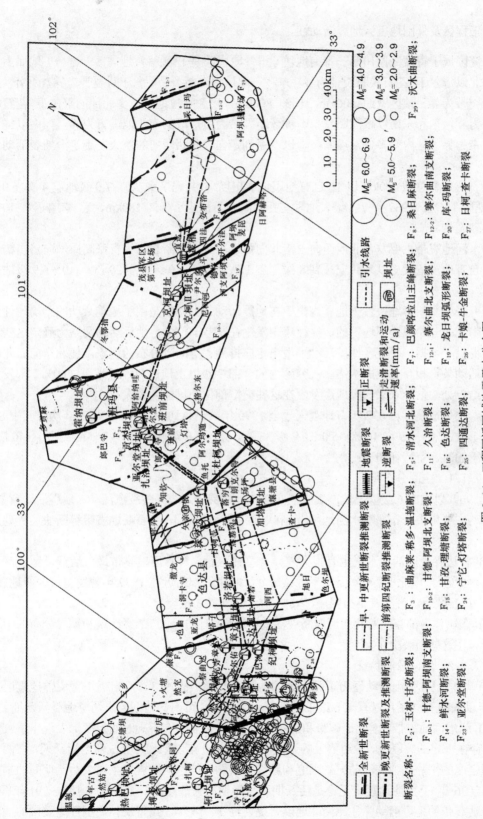

图 9-14 工程区近区域地震中分布图

9.7.1 工程区及外围地震区地震活动性

研究区属于青藏高原川西－青南地块（川青地块），是巴颜喀拉地震区一部分。地质上川青块体北以舒尔干-花石峡断裂带为界，东和东南以岷江断裂带、虎牙断裂带为界，西南以鲜水河断裂带为界。该区宽约 500km，长约 800km。巴颜喀拉地震区由北部的舒尔干-花石峡地震带为界，东和东南以岷江断裂带、虎牙断裂带为主形成的南北地震带为界，西南以鲜水河地震带为界。区内有多条发震断裂，以一系列走向为北西西向的巨大左旋走滑断裂活动为特征。

花石峡断裂总长 400km 以上，自有地震记载史以来，共记录到 7.0～7.9 级地震 4 次，6.0～6.9 级地震 15 次。1937 年 $7\frac{1}{4}$ 级大地震在托索湖一带形成了延伸 180km，总体走向为 310° 的地震破裂带。

鲜水河地震带主要发育北西西向－南北向弧形左旋走滑断裂，为青藏高原横向挤出构造边界，自有地震记载史以来共记录到 8 级地震 1 次，7.0～7.9 级地震 29 次，6.0～6.9 级地震 105 次。

研究表明，川青地块较大地震均集中在地震活动带上，但是由于地震活动的不均匀性，在地震带上的分布也是不均匀的，往往集中发生在某些部位上，地震活动网络为确定这些特殊部位提供了依据。研究区地震活动呈现出定向排列、等间隔分布的现象，使北东向、北西向地震活动条带相互交汇成网络。研究区内的全部 7 级以上地震和 6 级地震（60％）都发生在网络结点处，估计未来的大地震发生在这些交汇部位的可能性较大。

川青块体地震区自 638 年有地震记载至 1990 年共记载到 $M_S \geqslant 4.7$ 地震 190 次，其中 8.0 级地震 1 次，7.0～7.9 级 16 次，6.0～6.9 级 33 次，5.0～5.9 级 94 次和 4.7～4.9 级地震 46 次，这些地震的时、空特征如下：

9.7.1.1 空间分布特征

(1) 96％以上的 6 级以上地震集中展布在块体边界上，边界断裂愈活动，地震活动愈强。地震活动主要集中分布在鲜水河地震带、南北地震带和舒尔干-花石峡地震带等断块边界地震带上。

(2) 各边界地震活动水平也有很大差异。总体上看，鲜水河地震带最为活跃，地震活动强度高、频度大；南北地震带次之，不过该带北缘甘肃武都附近在 1879 年曾发生过 8 级地震。舒尔干-花石峡地震带亦有不少强震，其中 $M_S \geqslant 7$ 地震 3 次。

(3) 在块体内部存在着北西西向断裂活动，块体仅有的一次 7.7 级地震和零星分布的中强地震分布在这些断裂上。

9.7.1.2 时间分布特征

(1) 川青块体强震活动经历了两个大的地震活跃期：图 9-15 给出了川青块体地震区从 1400 年以来的 M-t 图，以有无 6 级以上地震为强度限，可明显地划分出两个地震活跃期。

(2) 鲜水河地震带、南北地震带和舒尔干-花石峡地震带在不同时间尺度上表现出盛衰交替性，存在一定的关联性。各边界上的地震活动从 1630 年以来均可分成两个活跃期，在两个活跃期之间的平静期地震活动无论强度和频度都很弱。鲜水河地震带上两个活跃期间的平静期最短（76 年）；南北地震带无论是活跃期和平静期均大致同步，平静期为 183～191 年间。鲜水河地震带的地震活动往往比南北地震带提前约 3～14 年，川青块体周围各地震带的地震时空分布具体见图9-16。

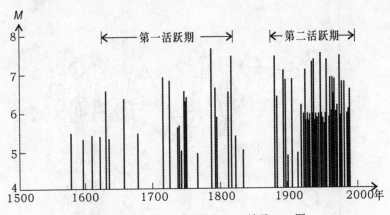

图9-15 川青块体地震区 $M \geqslant 5$ 地震 M-t 图

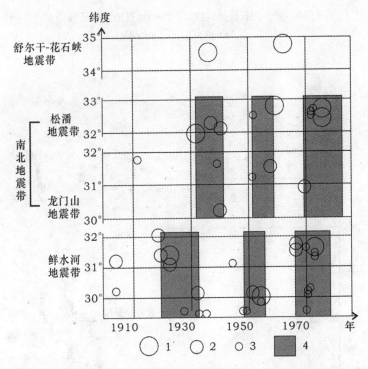

图9-16 川青块体周围各地震带的地震时空分布图

1. M_S=7.0~7.9；2. M_S=6.0~6.9；3. M_S=5.0~5.9；4. 地震活跃期

9.7.1.3 地震迁移特征

川青地块地震区 $M_S \geqslant 6.5$ 地震具有自东向西迁移的特征，见图9-17。

9.7.1.4 地震"应变"释放特征

在川青块体地震区中，地震"应变"，主要通过边界上的地震活动释放，见图9-18。

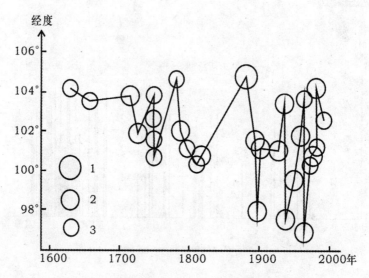

图9-17　川青块体地震区$M \geqslant 6.5$地震随经度迁移图

1. $M_S \geqslant 8$；2. $M_S = 7.0 \sim 7.9$；3. $M_S = 6.0 \sim 6.9$

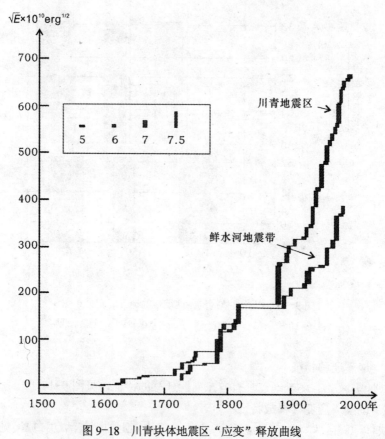

图9-18　川青块体地震区"应变"释放曲线

曲线给出了块体的地震"应变"（$\sqrt{E}$）释放过程。从 $\sqrt{E}$ 曲线的斜率变化也可看到块体的地震活动的盛衰交替变化。第一活跃期中地震的 $\sqrt{E}$ 量为 200.2×10^{10} 尔格 $^{1/2}$（尔格为非法定单位，已废止，1 格尔=10^{-7}J），占总释放量的 25％；第二活跃期则为 588.9×10^{10} 尔格 $^{1/2}$，占总释放量的 75％。显然，这可能与早期地震的遗漏有一定关系。可见该地震带的地震"应变"释放特征与鲜水河地震带的地震"应变"释放征相似。

9.7.1.5　震级－频度关系与地震平均复发周期

古登堡和里克特的震级－频度公式：

$$\lg N = a - bM \tag{9.3}$$

地震区带各级地震的平均复发周期 T_M：

$$T_M = \Delta T \times 10^{-(a-bM)} \tag{9.4}$$

由公式 9.3 用最小二乘法求出了川青块体地震区各带的 a、b 值。由此值再根据公式 9.4 求出地震带的各级地震平均复发周期，见图 9-19 和表 9-10。

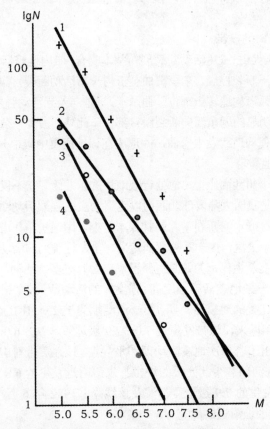

图 9-19　川青块体地震区及各地震带（亚区）的震级-频度关系曲线

1. 川青块体地震区；2. 鲜水河地震带；3. 松潘－较场地震带；4. 龙门山地震带

表 9-10 川青块体地震区及各地震带 *a*、*b* 值及各级地震平均复发周期

地震区（带）	资料年限	a	b	复发周期（T_M）				
				8.0	7.5	7.0	6.5	6.0
川青块体地震区	1500～1991	5.55	0.65	21 9	104	49	23	11
松潘-较场地震带	1488～1991	4.66	0.60		347	174	87	44
龙门山地震带	1327～1991	4.40	0.62			572	284	139
鲜水河地震带	1725～1991	3.89	0.43			57	35	21

9.7.2 工程区地震区带划分

根据 1783～1982 年 200 年间的统计，区内共发生地震 177 次，其中的 58 次地震与区域断裂构造活动关系十分密切，有呈带状分布规律，5 级以上地震几乎都分布在北西西、北西向活动断裂带上或几组断裂带的交汇部位，弱震大多伴随着强震成带状发生在主要活动断裂带附近。综合分析区域的地震分布规律，可划分为 4 个地震带和 2 个地震区，即甘孜-玉树地震带、鲜水河地震带、甘德-达日-久治地震带、曲麻莱-清水河地震带、甘孜拉分盆地岩桥区和壤塘地震分布区。

9.7.2.1 甘孜-玉树地震带

它和西金乌兰湖-风火山-玉树活动断裂展布基本吻合，带内地震活动东段最强，西段较弱。西段由两条近东西向主干断裂控震，东段莫曲至玉树一带活动断裂密集成束。历史上的震中多分布在下列构造部位：弧形构造转折部位（曲尕卡）、垂向差异活动强烈地段（治多南）、北西西-北西向断裂、活动明显的近东西向断裂斜接部位。此外，治多-杂多一带存在着南北向构造隆起的横跨复合，致使构造线发生弯曲，并形成在该地段震中集中分布这一重要特征。

9.7.2.2 鲜水河地震带

鲜水河断裂带展布于川西高原上，地处青藏地块的东北缘。它不仅是我国西部巨型反"S"形构造的组成部分，还是我国大陆内部北西向以走滑为主的强烈活动断裂带之一，是西南地区一条主要的强震活动带。鲜水河断裂带北起甘孜木格桐，南经炉霍、道孚、乾宁、康定至泸定的磨西以南，绵延 350 余公里，由一系列北西走向，呈左行雁列的活动断裂构成。断裂带在三叠系晚期已初具规模，在新生代，尤其是更新世以来曾有过多次活动，并伴随有强震发生。

鲜水河发震断裂是一条地震活动频度高、强度大的活动断裂带，据历史记载，自公元 1700 年至今，已经历了两个完整的地震活动期，第一活动期为 1725～1816 年，第二活动期为 1893 年至今。自公元 1700 年以来，该带发生过 7.0～7.9 级地震 8 次，6.0～6.9 级地震 17 次。这些地震交替发生，呈现出了若干次地震活动期和平静期。该地震带对引水线路影响最大，1967 年 8 月 30 日，位于鲜水河断裂带北西段的炉霍县朱倭附近发生的 6.8 级地震（图 9-20）以及 1973 年 2 月 6 日炉霍发生的 7.9 级地震都波及该线路；1982 年 6 月 16 日，甘孜发生的 6.0 级地震，震中就在阿达坝址附近的然充寺。

9.7.2.3 甘孜拉分盆地岩桥地震区

上述甘孜-玉树发震断裂和鲜水河发震断裂两大北西向左旋走滑活动断裂，在甘孜附近呈左行斜列状，构成一个北西-南东向的梯形地块，即甘孜岩桥区，长约 60km，西侧宽 35km，

东侧宽约 20km。岩桥区中发育着北东、北北东和近南北向的横贯破裂。其中，岩桥西部的一组北北东向破裂具有锯齿状、折线状以及粗大、开口等影像特征，表现出张性断裂的活动性质，并控制了麦玉曲等雅砻江支流水系的发育。在岩桥中部，发育一组近南北向断裂控制的大、中、小型冲沟，向南可延入甘孜-绒坝盆地的东部。

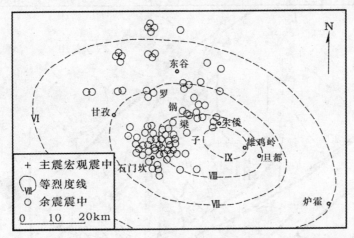

图 9-20　1967 年 8 月 30 日朱倭 6.8 级地震等震线及余震分布图（据四川省地震局）

　　甘孜岩桥区与鲜水河断裂带地震活动密切相关，1973 年 2 月 6 日鲜水河断裂带上发生炉霍 7.9 级大震之前，曾在甘孜岩桥区东部边缘的朱倭发生了 4 次灾害性地震，即 1967 年 8 月 30 日发生的 6.8 级、6.0 级地震和同年 9 月 21、29 日的 2 次 4.9 级地震。炉霍 7.9 级大震后至 1973 年 3 月底的 882 次余震中，有 640 次发生在甘孜岩桥区东部的石门坎—罗锅梁子一带。另外，于 1973 年 9 月 9 日和 1974 年 6 月 15 日在甘孜岩桥区还分别发生了 5.8 级和 5.2 级晚期强余震（图 9-21）。

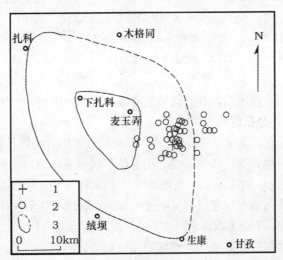

图 9-21　1982 年 6 月 16 日甘孜 6.0 级地震及其余震分布图（据四川省地震局）

1. 主震震中；2. 余震震中；3. 等烈度线

1981年1月24日在鲜水河断裂带上发生道孚6.9级地震后，又于1982年6月16日在甘孜岩桥区发生6.0级晚期强余震，以上事实说明，每当鲜水河断裂带北西段和中段发生一次强震，甘孜岩桥区内就有明显的前震或余震活动，可见，它是一个对鲜水河断裂带上的强震活动十分敏感的构造部位（图9-22）。

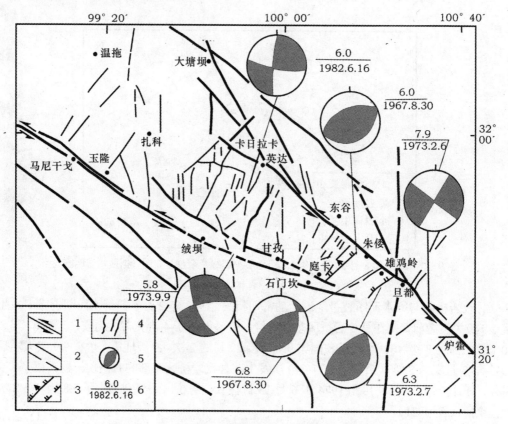

图9-22　鲜水河断裂西北段与甘孜-玉树断裂间拉分盆地
岩桥区余震分布和发震断层错动（据四川省地震局）

1. 主干左旋走滑断裂；2. 一般走滑断裂；3. 东北向活动正断层；4. 北东、北北东向锯齿状断裂；

5. P波初动断面解，下半球投影，黑色部分为膨胀P波区；6. 6.0为震级，1982.6.16为发震时间

　　上述各种事实表明，该区向西在英达附近穿越西线调水隧道，对工程影响较大。

9.7.2.4　壤塘地震分布区

　　壤塘是潜在的震源区，壤塘-阳陪地震带位于小金弧形构造西翼反射弧之末端，在深部构造背景上，处于南北向地壳等厚线明显挠曲的部位。从航磁勾画的磁性体埋藏深度图上可以看出，在地下3.0～5.0km的深度上，该地震区处在班玛-壤塘断块隆起南缘与炉霍北侧凹陷之间的挠折带上。该区历史上和现代都发生过中强地震，据不完全统计，1443年至今共发生破坏性地震5次，其中4.7级1次，5.0～5.5级3次，$6\frac{1}{4}$级地震1次。这些地震基本上分布在上述地壳等厚线的挠曲带和航磁的隆凹区的挠折部位。到目前为止，地表上还未见到断层出露，但根据卫星照片影像，发现区内分布有3条线形迹特征清晰的影像，方向分别为北东和北西，是断裂的反映（尚有待于地面查证）。归属北西向的有两条：一条位于壤塘西侧，北

西起自勒青贡，经阳培至壤塘一带，长约 30km，据壤塘历史地震调查，在壤塘达格附近，在线形迹南端，1790 年发生过 5.5 级地震；另一条位于壤塘东侧，北西起自南木达，向南东延伸到查托及其东南一带，长约 35km，据阿坝地震局的壤塘历史地震调查，在线形迹东侧中壤塘附近，1443 年发生了 $6\frac{1}{4}$ 级地震，在线形迹延伸之东南端嘎吉南侧，1977 年 9 月 11 日先后发生了 4.0 级和 4.5 级地震。归属北东向线形迹构造有一条，北东起自查卡向南西沿刷曲延伸，直抵杜尔吉一带，全长约 38km。该线性构造东侧，1970 年 9 月 5 日在壤塘东南沙尔附近发生 5.5 级地震（震源深度 20km），同年 11 月 8 日，在其西侧嘎吉北又发生 5.5 级地震（震源深度 50km）。

上述资料表明，壤塘地震分布区的地表构造虽较简单，但其深部构造背景还是较复杂的。深、浅构造之间的差异，震源深度上显示地震特征也不相同，随着历史地震遗迹的不断发现，加之目前该区地震活动水平逐年增强，人们可以进一步对该区未来地震活动水平作出较为正确的评估。

9.7.2.5　甘德-达日-久治地震带

达日-久治地震带向东南到达壤塘南木达地区，规划中的上杜柯—亚尔堂—阿柯河一线受其影响较大。

地震带呈北西向位于扎陵湖—达日—久治一线，尤其是吉万—白玉东西向条带上的地震活动明显，1935～1952 年共发生过 3 次 6 级地震，1 次 7 级地震。东西端震中连线长约 150km，向北东延伸到贾诺地区，影响到隧道出口和明渠段。该强震带位于青海东南基底下陷槽、达日东西向沉降中心与久治东西向沉降中心的连接上，且各强震点又都位于最大埋深约 36～46km 槽形状走向的弯转处。另一方面，该强震带又恰恰处在重力区域等值线由南东走向转向南西走向的弯转处，地震不发生在转弯最明显的地段。重力区域的这种展布特征，表明沿震中存在翻转并向久治方向起状的地壳块体，其厚度大致为 62～67km。此强震带东段与南坪—略阳—洋县的东西向断裂带及下伏重、磁特征线遥遥相对，在贾诺与南坪间的若尔盖地区，东西向重、磁特征线以东出现过 8 级大地震（1879 年 7 月 1 日）。强震带向西通过 8 个一字排列的 1.4～4.4 级的地震点，沿北西西向在称多北则与清水河断裂相接。深部表现为自达日东西向沿隆起中心以西至称多北侧，与结隆近东西向隆起区北缘斜坡相接。因此，就地震危险性对西线引水工程的危害性而言，仅集中表现在该强震带对穿越其间的引水线路工程的危害。达日-久治强震带亦应属深层构造强震带，本区几乎没有中、小震出现，历史上发生的地震强度均较高，但频度低。在这样的地质构造背景下，未来仍有可能再次出现强震。预测该带未来地震基本烈度最大值不会小于 X 度。

9.7.2.6　曲麻莱-清水河地震带

该地震带位于秋智-清水河活动断裂东段，带内有多条北西西向主干断裂发育，右行雁列式排布，平行活动断裂众多。在第三纪形成的断陷洼地或谷地、温泉出露、地貌差异等特征均显示了断裂的活动性。震中主要分布在断裂的斜接部位，因此未来地震的发生将是不可避免的，不过近年来多是强度不大的 4～5 级地震，主要影响石渠线路，对一期调水工程影响不大。

通过对地震活动空间分布特征的研究，地震活动主要发生在工程区南部的鲜水河地震带、鲜水河-甘孜拉分及岩桥地震区、甘孜-玉树地震带及西北的桑日麻-达日地带、达日-久治和壤塘南木达-耿达地震区。调水区域南部受鲜水河断裂带地震活动控制，中部受桑日麻断裂、达日断裂、甘德断裂及达日-久治断裂地震活动控制，北部受花石峡-玛曲断裂地震活动控制。未来较大地震发生在鲜水河断裂带西北段东谷－英达－甘孜－炉霍地区的可能性较大，但中部的壤塘－上杜柯坝址－亚尔堂坝址－阿柯河坝址－果洛山也有一定的可能性。

9.7.3 工程区发震断裂

发震断裂属于活动断层系列，是工程活断层一个类型。从其含义上讲，更强调地震直接标志，其着眼点是地震的危险性。活动断层实际上是从地震潜在危险角度提出的发震断裂，是隐含着发生破坏性地震并能导致地表断错危险的活断层。1984年美国U.S.G.S和犹他州地质矿产所在关于"犹他州地区和城市地震危险性与危害性评价"的讨论会中，所定义的活断层直接和发震相联系。他们认为，活断层是一个据历史地震学和地质学证明有产生地震高可能性的断层，或者在规定时间内，为特殊地震危险性（危害性）分析而给予一个可接受假定下可能发生地震的断层。引水工程区的发震断裂绘于图9-23中。

从工程角度来看，首先应考虑将来有可能发生破坏性地震的活断层。根据地震发生的重复性特点，过去发生过破坏性地震的活断层有可能再次活动，发生破坏性地震，所不同的是活断层所发生破坏性地震的重复间隔不同而已，因此，第四纪发生过地震的断层应属于发震断裂。除了地震直接标志外，在确定发震断层地质标志时，更应注意发震断层的规模、活动性质、特点、构造部位及其现代应力场特点。工程区发震断裂主要有：甘孜-玉树断裂带、甘德断裂带、桑日麻-莫坝断裂带、阿万仓断裂带、鲜水河断裂带、长沙贡玛-大塘坝断裂带和达日-久治断裂带，其特征见工程区发震断裂带一览表（表9-11）。

表9-11 工程区发震断裂带一览表

发震断裂带	历史典型地震（M_S）	历史最大震级	预测最大地震
甘孜-玉树断裂带	7.0（1896年）、7.0（1866年）	7.0	8
甘德断裂带	5.5（1935年）、5.0（1991年）	5.5	6
桑日麻-莫坝断裂带	7.7（1947年）、7.7（1811年）	7.25	8
阿万仓断裂带	4.4（1978年）	4.4	6
鲜水河断裂带	7.6（1973年）、8.0（1786年）	7.9	8
长沙贡玛-大塘坝断裂带	6.5（1915年）、5.1（1977年）	6.5	7～8
达日-久治断裂带	7.7（1947年）、7.7（1811年）	7.7	8

9.7.4 潜在震源区

潜在震源区是指未来具有发生破坏性地震潜在可能性地区或地段。此处，"未来"指现今区域构造运动的性质、强度、应力场发生较大变化以前的很长一个时期，可能达千年或更长；"破坏性地震"指震级不大于该潜在震源区的震级上限M_μ，而又会对人类的生产、生活造成不良影响的地震，震级一般不小于$4\frac{3}{4}$；"潜在可能性"具有概率的含义，大小由该潜在震源的地震活动性参数决定，所考虑的未来时间段不同，这些参数值也会有所变化。

潜在震源区的划分描述了未来地震活动在空间和强度上的不均匀性，划得越小，表达得越详细。在一个潜在震源区内，未来各处所发生地震强度和频度上的差异均忽略不计。

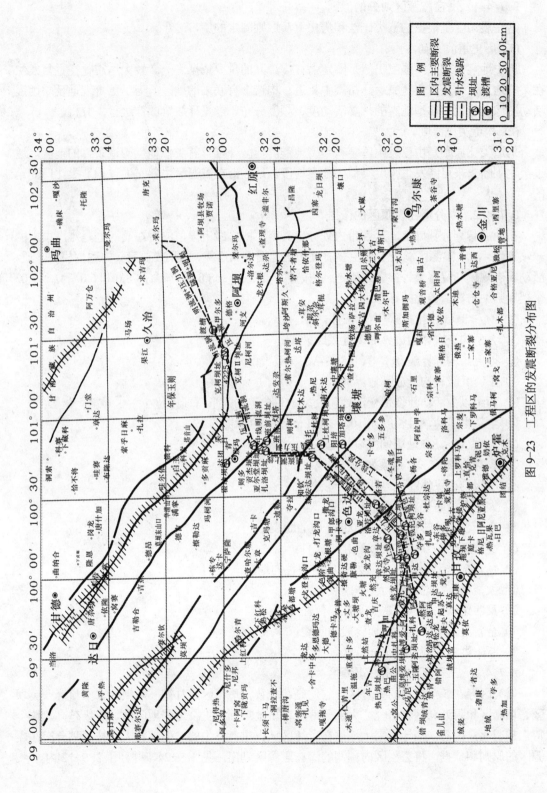

图 9-23　工程区的发展断裂分布图

9.7.4.1 潜在震源区划分的原则

潜在震源区是根据构造类比法和历史重演原则圈定的。

(1) 历史重演原则。

历史地震的地点和强度仍然是圈定潜在震源区的重要依据之一。较大地震往往重复发生在某些地点。这里重复区概念是指震中相近、构造上有联系的地区。为了更直观地反映地震活动图像，特别对典型地震的地震活动度、频度分布、能量释放等图像进行了分析。

(2) 构造类比原则。

构造类比原则是由已发生过某种强度地震的地区外推具有类似地震构造条件的地区。通过类比判断未来可能发生强度类似的地震地段。地震潜在震源区主要是通过构造类比所圈定的。

9.7.4.2 划分潜在震源区的依据

在地震带划分基础上，从各带内划分出具有不同震级上限值的潜在震源区是难度很大的一项工作。潜在震源区震级上限主要通过历史地震最大震级、古地震强度、构造规模和性质、活动断层规模和位移量等参数来确定，并按震级上限 $M_\mu \geqslant 8.0$，$7.0 \leqslant M_\mu < 8.0$ 和 $6.0 \leqslant M_\mu < 7.0$ 3 个档次归纳出构造类比的标志。

(1) $M_\mu \geqslant 8.0$ 地震的发震构造条件：

① 大型构造块体的边界活动性大断裂带；

② 地壳结构分界线及重力、航磁异常梯级带；

③ Ⅰ、Ⅱ级新构造分区边界地带；

④ 两组以上活动断裂带交汇处和大型断裂构造的弧形弯曲部位；

⑤ 全新世活动，且长度在 100~200km 以上的断裂带。

(2) $7.0 \leqslant M_\mu < 8.0$ 地震的发震构造条件：

① 具有前项 $M_\mu \geqslant 8$ 地震发震构造条件的地区；

② 次级构造块体的边界活动性断裂带；

③ 大型走滑断层及其端部和扭曲部位；

④ 全新世活动的长度多在 100km 内的断裂带。

(3) $6.0 \leqslant M_\mu < 7.0$ 地震的发震构造条件：

① 具有 $7.0 \leqslant M_\mu < 8.0$ 地震发震构造条件的地区；

② 大型断陷盆地边缘断裂或断裂带；

③ 第四纪以来活动断裂的交汇、弯曲部位；

④ 全新世活动明显、规模一般的断裂；

⑤ 断陷湖泊周围及地热异常区。

9.7.4.3 工程区内的潜在震源区

研究区存在 5 个这样的重复区，它们是：甘孜-炉霍区、甘德-阿坝区、桑日麻-莫坝区、壤塘区和阿万仓区。研究区大部分 6 级以上地震都发生在这些地区内，震级越高，这个特点越明显，因而，估计未来大地震在上述区域内重复发生的可能性较大。按照划分潜在震源区的原则和依据，将工程区内预测的潜在震源区划出，见图 9-24，并列于表 9-12 内。

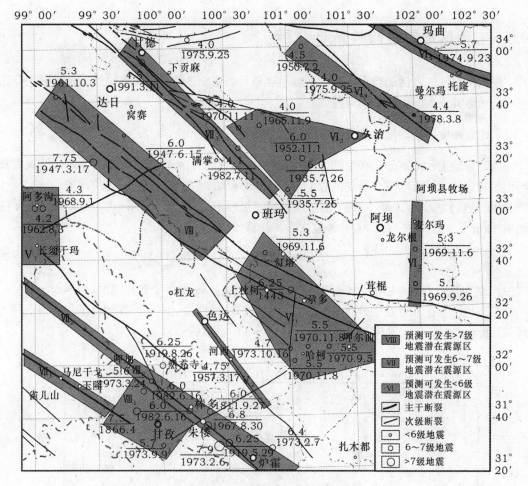

图9-24 工程区潜在震源区预测图

表9-12 潜在震源区预测表

潜在震源区	潜在震源区编号	与区域地震带关系	发震断裂	历史最大震级	预测未来最大震级
甘孜岩桥	VIII	鲜水河-甘孜-玉树地震带			8
甘德	VII	甘德地震带	甘德		6
桑日麻—莫坝	VIII	达日地震带	桑日麻	7.25	8
壤塘区	VI	壤塘地震区			6
阿万仓	V	东昆仑地震带	阿万仓	4.4	5
鲜水河	VIII	鲜水河地震带	鲜水河	7.9	8
阿坝南	VI	阿坝弧形构造		5.3	6
长沙贡玛	V	花石峡-甘德地震带			4
久治	VI	达日-久治地震带	甘德-年保玉则	6.0	7

9.8 工程区地震危险性统计分析

根据工程区地震活动特点,利用区域地震资料采用统计的方法研究地震发生的时空分布特点及预测其未来发生地震的可能性。

9.8.1 地震频度、活动度、能量密度的空间分布

为定量地揭示地震分布在空间上的不均匀性,利用研究区 1866～1996 年 $M_S \geq 2.0$ 地震资料,对研究区的地震频度、活动度和能量密度进行计算,并绘制它们的等值线图。

(1) 地震频度,$N(\phi, \lambda)$ 是指位于纬度 ϕ、经度 λ 处,在 T 时间段内,平均每年在单位面积(km^2)上发生的 $M_S \geq M_0$ 的地震次数。计算如下:

$$N(\phi, \lambda) = N/(S \cdot T) \tag{9.5}$$

式中,N 为以节点为中心的 $d \times d$ 的矩形面积 S 内 $M_S \geq M_0$ 地震个数,这里取 $d = 50km$。

在工程区存在 4 个震中分布集中区,分别是炉霍－甘孜、哈柯、甘德白玉和长须干马,地震频度为 23.0、8.0、8.0、7.0（$\times 10^{-6}$ 个/$km^2 \cdot a$），见图 9-25。

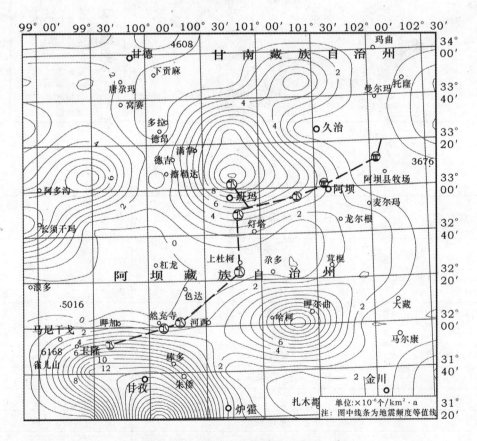

图 9-25 工程区地震频度分布图

(2) 地震活动度 $A(\phi, \lambda)$，是指位于纬度 ϕ、经度 λ 处，在 T 时间段内平均每年在单位面积上按震级－频度关系折合成震级为 M_i 的地震次数。其计算公式如下：

$$A(\phi, \lambda) = \left(\sum_{i=1}^{n} 10^{b(M_i - M_0)} \right) \Big/ S \cdot T \tag{9.6}$$

式中，b 为震级频度关系中的 b 值；M_i 为第 i 次地震的震级；M_0 为折合震级；n 为 S 矩形面积内 $M_S \geqslant 2.0$ 地震个数；其余符号同前。

在工程区内存在 3 个地震活动分布集中区，分别是炉霍-甘孜、哈柯和阿多沟，地震活频动度为 7500、150、500（$\times 10^{-9}$ 个/km$^2 \cdot$ a），计算结果见图 9-26。

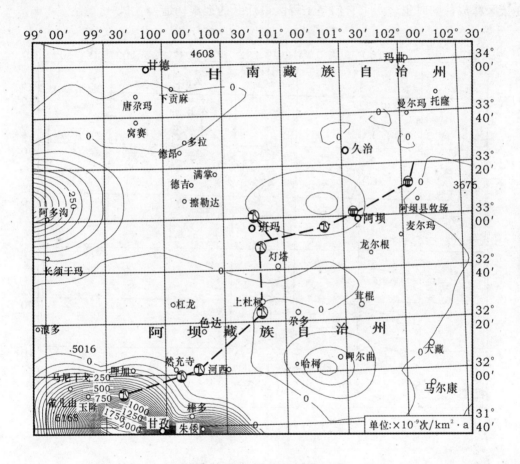

图 9-26　工程区地震活动度分布图

（3）地震能量密度 $E(\phi, \lambda)$，是指位于纬度 ϕ、经度 λ 处，在 T 时段内平均每年在单位面积上释放的能量。其计算公式如下：

$$E(\phi, \lambda) = \left(\sum_{i=1}^{n} 10^{11.8 + 1.5M_i} \right) \Big/ S \cdot T \tag{9.7}$$

式中符号同前。

地震主要是岩石圈断裂形变、位错、释放能量的表现，其活动性是影响区域稳定性评价和分级的重要因素之一。

Gutenberg-Richter（1956）辐射能 E_S 与面波震级关系为：

$$\lg E_S = 1.5 M_S + 11.8 \tag{9.8}$$

式中，E_S 为地震辐射能，单位为尔格；M_S 为面波震级。

将有史以来所记录到的所有地震按其震级所对应的能量叠加起来，绘制出南水北调西线第一期工程区地震释放能量等值线图（图 9-27），地震能量释放最多的两个地区是炉霍的旦都和甘孜，分别代表鲜水河发震断裂带和甘孜拉分盆地。85% 的地震能量集中在该区释放，同时也表明了它们是工程区最活跃的地震构造。

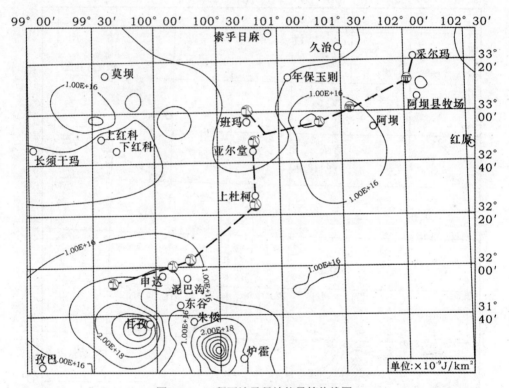

图 9-27　工程区地震释放能量等值线图

工程区的上红科—莫坝一带，是另外一处地震能量释放区，释放了该区 10% 的能量，代表了达日地震带，其发生过的典型地震有达日地震（8 级）。

工程区内还有年保玉则—阿坝—壤塘地震能量释放区，面积较大，但释放地震能量只占该区的 5%，该带对调水工程影响不大。

无论是频度、活动度，还是能量密度，数值较高的地区均在鲜水河西北段的东谷—英达—甘孜—炉霍地区、桑日麻—达日地区、久治果洛山地区和壤塘的南木达—耿达地区，其中鲜水河地区值为最高，桑日麻—达日地区次之。

9.8.2　地震活动的时序特征

图 9-28 和图 9-29 分别为区域范围内 1550 年和 1900 年以来 $M_S \geq 4.7$ 地震的震级 (M_S) 随时间（T）分布的 M_S-T 图。从中可以看出，自 1700 年以来区域内强震活动显示出 4 个活跃期（Ⅰ～Ⅳ），每个活跃期内均有 1 次 $M_S \geq 7.0$ 的地震或多次 $M_S \geq 6.5$ 地震发生。第Ⅰ活跃期为 1713～1748 年，持续时间 35 年；第Ⅱ活跃期为 1792～1816 年，持续 24 年；第Ⅲ活跃期为 1870～1904 年，持续 34 年；第Ⅳ活跃期为 1923～1973 年，持续 50 年。从地震活动态势看，第Ⅳ活跃期已经结束，但第Ⅴ活跃期尚未来到。从 1973 年至今已有 28 年时间区域范围内未有 $M_S \geq 7.0$ 地震发生。

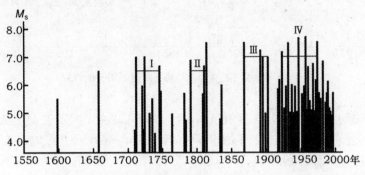

图 9-28　1550 年以来区域范围内地震活动 M_S-t 图

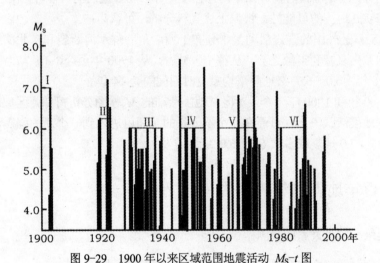

图 9-29　1900 年以来区域范围地震活动 M_S-t 图

前几个活跃期之间的平静时间分别是 44 年、54 年和 19 年，若按最近一次平静时间 19 年计，区域内应该有 $M_S \geq 7.0$ 地震发生；按前 2 次平静期（44 年和 54 年）平均值计，则大约还有 20 年时间应有一次 $M_S \geq 7.0$ 地震发生，即从区域地震活动时空分布分析，区域范围内在今后 20 年左右存在发生 $M_S \geq 7.0$ 地震的可能性。从 1893 年至今区域范围内 $M_S \geq 4.7$ 地震的 M_S-t 图可以看出，1900 年至今区域范围内的强震活动可分为 6 个相对集中的地震活跃时段（图 9-30），其中每个活跃时段都有一次 $M_S{\geq}7.0$ 地震或多次 $M_S{\geq}6.0$ 地震发生。第 I ～ VI 活跃段期分别为 1893～1904 年、1919～1923 年、1930～1941 年、1947～1955 年、1960～1973 年和 1981～1989 年，各活跃段持续时间分别为 11 年、4 年、11 年、8 年、13 年和 8 年，平均持续时间为 9.2 年。上述地震活跃段之间的平静时段持续时间依次为 15 年、7 年、6 年、4 年和 8 年，平均持续时间为 8.0 年。而从 1989 年至今区域内已有 12 年时间未发生 $M_S{\geq}6.0$ 地震，按最长平静段（15 年）计，区域范围内在最近的 3～5 年内发生 $M_S{\geq}6.0$ 地震的可能性极大。而且按前 5 个平静期持续时间计算，区域地震活动即将进入一个新的活跃时段（第 VII 期）。在新的一个地震活跃时段内，应有 1 次 $M_S{\geq}7.0$ 或多个 $M_S{\geq}6.0$ 地震发生。

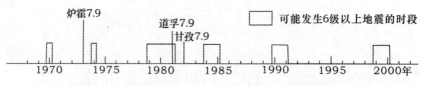

图 9-30　鲜水河断裂地震趋势图（据四川省地震局）

从工程区地震目录可以看出，区域范围内自 1700 年以来，共发生 $M_S{\geq}7.0$ 地震 12 次，即区内 7.0 级以上强破坏性地震的平均重复时间为 25 年；6.0～6.9 级地震共 21 次，平均重复时间间隔为 14 年。而从 1989 年至今（已持续 12 年），区域范围内尚未发生 $M_S{\geq}6.0$ 地震。因此，不论根据 M_S-t 图各个地震活跃期或活跃时段的分析，或是从全区 6～7 级以上地震平均重复时间计，区域范围内在近几年内存在发生 $M_S{\geq}6.0$ 地震的可能性，在近 20～30 年内存在发生 $M_S{\geq}7.0$ 地震的可能性。根据上述资料分析，可认为：

(1) 西线工程区外围的强震活动集中分布于西南角的鲜水河断裂和东北部地区。强震活动有从西北向东南衰减和扩散之势。从整个区域看，从 1700 年至今，$M_S{\geq}7.0$ 地震平均重复时间间隔为 25 年，6.0～6.9 级地震平均重复时间间隔为 14 年。

(2) 从 1700 年和 1900 年至今，对区域地震活动的 M_S-t 图分析可知，区域地震活动即将进入一个新的地震活跃段，并可能在一个不太长的时间内进入到一个新的强震活动期，区域上将有 1 次 $M_S{\geq}7.0$ 地震或多次 6.0～6.9 级地震发生。

9.9　未来百年地震趋势的评估

9.9.1　根据震级－频度关系的预测

工程区地震活动符合古登堡-里克特的震级－频度关系式：

$$\lg N = a - bM \tag{9.9}$$

式中，b 值为一个区域内不同大小地震频数的比例，它和该区应力状态与地壳破裂强度有关，不同的地震区或地震带有其相应的 b 值分布。

b 值由该区域或地震带内实际拥有的地震数据统计而得，它与实际资料的完整性、可靠性、统计样本量的大小、取样的时空范围、样本的起始震级和取样间隔等都有关系。利用上式对未来百年地震复发周期和最大震级进行估计。

(1) 震级－频度关系与地震平均复发周期。

对研究区使用自公元1700年以来的地震资料，工程区地震 a/b 值统计结果为：$b = 0.3944$，$a = 3.6999$，方差 $s = 0.05$，相关系数 $R^2 = 0.983$，其拟合曲线见图9-31。

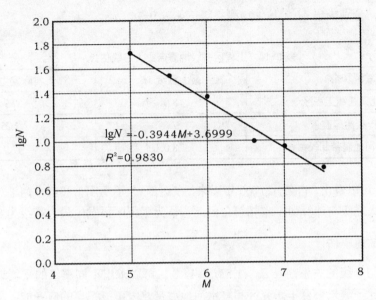

图 9-31　南水北调西线工程区震级-频度关系拟合曲线

工程区震级-频度关系为：

$$\lg N = 3.6999 - 0.3944M \tag{9.10}$$

求得工程区各级地震的平均复发周期 T_M：

$$T_M = \Delta T \times 10^{-(a-bM)} \tag{9.11}$$

工程区的各级地震的平均复发周期计算结果见表 9-13，工程区 8 级地震复发周期为 82 年，7.5 级地震复发周期为 52 年，7 级地震复发周期为 33 年，6.5 级地震复发周期为 21 年，6 级地震复发周期为 13 年。

表 9-13　南水北调西线工程区各级地震复发周期与其他地震带对比表

地震区（带）	资料年限（年）	a	b	复发周期（T_M）				
				8.0	7.5	7.0	6.5	6.0
南水北调西线工程区	1700～1996	3.6999	0.3944	82	52	33	21	13
川青块体地震区	1500～1991	5.55	0.65	21 9	104	49	23	11
松潘－较场地震带	1488～1991	4.66	0.60		347	174	87	44
龙门山地震带	1327～1991	4.40	0.62			572	284	139
鲜水河地震带	1725～1991	3.89	0.43		57	35	21	13

(2) 工程区最大震级的估计。

利用公式 $\lg N = a - bM$，可以进一步导出其最大震级：

$$M_u = \frac{a}{b} + \frac{1}{b}\lg(b\ln 10) - \frac{1}{2b}\lg(1+\ln 10) \tag{9.12}$$

根据上式，分别求出 M_u，具体预测震级值如表 9-14 所示。

表 9-14　工程区各级地震带最大震级估计

地震区（带）	最大震级 M_S	实际发生地震
南水北调西线工程区	8.0	7.9
达日-久治地震带	7.5	7.25
鲜水河地震带北段	8.0	7.9

从表 9-14 可以看出，自公元 1700 年以来，在达日-久治地震带和鲜水河地震带北段上所发生地震的最大震级与计算值基本相符，因此，认为工程区再发生最大震级为 8.0 级。

9.9.2　应变释放速率估计

利用能量与震级的关系：$\lg E_S = 1.5M_S + 11.8$，可以求出不同震级的平均地震应变能量释放速度，依此预测未来百年研究区和鲜水河地震带北段可能积累的应变能，从而对研究区和未来地震趋势加以估计。

对调水区和鲜水河地震带北段，均选用公元 1700 年以来的 5 级以上地震资料，分别计算出 5 级、6 级、7 级地震平均地震应变能释放速率，得到未来百年研究区和鲜水河地震带北段可能积累的应变能，如表 9-15 所示。

表 9-15　应变能量释放速率估计

地震区带	计算震级	1700～1996 年间所释放的能量（J）	未来百年所积累的能量（J）	可能发生的地震个数	震级与能量换算表 能量（J）	震级
调水区	4	1.46125×10^{20}	5.07378E+19		6.30957E+14	2
	5	6.95464×10^{21}	2.41481E+21	4～121	1.99526E+16	3
	6	8.86596×10^{22}	3.07846E+22	2～49	6.30957E+17	4
	7	1.01055×10^{24}	3.5087E+23	1～18	1.99526E+19	5
鲜水河地震带北段	5	5.5637×10^{21}			6.30957E+20	6
	6	7.5361×10^{22}			1.99526E+22	7
	7	9.095×10^{23}			6.30957E+23	8

自 1923 年以来，巴颜喀拉山地震带 6 级以上地震平均发生率为 27%。应变释放出现了

两个不同斜率的线性阶段，1923～1947 年为第一个阶段，1949～2000 年为第二个阶段。

工程区自 1493 年以来经历了三个活动期，1493～1687 年是一个比较完整的活动期，1730～1850 年为第二个活动期，1893～1988 为第三个活动期，三个活动期长度分别是 106 年、143 年和 95 年，与巴颜喀拉地震区极其相似。自 1893 年以来所释放的能量不高于前一个活动期所释放的能量（图 9-32）。由此可以推测，第三活动期还没有结束。

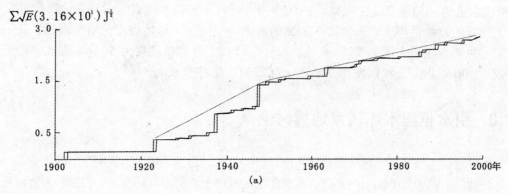

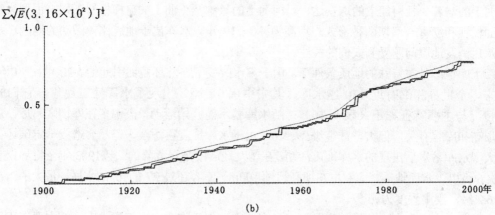

图9-32　区域地震带应变释放曲线图（据四川省地震局）

(a) 巴颜喀拉山地震带；(b) 鲜水河地震带

其间共发生 7 级以上地震 13 次。7 级地震发生率为 23.37%，6 级地震发生率为 8.01%，统计能量释放比率为：5.0～5.9 级、6.0～6.9 级、7.0 级以上地震能量释放率分别为总能量 0.6%、8.0%和 91.4%，平均能量积累率为 3.84137E+23J/ha，假如工程区未来百年的地震能量释放率不变，各级地震比率不变（b 值不变），按各级地震能量释放率计算未来百年可能发生 7 级地震 1～18 次（相当于 7.0 级 18 次或 7.9 级 1 次的能量），6 级地震 2～49 次，5 级地震 4～121 次。

研究区属于青藏高原－川西－青南地震区的一部分，与整个青藏高原东部及周边地区的序列特征进行比较，可以对研究区的序列特征认识得更加清楚。川西地震区从 17 世纪以来，已经历了两个完整的地震活动期，第一活动期为 1725～1816 年，第二活动期为 1893 年至今。自公元 1700 年以来，该区发生过 7.0～7.9 级地震 8 次，6.0～6.9 级地震 17 次。这些地震交替发生，如 1967 年 8 月 30 日，位于鲜水河断裂带北西段的炉霍县朱倭附近发生了一次 6.8 级地震，1973 年 2 月 6 日炉霍又发生了一次 7.9 级的地震，1981 年 1 月 24 日在道孚发生 6.9 级地震，1982 年 6 月 16 日在甘孜又发生 6.0 级的地震，呈现出了若干次地震活动期和平静期规律性较强。

我国西北地区大地震迁移的研究结果表明：该区 7.5 级以上地震沿着深大断裂带迁移，迁移方向总的趋势是由南向北、自东向西，迁移距离为 300～500km，迁移的下一个地段一般为大地震的空段。100 余年来，在这个迁移轮回中，沿此迁移路线未曾发现 7.5 级以上地震的重复发生现象，由此推测，近几十年甚至上百年内再在达日附近发生较大地震的可能性不大。但线路区南部的鲜水河-甘孜-玉树地震带活动性较强，近几十年来发生了 6 级以上的地震 10 余次，统计 7 级以上地震重现期为 50 年，因此，在工程有效期 100 年内，工程区发生 7 级以上强震的可能性非常大。

9.10　引水枢纽水库诱发地震讨论

南水北调西线一期工程从雅砻江热巴到黄河贾曲，由"七坝、十四洞"串联组成，"七坝"分别位于雅砻江干流上的热巴、雅砻江支流泥曲上的阿安、达曲上的仁达和大渡河支流色曲上的洛若、杜柯河上的珠安达、玛柯河上的霍纳及克曲上的克柯枢纽工程。坝型为混凝土面板坝和沥青心墙坝两种形式，坝高为 30～192m。水库位于地震比较活动的地区，水库蓄水后诱发地震问题受到人们的关注。

水库地震是在特殊的地质条件下，由于蓄水改变了自然环境而引起的。20 世纪 30 年代以来，全世界相继有近 120 座水库（其中中国 18 座）出现了水库地震现象，它们的基本情况与主要特征如下（表 9-16）：随水库蓄水而开始活动，震中多在库坝区附近，震级同坝高和库容有关，但大多数震级 $M_S < 6$，由于水库地震震源浅，仍然会造成一定破坏。高坝大型水库蓄水后出现的水库地震活动，在诱发地震中是最危险的。至 1983 年全世界仅有的 4 次 6 级以上水库地震，均发生在坝高超过 100m、库容超过 27 亿 m^3 的水库，最大的一次震级 6.2 级，震中烈度为Ⅷ度。

目前，在水利水电建设的实践中，水库地震评价已作为大型工程水库区的主要工程地质问题之一，其本身又是一种地质灾害，是环保评估中的一个重要方面。因此，为了确保大坝施工期与建成后的安全运行，应查清库坝区的诱发地质条件，正确评价诱发地震的可能性，及其可能造成的危害，为大坝设计提供设计标准和抗震措施。同时根据前期的评价意见，布置适当的监测系统，密切监视在施工和运行期间库坝区的震情变化，查明其原因，预测其发展趋势，及时为工程建设采取合理的对策提供依据。

由于水库诱发地震的机制复杂和目前科技发展水平尚处于探索研究阶段，难以作到较确切地认识、预测和评价，因而水库地震的研究应从工程建设的实践出发，结合水利水电工程勘测设计和建设的不同阶段，由浅入深，对水库地震危险性的评价按不同的要求进行研究和论证，随着资料的积累，由前期定性意见逐步深化到采用定量化或半定量化评估。考虑到水库诱发地震是多种因素综合作用的结果，鉴于水库地震成因的复杂性和诱发地震因素的不确定性，在震级的评价时采用确定性综合分析法和概率法相结合，对水库诱发地震的可能性作出前期评价。

表 9-16　水库诱发地震中部分震例表

坝名	坝高库深（m）	库容（亿 m³）	蓄水时间	初震时间	已诱发的最大地震		
					震级	烈度	时间
佛子岭	74	4.7	1954.06	1954.12	4.5	6	1973.03
新丰江	105	115.0	1959.10	1959.11	6.1	8	1962.03
南冲	45	0.15	1967	夏	2.8	6	1974.07
丹江口	97.0	209.0	1967.11	1970.01	4.7	7	1973.11
南水	81.5	10.5	1969.02	1970.01	2.3	<6	1970.02
黄石	40.5	6.1	1969.04	1973.05	2.6	5	1974.09
前进	50.0	0.19	1970.05	1971.10	3.0	6	1971.10
拓林	63.5	79.2	1972.01	1972.02	3.2	5	1972.10
参窝	50.3	5.47	1972.11	1973.02	4.8	6	1974.12
曾文	133.0	8.9	1973.04	1973.09	3.7		1978.06
新店	29.0	0.29	1974.04	1974.07	4.5	6	1979.09
乌溪江	129.0	20.6	1979.01	1979.05	2.8	5	1979.10
乌江渡	165.0	21.4	1979.01	1980.03	2.8	<6	1980.06
邓家桥	13.0	0.004	1979.12	1980.08	1.1	<6	1980.08
盛家峡	35.0	0.045	1980.10	1981.11	3.6		1984.03
大化	74.5	4.19	1982.05	1982.06	4.5		1993.02
东江	157.0	81.2	1987	1987.11	2.3	5	1989.07
鲁布革	103.0	1.1	1988.11	1988.11	3.4	6	1988.12
克孜尔	41.6	6.4	1989.09	1989.10	4.1	5	1993.10
石泉	65.0	4.7			4.2	5+	
岩滩	110.0	24.3	1992.03	1992.07	3.3	5	1994.04
隔河岩	151.0	34.0	1993.04	1993.05	1.7	有感	
水口	101.0	26.0	1993.03	1993.05	4.1		1996.04
东风	173.0	10.25	1994.04		2.8	5	

9.10.1　水库地震的特征

9.10.1.1　水库地震形成机制

水库地震形成机制可概括为：有利的区域地下水循环条件，独特的地应力环境和较强的空隙水压力效应等的综合作用。特点是震级较小，多数小于 3 级，最大不大于 5 级，但震源浅，多数小于 10km，对地表建筑物造成一定破坏。前人在统计分析大量震例和地质研究的基础上，总结出水库地震有下列特征：

(1) 水库地震的强度不大，一般以微震、弱震为主，占发震数的 65.5%；中等震级（4.5～5.9 级）占 30.12%；强震（$M_S \geqslant 6$）只有 4 例，占 4.3%；最大震级为 6.5 级（印度柯依纳）。

(2) 水库地震的发震期限，一般发生在水库围堰栏水开始（如黄河龙羊峡、清江隔河岩）

到达最大设计水位或连续 1～2 个高水位时期内， 如果水库面积特大，1～2 次洪水尚未能满库， 则其时限可能长于此期限。

(3) 水库地震的震源深度浅，一般在 5km 以内，以 1～3km 深度的为主，极少数大于 5km。

(4) 水库地震的震源虽浅，其震中区地表的影响烈度却比同级（指 5 级以下）的构造地震大。但由于其震源体小，故其影响范围并不大。

(5) 水库地震的震型，一般为前震、主震、余震型，亦有震群型与单发型（此型常见于岩溶发育地区）。

(6) 水库地震的 b 值一般大于 1，或大于同类震级的构造地震的 b 值。由于水库地震是发生在水库蓄水以后，主要是由于人类工程活动使库区水体增加这一外力作用所引起的，纯属于诱发地震类型，应区别于由地球内动力作用形成的构造地震（即天然地震）。

9.10.1.2 可能诱发水库地震的定性标志

通常有 7 条可能诱发水库地震的定性标志：

(1) 坝高大于 100m，库容大于 10 亿 m^3；

(2) 库坝区有新构造，活断裂呈张、扭性，张扭和压扭性；

(3) 库坝区为中、新生代断陷盆地或其他边缘，近代升降活动明显；

(4) 深部存在重力梯度异常；

(5) 岩体深部张裂隙发育，透水性强；

(6) 库坝区有温泉；

(7) 库坝区历史上曾有地震发生。

上述七条，符合条数越齐备，越典型，则该水库蓄水后诱发地震的可能性就越大。

9.10.2 调水区水库地震的研究

9.10.2.1 水库地震的研究思路

水库地震的研究，包括诱发地震可能性及震级预测两个方面，具体研究思路见图 9-33。

9.10.2.2 工程区水库区地质背景

(1) 地形地貌特征。

库区属川西北高原区，南部最高山为雀儿山，海拔 5333m，北部最高为年保玉则山，海拔 5969m，最低为雅砻江河谷。坝区水位平均约 3500m，两岸山顶高程 4500～5500m，坡度一般 30°～40°，局部可达 60°，属高山峡谷地形。水库区河段呈近北东走向，岸边基岩裸露，河谷呈狭窄"V"形谷。

(2) 区域地质构造特征。

库区位于巴颜喀拉山甘孜-松潘地槽褶皱带东部部位。工程区位于鲜水河-甘孜-玉树断裂、库塞湖-玛沁-玛曲断裂和龙门山断裂所围限的相对稳定的川青地块内。水库区地质构造背景比较复杂，多数水库区有北西向断裂通过，受近北西向构造控制，局部有少量北东向小型断裂通过，形成向下渗透通道。

(3) 地层与岩性条件。

在水库二叠纪至第四纪地层均有分布，三叠系广泛出露。

① 第四系：全新统为现代河床冲积砾石、砂土层和腐殖质土层、沼泽黏土、淤泥、泥炭等。更新统为含砾黏土、亚黏土、亚砂土、泥质细砂、冰积含砾黏土和砾石、风成黄土等。

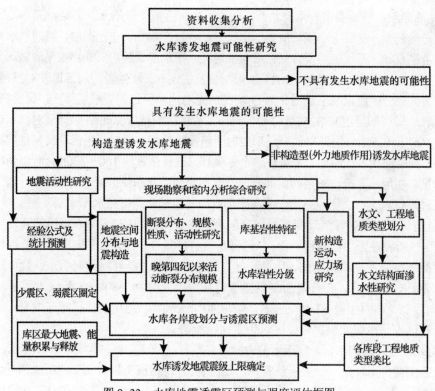

图 9-33　水库地震诱震区预测与强度评估框图

② 新近系：薄层细砾岩、黏土质粉砂岩、黏土岩及泥灰岩间夹多层劣质褐煤层。

③ 古近系：下部为紫红、灰白色薄层－中厚层状粉砂岩、泥质粉砂岩；上部为紫红色、砖红色厚层、块状砂砾岩。

④ 二叠系由碎屑岩、碳酸盐岩、火山岩组成，在工作区沿库-玛断裂与久治断裂之间、玉树-甘孜断裂北侧有少量分布。

⑤ 三叠系主要是一套浅变质的砂岩与板岩互层岩系，由板岩、灰岩、千枚岩、石英砂岩等组成。

(4) 断裂构造及其活动性。

水库区处于各组断裂和褶皱的构造复合区，区内断裂和褶皱较发育。从坝址至库尾穿越水库区主要断裂有 6 条：

① 曲麻莱-东区断裂：西起可可西里湖南侧，往东经五道梁、曲麻莱至东区，大致沿通天河北侧展布，长 800 余公里，由数条平行断裂组成，总体走向 NW40°～NW60°，主要倾向南西，伴生次级北北东向张性断裂及北东东向反扭断裂。沿断裂带分布一系列盆地，多数被断裂切割。断裂形成于燕山期，破碎现象及片理化普遍可见，为压扭性断裂带。断裂带各段活动强度有所不同，大致在巴以西较强，以东较弱，新生代活动显著，断裂切错了沿带分布的新生代盆地，在曲麻莱上三叠统逆冲于第三系红层之上。地貌上发育断层崖、山垭口、断层谷、泉水，沿断裂呈线性分布。航片判读发现，断裂左旋断错微地貌要素，该带南东端与鲜水河断裂相接。沿带发生过多次 5～6 级地震，推测为晚更新世全新世活动的断裂。断裂在温拖一年古一带穿越热巴水库。

② 达曲断裂：该断裂由一系列北西向断裂组成，区域上称清水河断裂，向东沿长沙贡玛—大塘坝—然充寺—觉底寺一线，消失于觉底寺，全长 540km。在巴曲哈，第四系水系均被错移，断裂带宽 60m，断坎极为发育；在俄布绒地区，断层崖、断坎、断错水系清晰可见，从水系的断错行迹上显示为左旋扭动。1915 年沿断裂发生过 6.5 级地震。局部地段 Q_4 有明显的活动外，断裂大部分区段最晚活动时代为 Q_2，在然充沿达曲穿过阿安枢纽库区，属压扭性断裂。

③ 康勒-罗柯断层走向 325°～330°，在工程区内长达 168km。该断层对沉积建造有一定控制：罗柯下第三系红层即沿该断层形成的断陷盆地堆积，后期断层活动又使红层褶皱并倒转。断层破碎带地貌表现明显，挤压破碎十分强烈，破碎带宽约 100～300m，断层角砾岩和斜冲擦痕常见。在尼玛弄南，断层两侧的岩层产状不协调，北东侧砂岩倾向 280°，倾角 42°，南西侧板岩倾向 245°，倾角 35°，并在康勒乡西北穿越仁达枢纽水库库尾，属压扭性断裂。

④ 杜柯河断裂是区域活动断裂桑日麻断裂的东延部分，1947 年 8.0 级地震就发生在该断裂的西端。该断裂在野牛沟与昆仑山口-达日断裂斜接复合，经桑日麻向南东由莫坝依次经达尔勒曲北侧、藏康、安满塌南侧、上游公社、达卡、吉卡，沿杜柯河向南东继续伸延到上杜柯乡、南木达、中壤塘，与灯塔断裂斜接于莆斯口，长度约 380km。断线大致呈 130°～310° 方向展布，断面倾向 NE45° 左右，倾角 40°～60°，地层挤压破碎带发育，具左旋扭动性质。在珠安达枢纽北侧穿过库区，为走向逆断层。

⑤ 灯塔断裂：北起达日，向东南沿吉柯河谷发育，经过窝塞、莫坝东山口到班玛、灯塔、斜尔尕、热水塘、莆斯口，消失于茶谷寺，是昆仑山口-达日断裂带北支的组成部分，断裂线总体呈 138°～318° 方向展布，区内全长约 99km。断面倾向 NE20°～NE45°，倾角 40°～60°。沿断裂线附近岩石破碎，沿断裂带见有断层镜面、断层角砾岩；断裂破碎带宽广，最宽 1km 左右，一般 200～300m，最窄 50～100m。该断层在亚尔堂北 5km 横穿亚尔堂枢纽库区。

⑥ 甘德断裂：北西端起于甘德南面，往东经过龙加牙桑谷地，在索合勒过黄河，到台康塘一上确关一线，经那壤沟转向近东西向到安斗一阿坝，是一条区域性大断裂。断裂呈北西方向延伸，断线呈 120°～315° 方向展布，全长约 400km。断层性质为压扭性，断层面倾向 225°，倾角 60°。断裂带在甲当村北的沃央曲穿过克柯枢纽库区。历史上发生过多次中强地震，属全新世活动断裂带。

(5) 水文地质特征与库水渗漏条件。

库区属川西高原，地势西北高东南低，山川走向为北西向，强烈下切作用形成"V"形河谷，库岸大多数为三叠系浅变质砂-板岩，岩层渗透系数一般都小于 $5×10^{-5}$cm/s，为弱-中等透水，局部裂隙发育地段强透水，完整岩体不利于水的向下渗透。热巴枢纽位于花岗岩体上，岩体受构造运动影响，节理裂隙发育，有利于渗透。

库区的地下水类型分为松散岩类孔隙水、碳酸盐岩类裂隙溶洞水（阿安—仁达枢纽之间如年组）和基岩裂隙水。地下水的补给来源主要是大气降水及冰雪融化水。两岸地下水位远高于蓄水位，蓄水后地下水仍然补给库水。

(6) 水库区地震活动背景及区域应力场。

库区及外围内自有记录以来共有 2.0～2.9 级地震 4185 次，3.0～3.9 级地震 937 次，4.0～4.9 级地震 95 次，5.0～5.9 级地震 78 次，6.0～6.9 级地震 34 次，7.0 级以上地震 14 次，最大为 7.9 级，主要沿鲜水河断裂带和甘孜-玉树断裂带分布，在达曲和泥曲库段是弱—中地震密集分布区。据水库周围的地震震源机制解，发震主压应力轴（P）优势方位在北北东—北东向。P

轴、T 轴的倾角都比较平，平均不到 20°，N 轴较陡。地表应力测量结果显示，最大主应力方向为北北东向，为倾压-走滑断层性质的应力场，反映震区及附近现代构造应力场的复杂性。

9.10.3　与邻近地区已建水库诱发地震条件的类比

9.10.3.1　铜街子水电站库区诱发地震

铜街子电站位于四川省乐山市沙湾新华乡，是大渡河下游最末端的一个梯级电站。电站设计装机容量为 60 万 kW，混凝土大坝高 74m，水库最大容量为 3 亿 m^3。1986 年 11 月 11 日截流，1992 年 4 月 5 日施工导流孔封堵开始蓄水。翌日，水电七局设在大坝上游 850m 处的三分向 DD-1 型短周期地震仪记录到库区附近地震。此后，随着蓄水水位的逐渐升高，地震频度和强度也逐渐增大。

铜街子库区附近历史地震很少，水电站库坝区附近（50km 范围内）有记载的 $M \geqslant 3$ 自然历史地震共 35 次，其中距坝址 5～10km 范围 2 次（下游福禄镇附近），5km 以内没有 $M \geqslant 3.0$ 地震的分布，说明库坝区自然地震活动水平微弱，坝址区附近不存在区域性大断层，不具备发生中、强震地质背景，坝址基本地震烈度属外围（40～60km）强震的波及影响区，基本烈度Ⅶ度。

铜街子水电站于 1992 年 4 月 5 日开始蓄水，6 日则出现诱震现象，蓄水初期，随着库水位上升，地震的频率和强度增大。同年 4～6 月地震多发生在大坝附近，其后向外围扩散。1992 年 4 月至 1995 年 5 月监测期内，所设台网共监测到库坝区及外围地震 4995 次（不排除自然地震），其中 3.0～3.9 级地震 2 次，2.0～2.9 级 215 次，其均小于 1.9 级，坝区附近最大震级 2.8 级（1992 年 12 月 1 日），其震中分布见图 9-34。

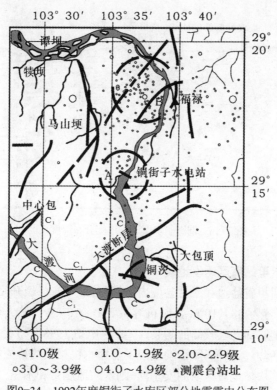

图9-34　1992年度铜街子水库区部分地震震中分布图

地震主要分布在大坝上游9km至坝下游9km范围内的大渡河沿岸一带,明显集中在A震区(坝址附近)、B震区(坝下游福禄附近)和C震区(坝上游铜茨附近),A区从水库蓄水开始出现延续至今,B区出现时段稍晚,但消失较早。水位与地震强度和频度的关系较为明显,震源深度在海平面-3000m以上,属浅源地震,见图9-35。

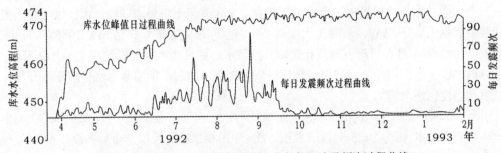

图9-35　铜街子水电站水库蓄水水位与每日地震频次过程曲线

从震源深度看,绝大多数发生在玄武岩(P₂β)之下,阳新灰岩(P₁)顶面附近及其以下1～5km范围内,其震源深度有随时间延长而逐渐加深的趋势(图9-36)。诱震衰减过程具有复式衰减特点,在5年运行中出现两次诱震高潮期,第一个高潮于1992年7～8月,其后显著减弱;又于1995年1～4月出现频率明显低于前者的第二个高潮期,其最大震级均在$M_S<3$的水平范畴,仅就水库诱发地震而言,对坝工建筑物不构成大的威胁。

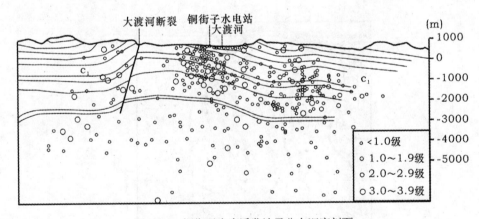

图9-36　铜街子水库诱发地震分布深度剖面

9.10.3.2　二滩水电站库区诱发地震

二滩水电站位于四川省盐边和米易县境内,是雅砻江下游梯级开发规划的第十梯级电站。最大坝高240m,总库容为$58\times10^8m^3$,装机容量330×10^4kW。其大坝位于共和块体中部,周边存在一系列天然地震活动性较高的断裂。二滩水电站1998年5月1日开始蓄水后,库区周边出现了少量弱震活动,这些弱震活动呈现了与库水位相关的特征。

二滩电站位于川滇块体地震区内的安宁河-则木河地震带和木里-盐源地震带之间,东北角属安宁河-则木河地震带,西北角是木里-盐源地震带的一部分,坝区则是处在两大地震活动带之间地震活动相对较弱的地区。1373～1997 年间，该区域共发生 $M_S \geq 4.5$ 的中强地震 37 次，其中，$M_S \geq 5.0$ 的有 24 次，$M_S \geq 6.0$ 的 7 次，$M_S \geq 7.0$ 的 1 次。震级最大的一次地震是 814 年的西昌 7.0 级地震，震中烈度高达Ⅸ度，毗邻库区北部的雅砻江仅 40 km 左右。雅砻江西侧 60～70 km 的盐源一带，是该区域内拥有中强地震最多的区域，至今 5.0 级以上的地震就有 13 次发生在这里（图 9-37）。距二滩水库坝址最近强度最大的地震是 1955 年的鱼 M_S =6.7 地震，距大坝仅 42km，震中烈度达Ⅸ度。发生在库区对水库影响最大的地震有 4 次：位于雅砻江与金沙江交汇处的攀枝花 1964 年和 1971 年的 M_S=4.5 地震，以及沿雅砻江而上位于德昌北西的 1951 年 M_S=5.5 和永仁 1955 年 5.5 地震。

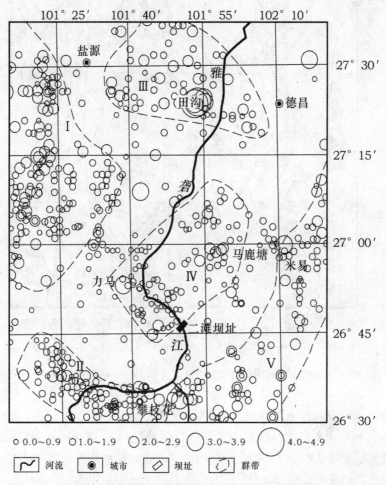

图 9-37　二滩电站水库蓄水前地震震中位置分布（1992～1997）

　　在 1998 年 5～8 月二滩蓄水初期，由于下游防洪的需要，水位快速上涨至总库容的 80% 左右。库首和库中均已淹没原河道，特别是库首的最大水深已远远超过 100m。可能是由于水库蓄水荷载的快速增加诱使库道边沿（15 km 以内）发生了几个小地震群。1998 年 9 月至 1999 年 4 月库水位较低，库首区的地震活动较为平静。仅不时有孤立小震发生。1999 年 4 月随着库水位的缓慢上涨，5 月在盐边库盆边沿又发生了最大震级为 M_L1.8 的小震群，至今库首的小震仍时有发生（图 9-38）。

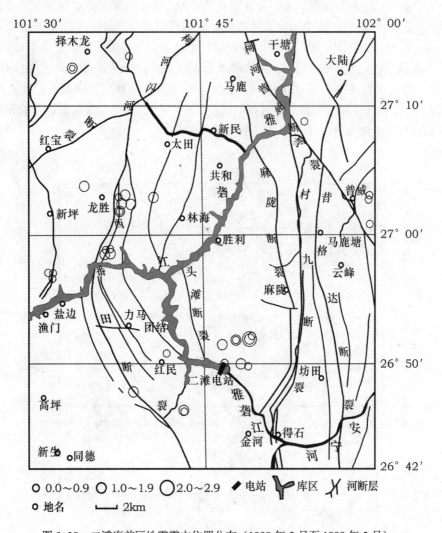

图 9-38　二滩库首区地震震中位置分布（1998 年 5 月至 1999 年 5 月）

　　1998 年 5 月是二滩水库下闸蓄水的第一个月，水库水位由河床径流水位急剧上升了 130 m 左右，达到第一个高峰。在此月中，研究区内发生了地震 19 次，这种现象可理解为库首区的地壳表层受到了水库水位由无到有的影响，岩石受水荷载增加的影响，某些应力集中已接近破裂的岩石在附近剪切破裂导致的小地震发生（图 9-39）。

　　首先发生的是水库初蓄水当月的 17 日发生的小震群，该小震群由 6 个地震组成，发生于西番田断裂带北段的龙胜乡附近，称为龙胜小震群，见图 9-39。龙胜小震群的震源深度均在 16km 左右，是水荷载引起的小震群。在大坝下闸蓄水一个多月后，即 6 月 27~29 日 3 天内在属西番田中段力马断裂的鱼干鱼乡西北，发生了由 16 个-1.6~1.1 级微震组成的小震群（表 9-17）。该小震群距库区水域仅 2 km，也更接近大坝（24 km）。西番田小震群后在大坝附近更小范围内又发生了由 19 次小地震组成的小震群（表 9-18）。该小震群发生在大坝东北仅 6

km 左右的金龙山北，称之为金龙山小震群，小震群从 1998 年 7 月 24 日（此时段水位最低点是 7 月 22 日水位，此后缓慢上升）开始，结束于水位最高的 8 月 18 日。此小震群的主震为 2.2 级，余震在 1.0 级以上的有 9 个，且更逼近大坝。令人惊奇的是，在该震群中凡震级超过了 $M_L1.4$ 的，金龙山均有感，说明该震群的震源极浅，可能是因金龙山滑坡体有所松动而导致局部滑移出现震动，还有可能是灰岩区的岩溶型诱发地震。

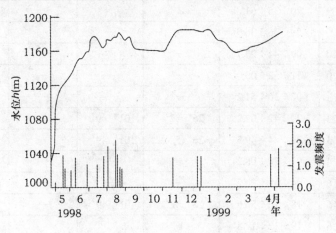

图 9-39 二滩库首区水库水位地震 h-T 图

表 9-17 西番田断裂中段诱发震群

序号	年-月-日	时：分：秒	纬度 N	经度 E	震级	备注
01	1998-06-27	07：27：08.3	—	—	1.2	NW24 km
02	1998-06-27	09：03：33.7	26°59′	101°37′	0.9	NW24km
03	1998-06-27	17：55：40.7	26°59′	101°37′	0.8	NW24km
04	1998-06-27	22：49：45.1	—	—	0.5	NW24km
05	1998-06-27	22：51：08.8	—	—	−0.6	24km
06	1998-06-27	22：51：14.1	—	—	−0.7	NW24km
07	1998-06-27	22：51：24.2	—	—	−0.6	NW24km
08	1998-06-27	22：51：34.8	—	—	−0.7	NW24km
09	1998-06-27	22：52：11.2	—	—	−0.9	NW24 km
10	1998-06-27	22：52：28.1	26°59′	101°37′	1.1	NW24 km
11	1998-06-27	22：53：33.2	—	—	−1.3	NW24 km
12	1998-06-27	22：55：11.1	—	—	0.5	NW24 km
13	1998-06-27	23：34：33.4	—	—	−1.6	NW24 km
14	1998-06-27	23：35：42.8	—	—	−1.6	NW24 km
15	1998-06-28	01：08：22.2	—	—	0.2	NW 24 km
16	1998-06-29	16：59：35.5	—	—	−0.4	NW 24 km

表 9-18　金龙山北的小震群

序号	年-月-日	时：分：秒	纬度 N	经度 E	深度（km）	震级	备注
01	1998-07-24	21：03：43.7	26°50′	101°48′	5	0.9	NE34km
02	1998-07-25	01：16：48.5	26°50′	101°48′	5	1.5	NE4km
03	1998-08-01	15：31：16.9	26°51′	101°46′	5	1.9	NE5km
04	1998-08-09	20：35：51.8	7	—	—	-0.4	
05	1998-08-10	09：36：36.9	—	—	—	0	
06	1998-08-10	09：44：23.7	—	—	—	0.6	
07	1998-08-10	11：52：00.0	—	—	—	0.5	
08	1998-08-13	02：36：51.2	—	—	—	1.6	
09	1998-08-13	20：42：02.2	26°52′	101°49′	7	2.2	NE6km
10	1998-08-13	20：44：49.5	26°52′	101°49′	—	1.4	NE6km
11	1998-08-14	07：20：08.2	—	—	—	0.8	
12	1998-08-16	04：39：00.2	—	—	—	1.2	
13	1998-08-16	18：16：56.0	26°52′	101°49′	—	1.6	NE6km
14	1998-08-16	19：12：17.8	1	—	—	—	NE6km
15	1998-08-17	06：33：07.7	—	—	—	1.2	
16	1998-08-17	09：41：32.8	26°52′	101°48′	5	0.8	NE6km
17	1998-08-18	04：54：14.6	26°52′	101°48′	7	1.6	NE6km
18	1998-08-18	07：46：06.3	—	—	—	0.8	
19	1998-08-18	19：04：56.3	—	—	—	1.2	

9.10.3.3　大桥水库水电站库区诱发地震

大桥水库工程位于四川省凉山州冕宁县境内，是安宁河流域水资源总体规划确定的第一期开发的骨干工程和龙头水库。主要水工建筑物有主坝、副坝、溢洪道、导流及放空隧洞、发电引水隧洞、调压井、压力管道和发电厂房。水库正常蓄水位 2020m，总库容 $6.58×10^8m^3$，主坝最大坝高 93 m，副坝最大坝高 29.4 m，电站装机 $4×2.25$ MW。大桥水库于 1993 年 11 月 15 日开工兴建，1999 年 6 月 19 日下闸蓄水。

大桥水利枢纽下闸蓄水后，2002 年 3 月 3 日 08 时 23 分，在大坝附近（北纬 28°41′，东经 102°14′）发生了 M_S 4.6 中强地震，冕宁县城震感强烈，见图 9-40，震中区附近民房出现微小裂隙。虽然该地震的震中位置仅距大坝约 3km，深度约 5km，但由于该地震的影响烈度低于大坝的设防烈度，故没有对大桥水库的大坝造成不良影响。从地震活动规律看，此次地震在震前发生了小震群的主震-余震型地震，其活动性与库水位有关，符合水库诱发地震的特征，见图 9-41。

工程区处于川滇经向构造带之安宁河断裂带北段，主副坝、发电引水隧洞及厂房均位于安宁河断裂带之东、西支两条断裂之间。两条断裂相距 8~10km，主坝距东、西两条断裂垂直最近距离分别为 1.6 km 和 0.5 km。西支断裂被水库库水淹浸长度为 5km，东支断裂在苗冲河支库尾段淹浸长度约 2.2km，见图 8-35。在我国近年来多次圈定的强震危险区中，可以说大桥水库是我国迄今唯一处于强震多发地区和地震高烈度区的大Ⅱ型水库。大桥水库的库坝区发生诱发地震的构造条件、岩性条件和水文地质条件对位于鲜水河上游的南水北调西线工程有借鉴作用。

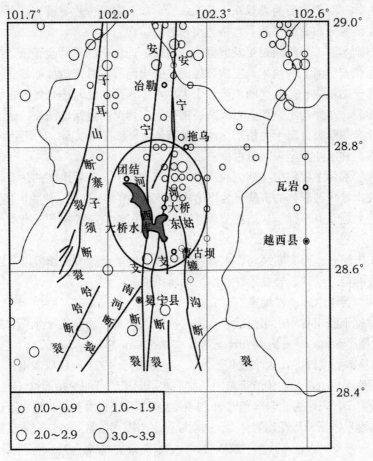

图 9-40　大桥水库蓄水后的震中分布图（胡先明，2005）

（1999.06.19～2002.03.02）

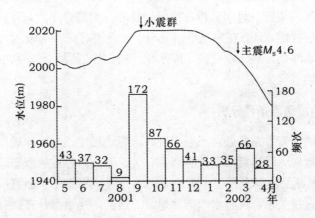

图 9-41　大桥库区水库水位与地震频次的对应关系（胡先明，2005）

大桥水库所出露的岩性：大致以水库东侧的马尔堡为界线，北段以安宁河东支断裂为界，南段以沙他口断裂为界，西侧为火成岩，东侧为沉积岩。库区内经大桥做一东西地质剖面，大致以坝址为界，西侧主要为三叠纪钾长花岗岩、斜长花岗岩，其间有二叠纪玄武岩俘虏体及少量辉长岩体，东侧主要为震旦系下统流纹岩、凝灰岩及中生界砂岩、页岩地层，而在安宁河东支断层西盘分布有早第四系昔格达组粉砂岩、泥岩。

安宁河—则木河—小江断裂带及磨盘山断裂带、理塘—德巫断裂带活动性极强，位于水库东部，分布在安宁河东西两岸，主断裂控制了安宁河谷，并形成如断陷谷、地堑等典型断裂地貌。拖乌—姑辘沟—盐井沟断裂带位于大桥水库东侧，北起拖乌经曹古坝，南至西宁一带。姑辘沟断裂、盐井沟断裂和大石板断裂都被鉴定为全新世活动断裂。金河—箐河断裂及南河断裂带北东向断裂分布于大桥水库西侧及南侧，北起石棉以西，向南西经大桥水库西侧，南至盐源西南，并继续延至云南境内。

大桥水库的水体主要集中在西侧的库盆中，荷载集中。据蓄水前的估算，蓄水以后，因库水作用造成库盆底部岩体的沉降量为库边岩体沉降量的5～7倍，伴随出现张压力，使库心和库岸产生差异运动，平行于岸边的节理或断裂面有可能重新被拉开，有利于库水向下渗透通道的形成。

因此，安宁河东、西支断裂与库水直接接触段、坝址至原大桥镇段以及近邻地区均具有发生诱发地震的构造条件、岩性条件和水文地质条件。

9.10.3.4　龚嘴水库诱发地震

龚嘴水库位于四川省乐山市五渡乡上游大渡河上，离下游铜街子水库33km。为混凝土重力坝，最大坝高86m，坝顶长447m，正常蓄水位528m，总库容3.6亿m³，总装机容量70.75万kW。地震基本烈度Ⅶ度，大坝设防烈度Ⅷ度，水库于1971年建成发电。

龚嘴水库处于川滇南北向构造带与四川盆地北东向构造带的交接部位（图9-42），水库区域构造形态较复杂，表现为北东东和近南北向两组褶皱构造的叠加。大坝座落在近南北向宽缓背斜核部的早震旦世黑云母花岗岩体上，从坝址往上与库水接触的地层有震旦系灯影组白云岩夹硅质岩、泥灰岩及页岩，寒武系下统砂岩、页岩、白云质灰岩、白云岩，中统西王庙组泥岩、粉砂岩、页岩夹白云质灰岩，中上统二道水组白云质灰岩夹页岩及钙质砂岩，奥陶系石英砂岩、砂质页岩、页岩、石灰岩、泥质灰岩，二叠系下统石灰岩、底部页岩夹煤及黏土岩。库坝区发育近南北、近东西、北东和北西向4组断裂、裂隙，主要断裂均为挤压逆冲断层且横穿水库。

龚嘴水库除坝区与早震旦世黑云母花岗岩接触外，大部分库段与震旦、寒武、奥陶系一套岩溶不太发育地层接触，只有在库尾小部分与下二叠统石灰岩接触，但此处库水位已很浅，接近于原洪水位。水库两岸地下水位高于库水位，挤压性断裂不利于水的渗漏，水库蓄水后亦未发生水库诱发地震现象。

9.10.4　水库诱发地震诱震条件分析

水库诱发地震的因素非常复杂，一般来说，水库地震主要与水库规模、岩性条件、构造条件、渗透条件、地应力及地震活动性等因素有关。库区内存在的断层，特别是第四纪以来有过活动的断层，其断裂活动是发生中强地震的动力源。很显然，断裂带的长度与可能发生地震的震级大小有直接关系。现有水库诱发地震的震例，几乎都是在原有的活动断裂带或由于修建水库后库水活化了的稳定断层上发生的。

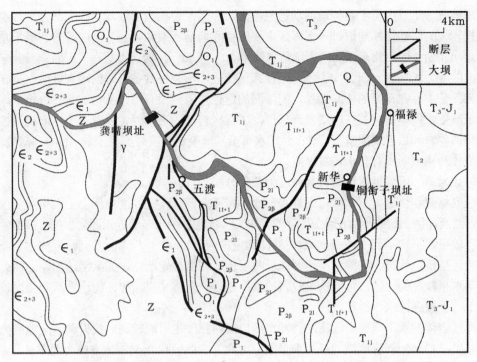

图 9-42 铜街子、龚嘴水库区地质图（据 1/20 万马边、峨眉幅地质图）

9.10.4.1 水库规模

从统计资料看，水库的规模越大，水库地震发生的概率就越高。已发生的 6 级以上诱发地震的水库，坝高均超过 100m，库容均大于 20 亿 m³。世界上蓄水深度大于 92m，库容大于 100 亿 m³ 水库的发震概率为 12%，我国坝高大于 100m 的水库的发震概率约 32%。据我国水库诱发地震资料来看，高坝、大库容的水库发震概率比较高。南水北调西线一期工程拟建的 7 个枢纽水库坝高 30～190m，库容（2～7）×10⁹m³，库长约 80km，从水库的坝高、库容来考虑，水库蓄水后存在一定的发震概率。

9.10.4.2 水库区岩性与渗漏条件

水库诱发地震是通过水的渗透过程来完成的，库区岩体的渗透条件是水库地震发生的必要条件之一，根据统计资料，碳酸盐岩、花岗岩和玄武岩等坚硬而具有脆性的岩类是诱发地震的有利岩类，而松散岩、碎屑岩及其变质岩类等相对具有塑性的岩类，不利于诱发地震。西线工程规划的库区岩性主要为属坚硬花岗岩和中等坚硬岩类砂-板岩，热巴从坝区到库段主要由花岗岩、砂岩、板岩组成，其他坝段和库区主要由砂岩和板岩组成，花岗岩体裂隙发育，有利于渗漏，但其规模较小，不利于能量聚积。砂岩和板岩构成了库区普遍分布着软、硬岩互层的地层，其中砂岩为主要的裂隙透水岩层，而板岩则为相对隔水岩层，所以砂板岩互层的岩体为弱透水岩体，不利于诱发地震。

9.10.4.3 水库区构造与渗漏条件

构造条件是诱发水库地震的主要因素之一。水库地震多发生在断裂、构造节理、裂隙和溶洞发育的区域，尤其是张性断裂或张扭性断裂有利于库水向深部渗漏，更易于诱发地震。在新构造活动强烈地区，由于活动断裂常常伴随地应力的局部集中，所以更有利于诱发较强的水库地震。工程区位于新构造活动强烈地区，库区断裂构造都较发育，大部分工程要素均有规模较大的活动性断裂通过，水库区主要发育北西向断裂和褶皱，一般砂岩和板岩总体产状为走向北西，倾向北东或南西，倾角多数为30°～60°，局部岩层直立。断裂受北东至近东西向的应力场控制，断裂均表现为压性或压扭性，断裂带具备良好的隔水性能，虽在断裂上盘破碎带中存在良好的渗漏条件，但渗漏的途径及范围很有限。从构造条件分析，库区将不利于产生水库地震。但在构造复合部位，工程区岩体的透水性主要受多个方向构造控制，由于局部砂岩和板岩裂隙发育，蓄水后库水可沿着断裂通道及岩石的节理、裂隙向深处渗透，弱化岩体和构造面，有利于诱发地震。

9.10.4.4　区域地震活动背景和应力条件分析

阿安枢纽和仁达枢纽水库位于鲜水河地震带西北延长线上，区内历史上发生过多次中强地震，波及库区。这些地震的主压应力轴（P）明显集中在北东至近东西向。P轴和T轴的倾角都比较平，平均不到30°；N轴较陡。其主压应力轴（P）与库区及其附近的主要断裂交角较大，呈挤压状态。区域地震活动性反映了该区域的稳定状态，尤其是达曲、泥曲处于地震活动水平较高的地区，可能诱发较强的水库地震。总体来讲，库区的地震活动强度较大，有利于产生较强的水库地震。

库区岩体的水平地应力较高，诱发水库地震的强度也可能较高。根据调水区地应力初步测量结果，13～50m深度域的最大水平主应力约为5.88～12.05MPa，方向为北东—北东东。从总体构造活动性和地应力状态分析，诱发中强震的可能性较大。

9.10.5　水库诱发地震震级的预测

9.10.5.1　水库诱发地震的概率预测

概率预测法是美国佩克（D.R.Packer）和比切尔（G.B.Beacher）等人提出的，其立意在概率意义上对一个新建水库的诱震危险性进行预测。水库诱发地震（RIS）是多种因素综合作用的结果，目前尚难找出与哪些因素或哪种因素存在必然的联系，因此拟采用概率统计中的贝叶斯方法进行研究。通过对世界上212173座水库进行统计，其中39座发生了水库诱发地震，发生率为18%，大量的统计资料表明（夏其发，2000、杨清源等，2001），库深、库容、应力状态、断裂活动性、岩性介质、地震活动背景等6种因素与水库地震关系密切，可作为统计因素。在岩性介质中，考虑到岩性类别对水库地震的作用，把碳酸岩，花岗岩、玄武岩，片麻岩、千枚岩分别从沉积岩、火成岩和变质岩中分出来。按诱震的震级划分成4类：Ⅰ类是M_S＞5.0，Ⅱ类为5.0≥M_S＞4.0，Ⅲ类为4.0≥M_S＞3.0，Ⅳ类为M_S≤3.0。单因素发震概率计算公式为

$$P(M_i/A) = \frac{P(M_i)P(A/M_i)}{\sum_{j=1}^{n} P(M_j)P(A/M_j)} \tag{9.13}$$

式中，P为M_i表示RIS事件震级的类别，i、j为A表示某一因素状态。

若综合考虑6种诱震因素的发震概率则公式为

$$P\left(M_i/D,V,S,F,R,B\right)=\frac{P(M_i)P(D,V,S,F,R,B/M_i)}{\sum\limits_{j=1}^{n}P(M_j)P(D,V,S,F,R,B/M_j)} \quad (9.14)$$

$$(i=\text{I},\ \text{II},\ \text{III},\ \text{IV})\qquad (n=4)$$

式中，M 和 D、V、S、F、R、B 分别为 RIS 事件的震级和库深、库容、区域应力状态、断裂活动性、岩性和地震活动背景等 6 种因素；$P(M_i)=N_i/N$，N_i 为发生 i 类地震次数；N 为发生地震的总数。研究证明，D、V、S、F、R 和 B 等 6 种因素状态是相互独立的。则有：

$$P(D,\ V,\ S,\ F,\ R,\ B/M_i)=P(D/M_i)\ P(V/M_i)\ P(S/M_i)\ P(F/M_i)\ P(R/M_i)\ P(B/M_i)$$

根据已发震和未发震的水库条件，结合预测水库的具体条件计算出不同震级的发震概率，据公式 9.13 求出所有单因素的发震概率。将待评水库条件用公式 9.14 计算出多因素条件下不同震级的发震概率。

表 9-19 和表 9-20 给出了根据截止于 1980 年底世界 39 座发震的和 173 座未发震的大水库的资料得出的相应各因素状态的似然率。表 9-21 给出了 5 个因素、3 种状态下发震水库似然率与未发震水库似然率的比值。

表 9-19　诱震因素及状态

诱震因素	因　素　状　态		
	1	2	3
库深（D）（m）	d_{12} 很深 $d_1>150$	d_{22} 深的 $92<d_2<150$	d_{32} 浅的 $d_3<92$
库容（V）（$\times10^9\text{m}^3$）	V_{12} 很大的 $V_1>10$	V_{22} 大的 $1.2<V_2<10$	V_{32} 小的 $V_3<1.2$
应力状况（S）	S_{12} 逆断层（σ_3 垂直，$\sigma_1\sigma_2$ 水平）	S_{22} 正断层（σ_3 垂直，$\sigma_1\sigma_2$ 水平）	S_{32} 滑断层（σ_3 垂直，$\sigma_1\sigma_2$ 水平）
断层活动性（F）	f_{12} 活动的	f_{22} 不活动的	
介质条件（G）	g_{12} 沉积岩	g_{22} 变质岩	g_{32} 火成岩

表 9-20　世界发震的（RIS）与不发震的（$\overline{\text{RIS}}$）大型水库似然率

诱震因素	水库数目		因　素　状　态					
			1		2		3	
	RIS	$\overline{RIS}$	RIS	$\overline{RIS}$	RIS	$\overline{RIS}$	RIS	$\overline{RIS}$
D	39	173	0.308（12）	0.133（23）	0.564（22）	0.728（126）	0.123（5）	0.139（24）
V	39	173	0.231（9）	0.208（36）	0.410（16）	0.214（37）	0.359（14）	0.578（100）
S	39	173	0.205（8）	0.208（38）	0.538（21）	0.642（111）	0.256（10）	0.150（26）
F	7	6	1.000（7）	0.670（4）		0.330（2）		
G	39	173	0.410（16）	0.358（62）	0.333（13）	0.387（67）	0.256（10）	0.254（44）

注：括号内为水库数目。

表9-21　世界发震与未发震大型水库似然率比值

因　素	状　态		
	1	2	3
D	2.316	0.775	0.921
V	1.111	1.916	0.621
S	0.986	0.558	1.707
F	1.500	1.000	
G	1.145	0.860	1.008

南水北调西线第一期工程区各枢纽诱发地震因素分析见表 9-22，5 个因素一经确定之后，根据表 9-20 查得 LR（D，V，S，F，G），代入公式 9.15，就可以确定其诱发地震的概率 P（RIS/D，V，S，F，G）

$$\frac{P(RIS/D,V,S,F,G)}{P(\overline{RIS}/D,V,S,F,G)} = \frac{P(RIS)}{P(\overline{RIS})} LR(D,V,S,F,G) \tag{9.15}$$

式中，P（RIS/D，V，S，F，G）为诱发地震的概率；P（$\overline{PIS}/D$，V，S，F，G）为不发震条件概率 P（RIS/D，V，S，F，G）$=1$（$\overline{RIS}/D$，V，S，F，G）；P（RIS）和 P（$\overline{RIS}$）分别为发震和不发震的先验概率（0.184 和 0.816）。最后计算枢纽水库各因素诱发地震的概率见表 9-23。

表9-22　南水北调西线第一期工程区各枢纽诱发地震因素分析

枢纽水库名称	诱发地震的各因素分析				
	库深（D）（m）	库　容（V）（$\times 10^9 m^3$）	应力状况（S）	断层活动性	介质条件
热巴	190		S_{12} 逆断层（σ_3 垂直，$\sigma_1\sigma_2$ 水平）	f_{12} 活动的	g_{32} 火成岩 g_{22} 变质岩
阿安	115	3.52	S_{12} 逆断层（σ_3 垂直，$\sigma_1\sigma_2$ 水平）	f_{12} 活动的	g_{22} 变质岩
仁达	108	2.77	S_{12} 逆断层（σ_3 垂直，$\sigma_1\sigma_2$ 水平）	f_{12} 活动的	g_{22} 变质岩
洛若			S_{12} 逆断层（σ_3 垂直，$\sigma_1\sigma_2$ 水平）	f_{22} 不活动的	g_{22} 变质岩
珠安达	104	5.13	S_{12} 逆断层（σ_3 垂直，$\sigma_1\sigma_2$ 水平）	f_{12} 活动的	g_{22} 变质岩
霍纳	123	7.08	S_{12} 逆断层（σ_3 垂直，$\sigma_1\sigma_2$ 水平）	f_{22} 不活动的	g_{22} 变质岩
克柯	65	0.64	S_{12} 逆断层（σ_3 垂直，$\sigma_1\sigma_2$ 水平）	f_{12} 活动的	g_{22} 变质岩

表 9-23　南水北调西线一期工程枢纽水库各因素诱发地震的概率

枢纽水库各因素组合	各因素诱发地震的概率				
	P（RIS/D）	P（RIS/V）	P（RIS/S）	P（RIS/F）	P（RIS/G）
热巴	0.34	0.30	0.28	0.25	0.20
阿安	0.15	0.12	0.28	0.25	0.16
仁达	0.15	0.12	0.28	0.25	0.16
洛若	0.17	0.12	0.28	0.18	0.16
珠安达	0.17	0.12	0.28	0.25	0.16
霍纳	0.17	0.12	0.28	0.18	0.16
克柯	0.17	0.12	0.28	0.25	0.16

热巴枢纽设计坝高 190 余米，设计水位 3700m，库容 $15×10^8 m^3$，天然区域应力场属潜在走滑型，断层为活动的，介质条件为中浅变质的沉积岩和岩浆岩，根据公式 9.15 可以求得 P（RIS/D）=0.34，P（RIS/V）=0.30，P（RIS/S）=0.28，P（RIS/F）=0.25，P（RIS/G）=0.16。

阿安枢纽设计坝高 115 余米，设计水位 3604m，库容 $3.52×10^8 m^3$，天然区域应力场属潜在走滑型，断层为活动的，介质条件为中浅变质的沉积岩和岩浆岩，根据公式可以求得 P（RIS/D）=0.15，P（RIS/V）=0.12，P（RIS/S）=0.28，P（RIS/F）=0.25，P（RIS/G）=0.16。

仁达枢纽设计坝高 108 余米，设计水位 3604m，库容 $2.77×10^8 m^3$，天然区域应力场属潜在走滑型，断层为活动的，介质条件为中浅变质的沉积岩和岩浆岩，根据公式可以求得 P（RIS/D）=0.15，P（RIS/V）=0.12，P（RIS/S）=0.28，P（RIS/F）=0.25，P（RIS/G）=0.16。

临界概率一般取为 0.2，这样热巴枢纽水库前 4 个因素均大于或等于 0.2，第五个因素也接近 0.2，考虑库区在周围发生多次中小地震，因此可以判定水库蓄水后将要诱发地震。阿安和仁达枢纽尽管只有两个因素大于 0.2，但库坝区的地震稳定性差，坝址附近发生过中强地震，烈度较高，也有诱发水库地震的危险性；珠安达枢纽库区位于杜柯河断裂上，该断裂西段活动性强，发生过强烈地震，波及库区，东段的中壤唐一带是现代 4～6 级地震活动区，库区北面的班前一带也发生过 5 级地震，所以水库蓄水后会不会造成该断层活化，还有待于进一步研究。

9.10.6　水库地震可能的最大震级及对坝区的影响

9.10.6.1　各调水库区最大震级估算

采用经验关系式为：$M_{max} = 3.3+2.1\lg L$ 来核算第二库段可能的最大震级（式中 L 为估计最大破裂长度，单位：km）。在充分考虑各断层的边界条件并认为蓄水引起的地震活动距库边一般不会远于 10km 的前提下，可估算如下：

(1) 曲麻莱-东区断裂直接与热巴水库相通，断裂在温拖一年古一带穿越热巴水库，且全线距库边均不远于 10km，考虑到库区蓄水后水渗透影响范围一般在 5～10km，则影响断裂长约 16km。若按一次地震时的破裂长度为断层总长的一半计，则有 M_S=5.2；若按断层全长一次破裂计，则有 M_{max}=5.80。

(2) 达曲断裂：直接穿过阿安枢纽水库，在然充沿达曲穿过阿安枢纽库区，属压扭性断裂，上游 1915 年沿断裂发生过 6.5 级地震，断裂与水库相通长度达 27km，考虑到库区蓄水后水渗透影响局限性，则 M_{max}=5.80。

(3) 康勒–罗柯断层在康勒乡西北穿越仁达枢纽水库库尾，属压扭性断裂。直接与仁达水库相通，且距库边均不远于 10km，影响断裂长约 13km。若按一次地震时的破裂长度为断层总长的一半计，则有 M_S=5.1；若按断层全长一次破裂计，则有 M_{max}=5.6。

(4) 杜柯河断裂是区域活动断裂桑日麻断裂的东延部分，在珠安达枢纽北侧穿过库区，直接与珠安达枢纽水库库尾相通，距库边均不远，估计影响断裂长约 15km。若按一次地震时的破裂长度为断层总长的一半计，则有 M_S=5.2；若按断层全长一次破裂计，则有 M_{max}=5.80。

(5) 灯塔断裂该断层在亚尔堂北 5km 横穿亚尔堂枢纽库区，与水库相通，估计影响断裂长约 14km。若按一次地震时的破裂长度为断层总长的一半计，则有 M_S=5.1；若按断层全长一次破裂计，则有 M_{max}=5.7。

(6) 甘德断裂在甲当村北的沃央曲穿过克柯枢纽库区，与克柯水库相通，水库渗透影响断裂长约 12km。若按一次地震时的破裂长度为断层总长的一半计，则有 M_S=4.9；若按断层全长一次破裂计，则有 M_{max}=5.6。

其余断裂出露在距库边 10km 范围以外，或者在距库岸 10km 范围内出露长度极小，预测的地震强度不会超过曲麻莱–东区断裂和达曲断裂。从以上分析可知，南水北调西线第一期工程枢纽水库有诱发 M_S>5.0 地震的可能，但地震上限强度不会超过 6.0 级。

从上面的初步分析看，西线引水工程的水库规模、构造条件、地应力和地震活动性等因子分析，热巴枢纽有利于诱发水库地震。阿安、仁达和珠安达枢纽库容较小，但复杂的地震地质背景也有水库诱发地震的可能性，而且特长引水隧道穿越不同的构造单元，压力隧道将在广泛地区引起渗漏，使岩体的孔隙压力改变引起岩体应力状态改变，使地表下沉，断层活化。因此，西线引水坝库有产生中强构造型水库地震的可能。

9.10.6.2　水库地震的可能危害

(1) 对坝区的影响。

热巴枢纽的年古–定柯一带沿断裂发生水库地震的可能性较大，由于据大坝较远，对坝区影响小。可能的发震地点距坝区 10～20km，大坝位于震中的短半径方向。按发生 6 级诱发地震的极端情况估计，震中烈度应为Ⅷ度。根据区域多次 5～6 级的地震震例统计，Ⅶ度等震线的短轴半径约为 7～10km，Ⅶ度等震线相应短半径为 10～20km，因此，坝区应处于Ⅶ度影响区范围内。

(2) 对震中区的影响。

如果发生一次 5.5～6.0 级的诱发地震，沿库边可能形成 6～20km 长的Ⅷ度区和 20～30km 的Ⅶ度区，即使是 4 级地震，震中区烈度也可能达到Ⅴ度强。Ⅷ度区内将可能造成民用建筑大部分受到不同程度的损坏和个别建筑物倒塌。由于库区周围居民少，总的破坏和人民生命财产的直接损失估计不致太大。

(3) 次生灾害。

地震将影响库区两岸边坡稳定，尤其是库首附近，两岸的崩滑体将处于Ⅶ度区内，需考虑受诱发地震影响产生剧冲型或整体崩滑造成巨大涌浪对施工和建筑本身的冲击。

以上初步看法只能供可行性研究中框算水库地震危险性上限时参考，尚不能成为初步设计阶段对水库诱发地震进行具体工程地质评价时的依据。

9.10.6.3　抗震措施及对策

由于高坝水库诱发地震一旦发生，危害极大。因此我国《水工建筑抗震设计规范》要求："在兴建高水头大水库时，如库区地质构造复杂，并有较近期活动断裂分布，应研究产生诱发地震可能性。对产生诱发地震可能性大的水库，应尽量在蓄水前由有关部门设地震台进行监视。"

鉴于南水北调西线调水工程与存在水库诱发地震的二滩电站所处的工程地质条件及大地构造背景相似，且水库诱发地震有一定的偶然性，建议在工程设计、建设及运营初期，在库区震情明显变化时，进一步做好以下工作：

(1) 加强地震地质学研究：包括区域地质和地震地质背景研究，库区地质条件复核和震中区地震地质的详细调查等，以确定诱发地震的构造环境，发震构造和应力条件等，对建筑物或高边坡等进行抗震能力复核，对岸坡和库区有关地段的抗震措施等进行研究。

(2) 加强地震学研究：包括库坝区及邻近地区地震活动整体规律的研究，震中区地震活动动态特征的连续监测和研究，小孔径密集台阵的短期观测及震中区水库地震时空分布和震源机制变化规律的研究等，以推测地震活动的发展趋势。

(3) 按不同的抗震设防要求对大坝和其他建筑物进行加固，在大坝浇筑到设计高程之后，或在大坝施工过程中，采用各种人工激振手段现场实测大坝原型在顺河与垂直河流两个方向的自振特性；必要时实测其他建筑物或坝区高边坡有关部位的自振特性，掌握大坝在施工现阶段的抗震性能，及时进行调整。

第 10 章　工程区地质灾害调查

南水北调西线一期工程区位于青藏高原的东部，横跨巴颜喀拉山东段，是高原与平原地貌的陡变带，也是流水地貌带和冰原地貌带交界处。区内海拔高，气候寒冷，自然条件恶劣，地形起伏大，地质构造复杂，新构造运动和地震活动较强烈，特殊的地质、地貌、土壤、植被、气象、水文等自然条件决定了该区是山地灾害易发区。

近年来，由于大型或巨型工程的兴建，人类活动作为一种营力已经超过自然地质作用强度，越来越强烈地影响着地质环境，恶化地质环境，增加地质灾害的强度和频度。这些灾害的发生、发展必将直接或间接地影响到调水工程的正常运行及周边居民的生活和工农业生产，制约着调水工程的实施，对正在实施的"西部大开发"战略及民族地区经济社会可持续发展也将产生巨大的影响。

本章节将主要对南水北调西线工程稳定性有直接影响而且又非常突出的泥石流和崩塌、滑坡等地质灾害进行探讨，并对其分布特征、规模及形成过程进行分类。

10.1　工程主要地质灾害

南水北调工程是跨流域大型水利工程，主要由 5 座水坝，7 条深埋隧道组成，连接长江水系和黄河水系，穿越不同复杂构造单元，工程规模巨大。工程区独特的高山和深切河谷地形地貌，是山地斜坡地质灾害的频发地区，长期以来，滑坡、崩塌、泥石流、洪水等灾害给当地各族人民的生产生活造成了巨大损失。

工程建设不仅要适应复杂的环境地质条件，而且会打破调水区内固有的环境平衡状态，受自然因素控制和人类活动影响，尤其是工程建设对山地表层大规模的扰动，从而在工程沿线诱发山地灾害，主要是斜坡上发生的滑坡、崩塌、冻融土石流和沟谷内发生的泥石流。尤其是在大坝附近、库区、施工公路和输水线路区（主要是隧洞出入口附近）等区域的边坡开挖、填方、水库蓄水等等，将改变区域自然地理条件，影响区域工程地质环境和水文地质环境，诱发地质灾害，可能对调水工程建设与运行期间的工程安全构成一定的威胁和危害。

通常调水工程地质灾害依其成因大致可分两大类：原生灾害，即在工程实施之前就存在的灾害，如滑坡、崩塌、泥石流、洪水、冻土等；次生灾害，即引流工程实施后由于建坝、蓄水、开挖引水明渠、管道及深埋隧道等引起的灾害，如水库诱发地震、岸坡变形和破坏、隧道涌水及岩爆等。西线工程的斜坡地质灾害依其变形破坏的形式主要有崩塌、滑坡和泥石流三大类。现简述如下：

10.1.1　原生灾害

10.1.1.1　崩塌

所谓崩塌是指高陡边坡（含人工边坡）上被陡倾的张性破裂面分割的块体完全脱离母体

后，以滚动、跳动、坠落、倾倒等为主的移动现象与过程。危岩体是指正在开裂变形，并可能发生崩滑的危险山体。按起始运动形式分为：倾倒式崩塌、滑移式崩塌、错断式崩塌、拉裂式崩塌、鼓胀（塑流）式崩塌、陷落挤出式崩塌，按崩塌的规模可分为：小型崩塌、中型崩塌、大型崩塌和特大型崩塌，见表10-1。

表 10-1　按崩塌体积分类表

崩塌分类	小型崩塌	中型崩塌	大型崩塌	特大型崩塌
崩塌体积 V（$\times 10^4 \mathrm{m}^3$）	$V<1$	$1 \leqslant V \leqslant 25$	$25<V \leqslant 100$	$V>100$

10.1.1.2　滑坡

滑坡是指地表斜坡岩土体在自然地质作用和人类活动作用下，失去原有平衡条件而产生以水平位移为主的整体移动。滑坡是在一定的地质环境中发生的，其起始必要条件与滑坡工程地质条件密切相关，它以一定的机理受控于一定的岩土组合类型、结构类型、斜坡形态以及结构面组合与临空面的关系，当某种应力成为斜坡不稳定因素时，滑坡将发生。它通常直接或间接地危害人类安全和生态环境平衡，并给社会和经济建设造成一定的损失。

滑坡按岩土体的物质组成可分为：黏性土滑坡、黄土滑坡、堆填土滑坡、堆积土滑坡、破碎岩石滑坡及岩石滑坡；按滑动面与层面的关系分为：顺层滑坡、切层滑坡和无层（均质）滑坡；按滑坡主滑面成因分为：堆积面滑坡、层面滑坡、构造面滑坡和同生面滑坡；按滑坡的主要诱发因素分为：水库蓄水诱发型滑坡、地震诱发型滑坡、暴雨诱发型滑坡、人为活动型滑坡及诱发因素不明的滑坡等；按滑坡体的体积分为：特大型滑坡（$>1000 \times 10^4 \mathrm{m}^3$）、大型滑坡（$1000 \times 10^4 \sim 100 \times 10^4 \mathrm{m}^3$）、中型滑坡（$100 \times 10^4 \sim 10 \times 10^4 \mathrm{m}^3$）和小型滑坡（$<10 \times 10^4 \mathrm{m}^3$），具体见表10-2。

表 10-2　按滑坡体积分类表

滑坡分类	小型滑坡	中型滑坡	大型滑坡	特大型滑坡
滑坡体体积 V（$\times 10^4 \mathrm{m}^3$）	$V<10$	$10 \leqslant V \leqslant 100$	$100<V \leqslant 1000$	$V>1000$
水平投影面积（km^2）	<0.5	$0.5 \sim 1.05$	>1.05	

目前，国际上比较通用的崩塌、滑坡分类是 D. J. Vames（1978）提出的分类方案（具体见表10-3）。

10.1.1.3　泥石流

泥石流是指暴雨、冰雪融水等水源激发山区沟谷中含有大量泥沙石块的暂时性特殊洪流，是水土流失过程中介于挟沙水流与滑坡之间的泥沙失稳集中搬运的一种突发性极强、破坏性极大的地质灾害现象。

表10-3　斜坡移动分类修订方案简表

移动类型			岩土类型		
			基岩	工程土类	
				粗颗粒为主	细颗粒为主
崩塌类			岩崩	岩屑崩落	土崩
倾倒类			岩石倾倒	岩屑倾倒	土倾倒
滑动类	转动滑坡	组合体不多	岩石陷落滑坡	岩屑陷落滑坡	土陷落滑坡
	平移滑坡	组合体多	岩石块体滑坡	岩屑块体滑坡	土滑坡
			岩石滑坡	岩屑滑坡	土滑坡
倾向扩展破坏类			岩石侧向扩展破坏	岩屑侧向扩展破坏	土侧向扩展破坏
流动类			岩石流动（深部蠕动）	岩屑流动、土流动（土蠕动）	
混合类			两种或多种主要移动类型的组合		

泥石流的形成机理：山区河流在汛期中由于暴雨或其他水动力（如冰川、融雪、堤坝溃决、地下水活动等）作用于流域内不稳定的松散土体上，使松散土体失稳后参与洪流运动，在流域内地表形成两种汇流现象。一种是水的汇流（液体汇流），另一种是土砂汇流（固体汇流），两相物质在共同的流动空间中混合形成特殊的水、砂混合运移现象。当流体中的固体物质含量超过某一限制后，其流动特性明显变化，明显不同于洪水及滑坡。泥石流的形成主要受3个条件的制约：地形条件——陡峭的地形条件为泥石流发生提供充足的位能；地质条件——地质条件决定了松散固体物质的来源、组成、结构、补给方式和速度等；气象水文条件——是泥石流爆发的动力条件，通常来源于暴雨、高山冰雪强烈融化和水体溃决。

按泥石流的物质组成划分为泥流、泥石流、水石流。泥流：颗粒均匀，以黏性土为主，含少量砂粒、圆砾，黏度大多为非牛顿体，主要集中分布在黄土及火山灰地区；泥石流：颗粒差异性大，由黏粒、粉粒、砂粒、圆砾、碎块石等大小不同的粒径混杂组成，多为牛顿体；水石流：堆积物分选性强，由圆砾、碎块石及砂粒组成，夹少量黏粒及粉粒，为稀性牛顿体。

按流体性质分为黏性泥石流、稀性泥石流。黏性泥石流：黏性大，固体物质占40%～60%，最高达80%。水不是搬运介质，而是组成物质，稠度大，石块呈悬浮状态，爆发突然，持续时间短，破坏力大；稀性泥石流：以水为主要成分，黏性土含量少，固体物质占10%～44%，有很大分散性，水为搬运介质，石块以滚动或跃移方式前进，具有强烈的下切作用，其堆积物在堆积区呈扇状散流，停止后似"石海"。

按流量可分为小型泥石流、中型泥石流、大型泥石流和特大型泥石流，具体见表10-4。

表10-4　泥石流按流量分类表

泥石流分类	小型泥石流	中型泥石流	大型泥石流	特大型泥石流
泥石流流量 V（$\times 10^3 m^3$）	$V<1$	$1 \leqslant V \leqslant 5$	$5<V \leqslant 8$	$V>8$

我国的雅砻江、大渡河流域及其邻近的岷江流域、金沙江流域泥石流灾害较为严重，康定、泸定、甘孜、黑水、阿坝、丹巴、茂县、南坪、黄龙等地都曾暴发过严重泥石流灾害，危害水电、城镇、公路、农田和旅游景区的安全。同时，由于修建引水工程建筑物，将产生

大量弃碴弃土，如堆放不当，在暴雨和地表径流冲蚀下将演变成弃碴泥石流，酿成人为灾害。此外，大量开挖边坡，破坏地表植被和松散土壤层，除诱发坡面泥石流外，也将产生严重水土流失，对调水区环境产生影响。

调水区的壤塘和阿坝一带年降水量＞700mm，每年的降水日数在150d，降雨强度大，暴雨较多；该区断裂发育，岩体中裂隙多，岩层松散破碎，寒冻风化强烈，滑塌崩塌发育，松散固体物质较为丰富；河谷两岸的支沟岸坡陡峻，多为30°～50°，沟床纵比降为0.1～0.3，流域内地形高差多在1000m以上，为泥石流的形成和发展提供了必要和充分的条件。

西线调水区是我国泥石流高发区，虽不及西藏东南部、四川西南部、云南东北部及陕南、陇南等地那样严重，但在其东部的雅砻江和大渡河上游也存在不同程度的泥石流灾害和较严重的水土流失问题。其对引水区的危害主要表现为：埋没、堵塞及冲毁大坝、抽水电站厂房、隧洞进出口、引流明渠等地面建筑物。当大规模和特大规模泥石流发生时，还可能引起涌浪、溃坝灾害，给下游带来毁灭性的灾难。其携带的大量泥沙块石入库后，也将引起泥沙淤积，减少库容和调水量。

10.1.2 次生灾害

除上述工程区广泛存在的崩、滑、流地质灾害问题外，工程实施后，库区蓄水和频繁水位变化，将使引水区及上、下游地区的区域小气候、水文、地下水、植被等发生一些改变，从而破坏原有的较为脆弱的地质环境和土体结构平衡，诱发一些其他灾害，引起库区岸坡新的变形，再造新的岸坡平衡。同时伴随着调水河流下游流量的减少，可能降低水流对河床堆积物的冲刷能力及对推移物质的输送能力，加速下游严重泥石流河段的淤积和堵塞。限于篇幅主要介绍库区岸坡变形、岸坡再造、冻土等次生灾害，水库诱发地震、隧道变形、高地温热害等在其他章节介绍，这里不再赘述。

10.1.2.1 库区岸坡变形与岸坡再造

处在高山峡谷地区的水库工程，大多会经常遇到岸坡稳定问题。由于高坝蓄水，受库水长期淹没浸润，部分岸坡岩土体抗剪强度降低，含水量及孔隙水压力增加，会破坏斜坡的稳定条件，随着库水位的消落，因库水位下降引起的超孔隙水压力也常造成岸坡失稳滑动。滑坡一旦发生，将造成很大危害：大量岩土滑入库内，减少有效库容；直接威胁建筑物安全，堵塞泄水建筑物；大体积滑体高速滑入库内，会产生巨大涌浪，对大坝形成很大的冲击荷载，甚至造成漫顶，导致大坝失事，给下游人民生命财产带来巨大损失。工程史上最惨痛的教训是1964年10月9日的意大利Vaiont水库库区左岸大滑坡，20s内有2亿～3亿m³的滑体滑落，速度28m/s，滑体前缘飞越80m宽的河谷，继续向右岸爬高140m，激起涌浪高出原库水位250m以上，冲毁了坝内和地下厂房内的大部分设施。涌浪翻过坝顶直扑下游Longarone小镇，并造成下游2400余人死亡。滑体把坝前1.8km长的一段库容完全填满，整个水库因而报废。

西线工程水库岸坡依其变形破坏的形式主要有崩塌和滑坡两大类，水库岸坡的稳定主要受岸坡结构、地形、地震、降雨、库水等因素的综合控制。据对大渡河、雅砻江和通天河3条河流两岸岸坡的调查和统计，岩体结构面与临空面的关系是影响岸坡稳定的主要因素。在350～600m高度范围内，由于砂岩与板岩不等厚互层，岸坡坡度普遍较陡，多在40°以上，崩塌和滑坡较为发育。

地震是岸坡失稳的重要诱发因素，一般在坡度大于25°时，地震烈度在Ⅶ度以上时，岸坡失稳破坏现象比较普遍。

此外，降雨也是岸坡失稳的主要诱发因素，在上述3条河流中，大渡河斜尔尕库区降雨量最大，暴雨较多，降雨集中，库岸滑坡和崩塌较为严重。

此外，在部分岛状多年冻土和季节冻土区，冻融作用也将引起引水明渠岸坡失稳滑塌，堵塞渠道。隧道进出口人工开挖高边坡的稳定性，也严重影响工程的顺利建设和运行。

10.1.2.2 高压涌水、高地温及岩爆

调水工程采用长隧洞穿越江河分水岭，隧洞长为47.5～288km，其中最长的隧洞达73km，最大埋深达1200m，均属深埋特长隧洞。这些隧洞埋深大，将穿越不同的地质单元，无法避开活断裂的影响，深埋长隧洞施工中将遇到高地温、高压涌水、高地应力和岩爆等灾害。其中，断裂带涌水、碎屑流及软岩问题较为突出，高地温及岩爆问题也不容忽视。

地下水是影响围岩和洞室安全的重要因素。引水洞线区基岩主要为砂岩、板岩及其组合的韵律互层，砂岩中裂隙较发育，富水性中等，为含水层；板岩裂隙不发育，为相对隔水层，洞线区赋存的松散岩类孔隙水、冻结层上水和风化带网状基岩裂隙水，因洞室埋藏深，对围岩影响轻微，但构造裂隙水影响较严重。由于引水区断裂构造发育，第四纪活动断裂多，在背、向斜轴部地带岩体破碎、裂隙发育，有利于地下水的富集、运移。同时，引水线路经过地区要穿越大量水系。

仅大渡河引水线路就要超过18个支流河道，而河流多沿断裂发育，地下水和地表联系紧密，补给充分，因此，地下洞室的开挖必将形成一些地下水富集廊道，在较高动、静水压力作用下，将出现高压涌水及碎屑流灾害，使断层破碎带内充填物和褶皱核部的破碎岩石涌出，酿成事故。

据调查勘探，西线工程区内的平均地温梯度在22℃/km，地温梯度高值区主要分布在清水河、达日-久治、玉树及甘孜附近的马尼干戈、温拖等地区，平均地温梯度达24～26℃/km。引水方案的隧洞将穿达日-久治地热异常区，在年保玉则花岗岩体东南边沿地区有龙克温泉，距最近的居民点阿坝安斗乡克哇村45km。泉水从北东东向岩体裂隙流出，线状分布多个泉口，总体呈北东东向展布，最高水温达85℃，是沸泉群，已达到当地沸点，流量达2L/s，矿化度0.58g/L，重碳酸钠型，泉口标高4017m，当地牧民已建简易浴池。温泉的存在说明深埋隧洞处存在地热，这些高压高温地下热水不仅影响围岩稳定性，过热温泉水容易发生水热爆炸，将严重危害隧洞洞室、施工设备和人员安全。

西线工程引水隧洞均深埋于山体基岩内，上覆岩体厚度一般为300～900m，最大厚度达1500m（与前述的1200m不一致）。隧洞围岩主要为三叠纪浅变质砂岩、板岩，局部为中生代花岗岩、花岗闪长岩，这些坚硬脆性岩体具备储存高能地应力的条件。据巴山地区中强地震的震源机制解译、卫星影像水系信息宏观资料分析及地应力Kaiser效应测量结果，本区现代构造应力场的最大主压应力轴方向总体呈北东向，约为NE53°；在140～240m深度域内，水平主压应力占主导地位；浅层地表部位三轴应力测试结果σ_1、σ_2和σ_3分别为8MPa、3MPa和2MPa。巴山的希玛利多、桑日麻、赛尔根为一构造应力集中区，其应变能密度达3500J/m^2。当隧洞埋深达1000m时，水平挤压应力将高达50MPa。因此，施工中可能遇到岩爆灾害。

10.1.2.3 冻土

西线调水区处于青藏高原片状多年冻土向岛状多年冻土、季节冻土的过渡地带，冻土分布十分复杂，其中西部及西北部为片状多年冻土，向南部、东南部及东北部逐渐过渡到山地岛状多年冻土和季节冻土。多年冻土分布面积约14.4×10^{4}km^2，占调水区总面积的60%，其多年冻土下界高程4150～4300m，多年冻土上限在0.9～2.0m，最深达7.21m。季节冻土分布面积7.6×10^{4}km^2，占调水区总面积的40%，主要分布在东南部的山间谷地。受高寒气候

影响，每年9月份开始冻结，至翌年的4～7月份才开始解冻，冻结期长达7～10个月之久。

不同类型冻土对引水工程的危害方式和程度存在较大的差异，季节冻土主要表现为冻胀和融沉下陷危害，而多年冻土主要表现为融沉下陷危害。冻土及其冻害对引水工程的地面建筑物部分影响较为严重，而对地下隧洞几乎无影响。位于多年冻土区的引水工程主要有引水隧洞、壅水坝、渡槽、明渠等。引水隧洞因其埋深较大，远在多年冻土下限以下，故冻土对洞身不会产生危害。其余建筑物由于开挖冻土，破坏冻土表层草甸，导致多年冻土消失乃至退化，从而对建筑物及基础产生融沉破坏。位于季节冻土区的引水工程主要有引水枢纽、引水隧洞进出口及抽水线路上的明渠扬水站、输水管道及配套工程，如道路等，冻胀破坏主要发生在冻结期，融陷则发生在消融期。

多年来，伴随调水区畜牧业和林业的发展，冻土区的森林及植被遭受到不同程度的破坏。工程开工后，工程建筑物附近的植被也将不复存在。水库蓄水以后将使当地气候变暖，从而改变了冻土区的水热条件，必将导致多年冻土的急剧消融和退化。工程建成后，工程区大面积的多年冻土将变成季节冻土，故未来冻土对工程建筑物的破坏将主要是季节冻土引起的融陷和冻胀。此外，蓄水后随地下水位升高和冻土消融，库岸及明渠岸坡将产生热融滑塌、冻融泥流等灾害。

10.1.2.4 冰害

由于调水工程地处高海拔地带，冬季气温低，河水冰冻时间长，从而对运行中的引水枢纽造成极大危害。我们通过对邻近地区冬季大量水利水电工程的调查，发现冰害相当严重，许多水电站在冬季都关闭。常见的冰害情况如下：

① 冰坝溃决后冲下的大量冰凌、冰屑团堵塞进水闸，束窄了进水闸的过流断面，影响隧道输水。

② 进水口闸门、冰砂闸被冰凌封死，门槽结冰不能灵活开启、关闭，使水流失控，拦污栅被冰凌撞击变形或破坏。

③ 渠道水流结冰堵塞，使过流断面减小，渠水从渠墙上漫流，造成渠基垮塌。渠墙由于冻融剥蚀，出现大面积的露砂、露石、露钢筋。

④ 渠水中挟带的大、小冰块贴附在前池拦污栅上，导致前池拦污栅封堵。

⑤ 隧道进出口冻结造成隧道破坏，特别是隧道内流速降低，导致隧道内结冰，使过流断面减小甚至全管冻结。

为了使引水工程在冬季得以顺利运行，减少冰害造成的各种经济损失，在设计中对冰害必须采取有效的预防措施：

① 在工程设计时，首先是详细收集、调查研究水电站河段内的水文、气象资料，尤其是冰情资料。在方案选择时，尽可能将重要的水工结构建筑物位置定在日照长的阳坡坡面。

② 水坝的高度要考虑一定的蓄水库容，进水口要考虑冰塞对过流量的影响，要有一定水深，以使严冬结冰后，从冰盖层下取水。

③ 渠线选择要尽量顺直，避开弯道，以免弯道处水流受阻而结冰。

④ 渡槽上面加盖以保温，防止冻结。

在野外踏勘过程中我们发现，工作区冻融现象并不多见，工程布置标高范围内基本上无永久性冻土分布，只是在极高山顶（海拔4600m）残存少量冰川松散堆积和因岩石冻融而形成的寒冻石漠堆积，对调水工程影响小。又由于内营力的地质灾害，如地震和活动断裂在前面的章节已经探讨过了，因此，本次调水工程区地质灾害调查主要是针对大型引水工程由外生地质作用引发和控制的环境地质问题的调查，工程区最突出的地质灾害问题是泥石流，其次是崩塌和滑坡。

10.2 工程区地质灾害特征

在室内 TM、SPOT 卫星图像解译判读的基础上进行了实地现场灾害填图，野外考察，调查范围为调水线路预选坝址近坝段和库区、隧洞的进出口段、施工支洞处和进场道路等区段，主要沿河流展开。

① 雅砻江：沿甘孜县城至德格县三岔河两岸，包括安达坝址、博爱坝址、热巴坝址和仁青里坝址及其库区。

② 达曲河：沿炉霍鲜水河电站至甘孜县东谷至色达县然充乡两岸，包括申达坝址、阿安坝址、然充坝址及其库区，其中有炉霍电站、兵站电站、充古电站、秀罗海电站和正在修建的鲜水河电站。

③ 泥曲河：沿炉霍县城、甘孜县泥巴乡至色达县的康勒乡两岸，包括纪柯坝址、仁达坝址、章达坝址及卡娘电站及正在修建的日格电站。

④ 色曲：由色达县色尔坝、旭日乡至色达县城，包括色达洛若坝址、霍西电站及色曲甲学电站。

⑤ 杜柯河沿金川县可尔因河口到壤塘县城至知钦乡、班玛县吉卡乡两岸，包括珠安达坝址、上杜柯和加塔坝址。

⑥ 麻尔曲：从班玛县玛柯河林场至莫巴乡，包括班前坝址、扎洛坝址、亚尔堂坝址、贡杰坝址和霍纳坝址，其中有霍纳电站。

⑦ 阿柯河：从阿坝县安羌、安斗乡至白石山温泉。

在若果朗渡槽和贾曲河谷一带也进行了调查，调查工作从 2001 年 6 月至 2007 年 9 月，查清工程区共有泥石流沟 152 条，滑坡 150 处，崩塌 200 处。这些地质灾害主要受地质构造、地形、坡向、地层、岩性、气候、水文等因素控制和影响，主要沿河流两岸分布，数量多、密度大，但规模较小，绝大多数对调水工程和当地人民群众生命财产影响不大，具体分布情况见表 10-5 和图 10-1。

表 10-5　工程区崩塌、滑坡统计

流域	合计（条）		
	左岸	右岸	总计
雅砻江	54	32	86
达曲	14	12	26
泥曲	16	6	22
色曲	21	11	32
杜柯河	21	14	35
麻尔曲	39	6	45
克柯河	12	1	13
若果朗	12	0	12
合计（条）	189	82	271

注：下游河段长度指各流域下游所考察到的第一条泥石流沟所在位置到该坝址之间的距离；库区河段长度指坝址到该坝址正常蓄水位所在位置之间的距离。

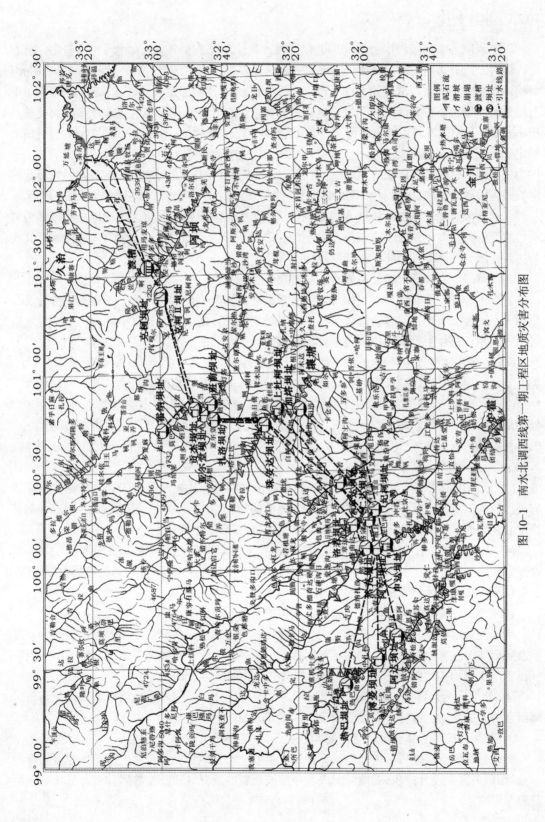

图 10-1　南水北调西线第一期工程区地质灾害分布图

10.2.1 岸坡变形

对工程区 6 条河流沿岸边坡变形进行调查，共计发现 185 个崩塌和滑坡，数量多，分布广，但对工程有影响的滑坡不多，主要有：麻尔曲左岸赛嘎尔沟口滑坡，体积约 $20×10^4m^3$；阿柯河右岸阿华滑坡，滑体约 $50×10^4m^3$，距坝址 50km，由于距坝址较远，滑坡体积较小，对坝体影响不大。雅砻江天然岸坡稳定条件较好，但在长须贡玛至仁青里岸坡多为斜交坡，极不稳定，其中俄木其可鸠贡马滑坡体积近 $1.0×10^4m^3$，距引水渠进口仅 1～2km，对进口的稳定影响较大。通天河大部分河段岸坡较稳定，不稳定岸坡主要有：高钦陇巴沟口滑坡，岩性为三叠纪砂、板岩，体积约 $3000×10^4m^3$，距同家坝址 23km，对坝体影响较大；它莫扎特滑坡，为砂砾岩滑坡，体积约 $5000×10^4m^3$，距坝址较远，但会造成水库淤积，减小库容。

总的看来有如下特点：边坡变形类型以崩塌为主，滑坡较少；岩土工程地质类型多为岩质边坡变形为主，土质较少；规模多为小型；边坡变形地质营力来源主要为河流侵蚀，其次为冰川作用、寒冻差异分化、构造断层崖。

10.2.1.1 岩体变形破坏与岩土工程地质特性的关系

岩（土）体介质是滑坡、崩塌等岸坡变形破坏问题的物质基础，岩土工程地质特性及其组合关系，控制着崩、滑体的发育分布。研究结果表明，区内岸坡岩体破坏与岩土工程地质类型的关系，总体上表现出以下几个方面的规律。

(1) 岸坡岩体变形破坏程度大体上呈现出板（片）状变质岩类（Ⅰ）＞松散堆积岩（土）类（Ⅴ）＞层状碎屑岩类（Ⅲ）＞块状岩浆岩类（Ⅳ）＞层状碳酸盐岩类（Ⅱ）的趋势。

(2) 板（片）状变质岩类（Ⅰ）是区内岸坡岩体变形破坏最为严重的岩类之一。全区 953 处各型、各类滑坡、崩塌及变形体有 351 处发生在该类岩体组成的地段内，占总数的 77%，总体积的 88%。且发育密度也较大，单位数量密度及单位体积密度分别高达 1.3 个/km 和 468 $×10^4m^3$/km，均高于其平均值。

(3) 松散堆积岩类（Ⅴ）是区内岸坡岩体变形破坏另一较为严重的岩类。虽然发生在该岩类区段内的变形破坏体仅有 42 处，但考虑到该岩类的分布范围有限（仅为 99 km），则其变形破坏体的岸坡覆盖率仍很高，仅次于Ⅰ类岩体，高达 51.4%。

(4) 大型灾害性滑坡体绝大多数与板（片）状变质岩类有关，区内 28 处较重要的崩、滑及变形体中的 25 处发生在这类岩体中。该类岩体大多变质程度较深，故岩体的整体强度较低，变形较大，在其他环境因素适宜的条件下，易于失稳破坏。

10.2.1.2 岩体变形破坏与岸坡地质结构的关系

岸坡地质结构是岩体变形破坏形成与发展的重要控制因素之一。它不仅控制着崩塌、滑坡及变形体的发育分布，而且也决定着岩体变形破坏的成因类型和力学机制。研究结果表明（图 10-1），区内岸坡岩体变形破坏与地质结构明显存在如下对应关系：

(1) 研究区内，滑坡、崩塌等变形破坏问题的发育分布，明显受地质构造部位及其与岩岸组合关系的控制。这种关系主要表现在以下几方面。

① 断裂构造对岩体变形破坏的影响。

断裂构造严重地破坏了岩体的整体性及其强度，明显地加剧了岩体变形破坏程度的不均一性。如研究区中段卡拉乡-麦地龙河段右岸前波断裂的发育导致其岸坡岩体变形破坏问题明显较左岸严重。

② 褶皱构造对岩体变形破坏的影响。

研究区南部江浪背斜东翼地层走向与该段雅砻江岸坡方向一致，构成淇木林地区变形性较大的顺向板状结构岩体力学环境条件，致使该河段左岸岩体滑坡、崩塌及变形体的发育均较集中。与此不同是，白碉—长枪地区雅砻江横切长枪背斜核部，构成了另一类变形性较小的正（斜）交板状结构岸坡岩体力学环境，使得岩体工程地质特性与江波背斜极为近似的该河段岸坡岩体表现出极小的变形性和较高稳定性。

③ 侵入岩体对岸坡岩体变形破坏的影响。

岩浆岩体的侵入，一方面加深了围岩地层的变质程度，加剧了围岩蚀变带岩体的变形性，另一方面，围岩地层强烈揉褶，节理及裂隙等构造结构面发育程度急剧增高，导致围岩蚀变带内的岩体广泛具有碎裂-揉褶结构，地表风化松动带发育，加剧了岸坡岩体的变形性。这种情况在研究区北部尤为突出，如孜河花岗岩体围岩蚀变带达 2 km 以上，蚀变带内岩体揉褶剧烈，普遍发生较深的透闪长英角岩化及混合岩化变质作用，地表松动带最大厚度可达 50 m 以上，滑坡、崩塌体发育密度极高，是区内岸坡岩体稳定性最低地段之一。

(2) 根据不同特性的地层及其产状与岸坡组合关系，可将研究区河谷岸坡分为几种结构类型，各类岸坡与岸坡变形破坏基本关系如下：

① 研究区内，滑坡、崩塌等岩体变形破坏问题总体上呈现出碎裂-揉褶结构＞顺向板（片、层）状结构＞逆向板（片、层）状结构＞斜（正）交板（片、层）状结构＞松散叠置结构＞块状结构的趋势。

② 碎裂-揉褶结构，是区内岩体变形破坏问题最为严重的岸坡结构类型之一。其岸坡变形破坏的密度和单位体积分别高达 0.7 个/km 及 $450 \times 10^4 m^3$/km。其原因主要在于这类结构的岸坡岩体大多分布在各类侵入岩体的周围，变质程度较深，普遍角岩化，且揉褶强烈。故其抗风化性能较差，易于形成较厚的地表风化带及松动带，岩体的整体性极差，显示出较大的变形性和不稳定性。

③ 顺向板（片、层）状结构是区内岸坡岩体变形破坏另一较为严重的结构类型。全区953 处各类滑坡、崩塌及 $13.92 \times 10^8 m^3$ 变形破坏堆积体，分别有 156 处及 $5.64 \times 10^8 m^3$ 发育在该类结构的岸坡地段内。就其总量而言，居全区之首。其岸坡变形破坏的密度和单位体积也分别高达 0.8 个/km 及 $303 \times 10^4 m^3$/km，略低于碎裂-揉褶结构。

④ 大型灾害性变形破坏问题与碎裂-揉褶、顺向板（片）状、逆向板（片）状及斜（正）交板（片）状等 4 类地质结构有关，尤其以前二者为最甚。

10.2.1.3 岩体变形破坏与触发性动力因素的关系

研究区内影响岸坡岩体变形破坏的触发性动力因素，主要是与地下水活动有关的空隙水压力及地震动荷载两方面。由于区内大多数地段属中等偏低烈度区，故对岸坡岩体变形破坏影响不明显。能对岩体变形破坏有突出影响作用的主要是与地下水活动有关的空隙水压力问题。

由于研究区地处边远山区，能对地下水活动产生明显影响作用的主要是气象条件。区内气象条件的突出特点是降雨量较高，年平均降雨为950mm/a，最高可达 1065.8 mm/a；降雨量的不均匀性明显，每年降雨量的 79%集中在 6～8 月，即季节性明显。从而导致地下水活动的动态变化明显，致使岸坡岩体内地下水动、静水压力的升降幅度较大，对岩体变形破坏进程有极为明显的影响。这种影响可归结为两点：一是岸坡岩体破坏强度有与年均值降水量成正相关的趋势，二是较大规模的岸坡岩体失稳破坏集中发生在地下水位升降幅度最大的6～8月雨季内。

10.2.2　泥石流

10.2.2.1　分布及统计

在室内 TM、SPOT 卫星图像解译判读的基础上进行了实地现场灾害填图，通过野外考察，调查范围为调水线路预选坝址近坝段和库区、隧洞的进出口段、施工支洞处和进场道路等区段，主要沿河流展开调查。调查工作从 2001 年 6 月至 2007 年 9 月，查清工程区共有泥石流沟 103 条。些类灾害主要受地质构造、地形、坡向、地层、岩性、气候、水文等因素控制和影响，主要沿河流两岸分布，数量多、密度大，但规模较小，绝大多数对调水工程和当地人民群众生命财产影响不大，具体分布情况见表 10-6 和图 10-1。

表 10-6　工程区泥石流沟统计

流域	坝址	下游河段			上游库区			合计（条）		
		河段长度(km)	泥石流数(条)	线密度(条×km⁻¹)	河段长度(km)	泥石流数(条)	线密度(条×km⁻¹)	左岸	右岸	总计
达曲	然充（上）	38.55	16	0.42	29.2	5	0.17			
	阿安（中）	33.38	13	0.39	31.83	8	0.25	13	8	21
	申达（下）	25.85	8	0.31	21.43	11	0.51			
泥曲	章达（上）	25.36	10	0.39	11.02	5	0.45			
	仁达（中）	13.89	4	0.29	27.37	1	0.04	8	3	11
	纪柯（下）	1.86	1	0.54	17.87	5	0.28			
色曲	洛若（上）	24.67	9	0.36	5.67	6	1.06	10	5	15
	3 枢纽（下）	2.3	2	0.87	23.67	8	0.34			
杜柯河	珠安达（上）	59.42	17	0.29	23.14	9	0.39			
	上杜柯（中）	45.08	9	0.2	21.26	13	0.61	21	5	26
	加塔（下）	29.04	5	0.17	29.45	15	0.51			
麻尔曲	亚尔堂（上）	25.38	6	0.24	29.7	7	0.24			
	中坝址（中）	21.08	5	0.24	43.81	8	0.18	11	2	13
	扎洛（下）	7.29	3	0.41	43.81	9	0.21			
克柯河	克柯	16.97	9	0.53	11.84	4	0.34	12	1	13
若果朗	渡槽	1.14	1	0.88	3.92	3	0.77	3	1	4
合计（条）								78	25	103

注：下游河段长度指各流域下游所考察到的第一条泥石流沟所在位置到该坝址之间的距离，库区河段长度指坝址到该坝址正常蓄水位所在位置之间的距离。

10.2.2.2　泥石流沟特征

根据对工程区 103 条沟谷型泥石流沟的统计，流域面积 1～5km² 的泥石流沟占 58.3%，流域面积 0.5～5km² 的泥石流沟占 79.6%；主沟长度 1～3km 的泥石流沟占 61.2%（63 条），主沟长度 0～5km 泥石流沟占 88.3%（91 条）；全部泥石流沟沟口高程都在 3000～4000m，其中 87 条（占总数的 84.5%）泥石流沟沟口高程分布在海拔 3400～3800m，15 条（占总数的 8.4%）泥石流沟分布在海拔 3400m 以下，仅有 1 条泥石流沟沟口高程大于 3800m（表 10-7）。

表 10-7　工程区泥石流沟流域面积、主沟长度和沟口高程统计

流域面积/km²	0～1	1～2	2～3	3～4	4～5	5～10	>10
泥石流沟数/条	30	25	17	9	9	6	7
分布频率/%	29.13	24.27	16.50	8.74	8.74	5.83	6.79
主沟长度/km	0～1	1～2	2～3	3～4	4～5	5～10	>10
泥石流沟数/条	5	39	24	17	6	8	4
分布频率/%	4.85	37.86	23.30	16.51	5.83	7.77	3.88
沟口高程/km	<3	3～3.2	3.2～3.4	3.4～3.6	3.6～3.8	3.8～4	>4
泥石流沟数/条	0	1	14	47	40	1	0
分布频率/%	0	0.97	13.59	45.63	38.84	0.97	0

通过对 103 条泥石流沟的沟床平均比降和流域相对高差进行分析比较，发现有 51 条（占总数的 49.5%）泥石流沟的平均沟床比降为 0.1～0.3，91 条（占总数的 88.3%）泥石流沟的平均沟床比降为 0.1～0.5。所有泥石流沟的相对高差都小于 1500m，相对高差小于 1000m 的泥石流沟共 89 条（占总数的 86.4%）（图 10-2）。

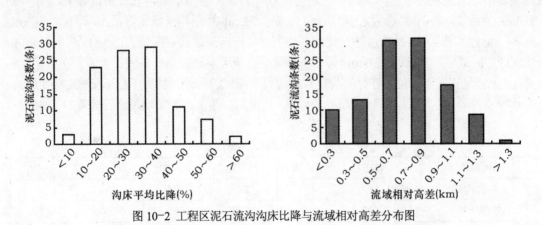

图 10-2　工程区泥石流沟沟床比降与流域相对高差分布图

10.2.2.3　泥石流的控制因素

(1) 受地形地貌控制。

从地貌发育和形态上分析，整个工程区可分为四川甘孜州的局部高山峡谷区和阿坝州及青海班玛县局部平原区两大部分。峡谷区泥石流具有数量多、规模大、危害重的特点，而平原区则相反，泥石流具有数目少、规模小、危害轻的特点。泥石流集中分布在相对高差大，山坡陡峭的河谷地带。泥石流沟数量随着相对高度的降低和沟床比降的减少及切割程度的变

缓而逐渐变少。由表 10-8 可知，工程区占总数 70.9%的泥石流沟主沟平均纵坡为 10°～30°，说明工程区泥石流沟的发育要求有一定的纵坡，并主要集中在 10°～30°。

(2) 受地质构造和地震制约。

从地质构造和地震条件分析，区内泥石流集中分布在断裂带附近及地震影响区。据有关资料，达曲和泥曲两流域为晚更新活动断裂和全新活动断裂分布，比其他流域烈度高，构造活动强烈；工程区断裂密度最大的部位在色达地区附近；桑日麻断裂（F_8）具有较宽的破碎带，控制着杜柯河谷的展布和第三系发育，断裂带曾于 1947 年发生达日 $7^3/_4$ 级地震。受地震带强烈影响的这几个流域集中了 73 条（占总数的 71%）泥石流沟，而且越靠近震中，泥石流分布密度越高。

(3) 受地层、岩性影响。

从地层、岩性分析，地层越古老，岩性越软弱，泥石流分布越集中，软弱岩石和由软弱岩石与坚硬岩石构成互层的岩体，或因胶结差，或因差异风化强烈，往往成为泥石流强烈活动区，如区内第三系、侏罗系和三叠系分布区的泥岩、泥灰岩、炭质页岩、粉砂岩、砂岩或泥岩和砂岩构成的互层等岩性，往往为泥石流活动提供大量碎屑物质，成为泥石流强烈活动区。如杜柯河、达曲、泥曲、色曲等流域岩性为 T_{2z2}、T_{2z1}、T_{3z}、T_{2r}、T_{2zh} 和 T_{2ln2}，有的地带虽为坚硬岩石分布区，但地层古老，历经多次构造运动破坏，岩体破碎，风化强烈，泥石流活动仍十分活跃。

10.2.2.4 区域分布规律

(1) 线密度。

以坝址和渡槽为分段点，对 7 个流域不同河段泥石流沟进行了线密度统计（表 10-6）。结果表明，对各坝址下游河段线密度进行比较，若果郎渡槽下游河段线密度最大，为 0.88 条/km；色曲 3 枢纽下游河段线密度次之，为 0.87 条/km；加塔坝址线密度最少，为 0.17 条/km。对各坝址上游库区河段线密度进行比较，洛若坝址库区河段线密度最大，为 1.06 条/km；仁达坝址库区最小，为 0.04 条/km。若以下坝址下游所考察到的第一条泥石流沟所在位置为起点，以上坝址正常蓄水位所在位置为终点作为每个流域的河段，则以若果郎流域线密度最大，为 0.79 条/km，其次是色曲、克柯河、泥曲、杜柯河、达曲，麻尔曲最小，为 0.24 条/km。

表 10-8 工程区泥石流沟床坡度统计

坡度(°)	<10	10～20	20～30	30～40	40～50	合计
泥石流沟数(条)	23	45	28	7	0	103
分布频率(%)	22.33	43.69	27.18	6.80	0.00	100.00

(2) 坡向差异。

根据统计，占总数 76%的泥石流沟位于河流左岸，而右岸泥石流沟只占 24%。在地质地理条件类似的情况下，阳坡比阴坡日照时间长，太阳辐射强，气温高，日较差大，蒸发强烈，湿度低，寒冻风化更强烈。近于西北—东南方向的 7 个流域，左岸为阳坡，右岸为阴坡，加上该区地形陡、植被较疏、土层薄等特性突出，使得泥石流分布的坡向差异较为明显。

10.3　典型地质灾害

10.3.1　典型滑坡灾害

10.3.1.1　甘孜州雨日村切层大滑坡

1967年6月8日，甘孜藏族自治州雅江县孜河区雨日村西南约1km处的雅砻江右岸唐古栋，在三叠系西康群灰黑色泥质板岩与中厚层沙层发生了切层大滑坡，滑动高差达1000m，面积竟有1.7km²，整个滑体约0.68亿m³。因滑床很陡，仅5分钟大部分滑体冲入雅砻江，堆成一道天然坝，左岸达355m高，右岸175m高，回水近百公里，使江水壅塞9天（图10-3）。当天然坝承受不住壅水的冲击而溃决时，高达40m的浪头狂涌而下，其强大的水动力冲刷松散坝体和下游河道物质形成天然坝溃决型泥石流，冲毁了沿岸的建筑设施和公路，好在预报及时，加之沿江人烟稀少，未造成大的人员伤亡事故。

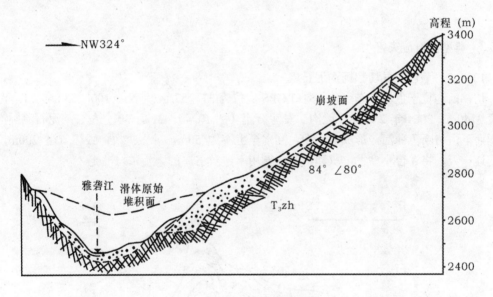

图10-3　唐古栋滑坡剖面图

10.3.1.2　甘孜绒坝岔火沟口绒拉滑坡

绒拉滑坡位于甘孜绒坝岔南部的火沟口，整体地形为南高北低，呈"舌"形展布（照片10-1）。前缘高程3546m，后缘高程3839m。滑坡体内地形起伏整体呈前缓后陡的特点。滑坡后缘可见基岩主断壁，高80～90m，其岩性为灰色薄－中厚层绢云母千枚状板岩。滑坡纵向最长580m，横向最宽680m，体积约320×10⁴m³。其形成与断裂活动导致岩体完整性遭到破坏、物理化学风化作用、坡脚前缘河流侵蚀、地震等内、外营力的长期共同作用产生顺层滑动有关。

照片 10-1 绒拉滑坡（320×10⁴m³）（镜头方向南西）

10.3.2 典型泥石流灾害

10.3.2.1 色达县切都柯沟泥石流

切都柯沟位于色达县东南角，沟口 GPS 定位为 31°57.141′N，100°55.869′E，海拔高度 3140m，2004 年 7 月 8 日此沟暴发泥石流（图 10-4）。21 时 30 分左右，泥石流顺沟道汹涌而下，堵断色曲河，形成自然坝，回水至上游约 50m。冲毁拱桥，毁坏省道 200m，中断交通一天，将 3 台小型发电机和沟谷两侧用于建筑房屋的大量木材冲走。

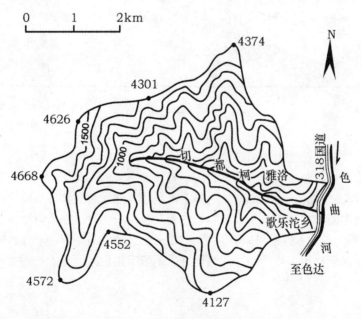

图 10-4 切都柯沟泥石流堆积扇

泥石流沟东西走向，主沟长 8.7km，主沟平均比降 17.56%，流域面积 14.9km²，汇入色曲河。沟口部位分布有少量耕地，出露地层为上三叠统朱倭组，岩性为变质砂岩与板岩，呈韵律互层，大量的风化土石是泥石流的物质来源。泥石流堆积物颗粒级配集中分布在 10～60mm，其中 10～20mm 颗粒组成占 23.5%，20～40mm 颗粒组成占 23.2%，40～60mm 颗粒组成占 11.6%，黏粒含量为 1.2%。泥石流堆积物密度 2.09g/cm³，孔隙率 31%，含水量 11.5%，饱和度 70%。塑性界限为 17.2%，表明当堆积物含水量超过塑限时，堆积物将表现为塑性状态（即泥石流启动）；液性界限为 26%，表明当堆积物含水量超过液限时，堆积物将由塑性状态转变为液性状态（即泥石流形成）。

此次泥石流发生前，降雨断断续续持续了一个多月，灾害发生的前 3 天连续降雨，主要分布在沟谷上游，为此次泥石流形成提供了水源和水动力条件。色达县气象站降雨资料显示（图 10-5），7 月 8 日前一个月，共 13 天有降雨，累计降雨量 59.8mm，其中以 7 月 2 日和 4日降雨量最大，分别为 19.6mm 和 14mm，7 月 6 日、7 日和 8 日连续 3 天有小雨，泥石流发生前的 10 天内雨量较为集中，短时间内丰沛的降水是触发泥石流的主要因素。

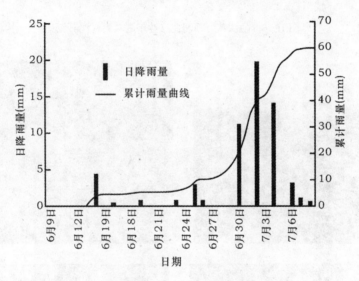

图 10-5　切都柯沟"7.8"泥石流发生前 30 天降雨

10.3.2.1　阿坝县沙尔港共巴村泥石流

沙尔港共巴村位于阿坝县东南阿柯河左岸，沟口 GPS 定位为 32°51′54.10″N，101°47′12.78″E，海拔高度 3237m。泥石流顺沟道而下，在岸滩上形成泥石流堆积体，约 30000m³，多次冲毁公路，迫使公路改道，堵断阿柯河，形成自然坝。该沟几乎每年夏季都暴发泥石流，2002～2004 年 7、8 月间多次暴发泥石流，毁坏大量农田和树木（图 10-6 和照片 10-2）。

泥石流沟北东走向，主沟长 2.75km，主沟平均比降 22.9%，流域面积 2.1km²，沟口部位高程 3320m，分布有少量耕地，在沙尔港共巴村汇入阿柯河。沟两侧出露地层为中三叠统扎尕山组，岩性为变质石英砂岩与灰色绢云母板岩，大量的风化岩碎屑是泥石流的物质来源。泥石流堆积物颗粒级配集中分布在 5～200mm，其中 10～40mm 颗粒组成占 35.5%，40～100mm 颗粒组成占 20.0%，100～200mm 颗粒组成占 10.0%。

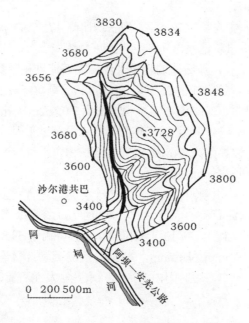

图 10-6　阿坝县阿柯河左岸沙尔港共巴村泥石流

照片 10-2　阿坝县阿柯河左岸沙尔港共巴村泥石流实景

(a) 泥石流流通区（镜头北西）；(b) 泥石流源区（镜头北西）；

(c) 泥石流堆积扇 （镜头东南）；(d) 毁坏公路和树木（镜头东南）

10.4 地质灾害的形成条件

10.4.1 滑塌的形成条件

滑坡按照表现形式和运动的特性，基本上可分为两类：一类为滑坡，是由于岸坡逐渐失稳而滑动，这类滑坡一般速度较小，可以预报，但不稳定，易于重新滑动；另一类为崩坍，这是近地表的岩体和岩块当其与母岩的联系遭到破坏后而突然急速下滑，这类滑坡速度快，难以预测，常产生巨大涌浪，对水工建筑物和水库下游造成严重危害。

地质构造复杂、断裂褶皱发育、新构造运动强烈、地震烈度大的地区是岸坡变形最密集分布地区。天然岸坡残积、坡积层失去稳定的原因一般有两个：一是剪切力增大，如斜坡变陡、堆填弃土超载以及地震活动对岸坡产生巨大瞬时作用力等；一是斜坡土体或其中软弱夹层抗剪强度降低，如在水库蓄水抬高水位后。库区岸坡下部在浮托力作用下，有效重量减少，或当水库水位迅速降落、岸坡饱和水带内形成内水压力，或在水库蓄水后，有的由于绕坝渗透、岸坡地下水位抬高、岸坡内的软弱泥质岩层和夹泥层崩解软化等因素，都会使岸坡抗剪强度降低。

地震诱发滑坡：地震是诱发滑坡的重要因素。在鲜水河 135km 范围内发育超过 222 个大小不等的滑坡，滑坡主要沿鲜水河断层分布。1973 年炉霍 7.9 级地震诱发了 137 个滑坡。滑坡体积一般小于 5 万 m^3，最大 80 万 m^3。此外，还有暴雨、地震、河流冲淘、风浪作用以及工程削坡、钻孔爆破等原因，也会促使其失去稳定，造成滑坡，或使已经稳定的古滑坡体重新复活。

另外，滥伐乱垦会使植被消失，山坡失去保护、土体疏松、冲沟发育，大大加重水土流失，进而山坡的稳定性被破坏，崩塌、滑坡等不良地质现象发育。如杜柯河两岸，原是森林区，因伐木毁林，失去植被后，造成水土流失，原先稳定的岸坡变得不稳定，形成大面积滑坡（照片 10-3）。当地群众说："山上开亩荒，山下冲个光"。

照片 10-3 杜柯河两岸原始森林被砍伐殆尽，
水土流失严重（镜头南西）

上述原因导致这些地区岩体破碎，岩体稳定性较差，谷沟深切，从而为岸坡变形提供了有利的物源条件和地形条件。天然岸坡内岩体的应力状况及河谷深切后应力重新分布，对岸坡稳定也有重要影响。由于卸荷作用，岩体内可能形成一些应力集中带，使岩石所受的应力接近或超过岩石的强度，成为导致岸坡失稳的重要原因。

10.4.2　泥石流形成条件

泥石流的形成必须同时具备以下 3 个条件：陡峭的便于集水、集物的地形、地貌，有丰富的松散物质，短时间内有大量的水源。

10.4.2.1　陡峭的地形

泥石流流域一般具有陡峭的地形，它为泥石流形成和向下运动提供必要的位能条件。地貌因子中沟床比降显得尤为重要，沟床比降是流体由位能转变为动能的基础条件，是影响泥石流形成和运动的重要因素。一般来说，比降大的沟床（斜坡）有利于堆积物的启动和运移，要求外力（水动力）作用小，反之则要求起动动能较大。泥石流的起动（发生）临界坡度大约为 14°，相当于 249.3‰沟床纵坡（高桥保，1979）。典型的泥石流沟上游多为三面环山，一面出口的漏斗状地形，山坡坡度多为 30°～60°，这样的地形条件有利于承受周围山坡上的固体物质，也有利于集中水流，水体对松散体的充分浸润饱和将减小颗粒间内聚力，使沟床起动纵坡偏小，但沟床纵坡一般不小于 13°。鲜水河炉霍附近是泥石流的高发区，在塞塞龙和老河口有十几条泥石流沟，物质来源主要是塞塞龙高地上的中晚更新世冰碛物或冰水积物，如图 10-7 所示，厚度 200 多米，每年雨季都有发生，冲毁公路桥涵和农田。照片 10-4 和照片 10-5 是塞塞龙和炉霍电站典型沟谷型泥石流，其源区、流通区和堆积区分明，源区呈漏斗形，山坡坡度多为 30°～80°，有的地方近于垂直。

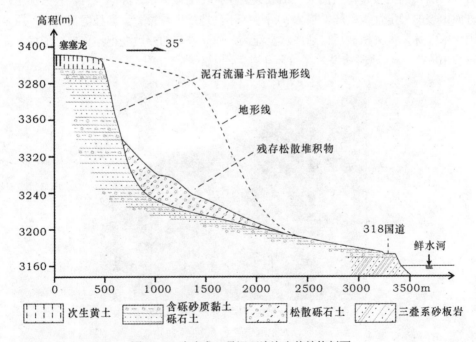

图 10-7　塞塞龙 3 号泥石流沟土体结构剖面

照片 10-4　鲜水河炉霍塞塞龙 318 国道旁典型沟谷型泥石流源区

(a) 塞塞龙泥石流漏斗（镜头北西）；(b) 漏斗内部坡度陡峻（镜头北西）；

(c) 3 号泥石流沟（镜头北西）；(d) 5 号泥石流沟（镜头北西）

(a)　　　　　　　　　　　　　　　　　(b)

（c）   （d）

照片 10-5　鲜水河炉霍塞塞龙 318 国道旁泥石流堆积区

（a）3 号泥石流（镜头北西）；（b）6 号泥石流 （镜头北西）；

（c）7 号泥石流堆积区（镜头北西）；（d）鲜水河炉霍电站右岸发育的小型泥石流（镜头北西）

调水工程区泥石流沟的沟床纵坡统计表明：300‰～400‰的沟谷所占的比例最多，其次是 100‰～200‰和 200‰～300‰，最大沟床比降为 670‰，最小沟床比降为 7‰，平均沟床比降为 330‰。这就是本区泥石流多发的主要原因之一。从统计数据可以看出，沟床比降为 100‰～400‰对泥石流的形成和运动最为有利。

10.4.2.2　丰富的松散固体物质

泥石流沟的斜坡或沟谷中应有足够数量的松散堆积物，它为泥石流形成提供必要的物质来源。在四川，山体表层岩石破碎风化后形成的残坡积物为滑坡、崩塌提供了丰富的松散堆积物，另外，沟谷中各种沉积物、人工开山采石、采矿、工程建设的弃渣为最寻常见的泥石流固体物质来源。

工程区出露地表的岩层，普遍经受了区域变质作用，且多为变质砂岩、千枚岩、片岩、板岩等岩性，这些岩层易风化，如巴颜喀拉山群的砂岩、板岩地层，抗风化能力低，岩层破碎，易形成泥石流，如鲜水河呷拉宗风化炭质板岩中发育的泥石流（照片 10-6）、杜柯河上杜柯库区板岩中普遍发育的坡面泥石流（照片 10-7）。岩石的透水性能强、雨水系数大，有利于泥石流的发生。工程区多变质砂岩和软弱的板岩，板岩类片理发育，地质稳定性差，构造复杂，以上诸多因素的叠加，有利于岩体的破碎，产生大量的崩坡积物、残坡积物，为泥石流的形成提供了松散物质来源。

工程区位于印度板块与欧亚板块碰撞挤压作用的接触地带，随着青藏高原的隆起形成了一系列新的活动构造以及重新活动的老构造带。上升运动引起剥蚀作用加剧，沟谷下切，从而造成地表被切割，山高谷深。强烈的新构造运动使基岩部分变质、破碎，使得堆积扇或河流阶地上的第四系松散物质成为泥石流固体物质的补给源地。据实地调查，工程区大部分泥石流沟分布于新构造运动抬升或垂直差异性抬升地段，如照片 10-8 所示。

地震是现代地壳活动的最明显的反映。岩层在烈度较大地震的作用下，降低了强度而变得破碎、疏松，使山体稳定性遭到破坏，不仅加速了松散固体物质的积累过程，而且还能直接激发泥石流的形成。纵观研究区内爆发的泥石流现象，频繁的地震活动是导致泥石流周期性发生的根本原因。

照片10-6 鲜水河呷拉宗风化炭质板岩中发育泥石流（镜头朝北）

照片 10-7 杜柯河上杜柯库区普遍发育泥石流（镜头朝南）

（a）   （b）

照片 10-8 炉霍城关（老河口）东鲜水河活动断裂旁大型泥石流漏斗及形成的台地
（a）并排多个大型泥石流漏斗（镜头东南）；（b）泥石流堆积台地（镜头东南）

此外，由于边坡（特别是碎屑边坡）失稳，滑坡、崩塌、错落、泻溜、冻融土流等不良地质现象沿线随处可见，为泥石流提供了大量的松散物质，如甘孜县达曲东谷寒冻石漠形成的泥石流（照片10-9），西线调水工程区这一现象较为普遍。

照片10-9　甘孜县达曲东谷寒冻石漠（或冰碛物）形成的泥石流（镜头东南）

10.4.2.3　水源条件

水既是泥石流的重要组成部分，又是泥石流的激发条件和搬运介质（动力来源），工程区各调水河流泥石流形成的主要水源有：降水、冰雪融水、地下水、天然坝溃决洪水等。在突发暴雨、长时间的连续降雨时，出现大量的片流和洪流，它们能提供足够的形成泥石流的水体成分和动力条件，进而引发泥石流。

区内绝对和相对高度都比较大，河谷深切，两岸的山体高度大都在3000～4500m，岭谷高差一般在500～1500m。研究区属高原寒温带湿润区，气候受控于青藏高原总的环流形势。雨季始于5月，结束于10月，多年平均降水量630～730mm，全年降水主要集中在5～10月，约占年降水量的90%，此段时间也是降水型泥石流集中发生的时段。

调水工程区泥石流灾害多发生在夏秋雨季。泥石流携带大量的沙石、树木向平坝河谷猛泻，冲毁道路、良田、草场和房屋，阻塞交通、河道。1999年，甘孜绒岔河发生泥石流，造成20亩青稞地颗粒无收；2000年，甘孜四通达乡发生泥石流，致11亩青稞地无收成；1981年6月23日、7月2日、7月5日色达境内连降暴雨，山洪、泥石流暴发，色尔坝受灾严重，死亡5人，伤1人，冲毁耕地192.7亩（其中不能再种地110亩），冲毁堡坎200m，冲毁地边围坝500m，冲走各类牲畜69头及拖拉机、磨房、柴油机、脱粒机等生产设施、设备；1983年壤塘蒲西乡壹科沟地背沟，在连降两天大暴雨中，形成了大规模的泥石流，使观音桥林业局501场一工段工棚被掩盖，造成3人死亡，5人受伤，直接经济损失5万余元；1985年6月15日，壤塘可壤公路63km处发生泥石流，冲毁公路20m，阻车15天；位于318国道上的纳哇至大金寺段，由于达曲的穿过，提供了的丰富的水源，火沟的火沟电站附近产生了大量泥石流（图10-8和照片10-10）。

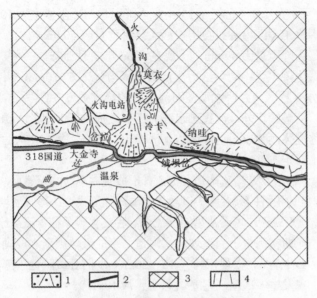

图 10-8　火沟群发性泥石流沟分布图

1. 泥石流堆积扇；2. 活动断裂；3. 高山区；4. 老泥石流堆积扇

照片 10-10　火沟群发性泥石流区外貌

（a）火沟泥石流堆积扇外貌（镜头南西）；（b）火沟泥石流堆积物（镜头南西）；
（c）火沟 3 号泥石流沟（镜头朝南）；（d）火沟 1 号泥石流两期堆积扇（镜头南西）

中雨、大雨、暴雨、大暴雨（它们在24小时内降雨量的下限依次为10、25、50、100mm）均可激发泥石流。调水工程区内甘孜县历史最大日降雨量为40.9mm，出现在1995年6月3日；壤塘县历史日最大降雨量为49mm，出现在1966年7月28日，6～9月降水中，均出现30mm以上的1日最大降水量；阿坝县历史日最大降雨量达67.80mm，出现在1968年7月12日，这都说明调水工程区具备降水型泥石流形成的降水强度条件。

除冰雪（冻土）消融径流外，冰雹融水亦为泥石流提供了一定的水源。暖雨季节多是阵性大风伴随暴雨，冰雹突然袭击，造成溪水暴涨，山洪泥石流暴发使沟边大片农作物毁于一旦，成群牲畜被洪水冲走。

较大规模的崩塌、滑坡常常堵塞沟道和河流，形成规模不等的天然坝，壅水成湖。随着上游水位的不断升高，结构松散的天然坝多以渗流或溢流的形式溃决形成溃坝洪水，其强大的水动力冲刷下游沟道物质形成天然坝溃决型泥石流，这种灾害现象在青藏高原地区屡见不鲜。

鲜水河、达曲、泥曲在历史上因滑坡堵塞河道，形成天然坝壅水成湖的现象较多，在鲜水河的仁达、瓦格、东谷一带，据现代河谷15～20m高度的Ⅱ级阶地中广泛发育有壅塞湖相沉积层，反映历史上曾发生多次堵江壅塞现象（照片10-11）。

（a）　　　　　　　　　　　　　　　　　（b）

照片10-11　鲜水河壅塞湖相沉积

（a）兵站电站右含黏土细砾层（镜头北东）；（b）朱倭马阿Ⅱ级阶地黏土－粉砂质黏土层，有两个旋回（镜头南西）

10.5　泥石流的发生机制

影响泥石流形成的诸要素中，如地质、地貌等条件对人类活动历史而言，其变化是很缓慢的，而降雨、冰雪（冻土）融水、天然坝溃决、崩塌滑坡、地震等因素才是决定泥石流是否发生的能动因素，我们称之为泥石流的激发（诱发）条件。不同的激发（诱发）条件决定着发生不同类型的泥石流，激发（诱发）条件的强弱直接影响泥石流规模的大小。

泥石流的形成原因是错综复杂的，它的发生和发展受到所在地区一系列的自然环境条件的制约和影响。不合理的人为活动因素，也会促进泥石流的发生与发展。调水工程区的泥石流主要有降水型泥石流、冰水混合型泥石流、天然坝溃决型泥石流和崩滑型泥石流四种。

降水型泥石流的激发（诱发）条件，国内外的一些研究者指出，泥石流的发生与 10 分钟和 1 小时的降雨量（雨强）有极密切的关系。强暴雨的局地性和短历时雨强对泥石流的产生有着激发作用，主要集中在 1 小时雨强 1~2mm 和 10 分钟雨强 0.5~3.5mm 范围内。一般来说，在多雨年份或气候异常年份引起泥石流灾害，局地性大雨和暴雨往往是激发因素。如 1994 年杜柯河上杜柯乡金木达村爆发泥石流，受威胁人数达 134 人，潜在经济损失达 72 万元；1995 年杜柯河上杜柯乡西穷寺院爆发泥石流，受威胁人数达 95 人，潜在经济损失达 100 万元。这两次泥石流都是由于局地性暴雨引起的。当日雨量小于 30mm 或 1 小时雨量小于 20mm，在泥石流固体物质前期饱水的情况下，易发生长历时的降水型泥石流。如 1992 年 6 月，壤塘县连续降雨近一个月，导致宗科沟以及上杜柯一带发生了大量的坡面泥石流和沟谷泥石流。

冰水混合型泥石流在调水工程区时有发生，在季节性冻土消融水或冰雹和暴雨共同作用下，易激发泥石流，如壤塘县 2003 年石里乡牙拉村、宗科乡、茸木达乡和中壤塘乡由于冰雹和暴雨共同作用暴发了 4 场泥石流，直接经济损失共 1.0 多万元。这类泥石流在日降雨量 10.0mm 以下亦可发生，但无降雨情况下发生的并不多。表明少量的降雨对于冰水混合型泥石流的发生是有利的。其原因在于长历时的降雨过程常伴随着大幅度的降温，而气温的急剧下降，对于冰雪消融不利。只有在短历时的适量降雨条件下，且为液态水降落到地面，气温又不至太低，这样才有利于冰雪消融。冰水混合型泥石流在有降雨情况下，其发生的时间和强降雨往往不是同时伴生，而有滞后现象，甚至滞后的时间较长，且不像降水型泥石流那样直接受短历时强降雨激发所支配。研究区内的泥石流，特别是冰雪（冻土）融水所引发的泥石流，同气温的关系密切。一般来说，冰水混合型泥石流多与冬春积雪（冻土）和首场降雨有关，发生在气温快速回升时。泥石流对月均温反应不如日均温的变化那样敏感。

崩滑型泥石流是崩塌、滑坡土体在降雨、流水或地下水的作用下，直接转化为泥石流。多以坡面泥石流、沟谷泥石流等形式出现。

天然坝溃决型泥石流，是比较大规模的崩塌（如山崩）、滑坡发生后堵塞沟道或河流，形成规模不等的天然坝，壅水成湖（在青藏高原地区还有冰碛湖）；随着上游水位的不断升高，结构松散的天然坝以渗流破坏或溢流破坏的形式溃决形成溃坝洪水，其强大的水动力冲刷下游沟道物质形成天然坝溃决型泥石流，沿程不断接纳两岸坡面径流和支沟洪水，下切主沟揭底，获得大量松散固体物质补给，增大流量。天然坝溃决型泥石流既有高容重黏性的，也有低容重稀性的，这种灾害现象在青藏高原地区屡见不鲜。

地震是松散固体物质间接的缔造者和泥石流发生的催化剂。地震作用破坏山体稳定，不仅加速了固体物质的积累和转运过程，也会直接引发山体滑坡、崩塌，激发泥石流。

人类的社会经济活动，特别是大规模的工程建设（如山区道路、开矿等）、森林采伐等人类活动，破坏自然生态平衡，造成环境退化，从而引发泥石流。而泥石流的发生和运动，形成荒沟、石滩，又促进生态环境进一步退化，造成恶性循环，给国民经济建设和人民生命财产带来损失。

调水区内人烟稀少，人口主要集中在河谷内，森林茂密。不合理的人类活动主要表现为：森林集中过度砍伐，加剧了水土流失，导致了泥石流爆发；不合理的集运材方式，破坏地表结构，加速沟床侵蚀，促进泥石流形成；修筑公路，等等。

在调水区内，有些泥石流沟的泥石流发生，多因为公路修筑后，交通方便使森林破坏严重，促进泥石流的发生发展。公路也因泥石流灾害而中断的现象更为严重，尤其对于县乡级公路尤为突出。在修建公路时，往往只顾及挖土方便，忽视了山坡的稳定，破坏公路上、下边坡山体，造成山坡失稳，导致泥石流的发生。

第11章　青藏高原地区大型水电工程区域稳定性分析

青藏高原是新构造运动的产物，是全球最年轻最高的高原，快速隆升形成特殊的地形地貌：高山深谷、地表岩石破碎，广泛分布的高原冻土，斜坡地质灾害严重。强烈的构造运动使地壳支离破碎，形成一系列断块或地体，这些地块的边界往往是活动性极强的活动断裂，地震活动频繁，地震烈度较高，是地壳最活跃的地区，一直是大型工程建设的禁区。

围绕青藏地区的工程建设，国内许多学者都进行了研究工作，在20世纪60～70年代，地质矿产部、铁道部、水电部、交通部门相继开展了公路、铁路、水电水利工程稳定性分区和工程选址工作，为了青藏铁路的选线，黄河上游、雅砻江、大渡河水电开发，地质力学所胡海涛院士、易明初、钱方等长年工作在高原上，先后完成了青藏铁路沿线水文工程勘察和工程稳定性研究报告、黄河上游地区区域稳定性研究报告，颠藏铁路地壳稳定性研究报告，先后编制了中国地壳稳定性分区图、青藏高原活动构造与地壳稳定性分区图（图11-1）。根据活动断裂分布特征、地震活动性、地壳及岩石圈结构特征、地球物理特征等多因素对青藏高原进行地壳稳定性评价，划分了12个不稳定区，分别是昆仑山、喀喇昆仑山、鲜水河断裂带、红河断裂、六盘山、河西走廊的古浪、察隅、念青唐古拉山等，这些地区断裂活动强度大，地震烈度高，不适合工程建设，原则上因该避开；划分了14个次不稳定区，主要分布在以上不稳定区周边；还有龙门山、阿尔金山等地区，在这些区域进行工程建设需要加固。

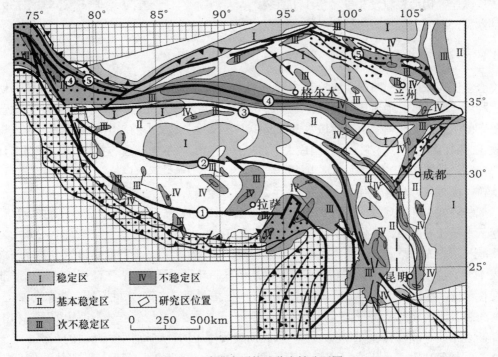

图11-1　青藏高原构造稳定性分区图

随着地壳稳定性研究的深入，"安全岛"理论的创立和发展，在深入细致的地质研究、地震观测的基础上，在活动带中寻找相对稳定的地块或在活动带中寻找处于活动间歇期相对稳定的地段。影响场地不稳定因素主要有断裂活动和地震活动及其诱发的一系列地质灾害。断裂活动和地震活动是地壳能量释放的过程，而地壳能量的积累是一个缓慢的过程，存在明显的周期性。如同一地点破坏性地震的复发具有明显的周期性，有的周期长达数十到数百年，大于一般工程使用寿命，或者说在有限的工程使用期内可能场地是稳定的。利用"安全岛"和"安全期"的思路，在工程不能避让活动构造带的条件下，在活动构造带中选择相对较稳定的地块和选择处于活动间歇期的地段，考虑一定的加固措施，仍然可安全进行工程建设。

20世纪50年代以后，随着青藏公路、青藏铁路、成昆铁路、西部水利工程的开展，青藏高原建设的序幕被拉开了，尤其是二滩电站、景屏电站、大桥水库的建设，为在攀西裂谷活动地区、小江活动断裂带上建设大型工程开启了先河，也为南水北调西线的建设积累了丰富的工程建设经验。

11.1 青藏高原地区大型水利水电工程分布

青藏高原是我国西部地区重要的水电能源基地，开发西部水电，实现"西电东送"是实施"西部大开发"战略的重要举措，也是西部地区脱贫致富的重要途径之一。青藏高原地区地势较高，平均海拔在3500～5000m，其周缘是高原与平原、低山丘陵地貌陡变带，蕴藏丰富的水能资源，尤其是金沙江、大渡河、雅砻江是"水电富矿区"。电站坝址区高山深谷，覆盖层深厚，构造裂隙较发育，金沙江断裂、大渡河断裂、雅砻江断裂是青藏高原东部大型活动断裂，同时也是我国西部著名的强地震带。

11.1.1 金沙江水电基地

金沙江流域地跨横断山断块抬升高山、高原褶皱隆起中-低山和四川盆地掀斜台陷深切丘陵三种环境地质域，地质环境复杂，地形起伏大，流域水平及立体气候变化明显，由此营造出复杂的生态地质环境系统。流域水资源储量丰富，是中国最大的水电能源基地，流域规划开发12座梯级电站。金沙江是我国最大的水电基地，是"西电东送"主力，但到目前为止，其第一期工程溪洛渡、向家坝两水电站已开工，准备开工建设的水电梯级有白鹤滩、乌东德、金安桥、虎跳峡、观音岩等。

虎跳峡梯级开发规划电站为"一库八级"梯级水电站，位于长江上游金沙江的中游江段，西起云南丽江石鼓镇，东至四川攀枝花市的雅砻江口，长564km。其八个梯级电站分别为上虎跳峡、两家人、梨园、阿海、龙开口、金安桥、鲁地拉、观音岩，其具体的主要规划指标见表11-1。虎跳峡地区属青藏高原东南缘横断山脉三江纵谷区东部、三江褶皱区与扬子准地台交接部位。区域的地质构造复杂，选坝河段地处由北西向中甸-永胜断裂、北东向丽江-小金河断裂及近南北向楚波-白汉场断裂带所围限的玉龙雪山-九子海三角形断块的西部和由金沙江断裂带、楚波-白汉场断裂及中甸-永胜断裂所围限的巨甸-燕子岩断块的东部。"一库八级"的梯级电站，由于水库空间密度很高，其中一个水库发生问题，将形成连锁反应。

坝址基岩为大理岩和石英片岩，容易形成水库地震，虎跳峡景区及其上游金沙江景区地震基本烈度为Ⅷ级，且新构造运动剧烈。据史料记载，1952～1990年，中甸共发生4级以上地震21次，其中5～5.9级地震9次，大于6级地震3次。1996年，丽江曾发生7.0级地震，震中就在虎跳峡附近，虎跳峡震感强烈，地裂缝遍布两岸，造成严重滑坡并导致金沙江一度断流。

表 11-1　金沙江中下游大型梯级水电站主要规划指标

序号	水电站名称	装机容量（×10⁴kW）	年发电量（×10⁸kW·h）	正常水位（m）	总库容（10⁸m³）	平均流量（m³/s）	坝高（m）	地震烈度
1	虎跳峡	280	105.32	1950	183.45	1410	278	Ⅷ
2	两家人	400	163.12	1810	0.04	1410	99.5	Ⅷ
3	梨园	228	102.85	1620	8.91	1430	155	Ⅷ
4	阿海	210	93.78	1504	8.4	1640		Ⅷ
5	金安桥	250	114.17	1410	6.63	1670	160	Ⅷ
6	龙开口	180	78.9	1297	6.57	1710		Ⅷ
7	鲁地拉	210	93.59	1221	20.99	1750	140	Ⅷ
8	观音岩	300	131.49	1132	19.73	1830		Ⅷ
9	乌东德	740	320.0	950	40.0	3680		
10	白鹤滩	1200	515.0	820	188.0	4060		
11	溪洛渡	1260	573.5	600	115.7	4620	278	Ⅶ
12	向家坝	600	293.4	380	51.85	4620	161	Ⅶ
13	小计	5858	2591.0					

11.1.2　大渡河水电基地

大渡河是长江上游岷江的最大支流，发源于青海省果洛山东南麓，在四川乐山市汇入岷江。大渡河在双江口以上为河源高原宽谷区，双江口至铜街子为高山峡谷区，铜街子至河口为丘陵宽谷区。干流河长1062km，流域面积7.74万km²，多年平均流量1490m³/s，年径流量470亿m³，接近黄河的水量，水能资源蕴藏量3132.0万kW。

大渡河中下游河段开发方案，各电站名称及设计装机容量为：独松136万kW，马奈30万kW，季家河坝180万kW，猴子岩140万kW，长河坝124万kW，冷竹关90万kW，泸定60万kW，硬粮包110万kW，大岗山150万kW，龙头石50万kW，老鹰岩60万kW，瀑布沟330万kW，深溪沟36万kW，枕头坝44万kW，共计1805.5万kW。大渡河大型梯级水电能源基地各水电站的主要规划指标如表11-2所示。

表 11-2 大渡河大型梯级水电站 1989 年规划指标表

序号	水电站名称	装机容量（×10⁴kW·h）	年发电量（10⁴kW·h）	正常水位（m）	总库容（10⁸m³）	平均流量（m³/s）	最大坝高（m）	地震烈度
1	独松	136.0	68.4	2310.0	49.6	536	236	
2	马奈	30.0	16.0	2092.0	1.7	554	65	
3	季家河坝	180.0	95.8	2040.0		734	312	
4	猴子岩	140.0	73.9	1800.0		778	200	
5	长河坝	124.0	68.0	1630.0	6.0	814	100	
6	冷竹关	90.0	49.1	1475.0	6.2	887	122	
7	泸定	60.0	32.8	1370.0	2.8	887	86	
8	硬粮包	110.0	58.3	1250.0		887	160	VII
9	大岗山	150.0	81.2	1100.0	4.5	1000	175	～
10	龙头石	50.0	28.0	955.0	1.2	1000	72	IX
11	老鹰岩	60.0	31.9	905.0		1070	72	
12	瀑布沟	330.0	145.8	850.0	52.5	1230	188	
13	深溪沟	36.0	19.8	650.0		1360		
14	枕头坝	44.0	24.1	623.0		1360		
15	龚嘴	70.00	34.18	520.05	3.74	1490	85.5	
		205.5	104.80	90.0	18.80		146.00	
16	铜街子	60.00	32.10	474.00	2.00	1490	76	
	小计	1805	1009.6					

大渡河流域在大地构造上分属三个地质单元。上游属川西甘孜褶皱带，岩性主要为中上三叠系砂岩、板岩及晚期黄岗岩侵入体。中游河段属于川滇南北构造带，前震旦纪岩浆岩广泛出露，盖层分布于两侧，三叠系及其以前的古老地层除二叠系有峨眉山玄武岩外，均为海相碳酸岩或碎屑岩。川滇南北构造带经历多次构造运动，具有一系列大型断裂。在泸定至石棉间，北西向的鲜水河-磨西断裂带和北东向的龙门山断裂带，与南北向的大渡河断裂带呈"Y"字型交汇复合，构造更为复杂。下游河段属于四川盆地，中生代陆相红色岩系广泛分布，古老地层深埋或只在边缘出露，地质构造简单，以舒缓褶皱为特征。

泸定水电站位于甘孜州泸定县境内，为大渡河干流规划调整推荐 22 级方案的第 12 个梯级电站，位于大渡河干流中游。坝址位于泸定县城泸定桥上游 2km 处，距下游泸定县城 2.5km，距上游瓦斯河口约 17km，坝址区右岸现有 318 国道通过，对外交通较为方便。

泸定水电站采用大坝挡水、右岸引水至地面发电厂房的混合式开发方式。水库正常蓄水位为 1378.00m，总库容 2.195 亿 m³，具有日调节性能，水电站工程等级为二等工程，工程规模为大型。挡水和泄洪建筑物级别为一级，永久性次要水工建筑物按 3 级建筑物设计，引水建筑物、发电厂房仍按 2 级建筑物设计。堆石坝正常运用洪水重现期 1000 年，相应洪水流量 7950m³/s；非常运用洪水重现期 10000 年，相应洪水流量 9300m³/s。挡水和泄洪建筑物按 VIII 度设防，按 50 年超越概率 10％的地震峰值加速度进行抗震设计，采用遭受 50 年超越概率 5％

的基岩水平峰值加速度 325cm/s^2 地震进行复核。

工程区位于川滇南北向构造带北段与北东向龙门山断褶带、北西向鲜水河断褶带交接复合部位。本区自早元古代以来，经历了晋宁运动、澄江运动、海西运动、印支运动、燕山运动和喜马拉雅运动等多期次构造运动。川滇南北构造带、北东向龙门山构造带、北西向构造带和金汤弧形构造带构成了本区最基本的构造格架。泸定水电站地处青藏高原地震区的鲜水河地震带、安宁河地震带及龙门山地震带交汇部位，其中鲜水河地震带地震活动性最强烈，距工程区较近，对本区的波及和影响较大，其他两个地震带的影响相对较弱。经地震地质背景、地震活动特征和地震潜在危险性分析，工程场地外围强震活动主要发生在鲜水河断裂带、安宁河断裂带和龙门山断裂带的相对活动段上。鲜水河断裂带康定－磨西段潜在震源区震级上限 8 级。大渡河断裂潜在震源区震级上限 7 级。安宁河断裂北段潜在震源区震级上限 7.5 级。泸定水电站工程场地 50 年超越概率 10%的基岩水平峰值加速度为 246cm/s^2，相对应的地震基本烈度为Ⅷ度；100 年超越概率 2%的基岩水平峰值加速度为 522cm/s^2。

坝址区河谷较平缓开阔，大渡河于五里沟上游自 NW80°流入，在公路桥下游呈近 SN 向流出，平面上呈"Y"字型。河谷断面呈不对称宽"U"型，相对高差大于 300m。坝址左岸多为基岩陡坡，坡角 40°～60°；右岸除五里沟对岸及浑水沟下游侧为陡峻基岩山嘴外，其余为覆盖层边坡，地形上呈阶坎状，Ⅰ级阶地拔河高 8～15m，自然坡度 5°～10°，Ⅱ级阶地拔河高 30～40m，斜坡坡度 15°～30°。两岸地形较完整，仅于右岸发育浑水沟。枯水期河水位高程约 1305m，水面宽 110～170m，正常蓄水位 1378m 时，谷宽 430～460m。

坝址区出露的基岩主要由前震旦系康定杂岩组成，主要岩石类型为闪长岩、花岗岩、辉绿岩等。左坝肩山体雄厚，基岩裸露，岩性为闪长岩、花岗岩，次块状－块状结构，无控制边坡整体稳定的软弱结构面存在，边坡整体基本稳定。坝肩岩体裂隙较发育，局部不利组合可能形成小规模崩塌破坏。岩体以弱－微透水性为主，不存在坝肩绕渗问题。右坝肩边坡整体稳定。坝基河床覆盖层深厚，最大厚度 148.6m，一般为 120～130m，且结构复杂，由 4 大层 7 个亚层组成。其中，第④、③-1 亚层、②-1 亚层、第①层组成物质以粗颗粒为主，漂卵砾石基本构成骨架，结构较密实，具一定承载及抗变形能力；土体局部有架空现象，不均一性较差，存在不均一变形问题；中等透水性，破坏形式为管涌，存在渗漏及抗渗稳定性问题。③-2 亚层埋深浅，承载及抗变形能力低，难以满足大坝基础的要求，地质建议予以清除。③-1 亚层在河床左岸组成物质有变细的趋势，特别是横Ⅲ线及横Ⅳ线附近的卵砾石砂（土）层，承载力及抗变形能力较低，需采取必要的工程处理措施。②-3 亚层为粉细砂及粉土层，该层为无黏性或少黏性土。②-3 亚层液化可能性小，该土层承载力和压缩模量低，可能导致坝基变形及不均匀沉陷。坝址区右岸发育一条冲沟——浑水沟，四季流水，常发生季节性洪流，沟前尚见小规模泥石流堆积。沟内具有碎屑物质来源，但沟床较开阔，平缓，且当地雨量及雨强较小，分析认为可能发生小型泥石流。

泸定西支断裂属大渡河断裂带的一部分，为晚更新世以来的活动断裂，位于上坝址西侧 1km，斜交下坝址左坝基（肩）。断裂主体部分为澄江期定型的韧性剪切带，带内揉皱、片理化特征明显，挤压较紧密，尔后经历印支期和燕山－喜山期叠加有规模不大韧脆性及脆性破裂，次生挤压带发育，岩体中片理和裂隙发育，其均一性和完整性较差。四湾村古滑坡体位于上坝址左岸下游侧，滑坡堆积体顺河长约 800m，横河宽约 700m，前缘临河为陡坎，高程 1300～1390m，后缘高程 1480～1500m，平面上呈圈椅状。据钻孔揭示，堆积体最大厚度

122.72m，体积约 5000 万 m^3，由块碎石土组成。堆积体地形平缓，钻孔勘探表明，滑坡体内无连续的软弱面分布，且堆积体与下伏基岩接触面倾角较缓，为 20°～35°，地表调查也未发现有任何变形破坏迹象，滑坡现状处于基本稳定状态。

11.1.3 雅砻江水电基地

雅砻江是我国水电资源丰富的地区，其梯级水电能源基地各水电站的主要规划指标如表 11-3 所示。从雅砻江卡拉至江口河段规划的 5 个大型梯级电站，依次为锦屏一级水电站（3600MW）、锦屏二级水电站（4400MW）、官地（1800MW）、二滩（3300MW，已投产）和桐子林水电站（450MW）。著名的锦屏大河湾，长 150km，湾道颈部最短距离仅 16km，落差高达 310m，利用该河湾截弯取直引水发电，即为规划的锦屏二级水电站，其装机容量达 440 万 kW，年发电量 209.7 亿 kW·h。

表 11-3 雅砻江中下游大型梯级水电站规划指标

序号	水电站名称	装机容量（×10⁴kW）	年发电量（×10⁸kW·h）	正常水位（m）	总库容（×10⁸m³）	平均流量（m³/s）	坝高（m）
1	两河口	300.0	116.9	2880.0	120.3	688	305
2	牙根	150.0	53.5	2673.0	7.3	765	
3	蒙古山	160.0	93.5	2538.0	8.5	856	
4	大空	170.0	63.5	2345.0		882	
5	杨房沟	150.0	113.0	2218.0	20.0	912	
6	卡拉乡	106.0	54.0	2013.0		929	
7	锦屏一级	360.0	174.1	1900.0	77.7	1240	305
8	锦屏二级	440.0	209.7	1640.0		1240	
9	官地	140.0	90.7	1328.0	4.86	1470	
10	二滩	330.0	170.0	1200.0	58.0	1670	240
11	桐子林	40.0	25.5	1015.0	0.72	1900	
	小计	2346.0	1164.4				

雅砻江干流梯级中，有三座控制性电站工程，它们是两河口电站（装机容量 300.0 万 kW，坝高 305m，调节库容 75 亿 m^3）、锦屏一级电站（装机容量 360.0 万 kW，坝高 305m，调节库容 49.1 亿 m^3）和二滩电站（装机容量 330.0 万 kW，坝高 240m，调节库容 33.7 亿 m^3），共装机 990.0 万 kW，总调节库容 158 亿 m^3。它们具有的调节能力优势，参与调节水电站群联合调度发电，会大大改善下游梯级电站的能量指标。显示出雅砻江水电能源基地在全国西电东送电网中的重要地位。

这些工程所在的川西地区断裂构造发育、新构造运动强烈、地震活动频繁，总体上是地壳稳定性较差的地区。水电站大坝工程设计具有"三不对称"特点：坝址地形不对称，坝址两岸地质条件不对称，拱坝体形及应力不对称；施工条件具有"四高一深"特点：高山峡谷、高边坡、高地应力、高压大流量地下水及深部卸荷裂隙。这些大型工程与南水北调西线工程处同一个构造单元，地貌上大多地处深山峡谷地区，地质条件复杂，地质灾害频发。尤其是工程规模巨大、技术难度高的锦屏和二滩电站对南水北调西线具有借鉴作用。

11.1.4 黄河上游水电基地

黄河上游龙羊峡至青铜峡段梯级开发规划为：龙羊峡、拉西瓦、尼那、山坪、李家峡、直岗拉卡、康扬、公伯峡、苏只、黄丰、积石峡、大河家、寺沟峡、刘家峡、盐锅峡、八盘峡、河口、柴家峡、小峡、大峡、乌金峡、黑山峡（小观音）、大柳树、沙坡头、青铜峡等25级。总装机容量16364.3MW，年发电量597.53亿 kW·h。已建成龙羊峡水电站（1280MW）、李家峡水电站（2000MW）、刘家峡水电站（1390MW）、盐锅峡水电站（446MW）、八盘峡水电站（192MW）、大峡水电站（324.5MW）、青铜峡水电站（302MW）。公伯峡水电站（500MW）已经开工，拉西瓦水电站（3720MW）正在抓紧前期工作，积石峡（1000MW）、黑山峡（1840～2000MW）等水电站前期工作也在积极推进。

李家峡水库位于青海省东部尖扎县与化隆县交界的李家峡峡谷中段，是黄河上游龙—青段流域规划中龙羊峡、拉西瓦电站下游的第3个梯级电站。电站正常蓄水位高程2180m，最大坝高160m，总装机2000MW，1997年1月蓄水发电，年均发电量59kW·h。水库所在峡谷呈"V"形，两岸高差300～400m，坡度左岸为50°，右岸为47°。坝址段由元古界尕让群黑云质条带状混合岩与黑云母角闪斜长片岩相间组成，其间穿插有华力西期花岗伟晶岩岩脉。岩体完整性好，质地坚硬耐风化。该区域共发育有6组断裂：依次为拉脊山南缘断裂、德贝寺-阿什贡断裂、岗察寺断裂、松巴断裂、扎马山断裂和野牛山断裂。受祁连山地震带影响，属地震烈度Ⅶ度区。

李家峡水库蓄水后发生水库诱发地震，大坝以北拉脊山南缘断裂一带震中有较为密集的分布，库坝区和周边地区的最大地震为3.1级，库坝区90%的地震为0.0～1.9级的弱小地震，周边地区以1.0～1.9级地震为主，地震震源深度优势分布层位于0～15km，库坝区地震活动与水库水位有关。

11.1.5 澜沧江水电基地

澜沧江上游河段开发的任务是以发电为主，并兼有旅游、环保等综合效益，梯级开发方案为一库8级，即古水（2340m）、果念（2080m）、乌弄龙（1943m）、里底（1820m）、托巴（1715m）、黄登（1622m）、大华侨（1497m）、苗尾（1410m）。已建成漫湾水电站一期（1250MW）和大朝山水电站（1350MW），在建项目小湾水电站（4200MW）、景洪水电站（1500MW）主要送电泰国，糯扎渡水电站（5500MW）等正在抓紧前期工作。澜沧江中下游的水电站的主要指标见表11-4。

澜沧江河谷直接位于澜沧江断裂带内。澜沧江断裂是滇西南地区的重要活动断裂，两侧的地震构造格局迥然不同。东侧的主体构造线为北西－南东走向，以一系列呈帚状展布的北北西、北西走向的弧形活动断裂为骨架，间以活动微弱的复式褶皱或古老的构造岩和变质杂岩带共同组成条带状断块构造区；西侧主要为花岗岩岩基和强烈变形的变质岩体。澜沧江断裂带同时又是滇西南地区新构造运动的分区界线，现代构造活动西强东弱。重力资料表明，沿澜沧江出现的重力异常密集带是澜沧江断裂带延入深部的反映。近20年以来，多次沿澜沧江断裂带内发生破坏性地震，澜沧江干流的50%区段的地震基本烈度为Ⅶ度以上，其中地震基本烈度为Ⅶ度、Ⅷ度、Ⅸ度的地段分别为 54%、36% 和 12%，有 6 个电站位于Ⅷ度区内。

表 11-4　澜沧江中下游水电站的主要指标

水电站名称	装机容量（×10⁴kW）	年发电量（×10⁸kW·h）	正常水位（m）	库容（×10⁸m³）	流域面积（km²）	最大坝高（m）	坝型	开发现状
小湾	420.0	190.6	1242.0	151.32	11.33	292.0	双曲拱坝	2002 年开工
漫湾	150.0	78.84	994.0	10.06	11.45	132.0	重力坝	1995 年建成
大朝山	135.0	59.31	995.0	9.6	12.1	111.0	重力坝	2003 年建成
糯扎渡	585.0	239.1	807.0	237.0	14.47	261.5	心墙堆石坝	2005 年开工
景洪	180.0	76.86	602.0	110.3	14.91	118.0	重力坝	2003 年开工
橄榄坝	15.0	7.77	533.0		15.18		闸	待建
南腊河口	60.0	33.83	519.0		16.0		重力坝	待建
小计	1515.0	689.7						

漫湾水电站位于云南省西部云县与景东县境、澜沧江干流上，距昆明直线距离约 240km，距兰坪县（全国最大的铅锌矿）约 200km，距渡口市约 250km。电站采用混凝土重力坝、坝后厂房、厂顶溢洪枢纽布置方案。枢纽由混凝土重力坝、泄洪建筑物、坝后溢流式厂房及 500kV 开关站等组成。重力坝最大坝高 126m，坝顶高程 999m，坝顶全长 421m，共分 20 个坝段，其中河床部分布置溢流坝段，两岸布置非溢流坝段。

漫湾水电站区域地质构造背景复杂，坝址峡谷"V"型，枯水期水面宽度 40~60m，干流回水 70km，库容 10.06 亿 m³。库区无岩溶地层，澜沧江是地区内最低的排泄基面，与邻谷的距离远，并有结晶岩相隔，不存在渗漏问题。坝址河谷狭窄，河道曲折，冲积层薄，仅 4~7m。坝区主要岩层为中三叠统流纹岩，岩性坚硬均一，没有原生的软弱夹层，构造裂隙发育，构造断裂大部分平行于河流，倾角较陡，缓倾角断层不发育，且延伸不长，坝基不致有大范围的沿软弱面滑动的问题。但局部坝基存在着缓倾角结构面，设计和施工单位应认真采取措施，确保工程安全。坝区基岩透水性小，坝基内发现的裂隙承压水有一定水头，并有碳酸性侵蚀和分解性侵蚀，但由于其上岩层厚度较大，承压水的流量小，不会对工程产生危害。枢纽工程区地震基本烈度为Ⅶ度，设防烈度为Ⅷ度。漫湾电站最突出的地质灾害是滑坡和崩塌，电站施工期间由于开挖和浸没造成的较大型滑坡与崩塌已经超过 100 多处，因为地质灾害造成的二次移民竟然多达 2958 人，跟原库区移民人数的 3042 人相差无几。

11.2　青藏高原典型电站稳定性分析

11.2.1　锦屏电站

锦屏水电站位于四川省凉山彝族自治州木里县和盐源县交界处的雅砻江大河湾干流河段上，距河口 358km，距西昌市直线距离约 75km，是雅砻江干流下游河段的控制性水库梯级电站，总装机 800 万 kW，其中锦屏一级 360 万 kW，锦屏二级 440 万 kW。锦屏一级于 2005

年开工，2012 年第一台机组发电，2014 年完工；锦屏二级于 2007 年开工，2013 年第一台机组发电，2015 年完工。锦屏一级为双曲拱坝地下厂房，坝高 305m；锦屏二级为引水式地下厂房，4 条引水隧道各长 17.6km。锦屏一级的坝高和锦屏二级的引水隧道洞长均为世界水电之最。

锦屏一级水电站采用坝式发电，电站主要由拦河坝、右岸泄洪洞、右岸引水发电系统及开关站等组成，拦河坝为混凝土双曲拱坝，最大坝高 305m，为世界第一高坝。电站总库容 77.65 亿 m^3，调节库容 49.1 亿 m^3。水库正常蓄水位 1880m，死水位 1800m，正常蓄水位以下库容 77.6 亿 m^3，调节库容 49.1 亿 m^3，属年调节水库，对下游梯级电站的补偿效益显著。一级电站施工导流采用全年断流围堰、隧洞导流方案，左右岸各布置一条长度约 1200m、断面为 15m×19m 导流洞。

锦屏二级水电站利用雅砻江 150km 锦屏大河湾的天然落差，截弯取直开挖隧洞引水发电。坝址位于锦屏一级下游 7.5km 处，厂房位于大河湾东端的大水沟。

锦屏二级水电站枢纽建筑主要由拦河低闸、泄水建筑、引水发电系统等组成，4 条引水隧洞平均长约 16.6km，开挖洞径 12m，为世界第一水工隧洞。首部设低闸，闸址以上流域面积 10.3 万 km^2，闸址处多年平均流量 1220m^3/s。水库正常蓄水位 1646m，总库容 1428 万 m^3，调节库容为 502 万 m^3。

11.2.1.1 区域构造背景

锦屏水电站工程区以锦屏山-小金河断裂为界，东部为扬子准地台，西部为松潘-甘孜地槽褶皱系。工程区内断裂和褶皱构造发育，以北东走向的锦屏山-小金河断裂带为主，在它的东部地区有北北西走向的羊坪子-纸厂沟断层组，西部地区有北西走向的前波、高牛场等断层。由图 11-2 可见，以锦屏山-小金河断裂带为界，工程区东、西两侧地层沉积、岩浆活动和构造格架不同。断裂带以东震旦亚界、古生界、中生界和第四系皆有出露，但出露面积小，而印支期和燕山期中酸性岩体却广泛出露，断裂和褶皱以北北西向为主。断裂带以西，古生界广泛分布，中生界相对较少，第四系零星，断裂和褶皱有北东和北西两组。拟建的锦屏水电站坝址、闸址和出水洞口靠近锦屏山-小金河断裂。

工程区主要岩层为中三叠统杂尕山组（T_2z）和上三叠统杂谷脑组（T_3z）以及第四系的冲积、坡残积物。扎孕山组岩性为各种大理岩、砾屑大理岩夹大理岩质变晶糜棱岩和富绿泥-云母片岩。杂谷脑组岩性为变质砂岩、千板岩。岩层平均产状为 NE20°～NE40°/NW35°～NW50°。岩层最显著的特征就是，地层的原生构造经历区域变质作用（温度、压力、化学流体、构造变形）之后被强烈褶皱改造。褶皱变形强烈是本区最显著的构造特征。印支期褶皱的基本构造线方向为控制本区构造格局的主体构造，该期褶皱的基本构造线方向为北北东，仅在局部地段受后期褶皱叠加变形的影响，褶皱轴向略有偏转。褶皱在平面上呈线状平行或斜列组合。横向上背、向斜相间，纵向断层并不十分发育，连续性较好，褶皱宽度由锦屏断裂向西逐渐变宽，然后再逐渐变紧闭，同时构造由向东变为向西。主要褶皱长/宽比一般均大于 10（其中某些更可大于 20），绝对长度可达数十公里，而横向宽度一般都小于 2km。从区域边界性断裂——锦屏山断裂向西超过 10 km 范围内，主要的连续背、向斜构造达 9 个之多，其中，"三滩向斜"（景峰桥-兰坝尔倾伏倒转向斜）就是与本区关系最为密切的印支主褶皱之一，是坝区之所在。

工程区周边范围内断裂构造非常发育，主要以北北东、北东、北西及近东西向为主。其中北北东向断裂规模最大，对区域地貌控制占主导地位。北西向和近东西向的断裂规模很小。

北北东断层在区域构造上属于丽江-小金河断裂。在工程区内整体走向 NE20° 左右，属挤压逆冲性质。该组断层控制了一组北北东向褶皱（老庄子背斜、民胜乡向斜、马路塘向斜和司依诺背斜等）的发育和展布，断层走向与褶皱轴向基本一致。开挖的锦屏二级水电站引水隧道穿过该断层。

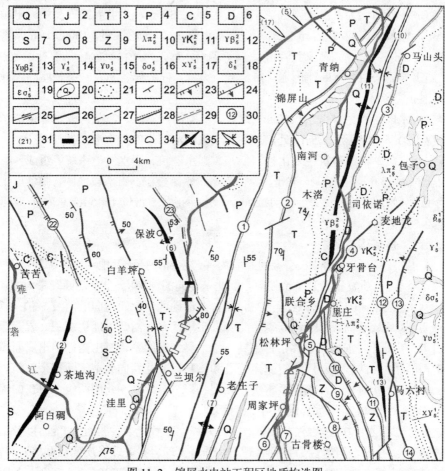

图 11-2　锦屏水电站工程区地质构造图

1. 第四系；2～9. 前第四系；10～13. 燕山期花岗岩；14～19. 印支期侵入岩；20. 第四纪盆地或洼地；21. 前第四系地质界线；

22. 地层产状；23. 正断层；24. 逆断层；25. 走滑断层；26. 第四纪不活动断层；27. 隐伏和推测断层；28. 早第四纪活动断层；

29. 晚第四纪活动断层；30. 断层编号；31. 褶皱编号；32. 坝址；33. 闸址；34. 出水洞口电站；35. 背斜褶皱；36. 向斜褶皱

(1) 锦屏山断层（F_1）。

该断裂带是一条切割很深的断裂带（图 11-3）。在布格重力异常图上，它是强重力梯级带的边缘，为正、负异常的分界线，在航磁异常图上为正、负磁异常区的分界线，在地壳厚度图上显示为地壳厚度的陡变带。第三纪-第四纪早更新世，该断裂带与其东北的龙门山断裂带曾是青藏高原东南缘的重要推覆构造带，是新生代早、中期强烈活动的断裂带。中更新世以来，由于川滇菱形块体的形成，该断裂带与其西南的丽江断裂带一起成为菱形块体内部的一条北东向断裂带。受区域构造格架变化的影响，晚第四纪以来的活动强度逐渐变弱。

锦屏山-小金河断裂带南起小金河与雅砻江交汇处，向北东经兰坝儿、烟房、解放沟、木落脚直至张家河坝，走向 NE15°，倾向北西。在工程区由锦屏山断层、青纳断层、马山头-周家坪断层组和瓦科断层组构成，其展布宽度 10～30km。

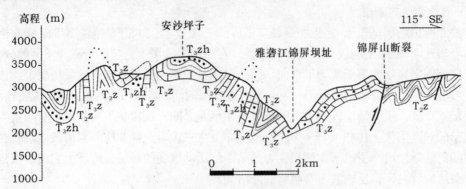

图 11-3　雅砻江锦屏电站坝址地质构造横剖面

T_1b. 菠茨沟组；T_2z. 扎尕山组；T_3z. 杂谷脑组；T_3zh. 朱倭组

　　锦屏山断层的最晚活动时代前人曾作了大量研究，主要的确定方法是断层泥热释光和 ESR 分析及断层面上的方解石或石英脉 U 系分析。测试结果反映锦屏山断层的最新活动年龄是 17 万～36 万年，即中更新世中、晚期。瓦科断层组由小金河、光山头、瓦科、木里、博瓦等断层构成，它们是锦屏山-小金河断裂带西侧的断层，同时也是木里弧形断裂带的东翼断层组，因此在成因机制上有其独特的一面。该组断层在地貌上显示较为清楚。

　　在博瓦断层上，断层切割卧河支流Ⅲ级阶地中、下部堆积，被切割地层的 TL 年龄为（2.05±0.16）×10^4a，说明锦屏山断层在晚更新世中、晚期曾有活动。

　　马山头-周家坪断层组由马山头、里庄、安沙坪子、周家坪四条断层组成，断层对地层和岩浆岩界线控制明显。该组的安沙坪子断层切割了雅砻江Ⅲ级阶地，里庄断层切割了雅砻江Ⅳ级阶地，被错地层的 TL 测试年龄为（3.44±0.26）×10^4a 和（4.92±0.39）×10^4a，因此它们是晚更新世活动的断层。除直接的地质证据外，前人对该组断层中的断层泥作 TL 分析，对断层裂隙中的钙华作 ESR 和 U 系分析皆反映其最晚活动时代为晚更新世中、晚期。

　　(2) 羊坪子-纸厂沟北西向断层组。

　　该断层组由玻璃、古骨楼、大沟、呷里坪、羊坪子、纸厂沟和牦牛山等断层构成。走向北西，倾向南西，其展布宽度 15～25km，是区域上金河-箐河断裂带北段的几条次级断层。金河-箐河断裂地质历史上曾是扬子准地台内两个二级构造单元的界线，即康滇地轴与盐源-丽江台缘褶皱带的分界线。新生代早、中期是青藏高原与川西高原交接部位的另一条重要断裂带。在布格重力异常图上，它位于梯级带上，在航磁异常图上为正、负磁异常的分界线，在地壳厚度图上显示为地壳厚度陡变带。据地震爆破资料，它是一条切入上地幔顶部的深断裂带。第三纪—第四纪早更新世，金河-箐河断裂带是强烈活动的断裂带，但中更新世以后，其活动逐渐减弱直至停止。大盐池北冲沟中该断裂形成宽数百米的断层破碎带，但其上被雅砻江Ⅴ级阶地堆积所覆盖。在金河乡东，羊坪子断层切割了Ⅵ级阶地下部堆积，而上部堆积未见变动，下部地层的 TL 年龄为（14.04±1.14）×10^4a，上部地层的 TL 年龄为（11.69±0.95）×10^4a，反映金河-箐河断裂的最晚活动时代为中更新世晚期，晚更新世停止活动。另据呷里坪断层的断层泥 TL 分析，其最晚活动年代为（39.42±3.19）×10^4a；古骨楼断层剖面切割了第四纪早、中更新世地层，沿断面未变形的方解石脉 U 系年龄大于 50 万年。它们也反映金河–箐河断裂晚更新世以来不活动。

(3) 前波北西向断层。

前波北西向断层是理塘–德巫断裂带东南段的一部分，走向北西，倾向南西。在布格重力异常图上，理塘–德巫断裂表现为重力梯级带，在航磁异常图上是正、负磁异常区的分界线，在地壳厚度图上表现为等厚线同形弯曲，因此推测是切割地壳的断裂。地质历史上，该断裂带曾控制沉积建造与岩浆岩的分布，因此曾有过较强的活动。新构造时期，该断裂持续活动，但晚更新世以来，主要活动段是中段的理塘–麦地龙之间，该段在卫星影像上有顺直沟谷和陡崖显示的线性影像，1948 年理塘 7.3 级地震即发生在该段。西北段和东南段活动较弱。在工程区的前波断层段，卫星影像解释认为是第四纪活动微弱的断层。地质上它向东南延伸没有切过茶地沟背斜，也反映它没有明显的新活动。

11.2.1.2 新构造运动特征

工程区地处青藏高原与川西高原的交接地带，其地势西北高而东南低，锦屏山最高峰海拔 4193m。受青藏高原强烈隆起的影响，工程区新构造运动的主要特征是以大面积隆升为主，除此之外，还伴有块体间的垂直差异运动和水平走滑运动。第三纪–第四纪早更新世，青藏高原块体强烈抬升，并向北、北东–南东施加强大的推挤作用，锦屏山–小金河断裂带此时是青藏高原东南边缘重要的推覆构造带，其西北部分抬升强烈，东南部分同时也强烈抬升，但其抬升幅度要小于西北部分，因此它们之间有明显的垂直差异运动。由于大面积抬升，工程区有多级夷平面发育。其中主要的夷平面有三级，第一级海拔 3500～4000m，第二级海拔高度 3000m，第三级海拔高度 1800～2300m。第四纪中更新世，受周围断裂带控制，川滇菱形块体形成，它跨越青藏高原和川滇高原，工程区大致位于其中间位置。川滇块体在第四纪中更新世–全新世期间的运动仍保持较强的抬升运动，使河流下切、形成陡峭的谷坡和悬崖峭壁，雅砻江此时形成 6 级阶地。除此之外，还具有整体向南南东向的滑移和右旋旋转运动。但此时由于块体内部断裂活动变弱或停止，次级块体之间的差异运动也变弱。

11.2.1.3 地震活动特征

工程区内地震活动平静，历史上未发生过 $M \geqslant 4.7$ 的中强地震，现代地震活动也很弱。据国家地震局区域地震台网记录，1970～1991 年间共记到 $M_L \geqslant 2.0$ 地震 13 次，其中 3 级以上地震仅 2 次，最大为 1991 年 6 月 11 日 $M_L 3.3$ 地震，其震中距坝址最近距离 18km。工程区内这种弱地震活动特征与区域强地震活动形成鲜明对照。锦屏水电站所在的大区域范围是我国大陆地震最频繁发生的地方，其中围绕川滇菱形块体周缘的断裂带，都是强地震活动带。除此之外还有块体内部的一些地震带，如北东向的丽江–剑川地震带、近南北向的永胜–宾川地震带。

11.2.1.4 工程区地壳稳定性评价

工程所在的地区地壳稳定性与大区域有明显差别，通过断裂新活动特征、新构造运动特征和地震活动特征的研究发现：工程区晚第四纪以来的新构造运动是以整体抬升为主，其间的差异运动不明显；区内大多数断裂晚更新世以来停止了活动，只有少数几条断裂活动，但它们的活动强度很弱，垂直位移速率小于 0.1mm/a，全新世所有断裂均停止了活动；工程区内地震强度低、频度也低，历史和现今无大于 4.7 级地震，记录到的最大地震为 $M_L 3.2$ 级。工程区是地壳基本稳定的地区。

11.2.2 二滩电站

二滩水电站位于四川省攀枝花市境内，是我国于 20 世纪末建成投产的装机容量最大的水电站工程。距成都市 727km，距攀枝花市 40 余公里。电站以发电为主，兼顾漂木等综合利用效益。正常蓄水位 1200m，发电最低运行水位 1155m，调节库容 33.7 亿 m³，总库容 58 亿 m³，属季调节水库。电站内装 6 台单机容量 55 万 kW 机组，总装机容量 330 万 kW。

电站枢纽由混凝土双曲拱坝、左岸地下厂房、泄洪建筑物、木材过坝转运等设施组成。二滩水电站最重要的建筑物之一为 240m 高的混凝土双曲拱坝，拱冠顶部厚 11m，拱冠梁底部厚 55.74m，拱端最大厚度 58.51m，拱圈最大中心角 91.49°。坝顶弧长 775m。大坝按地震烈度Ⅷ度设防。

11.2.2.1 基本地质条件

二滩水电站拱坝坝址位于雅砻江下游河段二滩沟和三滩沟之间，处在川滇南北方向构造带的中段西部相对稳定的共和断块上。坝址处于高山峡谷地区，两岸谷坡陡峻，临江坡高 300～400m，左岸谷坡 25°～45°，右岸谷坡 30°～45°，呈大致对称的"V"形河谷。河床枯水位高程 1012m，枯水期河水面宽度 80～100m，河床覆盖层厚 20～28m。正常高水位 1200m 时河谷宽约 600m。

二滩水电站枢纽位于雅砻江下游的二滩峡谷河段，两岸谷坡陡峻，河谷断面呈"V"形，雅砻江以 SE60°流经坝区，河床覆盖层一般厚 20～28m，最厚约 40m。坝区内基岩由二叠系玄武岩、后期侵入的正长岩以及因侵入活动而形成的变质玄武岩等坚硬岩浆影组成。正长岩岩质坚硬，完整均一，平均湿抗压强度为 176.5MPa。玄武岩按岩性分为 4 层，其中位于坝基的第二层为微粒隐晶质玄武岩，质地致密，性脆，隐微裂隙发育，完整性与均一性都较差，平均湿抗压强度为 216MPa；第三层为细粒杏仁状玄武岩和玄武质火山角砾集块岩，节理裂隙短小，并常有方解石、绿帘石充填，岩质坚硬，平均湿抗压强度为 189.7MPa。坝址区存在局部软弱岩带，主要分布在二层玄武岩和变质玄武岩内。右岸坝基中下部高程的绿泥石-阳起石化玄武岩（$P_2\beta_2$），为两条近似平行的强烈围岩蚀变交带，带宽 10～15m。岩体完整性极差而不均一，隐、微裂隙极其发育，裂隙中普遍充填滑石、皂石、绿泥石等软弱矿物，厚度约 2～3mm，在高地应力环境天然状态下嵌合紧密，透水性差，人为扰动后易变形，常形成较宽的松动带，岩体呈碎裂结构。在左岸坝基下部高程的裂面绿泥石化玄武岩，常与小型构造挤压带、裂隙密集带伴生，分布随机，裂面充填以绿泥石为主的软弱矿物，为坝区内的另一组主要软弱岩体。

坝址区无贯穿性构造断裂带，断层不发育，规模小，破碎带紧密，厚度在 0.2～0.6m，其中延伸较长的有 f_{10}、f_{20} 以及下游二道坝附近的 f_5、f_{25}、f_{26} 等断裂。除小断层外，尚有一些小型破碎带、裂隙密集带分布于玄武岩中。

除软弱岩组外，岩体结构特征总体上呈块裂结构，宏观上由 6 组节理切割岩体。NE45°/∠NW70°、NW50°/∠NE68°、NW/∠25° 这 3 组（即"两陡一缓"）为坝基岩体的主要节理组，对坝基的稳定起控制作用。坝址区谷坡浅层岩体长期受卸荷和重力作用，形成以结构面为基础、以裂隙式或透镜状风化为特色的风化岩带，按风化程度分为全、强、弱、微、新鲜五类。与坝基被利用岩面关系密切的弱风化岩体，据其地质条件的差异又分为上、中、下三段。

11.2.2.2　水文地质

水文地质特征主要表现为典型的裂隙含水岩体，无水量丰沛的储水构造和承压水。岩体透水性随其结构和风化卸荷程度的不同而存在明显差异。强风化卸荷带为强透水区，强风化带为中等-弱透水区，微风化带以下为相对抗水层。

11.2.2.3　地应力

坝址区地应力较高。据实测资料，谷坡下部新鲜完整岩体内最大水平主应力 σ_{max}=18.8～38.4MPa，河床基岩面以下高达 40～66MPa。

11.2.2.4　工程区地壳稳定性评价

二滩水电站工程处于极不稳定的川滇南北向构造带的中段西部相对稳定的共和断块上，断块本身长期处于间歇性整体抬升阶段，虽然在大坝所处的共和断块周边有南坝 6.5 级、桐子林 6.0 级和昔格达 6.7 级 3 个天然构造地震活动性较高的潜在震源区，但库区位于中强地震活跃的木里、盐源、宁蒗地震区与安宁河—则木河地震带之间地震活动水平相对较低的地带。工程区所处的共和断块内部不存在发震构造，历史上无强震记载，经国家地震局鉴定，坝址区地震基本烈度为Ⅶ度，属于构造活动区的相对稳定地区。

二滩水库已于 1998 年 5 月开始蓄水，有数条具备一定诱震条件的小断裂被库水淹没，除了蓄水初期引发小型水库地震外，区域构造基本稳定。

11.2.3　龙羊峡电站

龙羊峡电站位于黄河上游的青海共和县境内的龙羊峡峡口，上距黄河发源地 1684km，下至黄河入海口 3376km，是黄河上游第一座大型梯级电站，也是黄河"龙头"电站。龙羊峡水电站最大坝高 178m，坝底宽 80m，坝顶宽 15m，主坝长 396m，左右两岸均高附坝，大坝全长 1140m。它可以将黄河上游 13 万 km^2 的年流量全部拦住，使这里形成一座面积为 380 km^2、总库容量为 240 亿 m^3 的我国最大的人工水库。

11.2.3.1　区域地质概况

龙羊峡水电站工程地处青藏高原东部，海拔 2400～3200m。区内以辽阔的夷平面、河流阶地和深切的沟谷为主要地貌形态。龙羊峡为狭窄的"V"形谷，峡谷上游是开阔的共和盆地，构成水库。区内有一系列北北西向相间排列的隆起带与拗陷带。坝库区即位于日月山-瓦里贡山隆起带与青海湖-共和盆地拗陷带交界部位。断裂构造十分发育，主要为北西、北北西及近南北向三组。这些断裂和一系列隆起带与拗陷带构成了本区的基本构造骨架。

区内于印支期有大量的岩浆活动，以花岗闪长岩岩盘形式侵入于下三叠系变质砂、板岩地层中。龙羊峡水电站坝址即位于这一巨大岩盘的西侧边缘。

自第四纪中更新世以来，本区表现为大面积间歇性升降运动，导致了大范围夷平面和黄河沿岸多级阶地的形成。伴随这种升降运动的同时，区内老断层有活动迹象，坝址区 F_7 断层错开下更新统（Q_1）湖相沉积和黄河阶地砂卵砾石层（Q_3），表明 F_7 是晚更新世活动断裂。

11.2.3.2　区域稳定性与地震

龙羊峡水库位于青藏高原东北部共和盆地内少震地区。工作区强震多发生在盆地边缘北西西和北西向断裂带上。坝址位于共和盆地东部、瓦里山隆起带西侧边缘，在 30km 内无区域性活断层通过，在此范围内历史最大地震为 $4\frac{3}{4}$ 级，最大烈度Ⅵ度，为相对较稳定地区。

1976年国家地震局兰州地震大队鉴定认为，地震危险区是龙羊峡—倒淌河地区，该区是"歹"字型构造体系的青海南山北麓大断裂与河西系榆目山-日月山隆起带西侧边缘断裂交汇的部位。认为水库蓄水后可能触发坝区附近一些北北西向断裂发震，建议坝址基本烈度按Ⅷ度考虑。

1990年4月26日发生 M_L7.0 的青海塘格木地震，宏观震中在大坝西北方向约70km 处，距水库边缘约40km，影响到龙羊峡坝址烈度为Ⅴ度强，分析为构造成因地震（图11-4）。

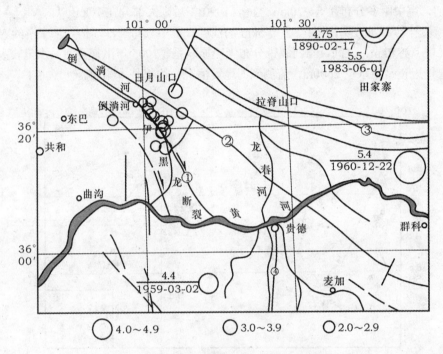

图11-4　龙羊峡地区的地质构造简图与震中分布
①伊黑龙断层；②青海南山断裂；③拉脊山断裂；④贵德断裂

1994年国家地震局兰州地震研究所对区域稳定和地震烈度进行复核，提出地震安全性分析报告，认为工作区内潜在震源共44处，对龙羊峡坝址地震危险性贡献较大的潜在震源有6处。鉴定认为坝址区50年0.1超越概率烈度，即基本烈度为Ⅶ度。1996年12月19日倒淌河东南发生 M_L4.8地震，震中距大坝26.5km，影响到坝址烈度为Ⅳ度以下。该地震发生于北北西向伊黑龙断层与一条北东向断层交汇处，为构造成因地震。

11.2.3.3　水库诱发地震

在1977年补充初设阶段，根据坝区上游附近温泉分布和地热流异常现象以及坝前5km附近可能有隐伏断裂的推测，在近坝深水地区可能发生较弱的水库诱发地震。1981年建设地震监测台网，主台设在坝址区，5个子台设在库区。

1981年9月黄河发生百年以上洪水，施工围堰挡水位抬高32.8m，11月23日在大坝上游5.7km处发生 M_L3.1地震，小于3级的微震持续约1个月。

此后，除1983年外，每年汛期即引发微震。1986年10月正式蓄水后，水库地震不断（图

11-5）。1990 年 4 月塘格木地震以后，微震活动水平逐渐降低。龙羊峡水库诱发地震的基本特征可归纳如下：

(1) 微震活动与库水位相关。每次地震主要发生在汛期库水位抬升 20～30m 之后，滞后 1～4 个月，库水位开始下降时发生。

(2) 震级小。最大震级 $M_L3.1$，多为 $M_L1.0～2.5$。最大震级与高水位相对应，但当次年库水位再次上升到同一高度时，震级和频次都明显减弱。

(3) 震中多分布在坝前深水区，随库水位升高震中距有减小趋势。如在水库蓄水初期的 1987 年初，震中距多分布在 8～20km 之间，1990 年后则大部分在 10km 以内。

(4) 震源浅。大部分属于深度小于 5km 的浅震。震中分布于沙河沟（坝上游约 5km）至多隆沟（坝下游 7km）之间，与断裂带分布无明显联系。2005 年汛期黄河来水量较大，目前库水位已接近正常蓄水位 2600m，监测到的地震情况与往年基本相同。

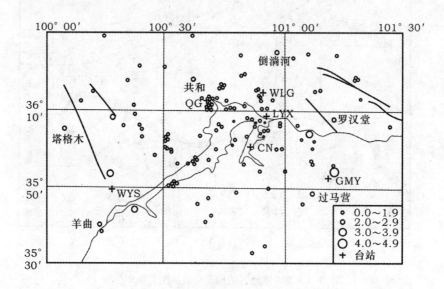

图 11-5 龙羊峡水库库区地震震中分布

实心圆：蓄水前；空心圆：蓄水后

11.2.3.4 水库工程地质稳定性

龙羊峡水库位于共和盆地第四纪中、下更新世河-湖相半胶结黏性土与砂性土地层内。水库大致呈东西方向延伸，正常高水位 2600m 时库长约 123km，回水至尕玛羊曲峡谷，库首附近库面最宽处可达 15km，向上游逐渐变窄。水库南岸有高达 400～600m 陡坡，北岸是多级阶地形成的缓坡，水库中上游左岸局部地段有流动砂丘。水库的主要工程地质问题是近坝库岸可能发生滑坡造成危害性涌浪，其次是水库坍岸淤积。

(1) 近坝库岸稳。

龙羊峡峡口上游黄河南岸的斜坡由第四系中、下更新世河相地层组成，地层产状近水平，出露厚度 400～550m，坡度 35°～45°，地质测绘划分为 7 个大层。岸坡中、下部主要由超固结、半成岩状的黏性土夹 0.30～3.0m 的薄砂层组成，是库水浸泡的主要地层；上部主要为砂性土。龙羊峡近坝库岸地下水主要埋藏于湖相地层下部Ⅱ大层及Ⅲ大层下部砂层及砂壤土中。地下水位低于坡顶400～500m。地下水属孔隙—裂隙潜水，向黄河排泄，水力坡度为3%～8%。由于本区气候干旱，地下水的动态受大气降水影响甚微，地下水位年变幅多小于5m。在坝前右岸（南岸）1.5～15.8km地段，在黄河高漫滩侵蚀期至近期，曾发生了一系列大型滑坡，滑坡堆积物岸坡占库岸长度的80%，其共同特点是规模大（百万m^3至亿m^3）、滑速高（20～45m/s）和滑程远（1.5～3.0km）。例如距坝6.5km的查纳滑坡发生于1943年农历正月初三，下滑量达1.6亿m^3，滑体前缘向前推进约3km，埋没了河边林带及坡下的查纳村，使黄河断流，估算最大滑速约45m/s。

(2) 水库运行期间近坝库岸再造。

水库蓄水大部分时间为低水位运行，水位最高仅达到2581.08m。近坝库岸尚未见发生大型滑坡迹象。完整地层岸坡以崩塌破坏为主。一般一次塌落厚度在3m左右，一次坍塌方量在几十至上千立方米。一次崩塌完成后岸坡暂趋稳定，由于库水和风浪的不停作用，在库水边又很快形成新的浪蚀龛（深度可达2.0～2.5m），又开始第二个崩塌过程，直到本次库水位的上升期结束（图11-6）。

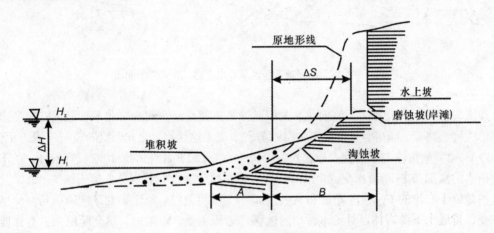

图11-6 近坝库岸完整地层岸坡破坏形式分析图

原滑坡堆积物组成的岸坡以崩塌、错落为主，次为小型滑坡。其规模、滑速均有限，无涌浪危害。

11.2.3.5 坝址工程地质稳定性

龙羊峡坝址河段近东西向，峡谷断面呈"V"形，谷坡60°～70°，谷底宽30～40m，谷顶宽约200m，两岸崖高160m，水深约10m，平水期河水位2450m左右。崖顶地形平缓，因瓦里贡隆起掀斜作用以7°～10°向上游倾斜。峡谷基岩裸露，主要由印支期花岗闪长岩组成，坝线上游及消能区右岸有三叠系变质砂板岩出露，主要建筑物均布置在花岗闪长岩内。河床砂卵砾石层厚仅1m左右。坝线下游约300m处沿区域性断层F_7发育有近南北向深冲沟，与河道近正交。F_7断裂带总宽70～100m，由10条左右断层组成。断裂带总的产状为北北西向，近直立。该断裂带及沿其发育的深冲沟构成坝肩岩体的下游边界和临空面。由于这条冲沟的存在，加之溢洪道和泄水道挑流冲坑位于F_7断裂带附近，带来较多的工程地质问题（图11-7）。

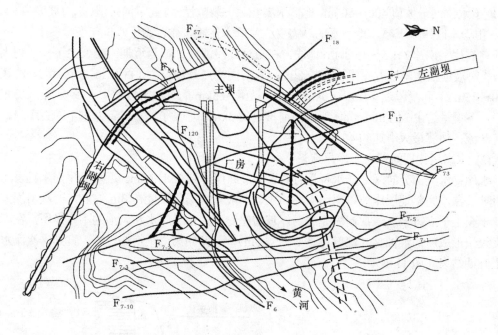

图 11-7　龙羊峡坝址工程地质及水工建筑物布置平面图

　　坝区岩体以走向北北西、倾向北东的中陡倾角压扭性断裂和走向北东、近直立的张扭性断裂形成构造格架。断层、大裂隙和成组的节理多属于这两组。北北西组断裂与河流近正交，以 $50°\sim60°$ 倾角倾向下游偏左岸，其中较大的为 F_{73} 和 F_{18}，它们斜切左坝肩岩体，在下游北大山水沟深部与 F_7 断层相交。北东向断层大多充填较宽的石英岩脉并形成蚀变岩带。其中较大的是位于右岸的 F_{120}、F_6 断层和 A_2 岩脉，及河床中的 F_{57} 断层。北东向断层与河流呈锐角相交，贯通上下游岩体，且透水性相对较强，形成主要渗漏通道。这些断层大多有数厘米至数十厘米的含有角砾与碎屑的夹泥，夹泥本身密实不透水，但在断层影响带内的碎裂岩体能构成网络状渗水通道。

　　坝区有一组走向近南北，即与河道近正交的倾向上游或下游的缓倾角夹泥裂隙，倾角一般 $15°\sim30°$，在高陡岸坡上常引起岩体滑动或蠕动。坝区左岸紧靠坝线上游有北北东方向伟晶岩劈理带 G_4，呈雁行斜列向北东 $30°$ 方向延伸，倾向北西，倾角 $80°$ 以上，平均宽 $5\sim10m$，延至下游北大山水沟处减为 $1\sim2m$，构成左坝肩上游岩体切割边界。右岸紧靠坝线上游则有北北西向陡倾断层 F_{58-1}，构成右坝肩上游岩体切割边界。

　　坝区属高原大陆性气候区，干旱少雨，年平均降雨量 271mm，地下水不充沛，坝区主要埋藏裂隙水，地下水补给河水。花岗闪长岩大多属弱透水或相对不透水，水力联系差。北东向夹有石英岩脉的断层如 F_{57}、A_2 等多为强透水带。坝址区花岗闪长岩强风化带下限埋深 $10\sim20m$，弱风化带 $30\sim40m$，在 2500m 高程以下明显变浅，河床内以微风化为主。在右岸鞍部有深至 $20\sim30m$ 的全、强风化，推测为古河道的残余部分。此外，在断层交会带也有呈囊状的全、强风化岩石。受河谷卸荷影响，两岸谷坡内有大致平行于岸坡的陡裂隙卸荷拉张现象，强卸荷带水平深度约 $10\sim15m$，局部最大为 30m，弱卸荷水平深度约 50m。

11.3 青藏高原地区水电工程主要工程地质问题

(1) 河谷呈 "V" 字型，两岸坝肩开挖易失稳问题。青藏高原地区是地壳强烈上升区，伴随河谷强烈下切，岩石破碎风化严重，斜坡地质灾害尤其是崩塌、滑坡、泥石流灾害突出。水电工程尤其是大型水电工程，在施工过程中，因大坝、电厂、引水隧道、道路、料场、弃碴场等在内的工程系统的修建，会使地表的地形地貌发生巨大改变。而对山体的大规模开挖，往往使山坡的自然休止角发生改变，山坡前缘出现高陡临空面，造成边坡失稳。另外，大坝的构筑以及大量弃渣的堆放，也会因人工加载引起地基变形。这些都极易诱发崩塌、滑坡、泥石流等灾害。

(2) 水库的主要工程地质问题是近坝库岸滑坡和坍岸淤积。水库蓄水后对库岸已存在的不稳定地质体和原有的滑坡体和崩塌体会产生浸润和托浮作用，再加上大型电站在运行中，会在库岸形成高达数十米以上的水位涨落带，频繁改变库岸水文地质条件，从而诱发和加剧地质灾害的发生。对于西线工程来说，库岸边坡大多为岩质边坡，相对稳定，不存在水库坍岸淤积问题，但是河床坡降大、河水流速大，携沙量大，尤其是洪水季节，要注意库区泥沙淤积问题。色曲河西电站距诺若坝址下游 12km，主要供色达县城的用电，采用混凝土滚水坝，坝高约 10m，电站建成仅数年，2km 长的水库被淤积，损失了 90%的库容。所以南水北调西线工程采用明流洞方案是合适的。

(3) 高原地区构造活动性强，许多河谷沿活动断裂走向分布，处于不稳定的地质背景下，但可通过寻找相对稳定的地块或地址进行工程建设。大渡河位于川滇南北向构造带北段与北东向龙门山断褶带、北西向鲜水河断褶带交接复合部位，大渡河断裂潜在震源区震级上限 7 级，地震活动性强，场地烈度Ⅷ～Ⅸ度，局部可达Ⅹ度，目前规划或正在施工的大型水电站有泸定电站、硬梁包、大岗山、长河坝、瀑布沟等。断裂带的活动主要集中在带上，而且其活动性在不同地段是不均一的，在强烈活动的地段不宜建坝；有些地段相对稳定，在这些地段，避开断裂，并考虑一定加固措施后是可以建坝的。

(4) 引水隧道埋深大，岩爆灾害频繁发生。

(5) 水库地震频繁发生：在青藏高原地区修建的大中型水库，其诱发地震的比例较其他地区要高。近年来，修建的大型水库，由于加强了监测，凡是在水库附近建立了地震台网的，大部分都监测到了水库诱发地震，可见水库诱发地震是普遍存在的，且水库地震问题十分突出，可能与该地区构造背景有关。由于水库巨大体积的蓄水增加了水压，以及在这种水压下岩石裂隙和断裂面产生润滑，使岩层和地壳内原有的地应力平衡状态被改变从而诱发地震，但震级都较小，如铜街子、二滩、大桥、龙羊峡等。震级大多在 1～5 级之间，以 0～3 级居多；震中主要集中在库区或库区附近的断层上，有的甚至在大坝附近，由于震源浅，震感强烈。

第 12 章 南水北调西线第一期工程区地壳稳定性研究

南水北调西线一期调水线路穿越巴颜喀拉山脉,将沟通长江水系和黄河水系。工程总长度 321.08km,其中隧道长度 320.1km,在国内、国际上都是史无前例的巨型跨流域水利工程,将人为改变我国西部水资源的状态,对我国西部乃至东部水文、生态环境地质条件产生较大影响。

工程所在的四川西部高原区在历史上以多发地质灾害而著称,崩塌、滑坡、泥石流等灾害频繁发生,同时也是灾害性地震的多发区。自 1783~1982 年的 200 年间,区内共发生破坏性地震 177 次,其中 8 级以上的地震有 6 次,多数属浅源地震,震源深度多在 15~20km,破坏性极强。引水线路穿越不同的地质单元和活动性极强的断裂、地震带,这些断裂运动速率较快,地震活动频繁,对工程将是一个严峻的考验。

由于西线调水工程的规模巨大,所处的工程地质环境极其复杂,使工程本身变得非常脆弱,安全性和可靠性大大降低。影响工程安全与稳定的因素,除了气象、水文、水动力、地形地貌、土体介质条件、人类活动等因素外,由新构造活动、地震等内动力地质作用所决定的区域构造稳定性是非常重要的内在控制因素,这一点往往被人们忽视。活动断裂的错断运动和地震活动是引起水利枢纽大坝和引水隧道破坏的关键因素,区域新构造运动、地震活动等内动力地质作用是决定其安全与稳定的内在控制因素。调水工程和相关建筑物的安全与稳定,是调水工程安全运营的基础,对流域下游人民生命财产安全至关重要,调水工程的安全与稳定不仅直接关系着川西高原人民的生命和财产安全,而且严重制约着黄河中上游受水地区经济带的长远发展。为此,需要对调水区的区域地质构造环境和区域稳定性有充分的认识和客观的评价。

12.1 区域稳定性研究的基础

区域地壳稳定性评价就是研究地壳运动的现今活动状况与活动程度及其对工程产生的影响。考虑内外动力地质作用、岩土体介质及人类活动诱发或叠加的地质灾害等对工程建设的相互作用和影响下,现今地壳及表层的相对稳定程度,以地球内外动力地质灾害为研究对象,主要研究内外动力地质过程所产生的地质灾害对工程安全和区域稳定性的影响,内容包括活动断裂及其伴生的地震及其他相关的地质灾害。其研究目标是避开地震活动带、断层活动带及地质灾害多发带,减轻诱发地质灾害,寻找相对稳定区作为工程建设场地。

区域地壳稳定性评价是地质力学研究的基本内容之一,也是工程地质力学在工程上成功应用的范例。地质力学研究所很早就开展区域地壳稳定性研究,李四光教授倡导在活动构造带选择相对稳定地区作为工程建设基地或场址,并于 1965 年提出"安全岛"学术思想、地质力学及有关构造应力场的研究理论,为构造的现今活动性和地震活动性及区域地壳稳定性定量化研究提供了理论依据。在地质力学理论的指导下,以陈庆宣院士、胡海涛院士、孙叶研究员、易明初研究员为代表的科学家及领导的研究集体，应用地质力学方法和"安全岛"理论，长期开展地壳稳定性评价研究工作，形成了比较系统的理论体系和比较成熟的技术方法，为国家重大工程建设做出了重要贡献。胡海涛等《区域地壳稳定性工程地质图的编制及稳定性评价原则和方法》（1984，1987，1991，1996）继承和发展了"安全岛"理论，应用地质力学方法，对青藏铁路、广东大亚湾核电站、黄河中上游水电工程、福建马尾开发区进行了地壳稳定性评价，提出了区域地壳稳定性评价原则、方法和编图指南，认为："区域稳定是指工程建设地区在内、外动力的作用下，现今地壳及其表层的稳定程度，以及这种稳定程度与工程建筑之间的相互作用和影响"（胡海涛，易明初，1983）。陈庆宣院士自 20 世纪 60 年代开始，长期指导地应力测量和现今构造活动性研究工作，在 80 年代后期，认为构造作用是决定一个地区地壳稳定性的最重要、最关键的因素，在区域稳定性评价中，必须重视构造稳定性的研究（陈庆宣，1992），同时，他接受了联合国教科文与国际地科联组织国际地质对比计划，在他的领导下，"区域地壳稳定性与地质灾害"国际对比项目（IGCP-250）推动着在世界各国的区域地壳稳定性评价研究朝向定量化方向发展。孙叶研究员等（1998）系统总结了区域地壳稳定性定量化评价技术方法，对区域地壳稳定性定量化评价与分区，就是在以构造稳定性为主，配合岩土体的稳定性，并考虑内动力地质灾害分布规律的基础上进行的（孙叶等，1997），被原地质矿产部地质环境管理司推荐为工程地质调查和区域地壳稳定性评价工作指南。易明初研究员等（1995，1996）应用模糊综合评判方法，定量评价地壳稳定性，绘制了 1∶500 万中国区域地壳稳定性分布图。李兴唐等（1987）编著《区域地壳稳定性研究理论与方法》。殷跃平博士（1992）建立了重大工程选址区域地壳稳定性评价专家系统，对福建马尾开发区、黄河黑山峡、广东大亚湾核电站进行了地壳稳定性专家系统评价。刘传正等（1992）提出重大工程选址、"安全岛"评价的多级逼近和优选理论。吴树仁博士（1995）对清江流域地壳稳定性进行了比较系统的研究工作，吴珍汉博士（2001）将活动断层、断层诱发地质灾害、区域构造应力场分析、现今构造活动性等影响区域稳定性的因素，采用统计分析和神经网络方法，进行了青藏铁路沿线区域地壳稳定性定量评价工作，为青藏铁路工程设计、施工提供了科学依据和基础资料。

以王思敬院士为代表的一大批工程地质学学者，从岩体工程力学与工程稳定的角度创造性地发展了工程地质力学理论。谷德振教授于 20 世纪 60 年代开始对构造活动性和工程稳定性关系进行分析与研究，强调从新构造运动、地震活动和地质构造综合分析、评价区域稳定性（谷德振，1963，1979）。刘国昌教授于 1964 年提出区域稳定性学术概念，将区域稳定性评价列为工程地质学的重要研究内容，在攀枝花场地稳定性、秦岭区域稳定性和地下工程稳定性分析等方面做出重要贡献，创新发展了工程地质力学理论。孙广忠教授将地应力研究和构造控制论引入岩体地质力学，创建了岩体结构力学理论。张倬元等（1981）、王士天等（1988，1993）提出工程场址构造稳定性研究理论、技术和方法。彭建兵等（2001）提出区域稳定动力学理论和研究方法。王士天（1979）强调了断裂活动性及其活动速率，从现代地壳应力场与新构造活动速率等方面入手研究区域构造稳定性。而罗国煜等（1997）则认为，影响区域稳定性的主要因素为区域优势断裂和地震危险性，在区域稳定性评价中以分析活动性断层为基础，断层的活动可以地震形式表现，亦可以蠕动的形式表现。

马宗晋等一大批地震地质学学者，从地震地质学与工程场地地震稳定性分析的角度，开展地震区划、地震危险性评价等相关的区域地壳稳定性评价研究工作。地震烈度区划一般采用小比例尺精度，对衡量地震损失程度的地震烈度、衡量工程场地地面运动幅度的峰值加速度与峰值速度的不同参数，进行区域性的定量预测评价，为工程设计和抗震设防提供了科学依据。地震区划根据方法不同分为确定性方法地震区划和概率方法地震区划（马宗晋，1992）。地震危险性评价指对重要工程场地、重要城镇或工矿基地发生地震的危险性进行的精度更高的预测性定量评价，通常采用地震烈度或地震动参数（如地面运动峰值加速度或地面运动峰值速度）作为评价指标，为城市建设规划、重大工程设计和工矿基地的抗震设防提供了科学依据。

目前，在区域稳定性分析研究方面，不同单位和学者所考虑的因素大同小异，但分级方式很不统一，分级指标、要素和标准也有较大的差异，总体上都是以构造稳定性评价为主，评价因素以定性为主。近年来随着计算手段和计算方法的快速发展，由定性、单因素分析向多因素、定量模拟评价方向发展。

本次所做的南水北调西线区域地壳稳定性研究，主要参考李兴唐等（1987）的评价方法，即南水北调西线区域地壳稳定性主要是指由内动力地质作用造成的地质灾害对堤防工程和相关建筑物影响程度的综合反映。

12.2　地壳稳定性评价等级和分区的基本原则

12.2.1　地壳稳定性等级划分

根据 2006 年中华人民共和国电力行业规程《水电水利工程区域构造稳定性勘察技术规定》对工程研究区的构造稳定性评价规定，工程研究区的构造稳定性评价是以坝址为中心 150～300 km 范围，区域构造稳定性分级见表 12-1。

表 12-1　区域构造稳定性分级

参 量	稳定好	稳定性较差	稳定性差
地震烈度 I	$I\leqslant6$	$6<I<9$	$I\geqslant9$
相应加速度 g	$\leqslant0.089$	$0.09\sim0.353$	$\geqslant0.354$
活断层	8km 以内无活断层	8km 以内有长度<10km 的活断层、震级<5 级地震的发震构造	8km 以内有长度大于 10km 的活断层，并有 $M\geqslant5$ 地震发震构造
地震及震级 M	$M<5$ 的地震活动	有 $5\leqslant M<7$ 地震活动或不多于 1 次 $M\geqslant7$ 地震	有多次 $M>7$ 的强地震活动区域性
重磁异常	无	不明显	明显

根据上述规范：从地震烈度、基岩峰值加速度、活断层及地震震级 M 等划分，南水北调工程研究区属于区域构造稳定性差的区域。

工程近场区及工程场址区构造稳定性评价是以坝址为中心 20～40km 范围，尤其是坝址周围 8km 范围。初步可以判定：博爱坝址、阿达坝址、阿安坝址、然充坝址、仁达坝址和申达坝址等附近有 $5\leqslant M<7$ 地震活动，地震烈度≥Ⅶ度，是区域构造稳定性较差的场地。

为了便于应用，我们对区域构造稳定性分区进行了细分。地壳稳定性和活动性是一个相对的概念，无论相对活动程度，或是相对稳定程度，都存在一个递变过程。于是在地壳稳定性评价过程中，根据其稳定程度（或活动程度）划分等级并最终体现在不同比例尺的图面上，是关系到评价成果是否正确合理、是否具有利用和推广价值的关键因素之一。本次关于南水北调西线一期工程区地壳稳定性评价的等级划分是依据国家专业标准（ZBH14003-89），1989年发布的工程地质调查规范中关于地壳稳定性评价等级的规定而确定的。即将地壳稳定性划分为：稳定、较稳定、较不稳定和不稳定4级。其划分依据主要从工程建设设防要求、工程防治地质灾害的角度考虑，以地震基本烈度为参考指标（表12-2），划分防御地质灾害的设防等级。其他地质灾害可以根据具体情况，进行类似的判别和划分。上述划分标准基本上可以满足大区域小比例尺的区域地壳稳定性评价和分区研究的需要。但随着今后研究程度的深入和研究比例尺的增大，为了更准确地评价各水利枢纽建设场地的稳定性，这种4级划分还不能满足要求，我们根据其综合指标（模糊加权分类值）将同级别分类划分为相对稳定A和相对不稳定B区，以便于工程选址时参考。

表12-2　地壳稳定性等级划分

等级划分	地震基本烈度	设防等级	建筑条件
稳定	≤VI	不用设防	适宜
基本稳定	VII	要考虑设防	较适宜
次不稳定	VIII	要加强设防	不完全适宜
不稳定	≥IX	要特殊设防	一般不适宜或另选场地

12.2.2　坝址区稳定性分区的基本原则

南水北调西线工程区域地壳稳定性研究的基本依据如下：

(1) 以分析内动力地质作用控制的区域地质环境为主，分析工程区断裂活动性和地震活动性，评价地质灾害因素对调水工程和相关建筑物的影响，为调水工程的规划、设计、加固及其安全和稳定提供基本依据和背景资料。

(2) 充分考虑调水区新构造活动、地球物理特征、活动断裂和地震等多种因素的综合作用，鉴于有些因素的定量指标和判定标准难以确定，所以，在区域稳定性分析研究中仍然遵循以定性分析为主，并结合半定量评价的原则。

(3) 在重点研究工程区活动断裂地质特征、第四纪活动性、地震活动性、及其对工程隧道、大坝影响的基础上，广泛搜集和借鉴各方面有关南水北调西线地区的最新调查资料和最新研究成果。

(4) 以新构造分区作为区域稳定性分析和评价的基本单元，以各区的基本特征和基本指标为依据，对各因素信息进行定量－半定量分析评价。

(5) 地震基本烈度是进行区域稳定性分析评价的重要参考指标。区内的地震基本烈度原则上以中国（国家）地震局（1990年）编制的《中国地震烈度区划图》（1∶4000000）为基准，以中国有史以来所记录的地震资料为基础，进行工程区地震活动性分析和近区域场地地震烈度计算分析。

(6) 将区域稳定性程度按四组划分，即稳定、基本稳定、次不稳定、不稳定，与其相当的地震基本烈度分别为≤Ⅵ、Ⅶ、Ⅷ、≥Ⅸ。

(7) 为了更好、更细致地进行工程选址，将基本稳定、次不稳定区按区域稳定性程度再细分为基本稳定 A、基本稳定 B、次不稳定区 A 和次不稳定 B 区。

12.3　影响区域稳定的主要因素

区域地壳稳定性主要包括构造稳定性和地面稳定性两个方面，其影响因素各不相同。

构造稳定性是内动力地质作用程度的表现形式之一。其主要表现形式为：断层现今活动强度、构造应力、能量集中强度和量级及其演化规律、地震活动强度和频度及其相互关系等。具体包括：断层的产状、性质、规模及其现今活动性，地震活动的时、空规律及其危险性，地壳形变规模，现今断层位移量和方式，现今应力状态、最大主压应力方向与断裂走向的夹角以及构造应力场演化规律，新构造活动方式、强度及其演化趋势，地壳结构和介质条件等。

地面稳定性是指与内动力地质作用相关而主要由外动力地质作用所表现出来的岩土体稳定性、边坡稳定性和场地稳定性条件。其主要影响因素包括：岩体结构、抗压和抗剪强度、完整性系统、软化系数等物理力学性质和岩体质量，风化剥蚀、冲蚀作用特征，崩塌、滑坡、岩溶塌陷，地形地貌，水文地质条件、岩溶程度，水库诱发地震和人类工程活动等等。

构造稳定性是确定区域稳定性的主导因素，只有在构造稳定性相同的情况下，进一步评价地面稳定性，外动力地质作用才会有条件地上升为重要因素。一个地区的区域稳定性主要取决于该区的大地构造环境、地球物理特征、现代地壳形变特征、断裂活动性、地震、区域构造应力场等多种因素，这些因素之间既相互联系，又相互制约。区域稳定性正是这些因素对工程建筑影响程度的综合反映，断裂活动性和地震是其中非常重要的关键因素。

12.3.1　大地构造环境

12.3.1.1　深断裂和地壳结构

深断裂即岩石圈断裂、地壳断裂和基底断裂，是控制地壳结构和现代地壳活动的重要因素。深断裂的密度大，地壳的完整性差，现代活动性强，即区域稳定性差。深断裂将地壳分割成不同规模、形状与组合形态的地壳结构类型，主要可分为块状结构、镶嵌结构和块裂结构。一般块状结构区，主要是稳定的地台区或者地盾区，深断裂不发育，地壳完整性好；块裂结构区，主要是板块的边缘、俯冲带、造山带等，深断裂发育，地壳被分割成不同规模的地块，致使地壳稳定性较差。

工程区位于青藏高原东部，新构造运动强烈，由于印度板块持续向北俯冲，高原深部物质向东被挤出，使地壳破裂被分割成不同的地块，内部却相对稳定，其边界的断裂较为发育，活动性较强，相对稳定的地块和相对活动的边界断裂构成了本区基底构造的基本格架，使地壳结构呈块裂状、镶嵌状或块状等。地块的活动性主要表现在边界断裂的活动，这些断裂在第四纪期间均有不同程度的活动。根据区域地质资料：工程区整体处于由鲜水河断裂、库赛湖-玛曲断裂、龙门山断裂围限的青川地块内部。鲜水河断裂属于岩石圈断裂，甘德南断裂、桑日麻断裂和泥曲断裂等属于地壳断裂，它们是工程区重要的断块边界，因而控制着地震分布。

将工程区按 10km×10km 划分成 1184 个网格，统计单元内断裂条数，绘制了工程区断裂构造发育密度等值线图（图 12-1），反映了工程区川青地块内部构造是不均一的，断裂构造分布有丛集性和分带性的特征。统计单元内断裂构造面的面积，绘制了工程区构造破碎程度等值线图（图 12-2），图中可以看出有四个构造活动程度较高的带分别是达曲断裂、泥曲断裂、亚尔唐断裂和甘德断裂，与巴彦卡拉山亚带新构造分区界限基本重合。沿破碎程度较高的达曲断裂、泥曲断裂、亚尔唐断裂和甘德断裂形成四个构造破碎带，与相对完整的地块（亚带）呈二级条块镶嵌状，反映了工程区不同尺度下基底呈现二级块裂状、镶嵌状构造的基本格局，二级（亚带）结构活动性要较一级结构弱得多。

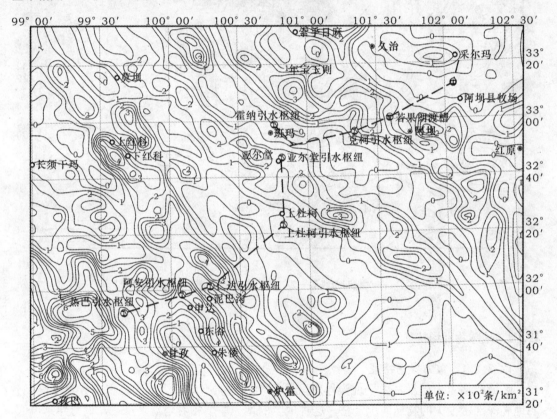

图 12-1　南水北调西线第一期工程区断裂构造发育密度等值线图

12.3.1.2　新构造单元划分

南水北调西线工程及邻近区整体上属于川西高原阿尼玛卿断块区和通天河断块区之间的巴颜喀拉山断块区，新构造期（新第三纪以来）地壳运动的性质和强度等特征具有明显的分区性。主要依据新构造运动历史、升降差异、运动形式、影响范围、强烈程度等进行构造单元划分，首先按深大断裂，即花石峡-甘德断裂、达日-上杜柯断裂、上红科-达曲断裂和当江-歇武-甘孜断裂及甘孜-玉树断裂，将工程区划分出 3 个次级构造区：红原-若尔盖断块坳陷区、巴颜喀拉山断块隆起区和玉树-义敦强烈隆升区。再根据活动大断裂的组合和基底性质，进一步划分出次级构造单元，将巴颜喀拉山隆升区进一步划分为北巴颜喀拉山断块隆起、中巴颜喀拉山断块隆起和南巴颜喀拉山断块隆起。

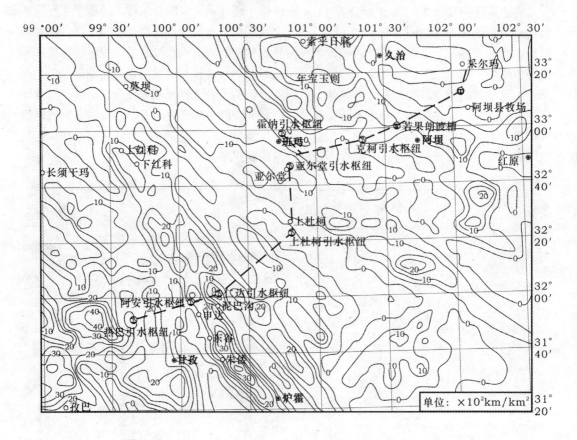

图 12-2　南水北调西线第一期工程区断裂构造破碎程度等值线图

12.3.2　地球物理场特征

12.3.2.1　重力异常特征

区域布格重力异常是由于地壳厚度变化与地壳物质不均匀造成的。重力异常值高，说明地壳深部密度大的物质向上迁移，这种地区的地壳厚度相对较薄。反之，重力异常值低，说明该地区的地壳相对较厚。布格异常等值线密度大，并呈带状出现的地带，大多是深断裂；缺乏梯级带，说明地壳深部断裂不发育，因此，重力梯级带与深断裂和地震带密切相关。

高值的重力异常梯级带就是地壳现代活动区，即区域稳定性差的地区，重力异常特征标志着地壳现代的活动性。

从川西地区 1°×1° 的均衡重力异常图上可以发现，川西地区区域均衡重力异常的最大特点是：正负异常相间分布，异常变化剧烈，正负异常之间均以梯度带相接，而且多与活动断裂带相对应，鲜水河-小江断裂带就是其中的一条。断裂带的北西段，即鲜水河断裂，处在北东侧正异常区和南西侧负异常区之间的梯度带上，北东侧 $IA>0$，均衡调整力使该区地壳下降；而南西侧 IA＜0，均衡调整力使该区地壳上升，鲜水河断裂处在升降调整的剪切带上。此段区域均衡异常基本在（5～10）×10^{-5}m/s^2 之间变化，说明此段地壳基本达到平衡。

12.3.2.2 航磁异常特征

航磁异常主要反映基底构造、断裂分布和非磁性沉积厚度等信息。区域航磁特征显示，康定－木里一线西北侧以负异常为特征，磁异常线以北北东向为主，等值线较稀，为大面积异常值不高的磁异常体；东侧、东南侧以正异常为主，异常值较高，等值线密集，出现许多小异常体，显示磁性体埋藏较浅的特点。

12.3.3 第四纪升降速率

第四纪以来，地壳相对升降量或升降速率与地壳结构、应力状态和岩石圈动力条件密切相关。一般相对上升或沉降幅度小的地区，稳定性较好，相对沉降速率大的地区则稳定性较差，因此，通过计算和分析第四纪升降速率，可以判定区域稳定性等级。垂直差异运动分界地带多是发震的活动断裂带。区内新构造运动特点是大面积隆升，印度板块向北推挤是高原隆升与地壳增厚的动力来源。自印度板块和欧亚板块碰撞后，由于印度板块以每年 5cm 的速度向北推进，使得青藏高原及周围地区发生了剧烈的构造变动和大尺度的水平位移，在这一时期喜马拉雅山与昆仑山之间的距离缩短了 2000～2300km（曾秋生，1999）。据有关资料，本区在上新世末期还是海拔 1000m 左右，其剥蚀面上湿热条件下形成的红壤型风化壳，而今已升高到海拔 4500m 以上，现代山体大部分已超过海拔 5000m，新第三纪的湖盆红色堆积已构成海拔 5470m 的山脊。自第四纪以来，随着青藏高原的隆起，本区上升了约 3500～4500m，平均上升速率为 1.45～1.875mm/a。统计线路区域在第四纪时期共有三次大的间歇抬升期，随之形成了区内的三级剥蚀面，一级剥蚀面海拔 5100～5500m，二级剥蚀面 4700～4900m，三级剥蚀面 4300～4900m。

12.3.4 现代地壳形变特征

现今地壳运动速度直接反映了该区现代构造活动的方式、程度及区域构造应力场的变化。因此，现今地壳变形速率可作为区域稳定性分析和评价的有效手段。

12.3.4.1 工作区水平地形变特征

近年来高速发展的 GPS（全球定位系统）技术为青藏高原现今构造变形的定量化研究提供了最有效的手段。多年来，国家测绘局、国家地震局、国土资源部等开展了青藏高原及周边地区的高精度 GPS 观测，取得了丰硕的成果，张培震等利用青藏高原及周边的 553 个 GPS 观测数据给出了其现今构造变形的速度场（图 12-3）。表明青藏高原的现今构造变形以连续变形为特征，印度和欧亚板块之间的相对运动主要被青藏高原周边的地壳缩短和内部的走滑剪切所调整吸收，青藏高原的"向东挤出"实际上是地壳物质的向东流动而不是刚性地块的挤出。这一地壳物质流动带在高原西部以地表张性正断层和共轭剪切走滑断层为特征，到高原中东部转换为巨型的弧形走滑断裂带，再到高原东北缘转换为地壳缩短和绕东喜马拉雅构造结的顺时针旋转。

由于工作区内地形复杂，地形变测量作业比较困难，观测点也较少。本章节将利用区域及邻近地区 GPS 和现代垂直地形变资料，对区域范围内的现代地壳运动基本面貌和主要断裂形变场和位移场特征进行分析研究。主要对巴颜喀拉地块的北、南和东边界的主要断裂带，即位于工作区跨越的库-玛断裂带、可可西里-玉树-鲜水河断裂带和位于工作区附近的龙门山断裂带的活动性质进行定性分析。

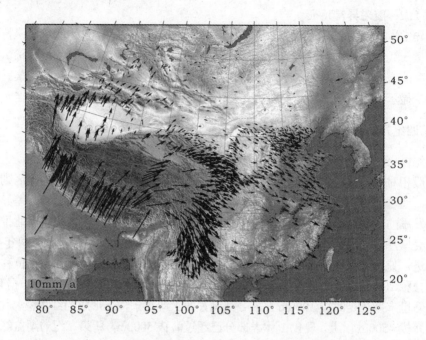

图 12-3 青藏高原及邻区 GPS 速度场图（据张培震等）

(1) 库-玛断裂带。

巴颜喀拉地块北部边界的库-玛断裂（也有学者称之为东昆仑断裂带）为一左旋走滑的活动断裂，对其活动特征如滑动速率，已有不少研究论述和报道，其左旋走滑位错速率总体上从西向东有逐渐减小之趋势，速率值多为 6～10mm/a（肖振敏、刘光勋，1999；刘光勋等，1999；任金卫等，1993）。

张培震等（张培震等，2001；王琪等，2001）根据 3 期以上的 GPS 观测结果认为，羌塘地块上的 5 个 GPS 测点显示出 N60°E 优势方向的运动，速率平均为 28±5mm/a；柴达木地块的运动方向与羌塘地块没有太大差别，但平均速率减少至 12～14mm/a。这说明夹于二者之间的巴颜喀拉地块的运动方式和趋势与羌塘、柴达木两地块没有本质上的差别。因此，位于库-玛断裂带西段两侧且距离其最近的 WUDA（五道梁，位于巴颜喀拉地块的唯一 GPS 测点，（参见马宗晋等，2000）和 GERM（格尔木，位于柴达木地块上）两测点运动的差异，可大致反映库-玛断裂带在该段的运动方式。根据马宗晋等（2000）给出的结果（图 12-4 和表 12-3）可见，二者的运动速度矢量方向较为一致，具有可比性。WUDA测点向东和向北的运动速率均大于 GERM 测点，说明横贯于二者之间的库-玛断裂带在该段（该断裂带在此处的走向为近东西向）的现今活动方式为以左旋走滑为主，兼有挤压性质。另据上述两点东西向的位移速率，推测库-玛断裂在该段的左旋位错速率大致为 5mm/a左右。

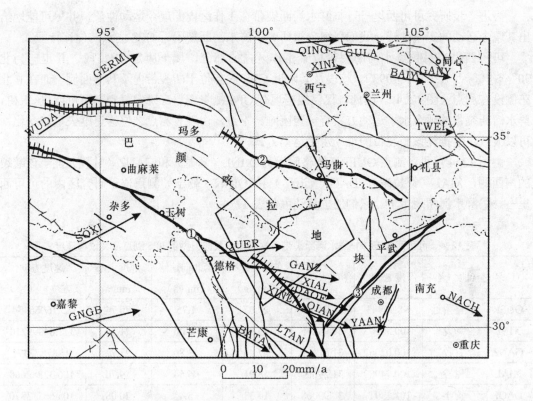

图 12-4　工作区及其邻近地区 GPS 观测结果与断裂构造分布简图

（据马宗晋等，2000 和楚全芝，2000 资料改编）

图中菱形框为工作区范围，该范围内粗黑线条为工程布局线路，其余线条为晚更新世以来的活动断裂；粗黑色箭头表示 GPS 测点的位移矢量，箭头长度为测点的位移速率。断裂带编号：①可可西里-玉树-鲜水河断裂带；②库-玛断裂带；③龙门山断裂带

表 12-3　库-玛断裂带（西段）两侧附近 GPS 测点及其位移速度

点　名	地　名	经度 E（°）	纬度 N（°）	东西向速率（mm/a）	南北向速率（mm/a）	速度大小（mm/a）	速度方向（方位角（°））
WUDA	五道梁	93.05182	35.08776	18.25	9.93	20.78	61.44896435
GERM	格尔木	94.87318	36.43271	13.81	7.61	15.78	61.14303979

注：据马宗晋等，2000 资料改编。

(2) 可可西里-玉树-鲜水河断裂带。

工作区横切巴颜喀拉地块南边界上的可可西里-玉树-鲜水河断裂带的鲜水河断裂段。鲜水河断裂是一条以左旋走滑运动为主要特征的强烈活动断裂带。其左旋走滑速率可达 10～15mm/a（Allen, et al., 1989；闻学泽，1990；李天绍等，1989；申旭辉等，1993）。张培震等（2001）的研究也表明，川滇地区的 GPS 观测结果显示鲜水河一带的 GPS 测点位移矢量方向为 120°左右，昆明一带为 165°左右，反映出鲜水河-小江断裂带的现今活动方式为左旋走滑运动。

为进一步研究可可西里-玉树-鲜水河断裂带在工作区内的现今运动性质，并尽可能地给出其现今活动的定量估计，我们仔细分析研究了鲜水河断裂附近 GPS 测点的位移特征。

可可西里-玉树-鲜水河断裂带位于工作区内的部分，属于康定-炉霍段，其走向为北30°～40°西（李坪，1993）。该段及其附近 GPS 测点位于断裂带内及其南西侧，而在其北东侧没有测点（图 12-4）。因此，仅仅根据现有 GPS 测量资料准确定量判断可可西里-玉树-鲜水河断裂带的现今水平运动方式有一定困难。不过，由现有测点之位移速度矢量的变化，可以大致定性推测该断裂带的现今水平运动方式。

由图 12-4 可见，测点 QUER（德格附近）、XINL（新龙）和 GANZ（甘孜）位于该断裂的南西侧，XIAL（虾拉沱）、DAOF（道孚）和 QIAN（乾宁）测点位于研究区内的可可西里-玉树-鲜水河断裂带上。它们的位移速度如表 12-4。

表 12-4　可可西里-玉树-鲜水河断裂带（鲜水河断裂段）两侧 GPS 测点及其位移速度

点 名	地 名	经度 E（°）	纬度 N（°）	东西向速率（mm/a）	南北向速率（mm/a）	速度大小（mm/a）	速度方向（方位角（°））
QUER	德格附近	98.90943	31.94713	20.67	1.75	20.74	85.16066434
XINL	新龙	100.30903	30.94215	19.96	-8.00	21.50	111.84099210
GANZ	甘孜	100.02062	31.61369	27.46	-3.80	27.72	97.87872977
XIAL	虾拉沱	100.74989	31.29660	18.91	-5.54	19.70	106.32882660
DAOF	道孚	101.13917	30.99068	19.33	-5.42	20.08	105.66313370
QIAN	乾宁	101.49967	30.50970	16.52	-5.45	17.40	108.25788550

注：据马宗晋等，2000 资料编制。

将表 12-4 所给出的各点位移速度投影到平行于可可西里-玉树-鲜水河断裂带在工作区内的走向方向上，其计算结果见表 12-5。

表 12-5　鲜水河断裂段两侧 GPS 测点位移速度及其在断裂带方向上的投影

点名	地名	经度 E（°）	纬度 N（°）	东西向（mm/a）	南北向（mm/a）	平行于断裂走向的位移速度（mm/a）	备　注
QUER	德格附近	98.90943	31.94713	20.67	1.75	20.63	测点位于工作区内鲜水河断裂带的南西盘（GANZ 测点的构造部位据向宏发结合测点经、纬度和鲜水河断裂带确切的地表位置确定）
XINL	新龙	100.30903	30.94215	19.96	-8.00	20.13	
GANZ	甘孜	100.02062	31.61369	27.46	-3.80	27.54	
DAOF	道孚	101.13917	30.99068	19.33	-5.42	19.45	测点位于工作区内的鲜水河断裂带上
XIAL	虾拉沱	100.74989	31.29660	18.91	-5.54	19.03	
QIAN	乾宁	101.49967	30.50970	16.52	-5.45	16.64	

由表 12-5 可见，位于鲜水河断裂上的各个 GPS 测点（含带上但偏于南西盘的 DAOF 测点）在平行于断裂走向的方向上向南东运动的速度均小于位于断裂南西盘的 QUER、 XINL（新龙）和 GANZ（甘孜）测点，这表明可可西里-玉树-鲜水河断裂带的现今水平运动方式为左旋走滑型。若以 GANZ（甘孜）测点平行于断裂走向方向上的位移速率（27.54 mm/a）代表断裂南西盘沿断裂走向向南东方向运动的现今最大速率，那么，它相对于位于断裂带上的测点（DAOF、XIAL 和 QIAN）速率的平均值（18.37 mm/a）之差（9.17 mm/a）即可近似代表鲜水河断裂的左旋走滑速率。这一结果不仅与地质资料分析所得到的该断裂带的活动方式一致，且其左旋走滑速率在量值上也大体相当。

如上述，我们同样可以研究可可西里-玉树-鲜水河断裂带可可西里-玉树断裂段的运动学特征。断裂该段走向约为 NW65°，其两侧 GPS 测点沿断裂该段走向位移速率的计算结果如表 12-6。可见，位于巴颜喀喇地块上的 WUDA（五道梁）测点平行于断裂走向的向东位移速率小于位于羌塘地块上的 SOXI（索县）测点的东向伸展速率，说明可可西里-玉树断裂段的活动方式为左旋走滑运动，二者平行于断裂走向的滑移速率之差（7.81mm/a）可大致代表该断裂段现今的左旋走滑运动速率。

表 12-6　可可西里-玉树断裂段两侧 GPS 测点及其位移速度及其在断裂带方向上的投影

点 名	地 名	经度 E (°)	纬度 N (°)	东西向速率（mm/a）	南北向速率（mm/a）	平行于断裂走向的位移速度（mm/a）	备 注
GNGB	工布江达	93.23663	29.88084	31.32	5.86	31.82	测点位于拉萨地块上
SOXI	索县	93.78371	31.89031	25.94	11.29	27.21	测点位于羌塘地块上
WUDA	五道梁	93.05182	35.08776	18.25	9.93	19.40	测点位于巴颜喀拉地块

(3) 龙门山断裂带。

沿龙门山断裂带及其附近没有 GPS 测点可用于直接测定该断裂带的现今运动学特征。不过，前人根据更大范围的 GPS 测量结果，推测龙门山断裂的挤压缩短速率为 6.7±3.0mm/a（王琪等，2001）或 5.7±2.5mm/a（张培震等，2001）。我们简单地将区域范围位于龙门山断裂带西侧的 DAOF、XIAL 和 QIAN 测点东西向位移的平均值与位于龙门山断裂带东侧的 YAAN（雅安）和 NACH（南充）测点东西向位移的平均值作一比较后，得到二者之差（约为 5.3mm/a），它大致为龙门山断裂带的挤压缩短速率。上述数值表明，龙门山断裂带的现今挤压缩短变形速率介于 5～7mm/a 之间。

12.3.4.2　工作区垂直地形变特征

工作区垂直地形变特征表现为整体相对上升（图 12-5）。形变速率梯度最大的局部地区位于工作区的西南角鲜水河断裂北东侧的洛若-道孚一带，其最大上升速率为 8mm/a。向北东方向形变等值线展布疏缓，上升速率逐渐减小，至工作区北东边缘的毛曲-阿木柯河一带，形变速率减小到 1mm/a。在工作区西南角的卡美地区和东南角的刷经寺-毛儿盖一线的南东侧，垂直地形变表现为微弱的相对下沉，其速率为-1～0mm/a。在工作区西北部的斯德隆一满掌一带，沿昆仑山口-达日断裂形成一范围不大的较强隆起区，最大隆起速率为 7mm/a。隆起中心位于德昂一带，其长轴方向为北北西，与昆仑山口-达日断裂走向一致，说明该断裂现今活动仍较强烈。1947 年 3 月 17 日在青海达日附近发生的 $7^3/_4$ 级地震与该断裂的破裂位错有关。

　　如图 12-5 显示，工作区垂直地形变速率等值线走向与区内构造线走向大体一致，但在经过区内晚更新世以来主要活动断裂时，如赛尔曲北支断裂、甘德-阿坝北支断裂、桑日麻断裂、巴颜喀拉山主峰断裂和鲜水河断裂等，垂直形变等值线走向均发生了不同程度的弯曲，反映了在晚更新世以来的活动断裂作用下，工作区内大部分地区以垂直差异活动为主。但工作区内甘德-阿坝北支断裂北东的东北角地区，形变等值线的空间展布形态相对疏缓，表明该局部地区垂直差异运动不大。

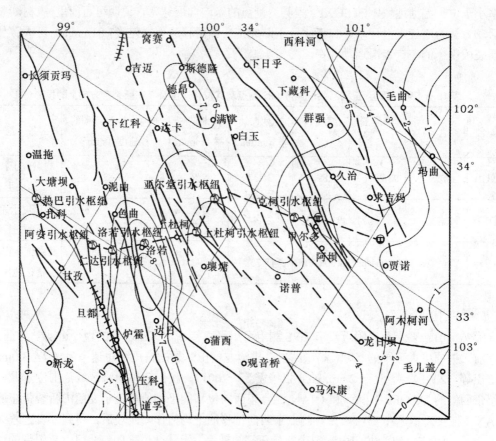

图 12-5　南水北调西线一期工程区区域现代地壳形变速率图

　　值得注意的是，在赛尔曲北支断裂北东的西科河-玛曲一带，形变等值线沿库-玛断裂带有规律地偏转，显示出该断现今活动仍以左旋走滑运动为主，其垂直差异活动不明显。与此相反，在工作区内的西南角沿鲜水河断裂带，两侧的垂直形变表现为明显的升降差异活动。在该断裂的北东侧形成强烈的隆起区，并分别在色尔坝和道孚东侧形成两个隆起中心，其最大隆起速率为 8mm/a，为全区之冠。而在该断裂的南西侧则形成一明显的下降区，下沉中心位于卡美一带，其最大下沉速率为 1mm/a，亦为全区之冠。表明位于工作区内的鲜水河断裂的这一局部地段有较为强烈的垂直隆升作用，其垂直隆升变形是否与鲜水河断裂左旋走滑运动的前方挤压变形有关，尚待进一步研究。

在南水北调工程沿线的垂直地形变总体呈相对上升状态，但上升速率略有差异，大致表现为自西南向东北逐渐减小。阿安引水枢纽附近的相对上升速率为 5～6 mm/a，仁述引水枢纽为 6mm/a 左右，上杜柯、亚尔堂和克柯引水枢纽附近为 4mm/a 左右，而北东端部的垂直形变速率为 2～3mm/a。工程区现代垂直地形变这种区域性自西南向东北衰减的总体面貌，同东喜马拉雅构造结现今构造变形的驱动与北向传播密切相关（丁国瑜等，1986；汪一鹏，1998）。

12.3.5　活动断裂

活动断裂是指第四纪以来活动过，并且在未来有可能再活动的断裂。活动断裂规模愈大、年龄愈新、活动速率愈大、地震活动性愈强，则其区域稳定性就愈差。

南水北调西线地区活动断裂主要是断块边界断裂在现代构造应力场作用下的复活，其展布方向主要为北西向，活动方式既有缓慢地蠕滑，也有突发性位错，即粘滑。其总体活动特征为：

(1) 在空间分布上，具有明显的继承性，基本上继承了第三纪以来的活动格局。

(2) 在活动时代上，第四纪早、中期普遍活动，晚更新世活动范围缩小，部分已不活动或仅局部活动。全新世以来的活动断裂主要有鲜水河-甘孜-玉树断裂、甘德南断裂带、达日断裂带、阿万仓断裂带和玛沁-玛曲断裂。而长沙干玛-然充寺-觉底寺断裂（达曲断裂）、下拉都-上红科（泥曲）断裂等是晚更新世活动断裂，全新世活动仅在断裂西端。

(3) 在力学性质上，大部分断层以逆冲左旋走滑运动为主。

(4) 活动断裂对地震活动具有明显的控制作用。区内 $M_S > 6.0$ 的地震活动均在全新世活动断裂上，而早、中更新世活动的断层上只发生有 $M_S \leqslant 5.5$ 地震，反映出不同时代活动断层的控震能力明显不同。

12.3.6　地震

地震主要是岩石圈和地幔上部断裂形变、位错、释放能量的表现（图 12-6），其活动性是影响区域稳定性评价和分级的重要因素之一。

Gutenberg-Richter（1956）辐射能 E_S 与面波震级关系为：

$$\lg E_S = 1.5 M_S + 11.8 \tag{12.1}$$

式中，E_S 为地震辐射能，单位：尔格；M_S 为面波震级。

将有史以来所记录到的所有地震按其震级所对应的能量叠加起来，绘制南水北调西线第一期工程区地震释放能量等值线图，地震能量释放最多的两个地区是炉霍的旦都和甘孜，分别代表鲜水河发震断裂带和甘孜拉分盆地。85%的地震能量集中由该区释放，同时也表明了它们是工程区最活跃的地震构造。

工程区的上红科—莫坝一带，是另外一处地震能量释放区，释放了该区 10%的能量，代表了达日地震带，典型的地震有达日地震（$7\frac{3}{4}$ 级）。由于远离调水线路，对工程影响小。

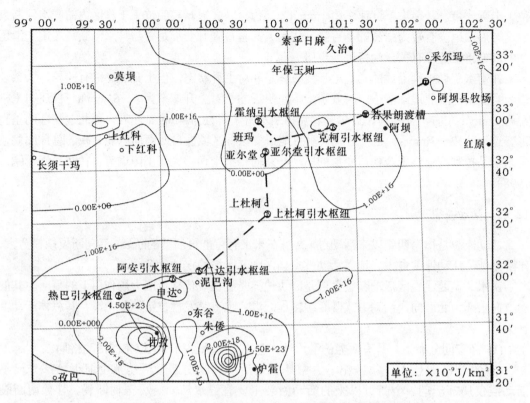

图 12-6 南水北调西线第一期工程区地震释放能量等值线图

工程区内还有年保玉则－阿坝－壤塘地震能量释放区，面积较大，虽然释放地震能只占该区的 5%，由于在调水线路上，故该带对调水工程影响最大。

12.3.6.1 地震活动的时空分布特征

强震在空间和时间分布上具有明显的不均匀性，其分布特征不仅是地震带划分的直接依据，同时也是活动构造分区的重要标志。川西 6 级以上的强震主要分布在东部库塞湖-玛曲断裂带和西部鲜水河断裂带上，西部相对集中，地震活动显示了强度大、频度高的特点。据统计，川西发生的 69 次≥6.0 级地震中，其中有 68 次发生在上述地震带上，几乎占 99%。地震活动强度和频度的分区性，与晚第四纪以来的地壳运动特征有直接的联系。从地震活动分布图像上不难看出，晚第四纪断块运动的边界都是强震活动带，通过这些强震带不仅可以勾绘出运动断块的轮廓，而且可以提供断块运动特征的细节。地震活动的强度和频度与断块内部的活动性也有密切的相关性，地震活动强烈的断块区本身就是地壳运动相对强烈的地区。

12.3.6.2 地震活动危险性分析

据 1990 年中国地震区划，青藏高原区共分为 8 个地震带，西线调水区全部位于可可西里-金沙江地震带内，该带是强震活动带，调水工程区位于该带内中北部地区。地震活动相对东西部而言，属中等偏下地区，强震相对较少，震级多以中等水平为主，其中有多次大于 7 级的地震。1986 年石渠邓柯地震，发震构造为玉树-甘孜断裂，史料记载的大型滑坡堵塞金沙江，即是此次地震所致；1947 年达日 $7\frac{3}{4}$ 级地震，发震构造为桑日麻断裂的东南活动段，至今沿断裂带保留有长约 60km 的地震形变带。此外沿玉树-甘孜断裂从石渠向西北方向还发生过两次 6 级以上地震，鲜水河断裂是区内最强的发震断裂，据资料统计，7 级地震的发震周期为 50a。对可可西里-金沙江地震带历史地震的迁移规律和地震活动的阶段性分析认为，调水工程区在未来百年内有可能发生 7 级地震 3～4 次。

调水线路通过的地区，在未来仍有重复发生大震的可能性。从古地震调查分析，这个大震重现期较长，从现有资料分析应为 900～1000 年，因此，调水工程在工程寿命期内应是乐观的。对我国西北地区大地震迁移的研究，该区存在 7.5 级以上地震沿着深大断裂带迁移，迁移方向总的趋势是由南向北、自东向西，迁移距离为 300～500km，迁移的下一个地段一般为大地震的空段。100 余年来，在这个迁移轮回中，沿此迁移路线未曾发现 7.5 级以上地震的重复发生现象，由此推测，近几十年甚至上百年内再在达日附近发生较大地震的可能性不大。但线路区南部的鲜水河-甘孜-玉树地震带活动性较强，近几十年来发生了 6 级以上的地震 10 余次，统计 7 级以上地震重现期为 50 年，因此，在工程有效期内发生强震的可能性非常大。

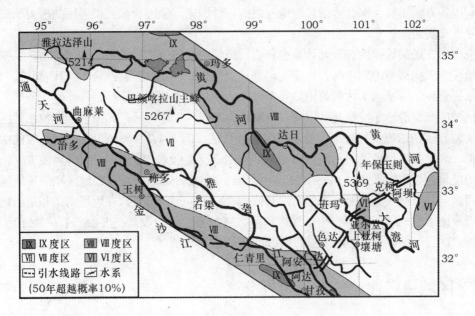

图 12-7　南水北调西线工程区地震烈度区划图（据黄委会设计院）

12.3.6.3　地震烈度

工程区地震不仅频率高、强度大，且破坏力也大。根据中国（国家）地震局 1990 年编制的《中国地震烈度区划图》（1：4000000）及黄河水利委员编制的《南水北调西线工程区地震烈度区划图》（图 12-7），鲜水河断裂自第四纪以来南段活动性较强，中、北段较弱，其活动性质以东升、西降的逆走滑运动为主要特征，平均位错速率为 14mm/a。有史以来鲜水河断裂多次发生地震，说明该断裂带是一个全新世活动断裂，活动性较强。南水北调西线第一期工程位于可可西里-金沙江地震带的东南部，其南部为鲜水河-炉霍地震区，西北部为达日地震区，包括甘德地震带、莫坝地震带和达日地震带均为地震相对活跃区。据地震观测资料，线路区两侧 50km 范围内有 5 级以上地震记录 11 次，其中 7.5 级地震 1 次，6 级以上地震 7 次。其中 1919 年 8 月 26 日然充寺 6.25 级地震距泥柯-阿安坝址只有 5km；1969 年 11 月 6 日班前 5.3 级地震震中就在隧道轴线上，距亚尔堂坝址仅十余公里。线路大部分地区为 Ⅶ度区（212km），自达曲入口至河西乡段（约 30km）为Ⅷ度区，在泥柯河源头沿洞线上下各 8km 段为Ⅵ度区。

根据历史地震和区域烈度平均轴衰减关系式，计算其对场地的影响烈度为Ⅶ～Ⅹ。因此，第一期工程规划线路通过区为强震区，线路在色达以南，设防烈度为Ⅷ～Ⅹ度，其余段为Ⅶ度设防。

12.3.7　区域构造应力场

地壳中的应力状态是地壳稳定性的重要指标，地壳构造应力场是构造变形、位移的直接驱动力。构造应力场的分布特征、变化趋势的研究，对分析现今构造活动性具有重要意义。在地应力场的分析研究中，采用线性有限元应力回归分析反演法，该方法的突出优点是借助数值分析理论和计算机技术，把实测地应力资料、工程地质资料和数理统计理论结合一体，充分利用各方面资料，综合考虑影响地应力的各种因素，从而保证回归再现的应力场最大限度地接近真实情况。

应力形变场的线弹性有限元计算也表明，区域的甘德一带、达日一带、炉霍－甘孜及中壤塘地段为一构造应力集中区，地应力值高达 25MPa，与甘德断裂带、达日断裂带、炉霍-甘孜断裂带和中壤塘楠木达断裂带共 4 个现代活动断裂带相吻合。

区域应变能的分布特征是：以清水河断裂为界线，以南地区，即南巴颜喀拉山地区、玉树－义敦分区构造应变能较高，能量密度值普遍达（0.8～1.7）$\times 10^6 J/m^3$，而区域的中巴颜喀拉山、北巴颜喀拉山及阿尼玛卿山地区，构造应变能普遍较低，小于 $0.4 \times 10^6 J/m^3$，断裂带上的能量密度值一般为（1.0～1.5）$\times 10^6 J/m^3$，在桑日麻地区、甘德地区和炉霍地区存在着北西西向展布的应变能密度高值区，其值达 $2 \times 10^6 J/m^3$。另外，在阿坝南部和壤塘地区的中壤塘－南木达地区，也有一个能量聚集区，能量密度值一般都在（1.5～1.7）$\times 10^6 J/m^3$，与甘德、达日、炉霍-甘孜及中壤塘现代地震活动区十分吻合。

12.4　区域稳定性评价及稳定性分区

12.4.1　区域稳定性综合定量评价

区域稳定性评价和研究，受多少种因素的影响和控制，并未形成统一认识。在不同的研究地区，不同专家根据对区域稳定性含义理解的差别、占有资料的不同和认识区域稳定性影响因素自身特点之间相互复杂关系的不同，自然也就在区域稳定性研究中，考虑了不同的参与区域稳定性评价的因素。根据研究区域的自身特点，在本次地壳稳定性评价中，所选择的因素见表 12-7。

由于考虑因素较多，以往人工方法难免掺杂一定的人为因素，因此，本文采用模糊数学方法进行评价。

表 12-7　地壳稳定性评价因素

因素	参数	变量编号
地壳构造	地壳界面深度	1
	重力梯度	2
	磁异常	3
地壳运动	升降速率	4
	地壳变形	5
	地应力与地壳构造应力场	6
	现代火山活动	7
	温泉活动	8
	活动褶皱	9
地质体	岩性（软硬）	10
	结构（层状、块状）	11
	结构面密度	12
	结构面粗糙度	13
活动断裂	断裂密度	14
	活动速率	15
	活动时代	16
地壳结构	构造发育密度	17
	构造破碎程度	18
地震	发震频度	19
	震级	20
	烈度	21
	深度	22
	震源机制	23
	地震累计释放能量	24
	古地震遗迹	25
地质灾害	崩塌	26
	滑坡	27
	泥石流	28
	冻融	29

12.4.2　区域稳定性评价的主要因素

区域稳定性分级指标是指控制区域稳定程度的地质、地貌、地球物理场、地壳形变、地震、地热异常、基底最大主应力、地质灾害等各种因素的特征在数量上或在性质上的综合反映。通过前面对影响工程区域稳定性主要因素的分析，将区域稳定程度按四级划分，即稳定、基本稳定、次不稳定和不稳定。

区域稳定性评价因素的选择主要是根据模型试验，即预先选取已知的稳定、基本稳定、次不稳定和不稳定单元作为标准模型。

选取研究程度较高的不稳定区、次不稳定区、基本稳定区和稳定区四类标准单元，与区域在建或已建成的相似工程对比分析研究，如二滩电站、锦屏电站的构造稳定性研究，建立工作区稳定性分区的数学模型。根据各项因子的贡献不同，确定参与评判的各项因子的权值，计算得出归一化的模糊综合评判权重向量为：

A={5.16，7.79，1.72，6.00，3.91，6.50，0.00，2.17，0.00，1.33，2.00，1.50，0.75，4.41，7.33，2.58，4.29，3.83，4.33，7.16，10.08，0.42，1.33，5.25，1.00，4.41，3.50，1.25，0.42 }

$$(12.2)$$

权重向量代表了各因子对地壳稳定性贡献不同的数量指标，即各因素在标准模型中参与评判的重要程度。各项因素重要程度为：地壳界面深度 5.16%、重力梯度 7.79%、磁异常 1.72%、地壳升降速率 6.00%、地壳变形 3.91%、地应力与地壳构造应力场 6.50%、现代火山活动 0.00%、温泉活动 2.17%、活动褶皱 0.00%、岩性（软硬）1.33%、结构（层状、块状）2.00%、结构面密度 1.50%、结构面粗糙度 0.75%、断裂密度 4.41%、活动速率 7.33%、活动时代 2.58%、构造发育密度 4.29%、构造破碎程度 3.83%、发震频度 4.33%、震级 7.16%、烈度 10.08%、深度 0.42%、震源机制 1.33%、地震累计释放能量 5.25% 、古地震遗迹 1.00%、崩塌 4.41%、滑坡 3.50%、泥石流 1.25%、冻融 0.42%。

可见基本烈度、断裂活动特征、最大震级、地壳应变能、地应力值、布格重力异常梯度值为区域地壳稳定性划分的主要因素。

调水区工程稳定性主要是指水利枢纽能正常发挥其功能，有效地将长江流域的水资源调入黄河流域，从而使工程安全运行的能力。本节主要侧重研究调水工程的构造稳定性，对影响调水工程稳定性的地形地貌、土体介质条件等因素不做过多探讨。

本次对工程区的区域稳定性综合评价，着重以影响工程安全和稳定的主要构造单元作为分析和评价的基本单元，以各单元实测或收集的地质、地球物理场、地应力场、地形变场、地震、地质灾害等指标特征为基本依据，通过对比和综合分析，最后对其稳定性做出评判。

本文从影响区域稳定评价的主要因素——地质条件、区域地球物理场特征和地震活动调查入手。考虑到南水北调西线地区实际情况，最终选定了对调水区的区域稳定性评价起直接主要影响作用的 29 个因素作为综合评判的影响因子 U。

$$U = \{U_1, U_2, U_3, U_4, U_5, U_6, \ldots U_{28}, U_{29}\} \qquad (12.3)$$

式中：U_1 为地壳界面深度；U_2 为重力梯度；U_3 为磁异常；U_4 为地壳升降速率；U_5 为地壳变形；U_6 为地应力与地壳构造应力场；U_7 为现代火山活动；U_8 为温泉活动；U_9 为活动褶皱；U_{10} 为岩性（软硬）；U_{11} 为结构（层状、块状）；U_{12} 为结构面密度；U_{13} 为结构面粗糙度；U_{14} 为断裂密度；U_{15} 为活动速率；U_{16} 为活动时代；U_{17} 为构造发育密度；U_{18} 为构造破碎程度；U_{19} 为发震频度；U_{20} 为震级；U_{21} 为烈度；U_{22} 为深度；U_{23} 为震源机制；U_{24} 为地震累计释放能量；U_{25} 为古地震遗迹；U_{26} 为崩塌；U_{27} 为滑坡；U_{28} 为泥石流；U_{29} 为冻融。

主要影响因素对应分级的讨论参阅表 12-8。

12.4.3　南水北调西线第一期工程区的构造稳定性分析

在分析和计算不同评价区域各项指标特征的基础上，通过对比和综合分析，根据区域稳定性分级指标（表 12-8），采用模糊数学方法进行分区评判，得出区域稳定性评判结果。

评判集为：

$$V = \{稳定, 基本稳定, 次不稳定, 不稳定\} \tag{12.4}$$

单因素评价矩阵：

$$R = \begin{bmatrix} r_{11} & r_{12} & r_{13} & r_{14} \\ r_{21} & r_{22} & r_{23} & r_{24} \\ \cdots & \cdots & \cdots & \cdots \\ r_{291} & r_{292} & r_{293} & r_{294} \end{bmatrix} \tag{12.5}$$

表 12-8　主要因素区域稳定性分级及指标

分级指标	稳定	基本稳定	次不稳定	不稳定
区域构造环境（深断裂、地壳结构及新构造特征）	深断裂不发育，多屑块状结构，是相对上升区	深断裂不太发育，块状或镶嵌结构，属微弱沉降区	深断裂较发育，呈镶嵌结构或块裂结构，地壳的差异块断运动较强	深断裂发育，属块裂结构，新构造活动强烈
重力异常特征	布格重力异常等值线均匀分布，缺乏重力梯级带，重力梯度＜0.006mm/（s²×km）	存在较高值的重力梯级带，重力梯度 0.006～0.01mm/（s²×km）	存在较明显的重力梯级带，重力梯度 0.01～0.015/（s²×km）	有显著重力梯级带，重力梯度大于 0.015mm/（s²×km）
航磁异常特征	磁异常变化幅度不大，缺乏梯度带	磁异常变化幅度较大，存在梯度带	存在较明显的磁异常梯度带	磁异常变幅大，有显著的梯度带
第四纪沉降降率（mm/a）	＜0.1	0.1～0.3	0.3～0.4	＞0.4
现代地形变特征（mm/a）	＞0	−1～−3	−3～−5	＜−5
活动断裂特征	缺乏活动断裂或仅分布有 Q_1 活断裂	少见活动断裂，活动性微弱	存在活动断裂，中等活动强度	存在活动断裂，活动性强烈
地震释放能（J）	＜6.3×10^{17}	6.3×10^{17}～2×10^{19}	2×10^{19}～6.3×10^{20}	＞6.3×10^{20}
历史地震特征	无地震或仅有 $M_S \leqslant 5.0$ 的地震	最大历史地震 5.0＜$M_S \leqslant 6.0$	最大历史地震 6.0＜$M_S \leqslant 7.0$	有过＞7.0 地震
地震基本烈度	≤Ⅵ	Ⅶ	Ⅷ	≥Ⅸ
地壳应变能密度（$\times 10^6 J/m^3$）	＜0.5	0.5～1	1～1.5	＞1.5
地应力比值（最大主应力/竖直应力）	＜1.5	1.5～2	2～2.5	＞2.5
工程建设的适宜性	适宜，不用设防	较适宜，要考虑设防	不完全适宜，需要设防	一般不适宜或另选场地，特殊设防

按表 12-7 建立分别代表地质结构特征、断裂活动特征、地壳现代变形特征、布格重力异常梯度值、航磁异常值、地壳应变能、最大震级、基本烈度、地应力值等 29 个变量 U_1、U_2、U_3、U_4、U_5、$\cdots U_{29}$ 的隶属函数。将影响区域稳定评价的主要因素——地质条件、区域地球物理场特征和地震活动参数进行数量化。

首先将所划分的 972 个单元，纵横 27×36，单元大小 10km×10km，人工进行信息提取，建立 972 个单元 29 个变量的数据库，进行数量化、正则化，应用以上标准单元建立的区域稳定性评价权重向量模型，并对区域 972 个单元进行模糊评判，划分不稳定单元 97 个，面积 9700km^2，占总面积的 10%；次不稳定单元 275 个，面积 27500km^2，占总面积的 10.5%，其中次不稳定 A 单元 102 个，次不稳定 B 单元 173 个；基本稳定单元 600 个，面积 60000km^2，占总面积的 61.7%，其中基本稳定 A 单元 369 个，基本稳定 B 单元 231 个。

根据模糊评判结果，在区内划分出 7 个 V 级分区（不稳定区），23 个Ⅲ～Ⅳ级分区（次不稳定），其中次不稳定 A 分区 10 个，次不稳定 B 分区 13 个；其余 7 个为 Ⅰ～Ⅱ级分区（基本稳定区），其中基本稳定 A 分区 3 个，基本稳定 B 分区 4 个。工程区无稳定分区，与青藏高原地区构造较活动的地质背景有关，也与工程区地震烈度大于Ⅵ度的基本事实相一致。

12.4.4 区域稳定性评价与分区

以上述分区、评价原则和指标为基准，主要依据活动断裂、地震震中分布和地震烈度区划，同时考虑区域新构造运动特征和潜在地震带的划分，将论证区分为不稳定区、次不稳定性区、基本稳定区和稳定区四类。按所处地理位置进行分区命名，不稳定区有 2 个，分别是达日不稳定区、甘孜-炉霍不稳定区；次不稳定区 3 个，分别是阿万仓次不稳定区、甘德次不稳定区和壤塘次不稳定区；其余部分是基本稳定区（表 12-9，附图）。

12.4.4.1 不稳定区

(1) 桑日麻－莫坝不稳定区（V$_1$）。

桑日麻－莫坝不稳定区分布于达日曲两侧的野牛沟-桑日麻断裂带东端，沿北西向展布，长约 100km，宽约 30～50km，区内有区域活动性较强的桑日麻断裂和其分支仓昂沟断裂，在莫坝附近小角度斜交复合，形成莫坝盆地，见图 12-8。1947 年达日 $7\frac{3}{4}$ 级大地震就发生在该断裂的仓昂山口，形成长度达数十公里的地震变形带，地震裂缝穿越莫坝，向东南方向延伸。桑日麻断裂活动性较强，在平顶山一带地貌较明显，形成断层谷地，切割了现代冰碛物，左旋切割水系 300m，向西桑日麻断裂由于北西向断裂在科曲盆地与南北向断裂构造复合，致使现代构造活动强烈，在科曲康龙形成长达数十公里的断层崖。桑日麻断裂向东延伸到上杜柯，与调水线路相交，但活动性已减弱。沿断裂易发生中强震（区内曾发生 $7\frac{1}{4}$ 级地震）为强震潜在震源区，地震烈度为Ⅸ～Ⅹ度，但对调水线路影响烈度为Ⅶ度。

(2) 甘孜－炉霍不稳定区。

甘孜－炉霍不稳定区分布于鲜水河两侧及甘孜岩桥区，是强震频发区，为强震潜在震源区，见图 12-9，地震烈度为Ⅷ～Ⅸ度，局部可达Ⅹ度。此区由若干小区组成，包括雀儿山不稳定区（V$_2$）、马尼干戈不稳定区（V$_3$）、绒坝不稳定区（V$_4$）、生康不稳定区（V$_5$）、和旦都－炉霍不稳定区（V$_6$）。

表 12-9 南水北调西线第一期工程地壳稳定性分区表

分区编号		分区名称	分布位置	活动断裂	已知地震及预测的易震部位	外动力地质现象	水文要素	备注
I 基本稳定区 A	I_1	长须干马	位于长须干马北雅砻江上游、达曲河源巴颜喀拉山中山—丘陵区	主要发育一般不活动断裂和中等活动断裂为特征，少数地段地段如康巴俄玛附近包容丁部分无水断裂，后提者所占比例很小，不影响整体评价	地震活动较弱；少量小于5级的地震；基本烈度VII	比较发育，但主要是与寒冻和岩土性质相关的外动力现象	以大部分冷泉无规则产出为特征少数地段有充水断裂产出	
	I_2	窝赛通	位于雅砻江上游亚丁以北巴颜喀拉山中山—丘陵小区	断裂活动不明显	地震活动较弱区；基本烈度VII度区	不明显	不明显	
	I_3	柯河	位于柯河河以北巴颜喀拉山中山—地丘陵区	断裂活动不明显	近年发生少量小于5级的地震；基本烈度VII度区	1. 河流下切作用强；2. 崩塌、滑坡、泥石流灾害中等；3. 泥石流灾害严重	以大部分冷泉无规则产出为特征	
	I_4	若尔盖	位于巴颜喀拉山东段若尔盖—红原盆地；高原沼泽丘陵小区	盆地中部沉陷区两侧主要发育隐伏活断裂，形成新生代巨厚沉积，地表断裂活动不明显；相对下降区	地震活动较弱；近年发生少量小于5级的地震；基本烈度VII度区	1. 沙漠化；2. 盐碱化	地下水位下降	
	I_5	仓仓寺	位于俄热—上寨—苍苍寺一带，属巴颜喀拉山东段中山—丘陵区	马尔康—炉霍北东向构造带经观音桥经过小区北段；灯塔断裂东延穿过	北东向断裂近年发生少量小于5级的地震；基本烈度VII度区	1. 河流下切作用强；2. 崩塌、滑坡、泥石流灾害中等	以大部分冷泉无规则产出为特征	
II 基本稳定区 B	II_1	仁青里—大塘坝	位于仁青里—大塘坝，包括达曲上游、雅砻江上游大片地区，属巴颜喀拉山东段中山—丘陵区	主要发育一般不活动断裂和中等活动断裂的不明显地段如色都塘、下红科附近包容丁部分泥盆曲断裂明显，所占比例很显活动段，不影响整体评价	有少量小于5级的地震发生；基本烈度VII度区	1. 河流下切作用强；2. 崩塌、滑坡、泥石流灾害中等	以大部分冷泉无规则产出为特征	

续表

分区编号	分区名称	分布位置	活动断裂	已知地震及预测的易震部位	外动力地质现象	水文要素	备注
II 基本稳定区 B 区	II₂ 班玛—壤塘	位于班玛—壤塘，包括若尔盖盆地西部，属巴颜喀拉山东段中山—丘陵区	主要发育一般不活动断裂和中等活动断裂的不明显地段为特征，少数地段如莫坝东山口和窝赛附近包容了部分明显活动断裂，但所占比例很小，不影响整体评价	有少量小于5级的地震发生，局部如久治断裂带在黄河两岸的门堂、下藏科、索平日麻及壤塘以东中壤塘一观音桥一带有5～6级地震；基本烈度Ⅷ度Ⅷ度区	1. 河流下切作用强；2. 崩塌、滑坡灾害中等；3. 泥石流灾害严重	以大部分冷泉无规则产出为特征，少数地段有充水断裂产出	
	II₃ 阿坝北牧场	位于阿坝北黄河南岸牧场，属巴颜喀拉山东段中山—丘陵区	久治断裂东延部分，断裂局部有明显无水现象	基本烈度Ⅷ度区	不明显	部分冷泉沿断裂无规则产出	
III 次不稳定区 A 区	III₁ 科曲	位于图幅西北角的桑日麻科曲盆地、桑日麻—莫坝不稳定区外围，向西未封口，范围较小，地貌属巴颜喀拉山中山区	距桑日麻地震带较近	距桑日麻地震带较近			
	III₂ 那赛尔达	位于图幅西北角的桑日麻南那赛尔达，莫坝不稳定区外围，向西未封口，范围小，地貌属巴颜喀拉山麓山中山区	距桑日麻地震带较近	距桑日麻地震带较近			
	III₃ 甘孜—下红科	以甘孜为中心，由甘孜拉分盆地断陷区不稳定区的外围区、桑日麻和莫坝不稳定、达曲曲向西的条带区成的北西向的条带区域，地貌属山南麓山高山中山—低山丘陵区	存在多条强烈活动断裂和等活动断裂，鲜水河断裂，丘状—格底村断裂及桑日麻断裂呈"之"字型展布，将上活大地震以联系起来，其上活动要素明显，断带宽	区内地震记录较多，是地震多发区，存在4个大于7级和数个6级及以下的地震，以震群形式出现，预测6～7级的易震部位	在达曲、雅砻江两岸是精坡，泥石流高发区	沿泥曲断裂带的色都塘段断裂充水明显	引水线路通过该区，调水线路雅砻江板枢纽、达曲板枢纽和色曲板枢纽在其范围之内，影响调水工程的上杜柯—亚尔堂板枢纽及引水隧道

分区编号		分区名称	分布位置	活动断裂	已知地震及预测的易震部位	外动力地质现象	水文要素	备注
III 次不稳定A区	III₄	含卡中多	范围较小，主要分布在定曲合卡中多，地貌上属巴颜喀拉山高山一丘陵小区	存在一条北西向中等活动断裂及与之相交的断裂复合部位，在盆地内部断裂活动明显	地震活动弱	主要外动力现象不发育	有零星的冷泉分布，可见充水断裂	
	III₅	上古	范围较小，分布在新龙以北的区域，地貌上属巴颜喀拉山高山小区	北北西向的雅江断裂	有1个6级和6个小于6级地震，地震烈度Ⅷ度区	主要外动力现象发育，以崩塌和坡面泥石流为主		
	III₆	甘德区	以索合勒为中心，西起甘德东至年保玉则山区，包括甘、白玉不稳定B区外围和年保玉则山地貌上属喀拉山江河源高山一中山区	该区活动断裂呈帚状自西向东散开，活动明显地段集中于下贡玛南，主要发育两条中等活动断裂	存在2个6级地震，6个3～5级地震，预测4～5级易发地震部位。地震烈度Ⅷ度区	主要外动力现象不发育，以年保玉则山区以冰川、寒冻地质灾害发育	沿系列泉水分布	长恰线西端紧靠该区
	III₇	阿万仓区	阿万仓次不稳定B区的外围，西起云哈儿上游，东至万分处塘山极高山、高尼玛扰豫山山区小区的东部	存在一条活动断裂，活动地段明显，水系错距离较大，但活动性已减弱	有记录的地震最大为4.5级，但根据地表形态特征，推测此处曾有6级左右的地震发生，预测6级易发部位	主要外动力现象不发育	水热活动不发育	
	III₈	玛曲	主要位于玛曲不稳定B区的外围，地貌上属东秦岭一西秦岭山区，沿的若尔盖地内北部	存在一条连续性很好的强烈活动断裂，活动地段较明显，延伸又长。该区断裂是秦岭-昆仑褶皱系与巴颜喀拉山褶皱系的分区深大断裂，其外围影响减弱	历史记录上无大震，该区曾发生过大于7级的地震，在西科河和玛曲预测大于7级地震的易发部位	该区外动力现象基本不发育	自东倾沟一西科河均有泉水产出水热活动发育，存在充水断裂	无拟选调水线，路通过
	III₉	阿坝	主要位于阿坝盆地及其外围，地貌上属喀拉山山间盆地	存在多条小型中等强度活动断裂，活动地段较明显，但局限于盆地内部，是甘德断裂带东延部分活化，其对外围影响小	历史记录上只有1次5级地震。烈度Ⅷ度区	沿克柯河、阿柯河和盆地周缘局部崩塌和泥石流特别发育	盆地南缘有一系列泉水沿断裂带溢出组成充水断裂地段	
	III₁₀	吾衣	位于壤塘东南吾衣一带，地貌巴颜喀拉山江河源中山区	热基沟-观音桥断裂	中小地震群发区			

分区编号		分区号	名称	分布位置	活动断裂	已知地震及预测的易震部位	外动力地质现象	水文要素	备注
III	次不稳定A区	III₁₁	莆斯口	位于马尔康西北，地貌巴颜喀拉山江河源中山区	杜柯河断裂与灯塔断裂交汇处	应力集中区，中小地震群发区	泥石流发育		
		III₁₂	茶谷寺	位于马尔康东南的茶谷寺，范围较小，地貌山江河源中山区	杜柯河断裂东延部分弧形转折部位	应力集中区，中小地震群发区	泥石流发育		
		III₁₃	中壤口	位于马尔康东面的中壤口，新康猫次不稳定A区的外围，向东未封口，地貌巴颜喀拉山和横断山交汇的中山区	接近南北构造带	接近南北地震带	泥石流发育		
IV₃	次不稳定B区	IV₁	科曲	位于图玛科角的桑日麻科曲盆地，桑日麻—莫坝不稳定区外围，向西未封口，范围较小，地貌巴颜喀拉山中山区	距桑日麻地震带较近	距桑日麻地震带较近			
		IV₂	那赛尔达	位于图玛西北角的桑日麻南那赛尔达，桑日麻—莫坝不稳定区外围，范围小，地貌巴颜喀拉山中山区	距桑日麻地震带较近	距桑日麻地震带较近			
		IV₃	桑日麻—莫坝不稳定区外围	以莫坝为中心，西起桑日麻，东到克玛玛，分布于桑日麻—莫坝不稳定区外围，地貌巴颜喀拉山江河源高山—中山区	该区活动断裂较发育，以数条北西向断裂为主，是桑日麻断裂向东延伸部分，活动性减弱	该区发生过6级地震1次、5级左右地震2次，并预测5～6级地震的易震部位	局部崩塌，泥石流发育	有一系列泉水沿断裂带溢出组成充水地段	
		IV₄	甘孜—炉霍	以甘孜为中心，西起甘孜一支，东到炉霍，以南未封闭，含炉霍—甘孜拉分盆地，地貌属中山—丘陵区	存在1条强烈活动断裂和2条中等活动断裂，其中上活动要素明显，断裂带宽，但活动性减弱	存在多个大于7级和6级及以下的地震以震群形式出露，预测6～7级地震的易震部位	在鲜水河、达曲、雅砻江两岸发育有构造成因的崩塌、滑坡、泥石流	沿断裂带充水明显	无拟选调水线路通过
		IV₅	甘德区	以东吾为中心，包括隆亚、索合勒等，沿甘德南活动断裂分布，地貌上属巴颜喀拉山中山—丘陵区	该区为甘德活动明显地段，整齐错切活动上属水系	地震活动弱	在东吾、索勒一线偏南谷地滑坡，泥石流发育	沿断裂有系列泉水分布，东段黄河岸边有温泉	

分区编号		分区编号	分区名称	分布位置	活动断裂	已知地震及预测的易震部位	外动力地质现象	水文要素	备注
IV₃	次不稳定B区	IV₆	白玉区	白玉乡—哇尔依乡一带，车保玉则山的南部，地貌上属巴颜喀拉山高山—中山区	该区甘德南活动断裂呈带状自东向东撒开，活动明显，地段集中于哇尔依尔山高山一带	有6级以下的地震活动，预测6级易发地震部位	主要外动力现象为冻土和岩溶	系列泉水分布，东段有温泉分布	亚尔堂—克柯线紧靠该区
		IV₇	阿万仓	以阿万仓为中心，西起乞哈儿上游，东至万处塘地貌上属阿尼玛沁豫小极高山—高山原小区的东部	存在一条活动断裂，活动地段较宽距离较大	有记录的地震最大为4.5级，但根据地表形态特征，推测此处曾有6级左右的地震发生并预测6级易发震部位	主要外动力现象水不发育	水热活动不发育	
		IV₈	玛曲	主要位于玛沁及以东的玛曲，地貌上属东昆仑—西秦岭一昆仑褶皱系—巴颜喀拉山褶皱系的分区北部	存在一条连续性很好的强烈活动断裂，活动地段明显延伸又长。该断裂是秦岭深大断裂	历史记录上无大震，但预测该区曾发生过大于7级的地震，在西科河和玛曲曾预测大于7级地震的易发震部位	该区外动力现象基本不发育	自东倾沟—西科河均有泉水产出水热活动发育，存在充水断裂	
		IV₉	莆斯口	位于玛尔康西北，地貌巴颜喀拉山汪河源中山区	杜柯河断裂与灯塔断裂交汇处，明显活动	应力集中区、中小地震群发	泥石流发育	附近有温泉活动	
		IV₁₀	新康猫	位于马尔康东面中壤口的新康猫、向东未封口，地貌巴颜喀拉山和横断山交汇的中山区		接近南北地震带			
V	不稳定区	V₁	桑日麻—莫坝	以莫坝为中心，西起桑日玛，东到兑兄玛塘，地貌巴颜喀拉山汪河源高山—中山区	该区活动断裂较发育，条北西向断裂（莫坝附近）及一组东西向断裂（桑日麻—达日曲东向上游），其中活动地段较长且又明显的发育在北东向的断带上	该区发生过7.75级地震1次，6级地震1次，5级左右的地震2次，并预测7级震的易发震部位	在该区东南角见有4处滑坡，但属昂勒成因，另在东有3处擦勒达处属滑坡构造和气象混合成因外动力地质灾害极其发育、冰川、冻土极其发育	在吉郎—昂仓有一系列断裂，水沿断裂带溢出泉充水断裂地段	
		V₂	雀儿山	甘孜以南，雀儿山极高山区	该区活动断裂较发育，以数条北西向断裂为主	地震活动弱			
		V₃	马尼干戈	马尼干戈东南，雀儿山极高山地北麓	该区活动断裂较发育，以数条北西向断裂为主，断裂西向活动性强	中强地震多发区。预测6级地震多发部位	在错阿附近发育成因的滑坡、泥石流		

分区编号	分区名称	分布位置	活动断裂	已知地震及预测的易震部位	外动力地质现象	水文要素	备注
V 不稳定区	V₄ 绖坝	甘孜拉分盆地西南，雀儿山山麓高山北麓断陷盆地	该区活动断裂较发育，以数条北西向断裂为主，断裂活动性强	中强地震多发区。局部地震烈度>IX度。预测6~7级地震易发部位	在绖坝岔附近发育，有大型滑坡、泥石流	沿断裂带的俄支一级坝岔一段断裂充水不明显	
	V₅ 生康	甘孜拉分盆地	该区活动断裂较发育，以数条北西向断裂为主，断裂活动性强	中强地震多发区。局部地震烈度>IX度。预测6~7级地震易发部位	外动力地质灾害发育，以崩塌、泥石流为主		
	V₆ 旦都—炉霍	以炉霍为中心，西起旦都，东到维它，向南未封闭，地貌属巴颜喀拉山南麓高山—中山区	存在一条强烈活动断裂和一条中等活动断裂，断带宽，活动要素明显，是一条深大断裂	存在4个大于7级和数个6级及以下的地震，以震群形式出露部位	沿鲜水河谷发育有青有构造成因的滑坡、泥石流	沿断裂带充水明显，发育温泉	
	V₇ 莆斯口	位于马尔康西北，地貌巴颜喀拉山江河源中山区	杜柯河断裂与灯塔断裂交汇处，明显活动	应力集中区，中小地震群发区	泥石流发育	附近有温泉活动	

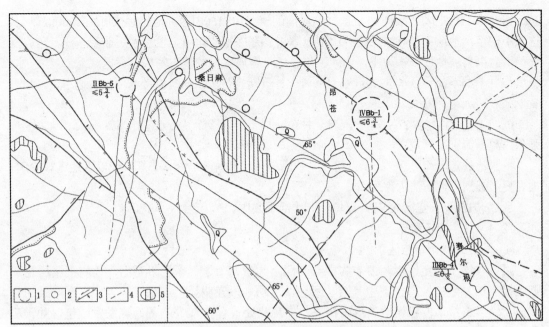

图 12-8 桑日麻—莫坝不稳定区地质结构与应力环境分析

1. 预测地质构造突发活动部位（编号/最大潜在发震震 M）；2. 已发生地震部位；

3. 断层性质及走滑方向；4. 区域性物探隐伏断层；5. 岩浆岩

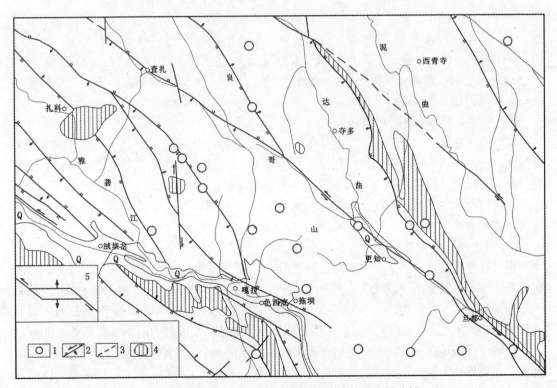

图 12-9 甘孜—炉霍不稳定区地质结构与应力环境分析

1. 地震；2. 断层性质及走滑方向；3. 区域性物探隐伏断层；4. 岩浆岩；5. 甘孜盆地形成的力学机制

雀儿山不稳定区（V₂）：位于甘孜以南的雀儿山极高山区，地形起伏可达1000m以上，构造不稳定，地质灾害频繁发生。山顶以冰川、寒冻地质作用为主，冰川地貌冰斗、角峰发育；山麓以斜坡地质灾害为主，由冰碛物、风化岩屑组成的坡积物极不稳定。

马尼干戈不稳定区（V₃）：处于玉树－甘孜断裂带上，该断裂带水平走滑速率大，地表变形强烈，地震烈度大。

绒坝不稳定区（V₄）：处于玉树－甘孜断裂带上，该断裂带水平走滑速率大，地表变形强烈，泥石流灾害严重。

生康不稳定区（V₅）：处于玉树－甘孜断裂带上和甘孜岩桥区，是6级以上地震震中区，地表变形强烈，泥石流灾害严重。

旦都-炉霍不稳定区（V₆）：位于鲜水河强震区。

12.4.4.2 次不稳定区

(1) 阿万仓次不稳定区。

阿万仓次不稳定区以阿万仓为中心，西起乞哈儿上游，东至万延塘，地貌上属阿尼玛卿山极高山。区内发育一条中等活动断裂，活动地段较明显，水系错距较大，有记录的地震最大为4.5级，但根据地表形态特征，推测此处曾有6级左右的地震发生或包含并预测了一处6级易发震部位。主要外动力现象不发育，地热活动不发育，引水线路明渠段由该区南侧通过。

(2) 甘德次不稳定区。

甘德次不稳定区以索台勒为中心，西起甘德东至年保玉则，地貌上属巴颜喀拉山江河源高山－中山小区的中北部。该区活动断裂呈帚状自西向东撒开，活动明显地段集中于下贡玛南，主要发育有两条中等活动断裂。有记录存在2个6级地震、2个5级地震和3个4级地震，并在甘德西侧，预测了一个4～5级易发地震部位。主要外动力现象不发育，沿断裂有系列温泉分布。引水线路由那壤沟东侧10km处通过此区，地震破裂将影响调水工程的麻尔曲－阿柯河枢纽及引水隧道。

(3) 中壤塘次不稳定区。

壤塘次不稳定区范围较小，主要分布在中壤塘以南到上杜柯一带，地貌上属巴颜喀拉山江河源高山－中山小区的中北部，存在两条北西向中等活动断裂和与之相交的大规模隐伏断裂。地震记录上，仅存在5个5级地震，其中班前地震发生在引水隧道轴线上，预测一个6级易发震部位，主要外动力现象不发育，有零星的冷泉分布，未见充水断裂。引水线路通过该区，影响调水工程的上杜柯－亚尔堂枢纽及引水隧道。

(4) 甘孜－下红科次稳定区。

由甘孜拉分盆地岩桥区、鲜水河段裂带不稳定区的外围区、桑日麻－莫坝不稳定区外围区和泥曲断裂、达曲断裂组成的北西向的条带区域，长度约300km，宽度80～30km。地貌上属巴颜喀拉山南麓的高山－中山区，区域三条主要断裂：鲜水河断裂、丘洛-格底村断裂及桑日麻断裂，呈"之"字型展布，将两大地震区联系起来。沿断裂的两侧分布众多4000m以上的山峰。区内地震记录较多，是地震多发区，仅存在5个5级地震，预测一个6级易发部位，主要外动力现象不发育，有零星的冷泉分布，未见充水断裂。引水线路通过该区，调水线路雅砻江枢纽、达曲枢纽、泥曲枢纽和色曲枢纽在其范围之内，影响调水工程的上杜柯－亚尔堂枢纽及引水隧道。

(5) 玛曲次不稳定区。

位于玛曲县城一带，呈条带状沿北西向展布，范围较小，地貌上属若尔盖-红原盆地北部，区内存在北西向库赛湖-玛曲活动断裂，其活动性较强。地震记录上，仅存在 5 个 5 级地震，预测一个 6 级易发震部位，主要外动力现象不发育，有零星的冷泉分布，未见充水断裂。距调水工程较远，影响小。

(6) 阿坝次不稳定区。

该区分布于达日强震区外围，位于青川两省接壤地带，向东延伸至四川马尔康。处于若尔盖稳定地块的西部边缘，区内地形虽起伏较大，但活动构造不发育，断裂活动性较弱，为相对稳定地段，不具备未来发生强震的地质条件，仅为中强震分布区，除局部地段为高山外，大部分为浅切割的丘陵地形，新生代盆地发育也较完整，地震烈度为Ⅶ度区。

12.4.4.3 基本稳定区

(1) 仁青里－大塘坝基本稳定区。

该区位于任青里-大塘坝一带，包括达曲上游、雅砻江上游大片地区，属巴颜喀拉山东段中山－丘陵区。主要发育一般不活动断裂和中等活动断裂的不明显地段为特征。少数地段如色都塘、下红科附近包容了部分泥曲断裂明显活动段，所占比例很小，不影响整体评价。在大塘坝一带有小于 5 级的地震发生；基本烈度Ⅶ度；河流下切作用强，崩塌、滑坡、泥石流灾害中等发育。

(2) 班玛－壤塘基本稳定区。

该区位于班玛－壤塘包括若尔盖盆地西部等广大地区，属巴颜喀拉山东段中山－丘陵区。主要发育一般不活动断裂和中等活动断裂，少数地段如莫坝东山口和窝赛附近包容了部分明显活动断裂，但所占比例很小。有少量小于 5 级的地震发生，局部如久治断裂带在黄河两岸的门塘、下藏科、索乎日麻及壤塘以东中壤塘－观音桥一带有 5～6 级地震；基本烈度Ⅶ度区。河流下切作用强，崩塌、滑坡灾害中等，泥石流灾害严重。

12.4.4.4 稳定区

区内有稀疏的基底断裂分布，多数为第三纪以前的活动断裂，第四纪断裂活动不明显，区内仅有弱震震中分布，并且不在地震带范围之内，南水北调西线一期工程区内无该区分布。

参 考 文 献

蔡美峰，地应力测量原理和技术，北京：科技出版社，2000

柴建峰、伍法权、常中华等，南水北调西线一期工程区断层活动性及工程地质评价，吉林大学学报（地球科学版），2005，35（1）

陈杰、陈宇坤、丁国瑜等，2001 年昆仑山口西 M_S 8.1 地震地表同震位移分布特征，地震地质，2004，26（3）：378～392

陈庆宣，探索区域地壳稳定性评价途径[J]，第四纪研究，1992（4）

陈智梁、刘宇平、孙志明等，南水北调西线一期工程区地壳活动有关问题，刊物名不详，2005，23（6）：641～650

崔昭文、晁洪太、李家灵，地震活动与黄河下游大堤潜在危险性的探讨，地震学刊，1995（4）：6～10

崔作舟、陈纪平、吴苓，花石—邵阳深部地壳的结构和构造[A]，见：阿尔泰-台湾岩石圈地学断面综合研究，地质专报（五），构造地质力学，第 21 号[M]，北京：地质出版社，1996

戴华光，1947 年青海达日 7.75 级地震[J]，西北地震学报，1983（3）

邓起东、王挺梅、李建国等，关于海城地震震源模式的讨论，地质科学，1976（3）

邓起东、于贵华、叶文华，地震地表破裂参数与震级关系的研究，见：活动断裂研究，北京：地震出版社，1992

邓起东、汪一鹏、廖玉华等，断层崖崩积楔及贺兰山山前断裂全新世活动历史，科学通报，1984（9）

地质矿产部青藏高原地质文集编委会，青藏高原地质文集，第四五册，1982

地质矿产部水文地质工程地质司，长江流域、黄河流域环境地质图系（1：200 万至 1：250 万），出版者不详，1986

底青云、王光杰、安志国等，南水北调西线千米深长隧洞围岩构造地球物理勘探，地球物理学报，2006，49（6）

丁国瑜，中国岩石圈动力学概论[M]，北京：地震出版社，1991

丁国瑜、卢演俦，对我国现代板内运动状况的初步探讨[J]，科学通报，1986（18）

丁国瑜，中国内陆活动断裂基本特征，中国活动断裂，北京：地震出版社，1982

杜时贵、潘别桐，小浪底边坡工程地质，北京：地震出版社，1999

E. Hoek，E. T. Brown. 岩石地下工程，北京：冶金工业出版社，1986

范雪宁、陈兴亮、刘杰等，浅谈南水北调西线工程隧洞穿越活断层的处理对策，人民黄河，2001，23（10）

方开泰等，实用回归分析，北京：科学出版社，1989

高治定、王玉峰、张志红等，南水北调西线工程调水地区水文气象特性，人民黄河，2001，23（10）

国际岩石力学学会试验方法委员会，确定岩石应力建议方法，方法 2：采用水压致裂技术确定岩石应力的建议方法，Int. J. RockMech. Min. Sci. Geomech. Abster. 1987，24（1）：53～73

国家地震局地质研究所，国家地震局兰州地震研究所，祁连山-河西走廊活动断裂系，北京：地震出版社，1993

国家地震局兰州地震研究所，昌马活动断裂带，北京：地震出版社，1992

国家地震局震害防御司，中华人民共和国地震行业标准，工程场地地震安全性评价工作规范，北京：地震出版社，1994

国家地震局地质研究所、宁夏回族自治区地震局，海原活动断裂带[M]，北京：地震出版社，1990

虢顺民、李志义、程绍平等，唐山地震区地质背景和发震模式讨论，地质科学，1977（4）

河村知德等，反射法地震探查淡路岛小仓地域的地下构造，月刊地球（日文），（号外）：1998：144～148

侯发亮，等. 地下洞室岩爆与围岩应力的关系，见：复杂岩石的建筑物国际学术讨论会文集，北京：科学出版社，1986

胡海涛，区域地壳稳定性评价的"安全岛"理论及方法. 地质力学学报，2001，7（2）：97～103

胡海涛、易明初，青藏铁路沿线的区域稳定性[A]，见：全国首届工程地质学术会议论文选集[C]，北京：科学出版社，1983

黄让堂，论证南水北调工程的建设顺序，资源科学，1980（2）

黄志全、刘希林，南水北调西线一期工程滑坡崩塌体稳定性评价，山地学报，2005，23（5）：579～584

黄志全、漆家福、伍法权等，南水北调西线一期工程的主要工程地质问题，中国地质灾害与防治学报，2002，13（3）

活动断裂研究编委会、国家地震局地质研究所，活动断裂研究理论与应用，北京：地震出版社，1996

金德生，朔天运河研究，北京：地震出版社，1994

阚荣举等，我国西南地区现代构造应力场与现代构造特征的探讨，地球物理学报，1977，2

孔德坊，工程岩土学，北京：地质出版社，1992

李春峰、贺群禄、赵国光，东昆仑活动断裂带东段古地震活动特征，地震学报，2005，27（1）：60～67

李春峰、贺群禄、赵国光，东昆仑活动断裂带东段全新世滑动速率研究，地震地质，2004，26（4）：676～687

李方全，我国现今地应力状态及有关问题，地震学报，1986，8（2）：156～171

李方全、刘鹏等，云南丽江县团山水库430m深孔水压致裂地应力测量，见：地壳构造与地壳应力文集，北京：地震出版社，出版年不详：85～92

李建华、郝书俭、胡玉台等，1976年唐山地震发震断层的活动性研究，地震地质，1998，20（1）：27～33

李金都、陈书涛，南水北调西线调水区地质条件与关键工程地质问题分析，人民黄河，1999，21（2）

李金都、陈书涛、张辉等，南水北调西线第一期工程引水枢纽建坝工程地质条件评价，人民黄河，2001，23（10）

李玶，鲜水河-小江断裂带，北京：地震出版社，1993

李四光，地质力学概论，北京：科学出版社，1972

李天绍、杜其芳，鲜水河断裂带炉霍段的水平位移和地震复发率，地震地质，1989，11（4）

李兴唐，活动断裂研究与工程评价，北京：地质出版社，1991：51～53

廖椿庭，金川矿区地应力测量与构造应力场研究，北京：地质出版社，1985

刘东生、丁梦林，中国第四纪地层和更新统、上新统界线，地层学杂志，1985，9（4）

刘亚群、罗超文、李海波等，南水北调西线工程区地应力测量及地应力场特征分析，岩石力学与土程学报，2005，24（20）

刘元龙、郑建昌、焦灵秀，中国深部构造及其地质意义研究[A]，见：陈运泰，阚荣举，滕吉文编，中国固体地球科学进展[C]，北京：海洋出版社，1994：113～119

刘振红、王学潮、王泉伟等，南水北调西线工程隧洞围岩分类和变形分析，岩石力学与土程学报，2005，24（20）

柳金峰、欧国强、游勇等，南水北调西线一期工程区达曲流域泥石流及发展趋势，山地学报，2005，23（6）：

719～724

吕学军、刘希林、王全才等，南水北调西线一期工程区泥石流分布特征，水土保持研究，2005，12（5）

罗光伟等，岩石标本受压时氢和针射气量的实验结果，地震学报，1980，2（2）

罗国煜、徐迎伍、李红兵等，黄河悬河稳定性评价专家系统的研制，岩土工程学报，1997，19（2）：32～38

马东涛、崔鹏、陈书涛等，南水北调西线工程调水区地质灾害问题，山地学报，2003，21（5）：582～588

马启超等，岩体初始应力场的分析方法，岩体工程学报，1983，5（3）

马杏垣等，中国岩石圈动力学概要，1：400万中国及邻近海域岩石圈动力学图说明书，北京：地质出版社，1987

马寅生、施炜、张岳桥等，东昆仑断裂带玛曲段活动特征及其东延，地质通报，2005，24（1）：30～35

马宗晋，20世纪地震预报科学的回顾与展望[J]，国际地震动态，2000（6）

马宗晋，活动构造基础与工程地震，北京：地震出版社，1992

牟会宠，构造结构面的空间分布和地质特征对边坡稳定性的影响，勘察科学技术，1985（5）

聂高众、汤懋苍、苏桂武等，多灾种相关性研究进展与灾害综合机理的认识，第四纪研究，1999（5）：466～475

牛富俊、张鲁新、俞祁浩等，青藏高原多年冻土区斜坡类型及典型斜坡稳定性研究. 冰川冻土，2002，24（5）

欧国强、游勇、刘希林等，南水北调西线一期工程泥石流研究及其他山地灾害现状，岩石力学与工程学报，2005，24（20）

庞存廉、方胜、夏元祁，巴颜喀拉山东段及其邻区大地电磁测深成果地质解释[J]，青海国土经略，1996（1）

彭华、马秀敏，南水北调西线工程区地震危险性分析及预测，地质力学学报，2007，13（1）

钱洪、唐荣昌、张成贵等，道孚地震地裂缝特征与震区的断层运动[J]，地震研究，1984（1）

秦爽、秦正，综合物探方法在南水北调西线工程中的应用，工程地球物理学报，2004，1（4）

青海省地震局、中国地震局地壳应力研究所，东昆仑活动断裂带，北京：地震出版社，1999，1～186

青海省地质矿产局，青海省区域地质志，地质专报（一），第24号，北京：地质出版社，1991

青海省地质矿产局，中华人民共和国地质矿产部地质专报，青海省区域地质志，1988

青海省地矿局水文工程地质处、第二水文队，黄河上游地区地下水资源评价报告，出版者不详，1986

青海省地质局第一水文队，青藏线（格尔木-安多）水文地质工程地质调查研究报告，1977

青海省第二水文队，青海省地下水资源分布及开发利用条件图及说明书，1989

青海省第二水文地质队，西北地区工程地质图说明书，1987

青海省第二水文地质队，青海省构造体系和地震烈度区划图（1：100万），1984

青海省第二水文地质队，青海省工程地质远景区划报告，1985

青海省地质科学研究所，青海省地质图及说明书（1：100万），1981

青海省地质科学研究所，青海省构造体系与地震分布规律田及说明节（1：100万），1982

青海省水利局，中华人民共和国分省水力资源普查成果（第十卷），1980

青藏高原地质研究所，青藏高原地质图（1：150万）

屈龙、秦建甫、侯清波等，安达坝址工程地质条件的初步研究，中国煤田地质，2006，18（6）

权宝增，河流地质与地貌，北京：水利电力出版社，1995：67～69

冉勇康、李建彪、阁伟等，南水北调西线工程区及邻域的活动构造，岩石力学与工程学报，2005，24（20）

任金卫、汪一鹏、吴章明等，青藏高原北部库-玛断裂东西大滩全新世地震形变带及其位移和速率，地震地质，1993，15（3）

任希飞、王连捷，深部地应力测量方法，水文地质工程地质，1980（2）

申旭辉、汪一鹏、宋方敏等，小江断裂西支中段的走滑运动，活动断裂研究（2），北京：地震出版社，1993：41～54

水利部黄河水利委员会南水北调查勘队，西线南水北调工程通天河、雅砻江、大渡河至黄河上游地区引水线路查勘报告，1981

水利部黄委会勘测规划设计院，南水北调西线工程初步研究报告，1989

水利部黄委会勘测规划设计院，雅砻江调水区工程地质勘察报告，1990

水利部黄委会勘测规划设计院，雅砻江调水工程规划研究报告，1992

水利部黄委会勘测规划设计院，南水北调西线工程规划研究综合报告，1996

水利部黄委会勘测规划设计院，南水北调西线工程规划纲要及第一期工程规划，2001

水利电力部黄河水利委员会，黄河源及通天河引水入黄勘查报告，1952

水利电力部黄河水利委员会，金沙江引水线路查勘报告，1958～1961

水利电力部黄河水利委员会，中国西部地区南水北调积（积石山）－柴（柴达木）、积（积石山）－洮（洮河）输水线路查勘报告，1958～1961

水利电力部黄河水利委员会，南水北调西线引水工程规划研究情况报告，1987

水利电力部西北勘测设计院，黄河干流龙羊峡-青铜峡河段梯级开发规划报告，1983

四川省地矿局，长江流域地下水资源分布及开发利用条件图及说明书，1985

四川省地震局，鲜水河断裂带地震学术讨论会文集，北京：地震出版社，1985

四川省地震局，鲜水河断裂带，地震学术讨论会文集，北京：地震出版社，1986

四川省地质矿产局，四川省区域地质志，地质专报（一），第 23 号，北京：地质出版社，1991

四川省地质局、地震局地震地质编图组，四川省构造体系与地震分布规律图及说明书（1：100 万），1980

宋方敏、王一彭等，小江活动断裂带，北京：地震出版社，1998

孙叶，区域地壳稳定性定量化评价（区域地壳稳定性地质力学），北京：地质出版社，1998

孙玉科等，边坡岩体稳定性问题，岩石力学与工程学报，1986，5（1）：91～102

唐荣昌，四川活动断裂与地震，北京：地震出版社，1993

藤国柱，治黄规划需要长远考虑，人民黄河，1990，12（1）：64～66

王帮群、刘汉东，南水北调西线泥曲－杜柯河段三维初始地应力场反演，隧道建设，2007，27（2）：12～15，39

王国强，实用工程数值模拟技术及其在 ANSYS 上的实践，西安：西北工业大学出版社，2001

王基华，隐伏断层性状的汞地球化学标志研究，中国地震，1994，10（2）：112～122

王基华等，土壤中气汞量测量影响因素分析，西北地震学报，1997，19（2）：17～19

王基华等，隐伏断层活动性分段的汞地球化学标志初探，地震地质，1996，18（4）：409～412

王敬禹，沿黄河断裂带的地震地质意义，华北地震科学，1986，4（1）：28～35

王连捷，地应力测量及其在工程中的应用，北京：地质出版社，1991

王连捷、任希飞、丁原辰等，地应力测量在采矿工程中的应用[M]. 北京：地震出版社，1994

王琪、张培震、牛之俊等，中国大陆现今地壳运动和构造变形，中国科学（D 辑），2001，31（7）：529～536

王瑞田、贺劲松，鲁豫交界区地震灾害研究对策. 地方地震工作，1993

王学潮、马国彦，南水北调西线工程及其主要工程地质问题，工程地质学报，2002，10（01）：1004～9665

王学潮、向宏发，聊城-兰考断裂综合研究及黄河下游河道稳定性分析，郑州：黄河水利出版社，2001

王学潮、杨维九、刘丰收，南水北调西线一期工程的工程地质和岩石力学问题，岩石力学与工程学报，2005，24（20）

王学潮、张辉、陈书涛等，南水北调西线第一期工程地质条件分析，人民黄河，2001，23（10）

王学潮、张辉、刘振红等，南水北调西线工程雅碧江调水区横向构造的地质特征及成因机制，华北水利水电学院学报，1999，20（2）

王绳祖、张流，剪切破裂与粘滑－浅源强震发震机制的研究，地震地质，1984（2）：63～73

王颖、张永战，黄河断流与海岸反馈，南开大学学报，1999，51（5）：40～44

王连捷、廖椿庭、区明益等，KX-81型空心包体式三轴地应力计，地质力学文集，1988，8：127～136

汪成民、李瑄瑚，我国断层气测量在地震科学研究中的应用现状，见：断层气测量在地震科学中应用，北京：地震出版社，1991

汪一鹏等，华北地区岩石圈动力学特征图，见：中国岩石圈地壳动力学图集，北京：中国地图出版社，1989

汪一鹏，青藏高原活动构造基本特征，活动断裂研究（6），北京：地震出版社，1998

韦港、冀建疆，堤防工程地质勘察中若干问题，水利水电技术，2001（3）：53～57

魏永明、蔺启忠、王学潮等，南水北调西线工程区活动断裂构造遥感研究，遥感学报，2005，9（5）

闻学泽，鲜水河断裂带未来三十年内地震复发的条件概率[J]，中国地震，1990，6（4）：8～16

吴珍汉，中国大陆及邻区新生代构造-地貌演化过程与机理，北京：地质出版社，2001

伍法权，南水北调西线一期工程区活动断裂及其对工程的影响，岩土工程界，2002，5（9）

向宏发、方仲景、贾三发等，隐伏断裂研究及其工程应用，北京：地震出版社，1994

向宏发、方仲景、徐杰等，三河-平谷8级地震区的构造背景与大震重复性研究，地震地质，1988，10（1）：15～37

向宏发、虢顺民、张晚霞等，中国大陆区一些主要活动断裂滑移方式的地质位错与地震位错对比研究，中国地震，1995（3）

向宏发、虢顺民、张晚霞等，中国大陆区断层蠕动的若干地质形迹，地震学报，1997，19（1）：93～98

肖序常、李廷栋，青藏高原的构造演化与隆升机制，广州：广东科技出版社，2000

肖序常、李廷栋、李光芹等，喜马拉雅岩石圈构造演化，北京：地质出版社，1988

肖振敏、刘光勋，青海花石峡地震形变的初步研究，中国地震，1988，4（1）：68～75

肖振敏、刘光勋，东昆仑活动断裂带活动学特征，见：青海省地震局、中国地震局地壳应力研究所主编，东昆仑活动带，北京：地震出版社，1999：48～88，177～184

熊盛青、周伏洪等，青藏高原中西部航磁调查，中国国土资源航空物探遥感中心，北京：地质出版社，2001

徐福龄，浅析整治黄河游荡河道的节点工程，人民黄河，1999，21（4）：14～15。

徐锡伟、张培震、闻学泽等，川西及其邻近地区活动构造基本特征与强震复发模型 [J]，地震地质，2005，27（3）：446～449

徐锡伟、陈文彬、于贵华等，2001年11月14日昆仑山库赛湖地震（$M_S8.1$）地表破裂带的基本特征，地震地质，2002，24（1）：1～12

许志琴等，青藏高原与大陆动力学—地体拼合、碰撞造山及高原隆升的深部驱动力，中国地质，2006，33（2）

鄢家全、时振梁、汪素云等中国及邻区现代构造应力场的区域特征，地震学报，1979，（1）

杨华、梁月明、王岚等，青藏高原东部航磁特征及其与构造成矿带的关系，北京：地质出版社，1991

易明初，燕山地区喜马拉雅运动及现今地壳稳定性研究，北京：地震出版社，1991

易明初，新构造活动与区域地壳稳定性，北京：地震出版社，2003

谷兆棋，挪威水电工程经验介绍，泰比亚公司，挪威，1985

曾秋生，中国地壳应力状态，北京：地震出版社，1990

曾秋生，青海省地震综合研究，北京：地震出版社，1991

曾秋生，青海地震综合研究[M]，北京：地震出版社，1999，49～51，85～86

张秉良、林传勇、方仲景等，活断层中断层泥的显微构造特征及其意义，科学通报，1993，38（1）

张秉良、刘桂芬、方仲景等，云南小湾断层泥中伊利石矿物特征及其意义，地震地质，1994，16（1）

张辉、王学潮、向宏发，南水北调西线一期工程区构造稳定性分析，岩石力学与工程学报，2005，24（20）

张家声、李燕、韩竹均，青藏高原向东挤出的变形响应及南北地震带构造组成[J]，地学前缘，2003（S1）

张克伟，黄河冲积扇上部新构造运动与河道变迁的关系，见：安芷生主编，黄土·黄河·黄河文化，郑州：
　黄河水利出版社，1998：102～109

张年学、盛祝平等，长江三峡工程库区顺层岸坡研究，北京：地震出版社，1993

张培震，中国大陆岩石圈最新构造变动与地震灾害，第四纪研究，1999（5）：404～411

张培震、王琪，中国大陆现今地壳运动和构造变形，见：马宗晋等主编，青藏高原岩石圈现今变动与动力学，
　北京：地震出版社．2001

张晚霞等，红河断裂带北段土壤气氡特征的初步研究，见：滇西北地区活动断裂与地震，北京：地震出版社，
　1989

张晚霞、向宏发、李如成，夏垫隐伏断裂土壤气氡分布特征的初步研究，西北地震学报，1995，17

张炜、罗光伟、邢玉安等，气体地球化学在探索活动断层中的应用，中国地震，1988，4（2）

张裕明、周本刚，当前潜在震源区研究的主要方向[J]，中国地震，1994（1）

赵成斌、孙振国、刘保金等，邢台地震浅部构造特征及其与深部构造的耦合关系，地震地质，1999，21（4）：
　417～424

赵业安，1946～1996年治黄成就回顾与展望，见：安芷生主编，黄土·黄河·黄河文化，郑州：黄河水利出
　版社，1998，72～86

赵自强、王学潮、随裕红，南水北调西线工程深埋隧洞岩爆与地应力研究，华北水利水电学院学报，2002，
　23（1）

朱伟、山村和也，雨水·洪水渗透时河堤的稳定性，岩土工程学报，1999，21（4）：414～419

朱自强、简春林、宇文欣，土氡测量影响因素的初步探讨，见：断层气测量在地震科学中的应用，北京：地
　震出版社，1991

中国地震局地壳应力研究所，地壳构造与地壳应力文集（3），北京：地震出版社，2001

中国地震局地质研究所，地震危险性预测研究（1999年度），北京：地震出版社，1998

中国地震局分析预报中心，中国地震趋势预测研究（2001年度），北京：地震出版社，2000

中国地震局分析预报中心，中国地震趋势预测研究（2003年度），北京：地震出版社，2002

中国核工业总公司、国家地震局，核工业中的地震科技研究，北京：地震出版社，1992

中国科学院三峡工程生态与环境科研项目领导小组，长江三峡工程对生态与环境影响及其对策研究论文集，
　出版者不详，1987

中国人民解放军00939部队，四川省石渠地区区域水文地质普查报告（1∶50万），1983

中科院地质研究所，工程地质力学研究，出版者不详，1988

钟桂彤，铁路隧道[M]，北京：中国铁道出版社，2000

周慕林，中国第四纪地层和上新世/更新世界线的商讨，中国地质科学院天津地质矿产研究所所刊，1984，3（9）

周慕林，中国第四纪地层划分的新进展，海洋地质与第四纪地质，1985，5（4）

Allen M B，Vincent S J，Wheeler P J. Late . Cenozoic tectonics of the Kepingtoge thrust zone: Interaction between the TianShan and the Tarim Basin，Northwest China［J］. Tectonics，1999，18（4）：639～654

Atsumasa Okada，Takashi Nakata，et al. Holecene Activing and Surface Structure of the Medie Tectonic Line Active Fault System in the Tokushima Plain，Eastern Shikoku. Active Fault Researcher for the New Millienium，Hokudan，Japan：2000（06）. 343～348

Brace W F， Byeloe J D. Stride Slip as a Mechanism for Earthquake. Science，1966，153：990～992

King C Y. Episodic Radon Change in Subsurface Soil Gasalong Active Faults and Possible Relation to Earthquakes. J. G. R. 1980，85（B6）：3065～3078

King C Y. Radon Emanation On San Ardreas Fault. Nature，1978，271：516～519

Moore D E，et al. Sliding Behavior and Deformation Texture Of Heat Deillite Gouge. J. Str. Geol，1988，11（3）

Naoko kitsda，Naoto Inoue，et al. Three-dimensional Underground Structrue in Osaka Plain（2）Subsurface Configuration Obtained from Boring Data，Active Fault Researcher for the New Millienium，Hokudan，Japan：2000（06）179～182

Sato H，Hirata H，Ito T，et al. Seismic Reflection Profiling Across the Seismogenic Fault the 1995 Kobe Earthquake，Southwestern Janpan. Tectonophysic，1998，286：19～30

Sugisaki R，et al. Geochemical Feature of Gases and Rock Active Faults. Ceochem. 1980，14：101～112

Tapponnier P，Xu Zhiqin，Roger F，et al. Oblique Stepwise Rise and Growth of the Tibet Plateau [J]. Science，2001，294：1671～1677

Wakita H，et al. Hydrogen Release：New Indicator of Fault Activity. Science，1980，210：188～190

WangYing，Meie Ren，Dakui Zhu. Sediment Supply to the Continental Shelf by Major River of China. Landon：The Journal of Geological Society， 1986，143（6）：935

Xiang Hongfa，Zhang Wanxia，Li Rucheng. Deformation Zone of the 1679 Sanhe Pinggu M=8. 0 Earthquake and Buried Active Faults，30th International Geological Congress，1996，Beijing，China